U0916866

普通高等教育“十一五”规划教材

电子设计与仿真技术

第2版

袁　宏　李忠波　龚淑秋　著
高有华　申永山
曹承志　审

机械工业出版社

本书包括：EWB 概述、EWB 的操作方法、EWB 的电路分析功能、电工技术中的电路设计与仿真、模拟电子电路的设计与仿真、数字电子电路设计与仿真、电子电路应用系统的设计与仿真、EWB 电子技术课程设计指导等内容。本书系统、详实地介绍电子设计自动化（EDA）技术中最优秀的骨干软件之一，EWB 的功能和使用方法，以及 EWB 在电工技术、电子技术的电路设计与仿真中的应用。书中列举了大量设计实例，这些实例是作者在理论教学、实验教学、课程设计、教学研究和科学研究等工作的结晶，其中包括许多在国内重要和核心期刊以及国际学术会议上刊登和发表的论文的内容。书中全部实例，都由作者精心设计、精心制作，并已通过仿真实验验证。为便于课堂教学和上机操作，这些实例已制成 EWB 工作界面的配套光盘，并将 EWB（5.0c）软件制作在随书附带的光盘。本书是一部适于电工学的理论及实践教学、课程设计等环节的必备教材，可供高等理工科院校电类各专业和非电类本、专科电气类、自控类、电子信息类、机械类、材料类、汽车类、经管类、化工类、土建类、机电一体化类、计算机类、环境工程类等相关专业教学使用，也可作为成人教育、夜大、函大、职工大学相关专业教材和电子设计技术人员的参考书。

图书在版编目（CIP）数据

电子设计与仿真技术/袁宏　等著. —2 版. —北京：机械工业出版社，2010.4（2016.1 重印）

普通高等教育“十一五”规划教材

ISBN 978-7-111-29743-7

Ⅰ. 电…　Ⅱ. 袁…　Ⅲ. 电子电路—电路设计—高等学校—教材　电子电路—计算机仿真—高等学校—教材　Ⅳ. TN702

中国版本图书馆 CIP 数据核字（2010）第 023912 号

机械工业出版社（北京市百万庄大街 22 号　邮政编码 100037）

策划编辑：贡克勤　责任编辑：贡克勤　版式设计：霍永明

责任校对：姜　婷　责任印制：李　洋

三河市宏达印刷有限公司印刷

2016 年 1 月第 2 版第 4 次印刷

184mm×260mm · 15.5 印张 · 379 千字

标准书号：ISBN 978-7-111-29743-7

ISBN 978-7-89451-446-2（光盘）

定价：34.00 元（含 1CD）

凡购本书，如有缺页、倒页、脱页，由本社发行部调换

电话服务

社服务中心：（010）88361066

销售一部：（010）68326294

销售二部：（010）88379649

读者购书热线：（010）88379203

网络服务

门户网：http：//www.cmpbook.com

教材网：http：//www.cmpedu.com

封面无防伪标均为盗版

第2版前言

《电子设计与仿真技术》自2004年出版以来，在6年的教学实践中，得到各兄弟院校和广大读者的厚爱和支持，本教材的推出，促进了电子技术课程的现代化，促进了电子技术实验教学和课程设计的现代化，推动了电子技术课程的教学改革。本教材是辽宁省2005年教育教学成果奖二等奖《非电类理工科电工电子课程模块教学改革的研究与实践》项目的一项研究成果，也是辽宁省精品课程电工学（电工技术、电子技术）课程的使用教材。

这次修订再版，广泛吸收了同行教师和读者的建议和意见，删掉、更新和新增部分内容，使教材进一步完善。例如，第4章电工技术中的电路设计与仿真，着重解决正弦交流电路中工程实践和较难题目的仿真分析与设计。加强了常用的电子仪器仪表在仿真分析、设计中的应用。加强虚拟仪器在线性电路时域分析中的应用。第5章模拟电子电路的设计与仿真，更新了集成运算放大电路的仿真内容。加强了反馈与振荡电路中实际应用的内容，创建典型的常用的集成稳压电源电路模型，以丰富EWB的应用功能。第6章数字电子电路设计与仿真，更新组合逻辑电路分析与设计的实际应用方面的仿真。加强了常用中规模集成计数器在计数、计时和控制等方面的功能的内容。增加555定时与组合电路和时序电路的综合应用功能电路的仿真。第7章电子电路应用系统的设计与仿真，补充学生在课程设计中具有改进、创新的课题。增加一些反映教学与科研新成果的实践仿真内容。删掉比较简单仿真电路和与仿真无关的叙述。

为便于课堂教学和上机操作，这次修订再版，已经将EWB（5.0c）软件制作在随书附带的光盘中，在Windows XP或兼容Windows 98环境下便可打开EWB（5.0c）的主界面，有助于读者在更深层次上开发和应用电子设计自动化技术，为科学研究、工程实践、撰写学术论文等方面的工作提供了方便。

本书第1、3章由沈阳工业大学电气工程学院袁宏教授撰稿，第2章由申永山副教授撰稿，第4章由高有华教授撰稿，第5章由龚淑秋教授撰稿，第6、7、8章由李忠波教授撰稿。沈阳工业大学信息科学与工程学院曹承志教授在百忙之中对本书进行了认真、仔细的审阅，提出许多修改意见，在此深表谢意。

本书可供高等理工科院校电类各专业和非电类本、专科电气类、自控类、电子信息类、机械类、材料类、汽车类、经管类、化工类、土建类、机电一体化类、计算机类、环境工程类等相关专业教学使用，也可作为成人教育、夜大、函大、职工大学相关专业教材和电子设计技术人员的参考书。

限于编者能力与水平，错误和不妥之处在所难免，恳请读者批评指正。

作 者

第1版前言

随着电子技术和计算机技术的飞速发展，促进电子电路及其应系统设计手段也越来越先进。传统的电子电路与系统设计方法，周期长、耗材多、效率低，难以满足电子技术飞速发展的要求。“电子工作台”（Electronics Workbench），即 EWB，是将先进的计算机技术应用于电子设计与仿真过程的新技术，它已被广泛应用于电子电路分析、设计、仿真、印制电路板的设计等各项工作之中。EWB 为使用者提供了一个集成一体化的设计与实验环境，创建电路、实验分析和结果输出在一个集成菜单系统中可以全部完成，使电子电路及系统的设计产生了划时代的变化，极大地提高了设计质量与效率。EWB 与电路分析软件“SPICE”完全兼容，而且具有界面形象逼真、操作方便，采用图形方式创建电路等优点。EWB 有庞大的元器件库和比较齐全的仪器仪表库。掌握现代化设计与仿真软件 EWB，已成为电子设计工程师、相关专业的大学本、专科学生及研究生必备的工具。

本书介绍了 EWB（5.0c）的功能与特点、工作界面、操作方法，可以使读者很快入门；书中以典型实例介绍了 EWB 的电路分析功能，使读者能对电路及系统进行包括交流频率分析、傅里叶分析在内的 14 种性能分析；书中较详尽地介绍了 EWB 元器件库内资源，以及元器件库的创建方法，便于读者充分利用 EWB 的元器件资源和开发自己的元器件库。

本书着重介绍了 EWB 在电工技术、电子技术（模拟电子技术和数字电子技术）以及电子电路应用系统的设计与仿真。书中列举了大量设计实例，这些实例是作者在理论教学、实验教学、课程设计、教学研究和科学研究等工作的结晶，其中包括许多在国内重要和核心期刊以及国际学术会议上刊登和发表的论文的内容。书中全部实例，都由作者精心设计、精心制作，并已通过仿真实验验证。为便于课堂教学和上机操作，这些实例已制成 EWB 工作界面的配套光盘。

本书介绍了基于电子工作台 EWB 的设计性、综合性实验的内容，使理论与实践紧密结合；书中介绍了基于 EWB 的电子技术课程设计的内容，EWB 也为相关课题的毕业设计提供了前期设计和仿真实验环境。通过这些实践环节，有助于培养学生综合运用知识的能力、独立工作能力和创新能力。

本书由沈阳工业大学电气工程学院李忠波教授、袁宏教授创意并构建基本框架。第一章由袁宏撰稿，第二章由申永山撰稿，第三、六、七、八章由李忠波撰稿，第四章由高有华撰稿，第五章由龚淑秋撰稿。全书由李忠波教授统稿。

沈阳工业大学信息科学与工程学院曹承志教授在百忙之中对本书进行了认真、仔细的审阅，提出许多修改意见，在此深表谢意。

本书可以作为高等学校非电类和电类本、专科学生《电工学（电工技术)、(电子技术)》、《电路》、《模拟电子技术基础》、《数字电子技术基础》、《电子技术课程设计》等课程的计算机辅助教学和仿真实验教材和《电子技术课程设计》教材；也可以作为《电子设计自动化（EDA)》教材，供相关专业的研究生选用；还可作为相关教师的教学参考书和从事电子电路设计的工程技术人员的参考书。

限于编者能力与水平，错误和不妥之处在所难免，恳请读者批评指正。

作　者

目　录

第1章 EWB概述

电子工作台 EWB（Electronics Workbench）是由加拿大 Interactive Image Technologies 公司推出的专门用于电子电路设计与仿真的软件。该软件不仅克服了传统的电子电路设计过程中，由于受工作场地、仪器设备和元器件品种与数量的限制，使一些必要的调试无法进行的弊端，既能准确验证所设计的电路是否达到设计要求与技术指标，又能通过改变电路元器件参数，使所设计的电路性能达到最佳，从而大大提高了电子电路设计的效率与质量。同时，EWB 还可以作为电工电子类课程的辅助教学手段和实验训练工具，既能弥补实验仪器与电路元器件不足，避免实验仪器损坏与实验材料消耗，又有利于学生加深对电工电子类课程基本理论与基本概念的理解与掌握，熟悉常用电工电子仪器的使用与测量方法及元器件参数的选择，从而进一步培养学生设计与创新能力、分析与解决问题能力。因此，EWB 已在电工电子设计、电工电子类课程教学等领域得到越来越广泛地应用。

1.1 EWB 的特点与功能

1.1.1 EWB 的特点

与其他电子电路仿真软件相比，EWB 的特点是：

1）界面直观、操作方便　EWB 改变了一般电子电路仿真软件必须采用文本方式创建电路、选择元器件和测试仪器与仪表的方法，采用图形方式创建电路，即直接从屏幕上的元器件库和仪器库中选取电路元器件和测试仪器与仪表。

2）电路元器件丰富　EWB 提供了数千种电路元器件及其理想值，并与目前常用的电子电路分析软件 PSPICE 的元器件库完全兼容，同时还可以根据需要新建或扩充元器件库。

3）仿真手段符合实际　EWB 提供的虚拟仪器与实际仪器极为相似，利用虚拟仪器对电路进行仿真实验如同使用真实仪器进行电路实验，便于学习与使用。

1.1.2 EWB 的主要功能

1）电路分析功能　EWB 提供了丰富而详细的电路分析方法，不仅提供了瞬态与稳态、时域与频域、线性与非线性和噪声与失真等常规的电路分析方法，同时还提供了傅里叶、电路极点零点、灵敏度和电路容差等电路分析方法，帮助设计者分析电路特性。

2）故障设置功能　可以设置实际实验中不容易做到的开路、短路和漏电等故障，观察和分析电路状态，加深对理论知识的理解。

3）存储功能　在仿真的同时可以存储所有测试点的数据、波形及测试仪器的工作状态，并能列出被仿真电路所有元器件清单。

4）与其他软件兼容与共享功能　EWB 提供的元器件库与 PSPICE 的元器件库完全兼容，同时，在 EWB 平台上设计的电路原理图可以直接输出到 PROTEL 和 ORCAD 等软件平台上，自动排出印制电路板图，从而大大加快电子产品开发速度，提高设计工作效率。

5）模拟电路与数字电路混合的模拟功能　EWB 以 SPICE3F5 为模拟软件核心，可以任意在系统中集成模拟与数字元器件，并能自动实现信号转换。

6）波形即时显示功能　可以在电路仿真过程中时显示需要观察的波形。

7）下拉式电路编辑菜单功能　可以使电路元器件的输入更为方便快捷。

1.2 EWB 的运行环境与安装

随着计算机软件的飞速发展，尤其是 Windows 操作系统软件的广泛应用，EWB 已从 DOS 版发展到 Windows 版，软件的功能及运行性能也在不断地完善和提高。目前已推出了 Electronics Workbench 5.0C 版本，为了叙述方便，文中将 Electronics Workbench 5.0C 版本的软件简称为 EWB。

1.2.1 EWB 的运行环境

1. 系统要求

1）安装 EWB5.0C 至硬盘，约占 20 MB 磁盘空间。

2）当运行在 Microsoft Windows95/98/2000 操作系统时要求：具有 8MB 以上内存（推荐 16MB 以上内存）、MS-DOS3.0 以上操作系统和与之兼容的鼠标器的 486 以上微型计算机。

3）当运行在 Microsoft Windows NT 操作系统时要求：具有 12MB 以上内存（推荐 16MB 以上内存）、MS-DOS3.0 以上操作系统和与之兼容的鼠标器的 486 以上微型计算机。

2. 注意事项　程序运行时，将建立临时文件，该文件占硬盘空间的默认值约为 20MB，当文件规模达到最大限度时，可以选择：

1）停止仿真。

2）放弃已有的数据，继续进行仿真。

3）系统要求提供更大的磁盘空间。

1.2.2 EWB 软件安装

在 Windows95/98/2000 操作系统下，安装 EWB 5.0C（随书附带的是文本格式）的方法及步骤：

1）启动 Windows95/98/2000，按屏幕左下角的“开始”按钮，将鼠标指向“设置”，单击“控制面板”项，然后双击“添加/删除程序”图标出现对话框，将安装源盘装入软驱或光驱后，选择“安装”按钮，即可将软件从软驱或光驱安装到计算机硬盘中。

2）根据屏幕提示信息进行安装，确定软件安装位置、工作目录、输入用户信息和序列号。

3）对于存储在软盘上的 Electronics Workbench 5.0C，还可以在 Windows95/98/2000 操作界面下，在资源管理器中通过软驱运行安装程序（Setup.exe），即可将软件装入硬盘。

EWB 安装过程中的界面如图 1-1、图 1-2、图1-3 所示，按图中提示操作即可完成安装。

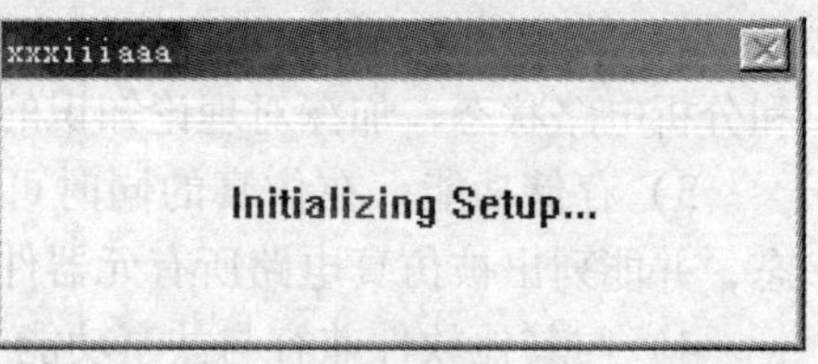

图 1-1　EWB 安装过程中的界面（图标 1）

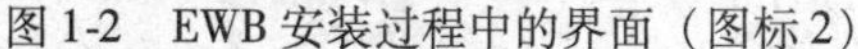

图 1-2　EWB 安装过程中的界面（图标 2）

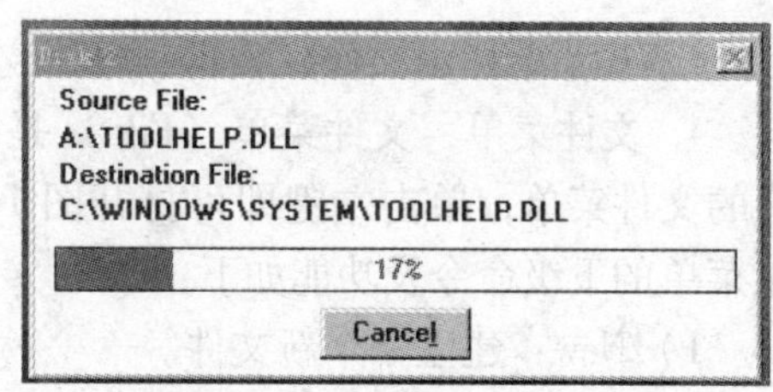

图 1-3　EWB 安装过程中的界面（图标 3）

1.3　EWB 的工作界面

启动 EWB5.0C，可以看到 Electronics Workbench 主窗口，它由菜单栏、常用工具栏、元器件选取栏和电路原理图编辑窗口组成，如图 1-4 所示。

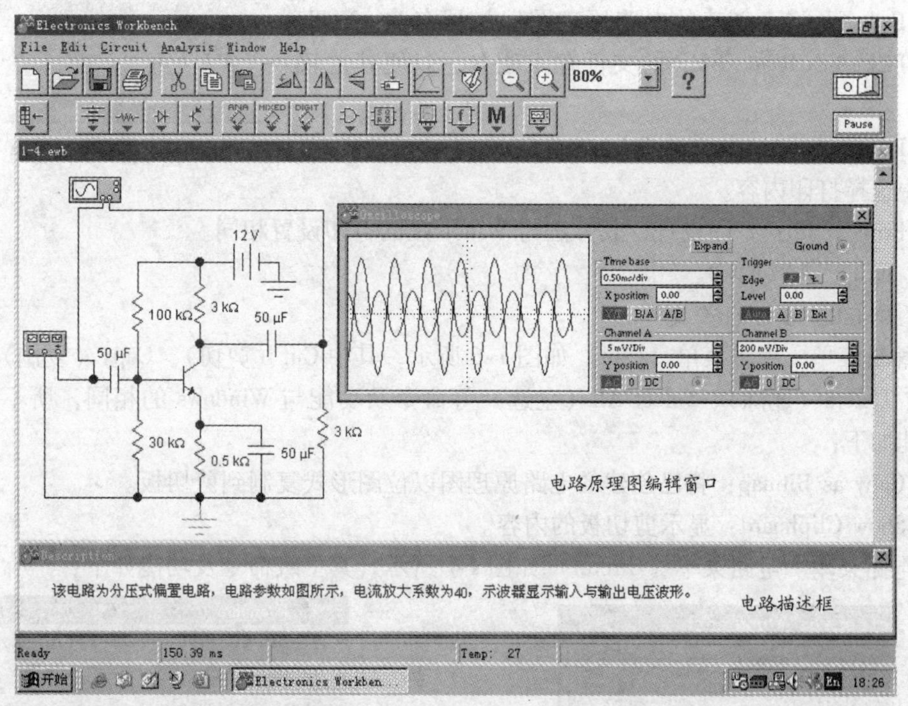

图 1-4　Electronics Workbench 工作界面

由图可以看到，EWB 模拟了一个实际的电子工作台。主窗口的最上层是菜单栏，从中可以选择电路分析、实验与仿真等各种命令；第二层是常用工具栏，从中可以选择各种操作命令；第三层是元器件库栏，从中可以选取电路实验所需的各种元器件与测试仪器；下面最大的区域便是电路原理图编辑窗口，也可以称为电路工作区，在这里可以进行电路的连接、测试与仿真；最下层是电路描述框，用于电路说明。

1.4 EWB 的菜单栏

EWB 菜单栏由文件、编辑、电路、分析、窗口和帮助等菜单组成。

1. 文件菜单　文件菜单（File）是指将鼠标指向图 1-4 中的文件菜单，单击左键即可打开图 1-5 所示的下拉菜单。该菜单的下级命令及功能如下：

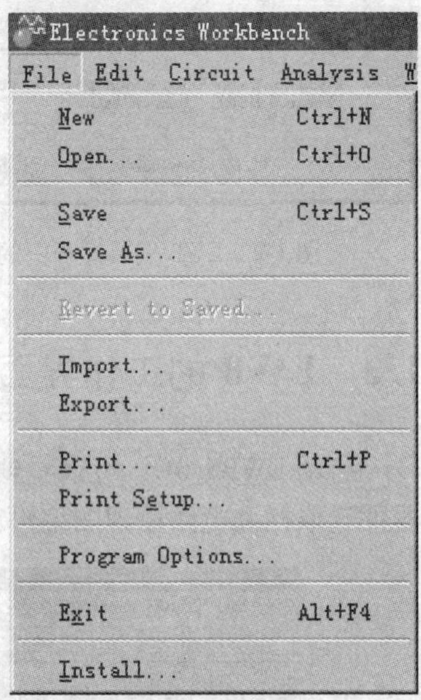

图 1-5　文件菜单

1）New：建立一个新文件。

2）Open：将已存盘的文件调入 EWB 平台并打开。

3）Save：将已创建的电路原理图存入磁盘。

4）Save As：将已创建的电路原理图换名存入磁盘。

5）Revert to Saved：恢复原存储文件，在此基础上的所有修改都将无效。

6）Import：输入扩展名为 . NET 或 . CIR 的 SPICE 网表文件并形成电路原理图。

7）Export：将已创建的电路原理图以扩展名为 . NET、. CIR、. PCI、. SCR 和 . BMP 的文件存入磁盘，以便其他软件使用。

8）Print：打印，当单击 Print 命令时，将弹出 Print 菜单，从中选择打印内容。

9）Print Setup：打印设置，其方法与 Windows 的打印设置相同。

10）Exit：退出 EWB。

11）Install：安装有关文件。

2. 编辑菜单　编辑菜单（Edit）如图 1-6 所示，其中 Cut（剪切）、Copy（复制）、Paste（粘贴）、Delete（删除）、Select All（全选）等命令及功能与 Windows 的相同，所不同的命令与功能如下：

1）Copy as Bitmap：将已创建的电路原理图以位图形式复制到剪切板。

2）Show Clipboard：显示剪切板的内容。

3. 电路菜单　电路菜单（Circuit）如图 1-7 所示，其下级命令及功能如下：

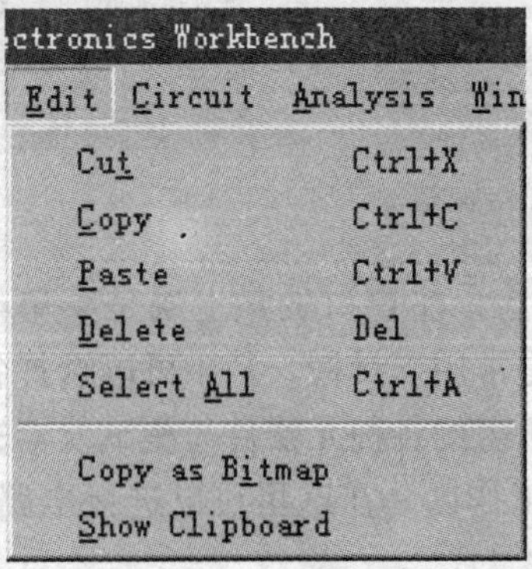

图 1-6　编辑菜单

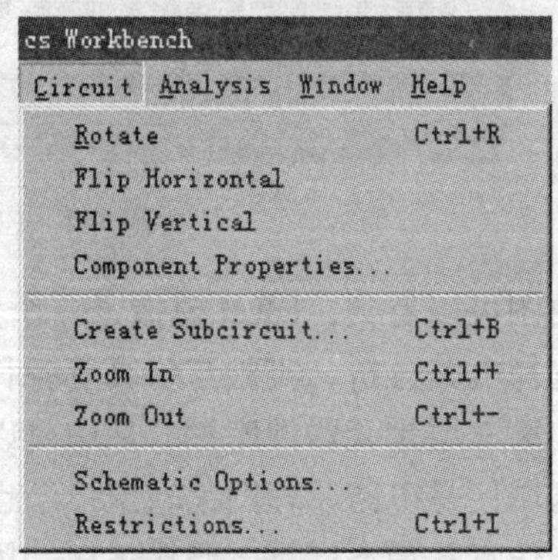

图 1-7　电路菜单

1）Rotate：将选中的元器件逆时针旋转 90°。

2）Flip Horizontal：将选中的元器件水平翻转 180°。

3）Flip Vertical：将选中的元器件垂直翻转 180°。

4）Component Properties：元器件属性及参数设置。

5）Create Subcircuit：创建子电路，单击该命令将弹出一对话框，键入文件名后方可选择操作。

6）Zoom In：按比例放大电路原理图编辑窗口。

7）Zoom Out：按比例缩小电路原理图编辑窗口。

8）Schematic Options：电路原理图显示选项。

9）Restrictions：对电路组成与分析的限制。

4. 分析菜单　分析菜单（Analysis）如图 1-8 所示，其下级命令及功能如下：

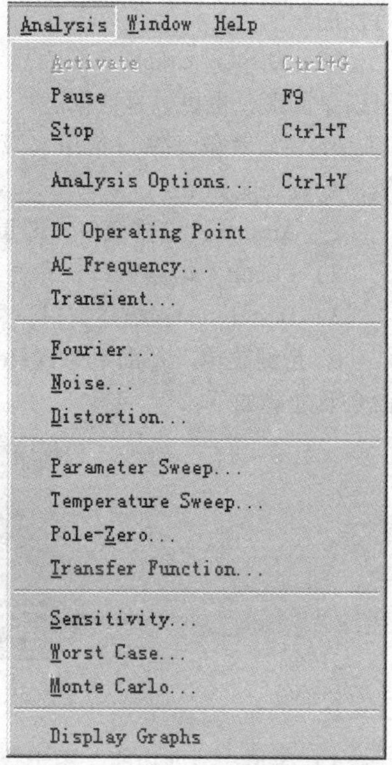

图 1-8　分析菜单

1）Activate：激活电路分析与仿真，相当于接通电源开关。

2）Pause：暂时停止电路的分析与仿真。

3）Stop：停止电路的分析与仿真，选择该命令相当于关闭电源开关。

4）Analysis Options：电路分析选择项，该命令包括 Global（通用设置）、DC（直流设置）、Transient（瞬态设置）、Device（器件设置）和 Instrument（仪器设置）等选择项，主要设置有关电路分析与仿真以及仪器与仪表使用方面的内容。一般电路分析与仿真时，可选择默认值，不需要设置；而当分析中出现不收敛问题时，需要根据情况重新设置。

5）DC Operating Point：直流工作点分析，并能显示直流工作点结果。

6）AC Frequency：交流频率分析，用于分析电路的频率特性。

7）Transient：瞬态分析，用于分析电路的时域响应。

8）Fourier：傅里叶分析，用于分析周期信号的直流分量、基波分量和谐波分量。

9）Noise：噪声分析，用于分析电路元器件的噪声对电路的影响。

10）Distortion：失真分析，用于分析电子电路中的各种失真。

11）Parameter Sweep：参数扫描分析，用于分析电路元器件参数变化对电路特性的影响。

12）Temperature Sweep：温度扫描分析，用于分析温度变化对电路特性的影响。

13）Pole-Zero：极点零点分析，用于分析电路中极点和零点数目及数值。

14）Transfer Function：传递函数分析，用于分析电路的传递函数。

15）Sensitivity：灵敏度分析，用于分析支路电流或节点电压对电路元器件参数变化的灵敏度。

16）Worst Case：最坏情况分析，用于分析某种因素导致电路特性变化的最坏可能性。

17）Monte Carlo：蒙特卡罗分析，用于分析电路元器件参数在误差范围内变化时对电路特性的影响。

18）Display Graphs：图表显示窗口，用于显示各种分析结果。不同的分析，输出结果可以是图形，也可以是数据。

5. 窗口菜单　窗口菜单（Window）如图 1-9 所示，其下级命令及功能如下：

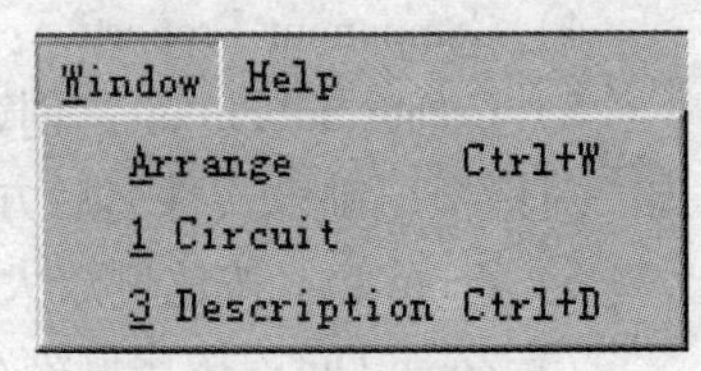

图 1-9　窗口菜单

1）Arrange：安排窗口，即重排窗口内容。

2）Circuit：电路窗口，即显示电路编辑窗口内容。

3）Description：描述窗口，即显示电路描述窗口内容。

6. 帮助菜单　帮助菜单（Help）如图 1-10 所示，其下级命令及功能如下：

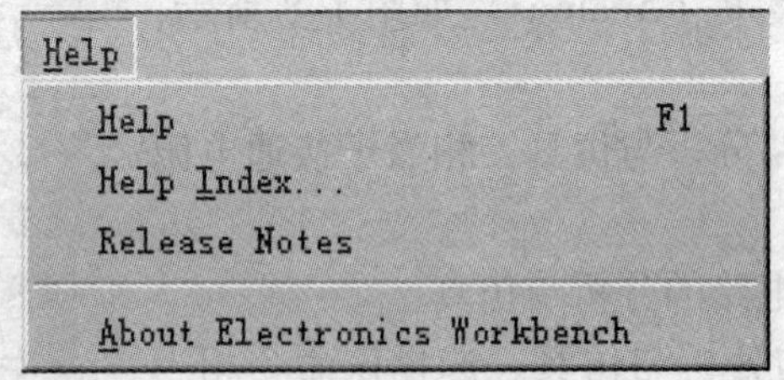

图 1-10　帮助菜单

1）Help：帮助功能，用于获得实时在线帮助。

2）Help Index：帮助索引，即提供帮助目录。

3）Release Notes：版本注解目录。

4）About Electronics Workbench：版本说明。

1.5　EWB 的工具栏

EWB 工具栏如图 1-11 所示，其中各按钮名称及其功能如下：

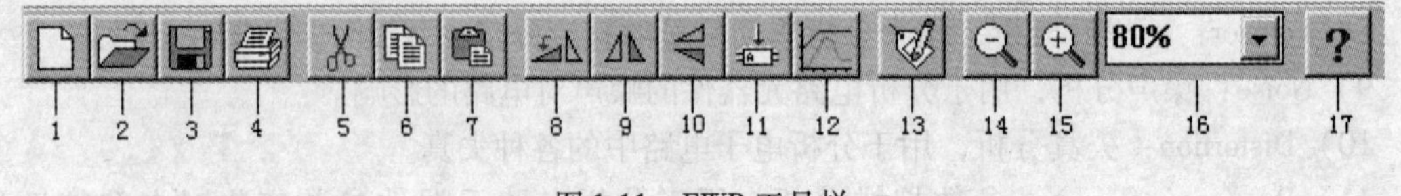

图 1-11　EWB 工具栏

1）刷新：清除电路工作区，准备生成新电路。

2）打开：打开电路文件。

3）存盘：保存电路文件。

4）打印：打印电路文件。

5）剪切：将选中的电路剪切至剪贴板。

6）复制：将选中的电路复制至剪贴板。

7）粘贴：将剪贴板内容粘贴至电路工作区。

8）旋转：将选中的元器件逆时针旋转 90°。

9）水平翻转：将选中的元器件水平翻转 180°。

10）垂直翻转：将选中的元器件垂直翻转 180°。

11）创建子电路：生成子电路。

12）分析曲线：调出曲线分析框。

13）元器件特性：调出元器件特性对话框。

14）缩小：将电路按一定比例缩小。

15）放大：将电路按一定比例放大。

16）显示比例：选择电路图的缩放比例。

17）在线帮助：调出与选中对象有关的帮助内容。

1.6　EWB 的元器件与仪器库栏

EWB 元器件库栏由 14 个元器件库组成，如图 1-12 所示，单击元器件库栏中的某一个图标即可打开该器件库。

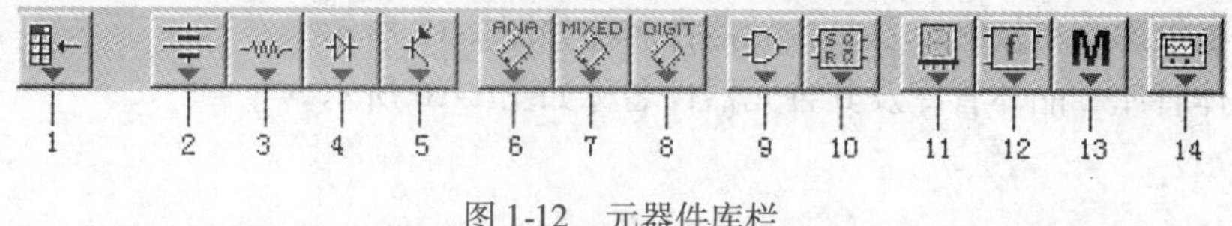

图 1-12　元器件库栏

（1）自定义器件库　自定义器件库中保存的元器件是：使用者根据需要，自己创建的在 EWB 元器件库中没有收入的元器件和在电路设计中创建的子电路，可以在电路设计中随时调用。

（2）信号源库　信号源库及其各元器件名称如图 1-13 所示。

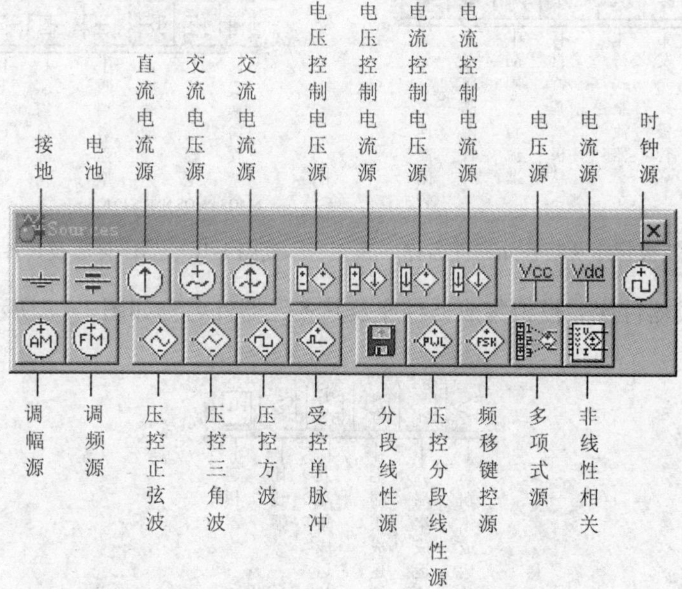

图 1-13　信号源库及其各元器件名称

（3）基本元器件库　基本元器件库及其各元器件名称如图 1-14 所示。

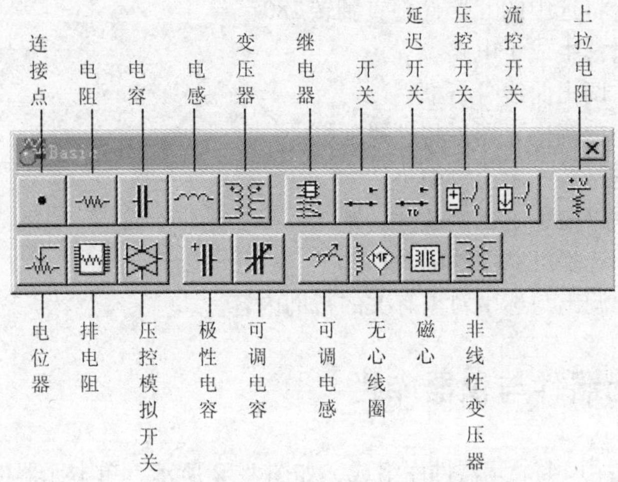

图 1-14　基本元器件库及其各元器件名称

（4）二极管库　二极管库及其各元器件名称如图 1-15 所示。

（5）晶体管库　晶体管库及其各元器件名称如图 1-16 所示。

图 1-15　二极管库及其各元器件名称

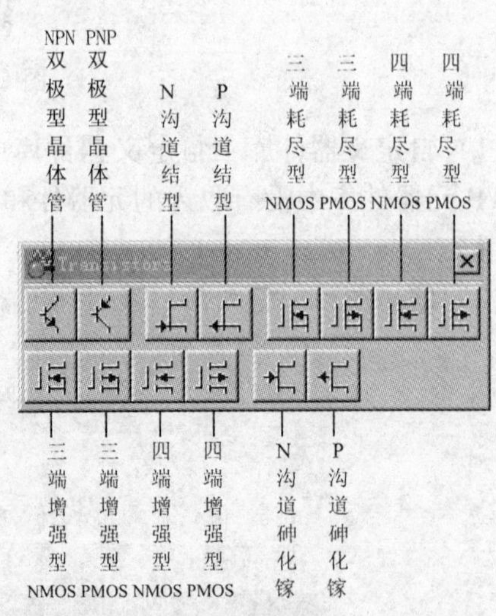

图 1-16　晶体管库及其各元器件名称

（6）模拟集成器件库　模拟集成器件库及其各元器件名称如图 1-17 所示。

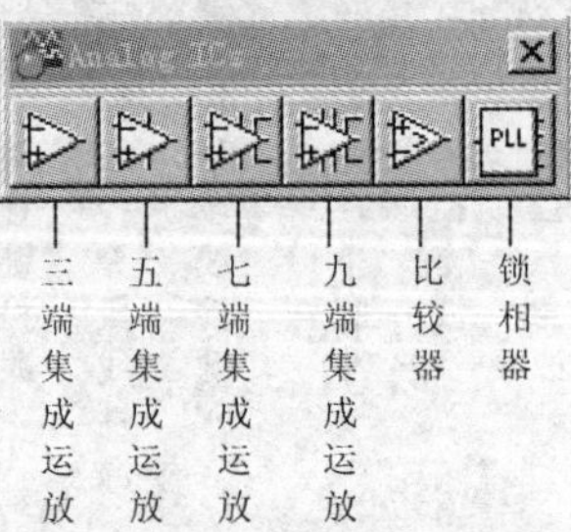

图 1-17　模拟集成器件库及其各元器件名称

（7）混合集成器件库　混合集成器件库及其各元器件名称如图 1-18 所示。

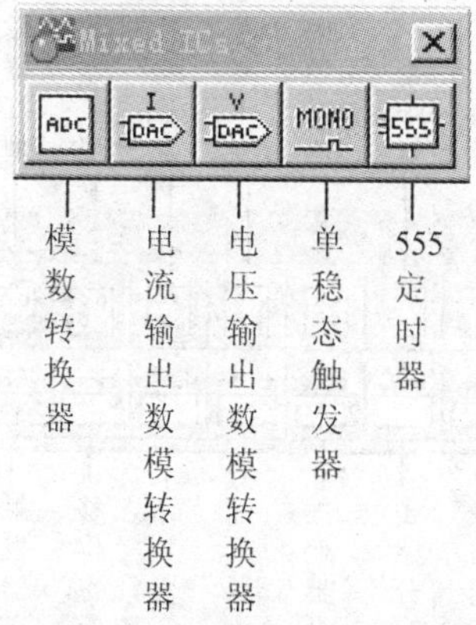

图 1-18　混合集成器件库及其各元器件名称

（8）数字集成器件库　数字集成器件库及其各元器件名称如图 1-19 所示。

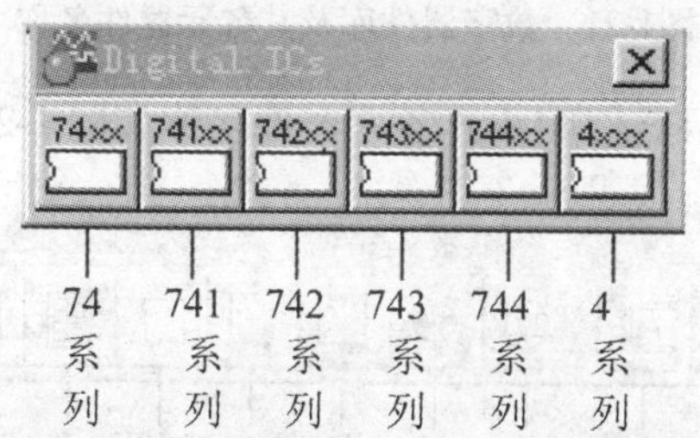

图 1-19　数字集成器件库及其各元器件名称

（9）逻辑门电路库　逻辑门电路库及其各元器件名称如图 1-20 所示。

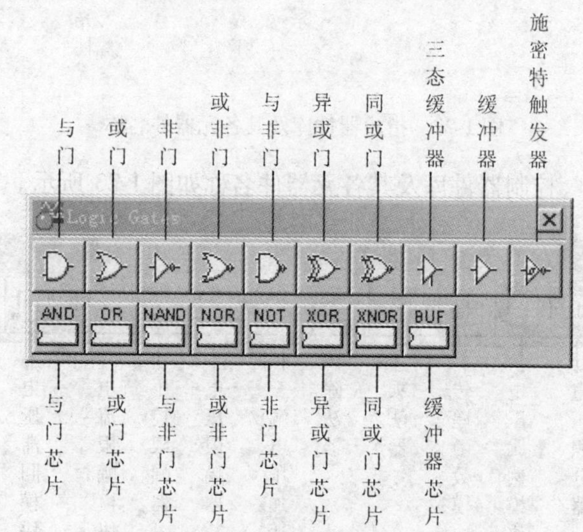

图 1-20　逻辑门电路库及其各元器件名称

（10）数字器件库　数字器件库及其各元器件名称如图 1-21 所示。

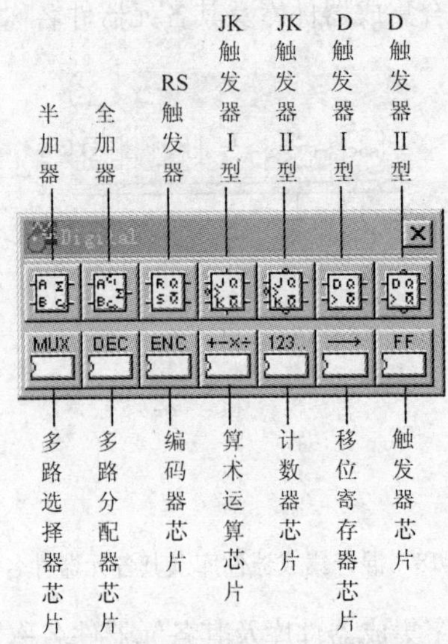

图1-21 数字器件库及其各元器件名称

（11）指示器件库 指示器件库及其各元器件名称如图 1-22 所示。

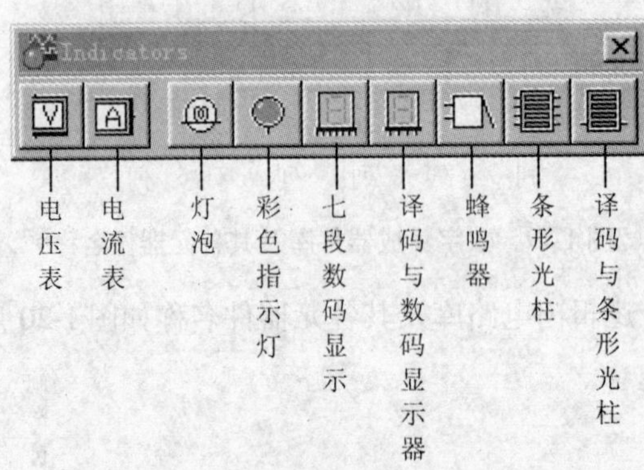

图 1-22 指示器件库及其各元器件名称

（12）控制器件库 控制器件库及其各元器件名称如图 1-23 所示。

图 1-23 控制器件库及其各元器件名称

（13）其他器件库　其他器件库及其各元器件名称如图 1-24 所示。

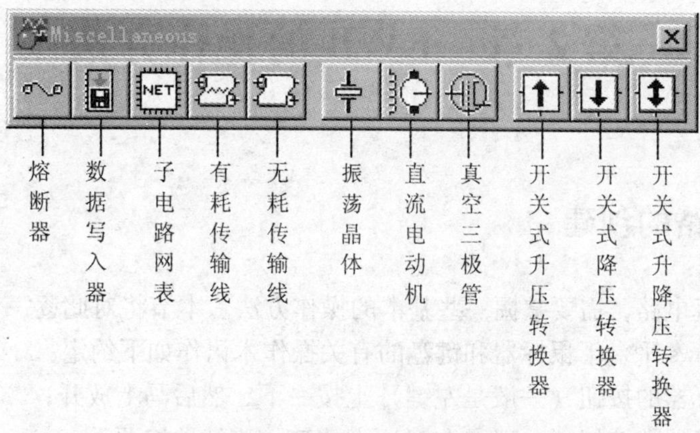

图 1-24　其他器件库及其各元器件名称

（14）仪器库　仪器库及其各元器件名称如图 1-25 所示。

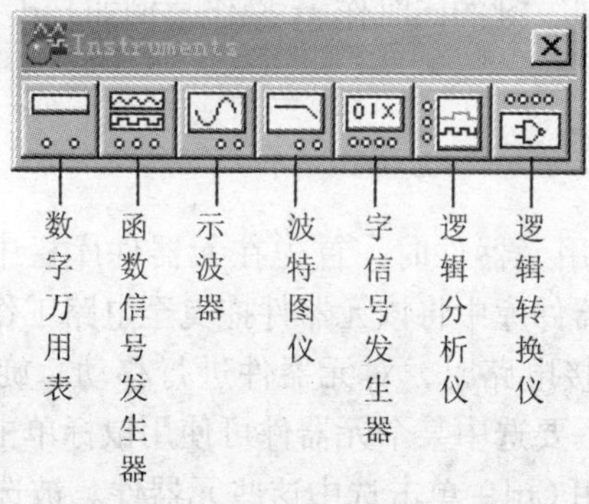

图 1-25　仪器库及其各元器件名称

第 2 章　EWB 的操作方法

2.1　仿真电路的创建

创建一个仿真电路，需要掌握一些基本的操作方法。本节将对此逐一介绍。同时为了叙述方便，对 Windows 平台下鼠标器和键盘的有关操作术语作如下约定：

单击：在鼠标器的按钮（一般是左键）上按一下，然后马上放开；

双击：在鼠标器的按钮（一般是左键）上快速、连续地按两下；

拖曳：把鼠标指针放在某一对象上，然后按下鼠标左键不放，移动鼠标指针到一个新的位置，然后再释放鼠标键；

Ctrl + xx：表示按下“Ctrl”键的同时作 xx 操作。例如 Ctrl + 单击表示按下 Ctrl 的同时进行单击。

2.1.1　元器件的操作

（1）元器件的选用　选用元器件时，首先在元器件库栏中单击包含该元器件的图标，打开该元器件库，然后从元器件库中将该元器件拖曳至电路工作区。

（2）选中元器件　在连接电路时，对元器件进行移动、旋转、删除、设置参数等操作时，就需要先选中该元器件。要选中某个元器件可使用鼠标单击该元器件。如果还要选中第二个、第三个，可以反复使用 Ctrl + 单击选中这些元器件。被选中的元器件以红色显示，便于识别。拖曳某个元器件同时也就选中了该元器件。

如果要同时选中一组相邻的元器件，可以在电路工作区的适当位置拖曳画出一个矩形区域，在该矩形区域内的一组元器件即被同时选中。

要取消某一个元器件的选中状态，可以使用 Ctrl + 单击。要取消所有被选中元器件的选中状态，只需单击工作区的空白部分即可。

（3）元器件的移动　要移动一个元器件，只要拖曳该元器件即可。要移动一组元器件，必须先用前述的方法选中这些元器件，然后拖曳其中的任意一个元器件，则所有选中的部分就会一起移动。元器件被移动后，与其相连接的导线就会自动重新排列。也可使用箭头键使选中的元器件做微小的移动。

（4）元器件的旋转与反转　为了使电路的连接、布局合理，常常需要对元器件进行旋转或反转操作。可先选中该元器件，然后使用工具栏的“旋转、垂直反转、水平反转”等按钮，或者选择电路/旋转（Circuit /Rotate）、电路/垂直反转（Circuit /Flip Vertical）、电路/水平反转（Circuit/Flip Horizontal）等菜单栏中的命令。也可使用热键 Ctrl + R 实现旋转操作。元器件的旋转与反转的含义如图 2-1 所示。

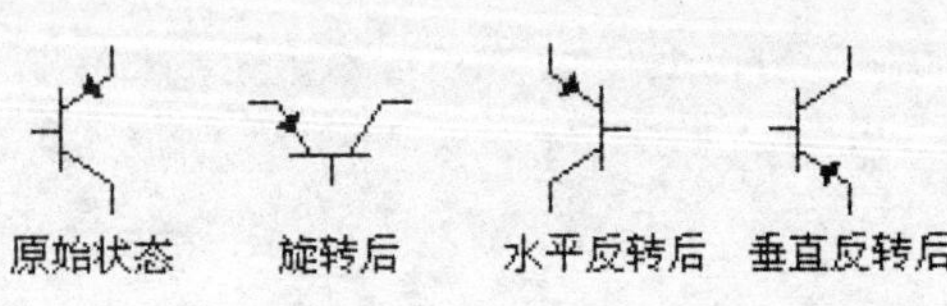

图 2-1　元器件的旋转与反转的含义

（5）元器件的复制、删除　对选中的元器件，使用编辑/剪切（Edit/Cut）、编辑/复制（Edit/Copy）和编辑/粘贴（Edit/Paste）、编辑/删除（Edit/Delete）等菜单命令可以分别实现元器件的复制、移动、删除等操作。此外，直接将元器件拖曳回其打开的元器件库也可实现删除操作。

（6）元器件标签、编号、数值、模型参数的设置　在选中元器件后，再按下工具栏中的器件特性按钮，或者双击图标会弹出相关的对话框，可供输入数据。元器件特性对话框具有多种选项可供设置，包括 Label（标识）、Models（模型）、Value（数值）、Fault（故障设置）、Display（显示）、Analysis Setup（分析设置）等内容。下面介绍这些选项的含义和设置方法。

标识选项用于设置元器件的标识和编号（Reference ID），其对话框如图 2-2 所示。编号通常由系统自动分配，必要时可以修改，但必须保证编号的唯一性。有些元器件没有编号，如连接点、接地、电压表、电流表等。在电路图上是否显示标识和编号可由电路/电路图选项（Circuit/Schematic Options）的对话框设置。

当元器件比较简单时，会出现数值选项，其对话框如图 2-3 所示，可以设置元器件的数值。

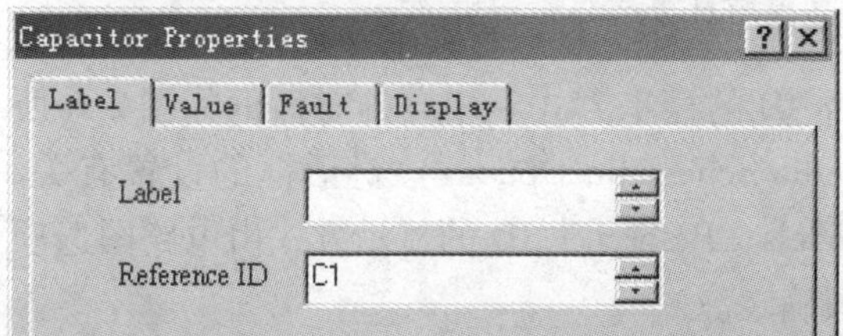

图 2-2　标识选项对话框

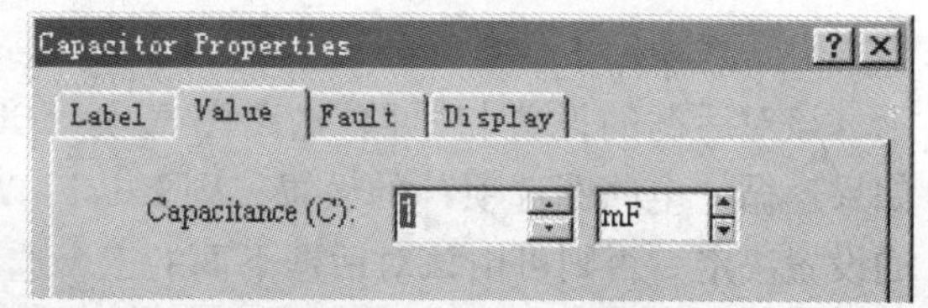

图 2-3　数值选项对话框

当元器件比较复杂时，会出现模型选项，其对话框如图 2-4 所示。模型的默认设置（Default）通常为 Ideal（理想），这有利于加快分析的速度，也能够满足多数情况下的分析要求。如果对分析精度有特殊的需要，可以考虑选择具有具体型号的元器件模型。

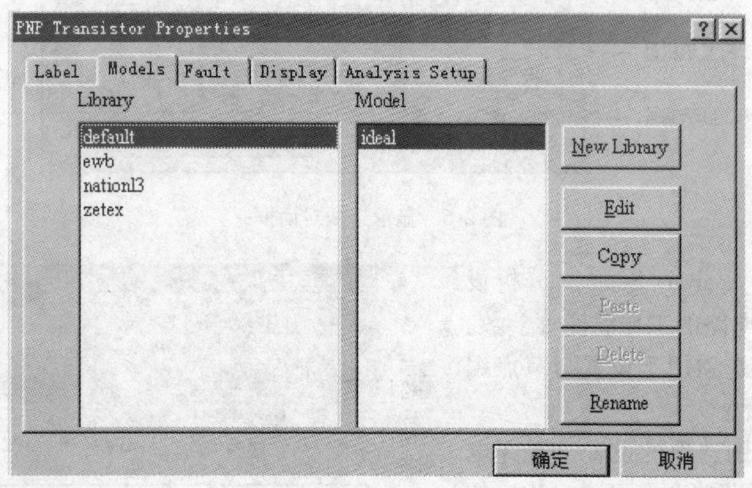

图 2-4　模型选项对话框

故障选项可供人为设置元器件的隐含故障。图 2-5 为某个电容的故障设置情况对话框。

1、2 为与故障设置有关的管脚号。图中选择了短路设置。这时尽管该电容标有合理的数值，但实际上隐含了短路的故障。从图中看出，这个对话框还提供了开路、漏电无故障等设置。

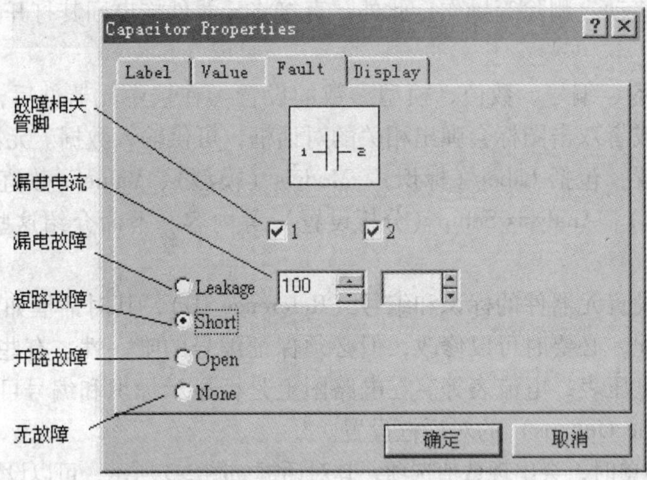

图 2-5　故障设置选项对话框

显示选项用于设置 Label、Models、Reference ID 的显示方式。相应的对话框如图 2-6 所示。该对话框的设置与电路/电路图选项（Circuit/Schematic Options）对话框的设置有关。如果遵循“电路图选项”的设置，则 Label、Models、Reference ID 的显示方式由电路图选项的设置决定。否则可由该对话框下面的三个选项确定。

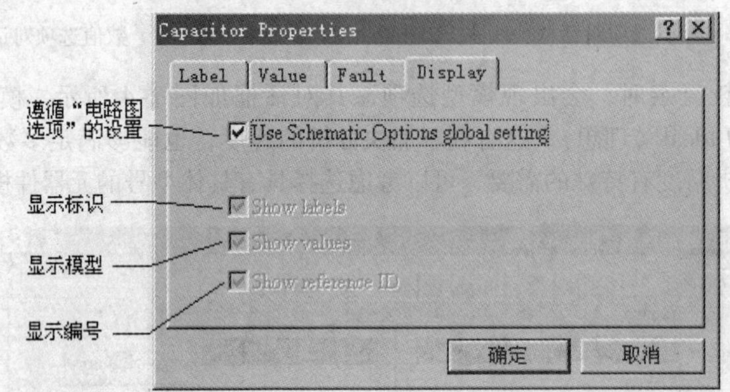

图 2-6　显示选项对话框

此外还有 Analysis Setup（分析设置）用于设置电路的工作温度等参数。Node（节点）选项用于设置与节点编号等有关的参数。

（7）电路图选项的设置　选择电路/电路图选项菜单命令可弹出相应的对话框，用于设置与电路图显示方式有关的一些选项。图 2-7 是关于栅格的

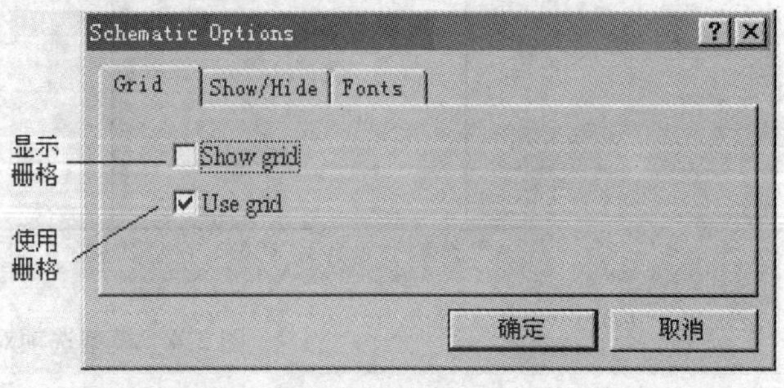

图 2-7　电路图选项关于栅格的设置

设置。如果选择使用栅格，则电路图中的元器件与导线均落在栅格线上，可以保持电路图横平竖直、整齐美观。

如果按下 Show/Hide（显示/隐藏）按钮，则弹出图 2-8 的对话框，用于设置标号、数值、元器件库等的显示方式。该设置对整个电路图的显示方式有效。如对某个元器件显示方式有特殊要求，可使用器件特性的显示选项对话框单独设置。

如果按下 Fonts（字形）按钮，则弹出如图 2-9 的对话框，用于显示和设置 Label、Values 和 Models 的字体与字号以及它们的颜色。

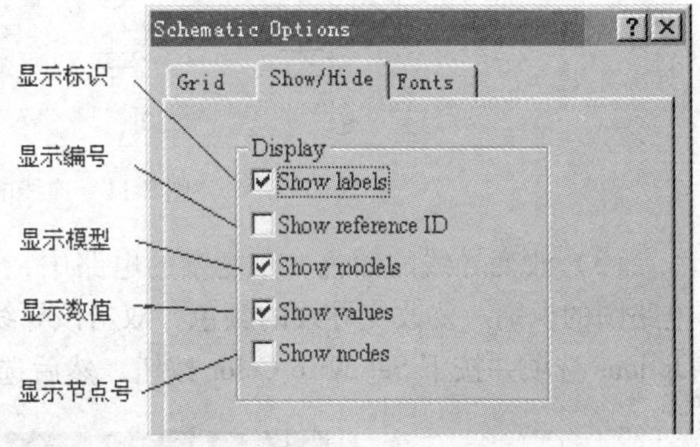

图 2-8　显示/隐藏对话框

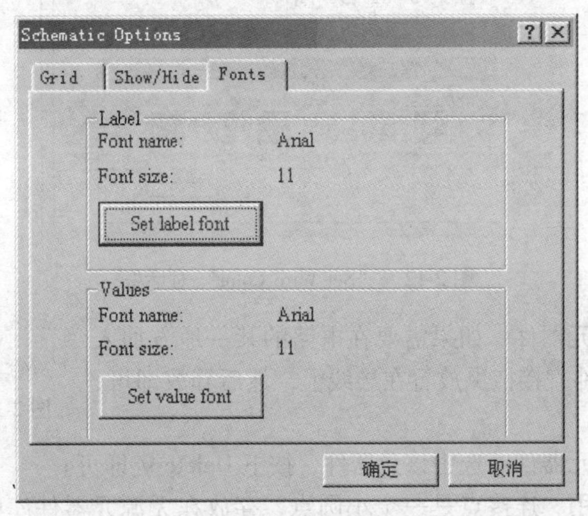

图 2-9　字形设计对话框

2.1.2　导线的操作

（1）导线的连接　将鼠标指向元器件的端点使其出现一个小圆点（见图 2-10a）；按下鼠标左键且拖曳出一根导线（见图 2-10b）并指向另一个元器件的端点使其出现小圆点（见图 2-10c），释放鼠标左键，则导线连接完成，如图 2-10d 所示。连接完成后，导线将自动选择合适的走向，不会与其他元器件或仪器发生交越。

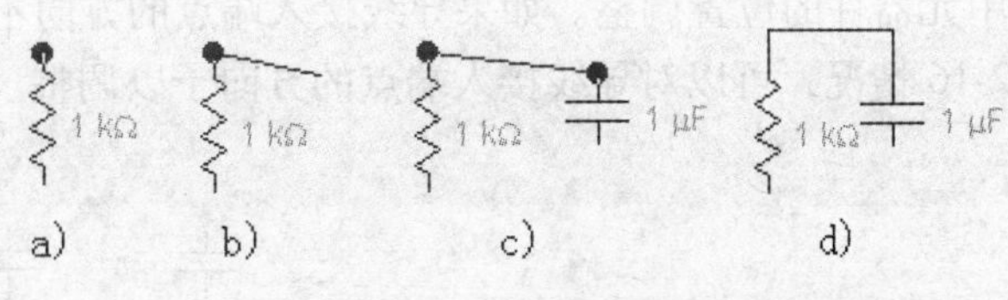

图 2-10　导线的连接

（2）连线的删除与改动　将鼠标指向元器件与导线的连接点，会出现一个圆点，如图 2-11a 所示；按下左键拖曳该圆点使导线离开元器件端点，如图 2-11b 所示；释放左键，导线自动消失，完成连线的删除，如图 2-11c 所示；也可以将拖曳移开的导线连至另一个连接点，实现连线的改动，如图 2-11d 所示。

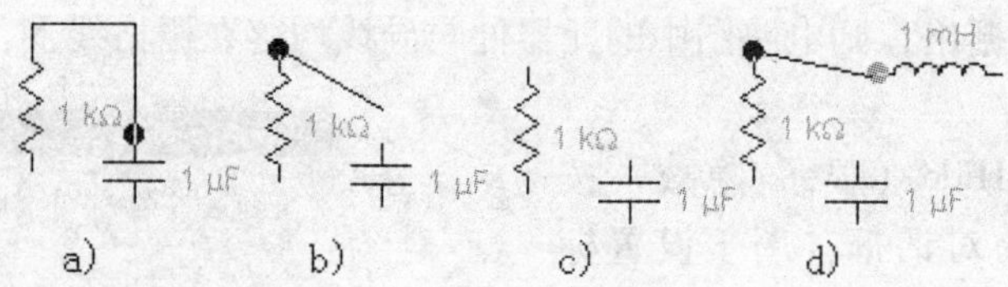

图 2-11　连线的删除与改动

(3) 改变导线的颜色　在复杂的电路中，可以将导线设置为不同的颜色，这有助于对电路图的识别。要改变导线的颜色，双击该导线弹出 Wire Properties 对话框，选择 Schematic Options 选项并按下 Set Wire Color 按钮，然后选择合适的颜色，如图 2-12 所示。

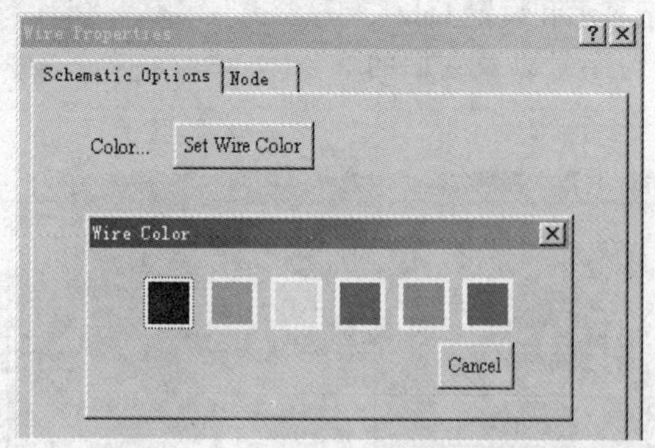

图 2-12　"Set Wire Color"对话框

(4) 向电路插入元器件　如果需要在电路的某一地方加入元器件，可以将元器件直接拖曳放置在导线上，然后释放即可，如图 2-13 所示。

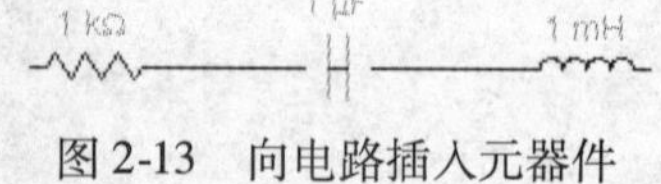

图 2-13　向电路插入元器件

(5) 从电路删除元器件　选中该元器件，按下 Delete 键即可。

(6) 连接点的使用　连接点是一个小圆点，存放在无源元器件库中。一个连接点最多可以连接来自 4 个方向的导线。可以直接将连接点插入连线中，还可以给连接点赋予标识，如图 2-14 所示。

(7) 调整弯曲的导线　如果元器件位置与导线不在一条直线上，可以选中该元器件，然后用 4 个箭头键微调该元器件的位置，如图 2-15 所示。这种微调方法也可用于对一组选中元器件的位置调整。如果导线接入端点的方向不合适，也会造成导线不必要的弯曲。如图 2-16 情况，可以对导线接入端点的方向予以调整。

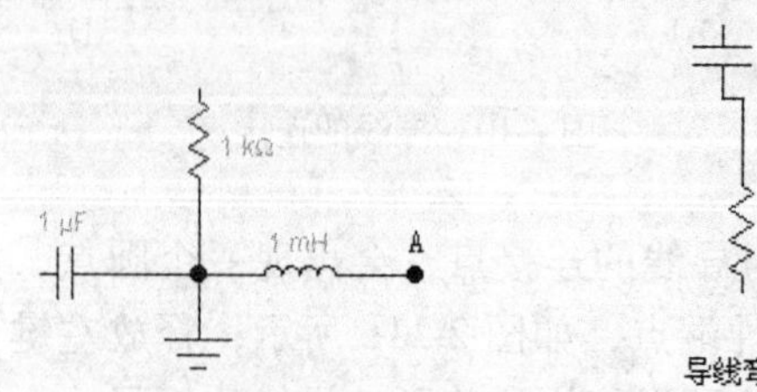

图 2-14　连接点的使用及其标识

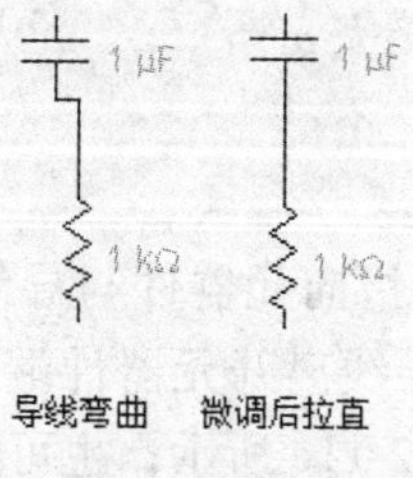

1 μF　1 μF
1 kΩ　1 kΩ
导线弯曲　微调后拉直

图 2-15　微调元器件拉直导线

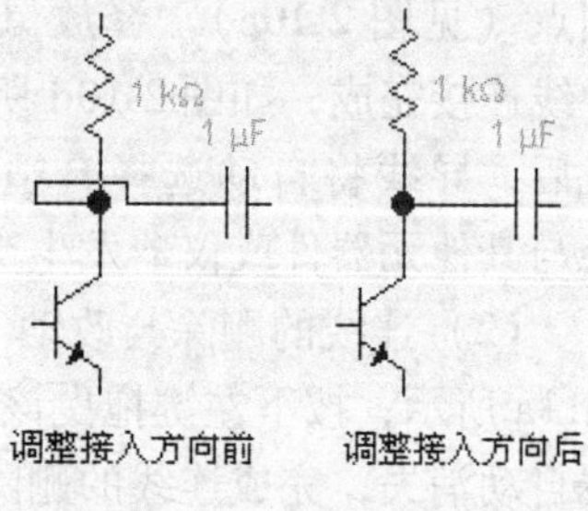

1 kΩ　1 μF　1 kΩ　1 μF
调整接入方向前　调整接入方向后

图 2-16　调整导线的接入方向

（8）节点及其标识、编号与颜色　在连接电路时，EWB 5.0 自动为每个节点分配一个编号。是否显示节点编号可由 Circuit/Schematic Options 命令的 Show/Hide 对话框设置，如图 2-8 所示。显示节点编号的情况如图 2-17 所示。双击节点可弹出对话框用于设置节点的标签以及与节点相连接的导线的颜色。在电路中使用的节点都是计算机的默认值。

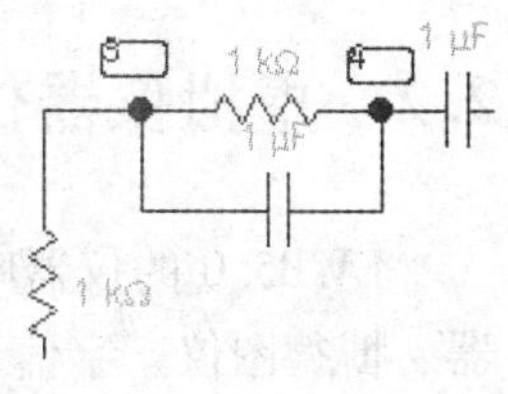

图 2-17　节点的编号

2.1.3　仪器的操作

EWB5.0 的仪器库存放有 7 台仪器可供使用。分别是数字万用表、函数信号发生器、示波器、博德图仪、字信号发生器、逻辑分析仪和逻辑转换仪。这些仪器每种只有一台。在连接电路时，仪器以图标方式存在。需要观察测试数据与波形或者需要设置仪器参数时，可双击仪器图标打开仪器面板。图 2-18 是数字万用表的图标和打开后的面板。

EWB5.0 还提供了如图 2-19 所示的电压表和电流表。这两种电表的数量是没有限制的。存放在指示元件库中可供多次选用。通过旋转操作可以改变其引出线的方向。双击电压表或电流表可以弹出其参数设置对话框。

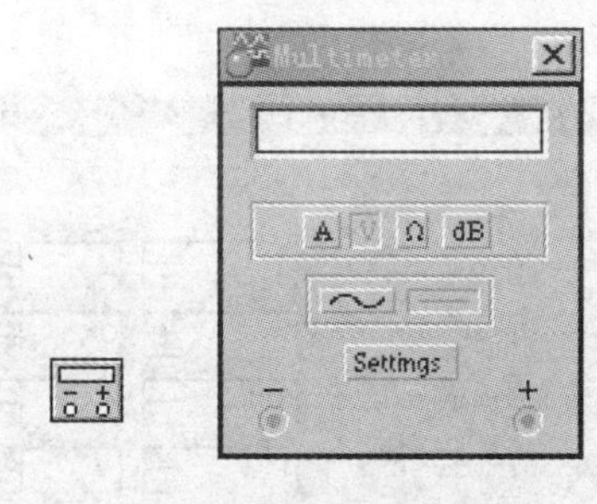

图 2-18　数字万用表

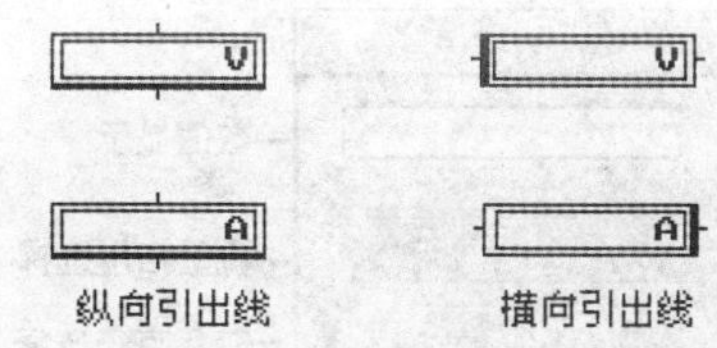

图 2-19　电压表和电流表

这里仅介绍仪器操作的一般方法，详细的使用方法将在以后介绍。

（1）仪器的选用与连接　选用仪器可以从仪器库中将相应的仪器图标拖曳至电路工作区。仪器图标上的连接端用于将仪器连入电路。拖曳仪器图标可以移动仪器的位置。不使用的仪器可以拖曳回仪器栏存放，与该仪器相连的导线会自动消失。图 2-20 是函数信号发生器图标及其连入电路的情况，要把它的接地端与电路中的地线连接。

（2）仪器参数的设置　双击仪器图标打开仪器面板即可设置仪器参数。图 2-21 以函数信号发生器为例说明仪器参数的设置方法及仪器面板的有关操作。

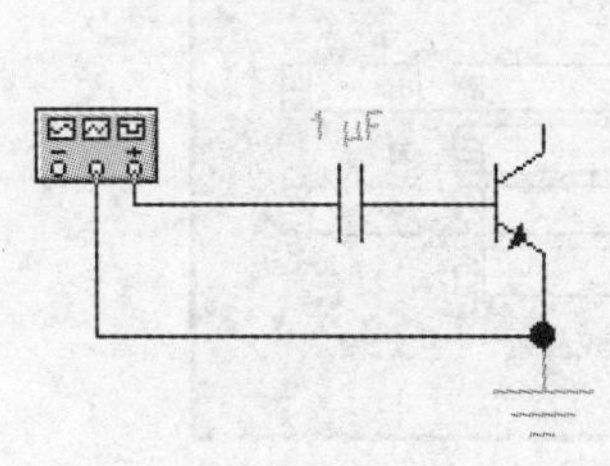

图 2-20　仪器的连接

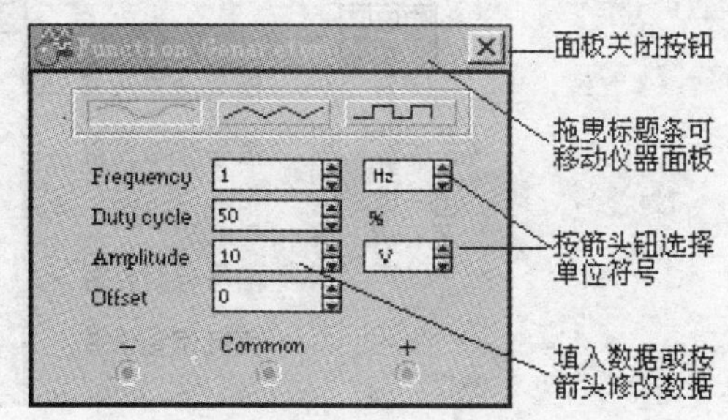

图 2-21　函数信号发生器的参数设置

2.2 虚拟仪器仪表的使用

EWB5.0 的仪器库中共有 7 种虚拟仪器。分别是数字万用表、函数信号发生器、示波器、博德图仪、字信号发生器、逻辑分析仪和逻辑转换仪。前 4 种为模拟仪器，后三种为数字仪器，它们均只有一台。使用时用鼠标单击仪器库图标，便可弹出仪器库，然后拖曳仪器库中某个仪器的图标即可。仅允许图标中的端子与电路连接。双击图标可得到该仪器的面板。在仪器接入电路并打开电路启动开关后，若改变其在电路中的接入点则显示的数据和波形也相应改变，而不必重新启动电路。这给电路仿真带来方便，也与实际工作中的情形相似。

2.2.1 数字万用表的使用

数字万用表如同实验室里使用的数字万用表，是一种自动调整量程的数字多用表。其电压挡的内阻、电流挡的内阻、电阻挡的电流值和分贝挡的标准电压值都可任意进行设置。图 2-22 是它的图标和面板。

按下“Settings”（参数设置）按钮时，就会弹出如图 2-23 所示的对话框，可以设置万用表内部的参数。

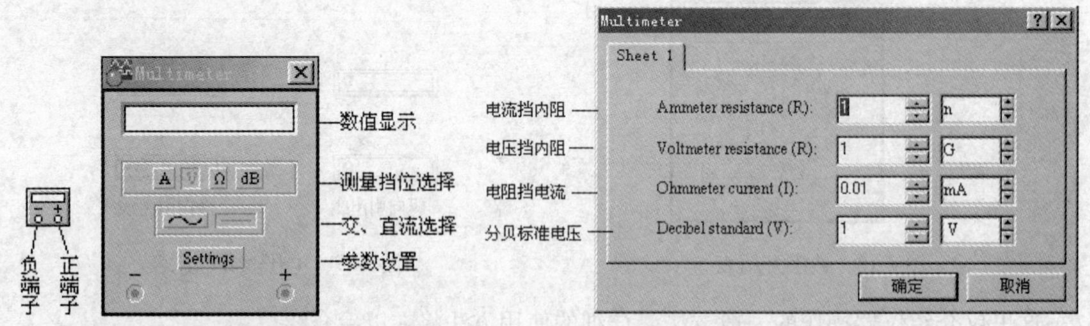

图 2-22 数字万用表的图标和面板　　图 2-23 数字万用表内部参数设置

2.2.2 函数信号发生器的使用

函数信号发生器是用来产生正弦波、方波、三角波信号的仪器，其图标和面板如图 2-24 所示。它能够产生 0.1Hz ~ 999MHz 的三种信号，信号幅度可以在 mV 级到 999kV 之间设置。

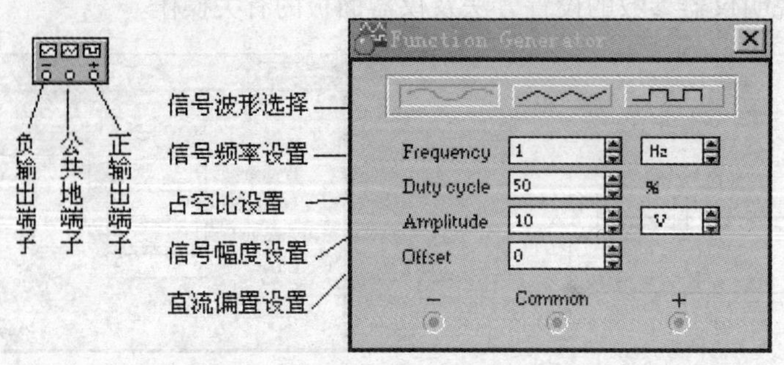

图 2-24 函数信号发生器的图标和面板

2.2.3 示波器的使用

示波器是用来观察信号波形并可测量信号幅度、频率、周期等参数的仪器。示波器的图标和面板如图 2-25 所示。当单击面板中“Expand”按钮时，可以将面板进一步展开。如图 2-26 所示，通过拖曳指针可以详细读取波形任一点的读数，以及两个指针间读数的差。按下“Reverse”按钮可改变示波器屏幕的背景颜色。按下“Save”按钮可按 ASCII 码格式存储波形读数。

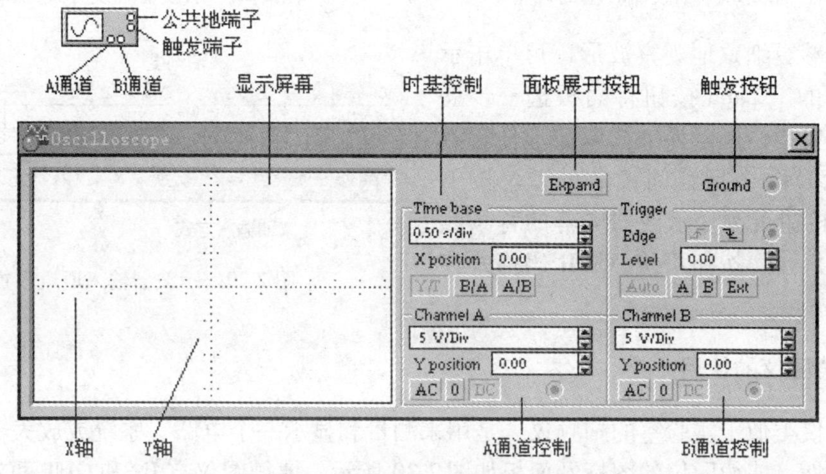

图 2-25 示波器的图标和面板

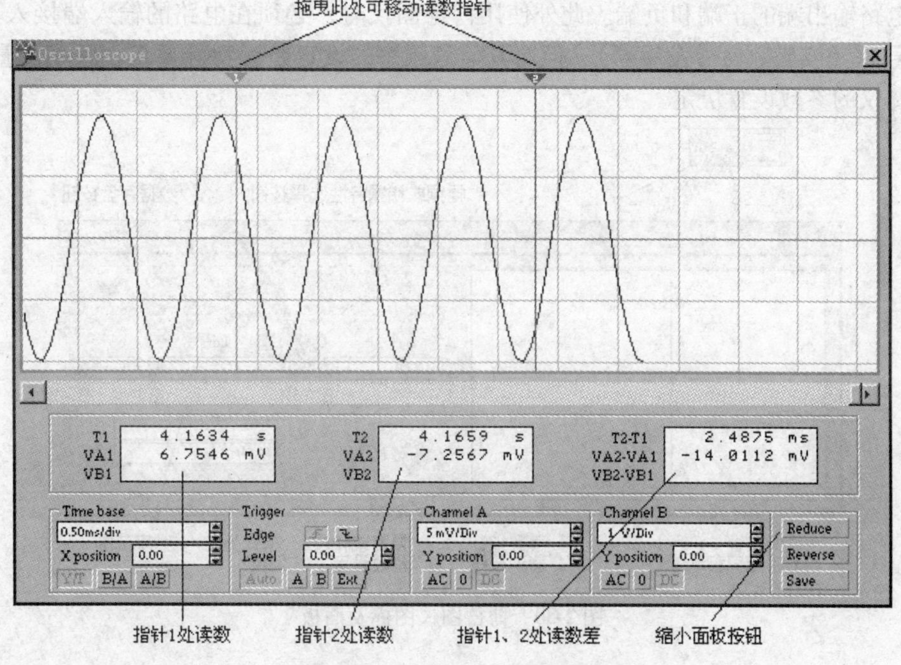

图 2-26 展开后的示波器面板

示波器其他各部分的调整方法如图 2-27、图 2-28、图 2-29 所示。

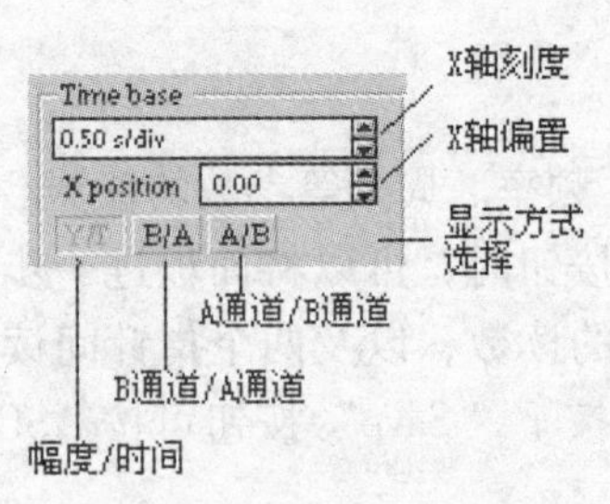

图 2-27　示波器时基的调整

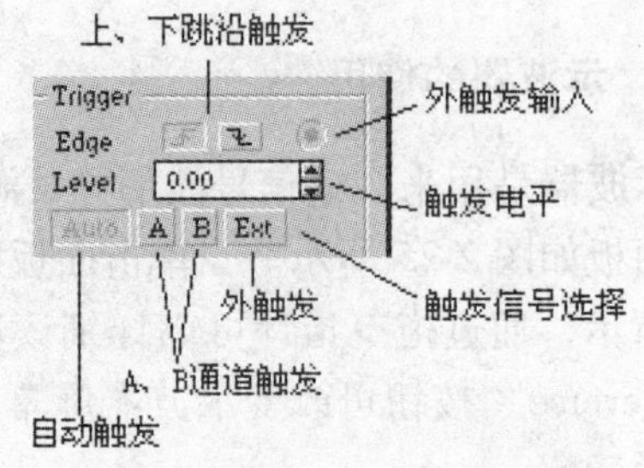

图 2-28　示波器触发方式的调整

为了能够更细致地观察波形，可单击示波器面板上的 Expand 按钮将面板进一步展开。通过拖曳指针可以详细读取波形任一点的读数，以及两个指针间读数的差。按下“Reverse”按钮可改变示波器屏幕的背景颜色。按下“Save”按钮可按 ASCII 码格式存储波形读数。

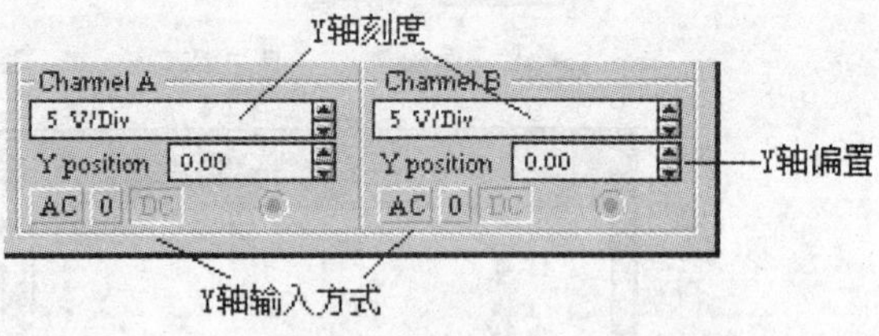

图 2-29　示波器输入通道设置

2.2.4　博德图仪的使用

博德图仪类似于实验室的扫频仪，是用来测量和显示一个电路、系统或放大器的幅频特性与相频特性。博德图仪的图标及面板如图 2-30 所示。博德图仪有 IN 和 OUT 两对端口，其中 IN 端口的 +V 端和 -V 端分别接电路输入端的正端和负端；OUT 端口的 +V 端和 -V 端分别接电路输出端的正端和负端。此外使用博德图仪时，必须在电路的输入端接入 AC（交流）信号源（或函数信号发生器），但对其信号频率的设定并无特殊要求，频率测量的范围由博德图仪的参数设置决定。

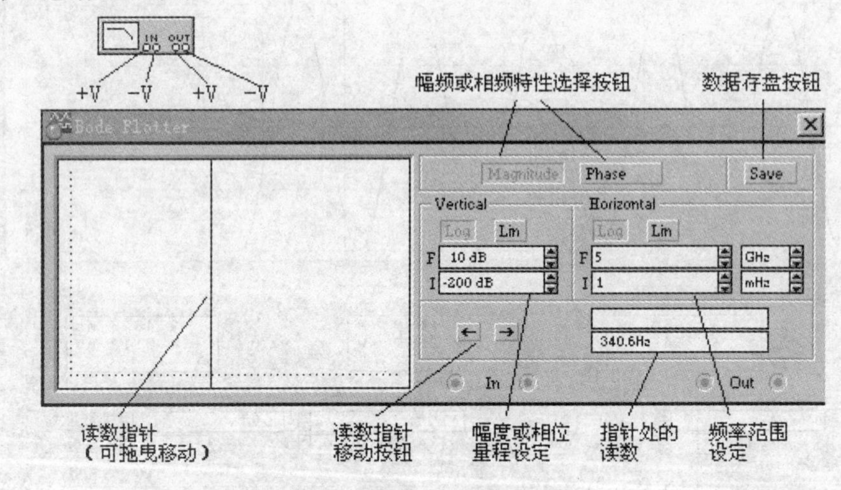

图 2-30　博德图仪图标及面板

电路启动后可以修改博德图仪的参数设置（如坐标范围）及其在电路中的测试点，但修改以后最好重新启动电路，以确保曲线显示的完整与准确。博德图仪参数设置方法如图 2-31所示。

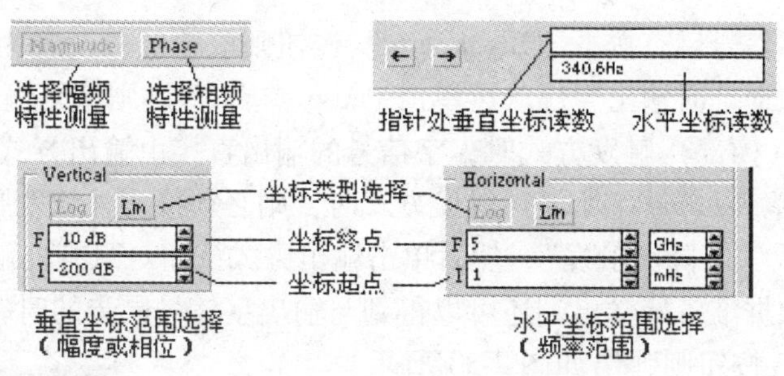

图 2-31　博德图仪参数设置方法

2.2.5　字信号发生器的使用

字信号发生器是一个多路数字逻辑信号源，它能够产生 16 路（位）同步逻辑信号，用于对数字逻辑电路进行测试，其图标和面板如图 2-32 所示。

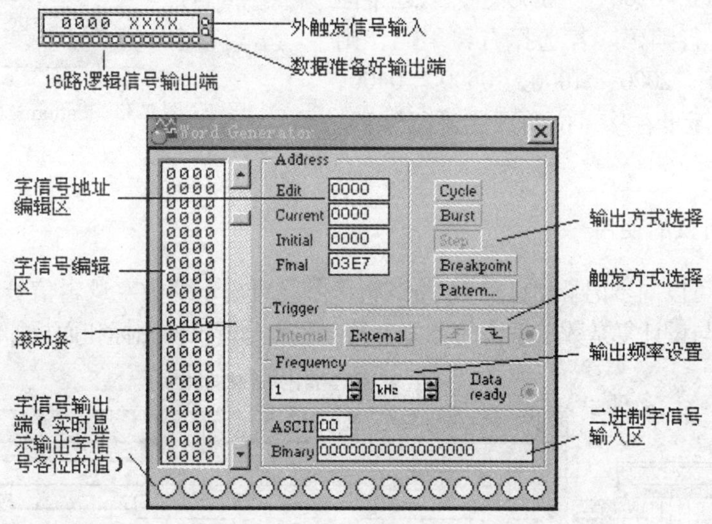

图 2-32　字信号发生器的图标和面板

在字信号编辑区，16bit 的字信号以 4 位十六进制数编辑和存放。可以存放 1024 条字信号，地址编号为 0000H ~ 03FFH。编辑区内的显示内容可以通过滚动条前后移动。使用鼠标单击可以定位和插入需编辑的位置，然后输入十六进制数码。也可以在面板下部的二进制字信号输入区输入二进制码。在地址编辑区可以编辑或显示与字信号地址有关的信息。其中 Edit 区显示当前正在编辑的字信号的地址；Current 区显示当前正在输出的字信号的地址；Initial 区和 Final 区分别用于编辑和显示输出字信号的首地址和末地址。字信号发生器被激活后，字信号被按照一定的规律逐行从底部的输出端送出，同时在面板的底部对应于各输出端的 16 个小圆圈内实时显示输出字信号各个位的值。

字信号的输出方式分为 Step（单步）、Burst（单帧）、Cycle（循环）三种方式。单击一次“Step”按钮，字信号输出一条。这种方式可用于对电路进行单步调试。按下“Burst”按钮，则从首地址开始至末地址连续逐条地输出字信号。按下“Cycle”按钮则循环不断地进行 Burst 方式的输出。Burst 和 Cycle 情况下的输出节奏由输出频率的设置决定。

选中某地址的字信号后，按下“Breakpoint”按钮则该地址被设置为中断点。Burst 输出方式时，当运行至该地址时输出暂停。再单击 Pause 或按 F9 键则恢复输出。

当选择 Internal（内部）触发方式时，字信号的输出直接由输出方式按钮（Step、Burst、Cycle）启动。当选择 External（外部）触发方式时，则必须接入外触发脉冲信号，而且要设置“上升沿触发”或“下降沿触发”，然后单击输出方式按钮。只有外触发脉冲到来时才启动输出。此外，在数据准备好输出端还可以得到与输出字信号同步的时钟脉冲输出。

单击“Patterns”按钮则弹出如图 2-33 所示的对话框。图中前三个选项分别为清除、打开、存盘，用于对编辑区的字信号进行相应的操作。字信号存盘文件的后缀为“. DP”。图中的后 4 个选项用于在编辑区生成按一定规律排列的字信号。例如，若选择递增编码，则按 0000，0001，0010，0011，0100，…的顺序，以逐个向上的递增方式进行编码。若选择右移编码，则按 8000，4000，2000，1000，0800，0400，0200，0100，…逐步右移一位的顺序进行编码。其余类推。

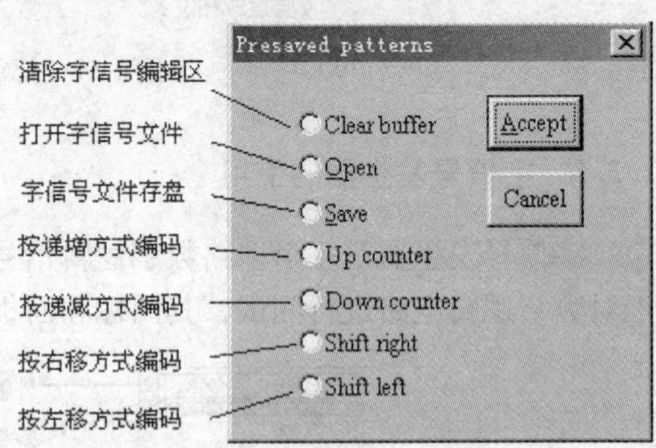

图 2-33　Patterns 对话框

2.2.6　逻辑分析仪的使用

逻辑分析仪可以同步记录和显示 16 路逻辑信号。可用于对数字逻辑信号的高速采集和时序分析，是分析与设计复杂数字系统的有力工具。逻辑分析仪的图标和面板如图 2-34 所示。

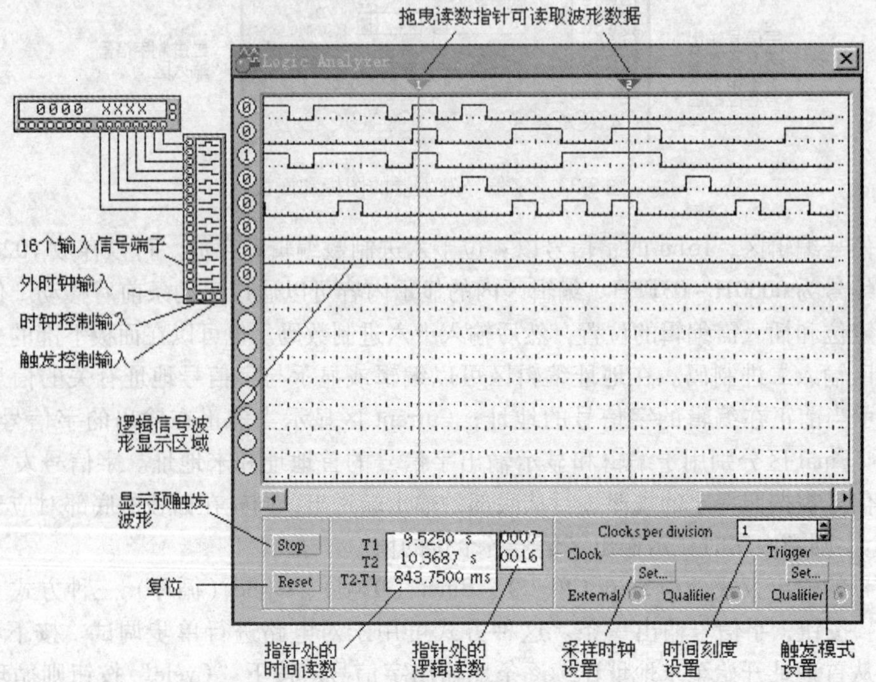

图 2-34　逻辑分析仪的图标和面板

上图的字信号发生器设置为内触发、单步。逻辑分析仪设置为内触发方式。

面板左边的 16 个小圆圈对应 16 个输入端。小圆圈内以“0”或“1”符号实时显示各路输入逻辑信号的当前值，按从上到下排列依次为最低位至最高位。

逻辑信号波形显示区以方波形式显示 16 路逻辑信号的波形。通过设置输入导线的颜色可修改相应波形的显示颜色。

面板下边的 Clock per division 用以设置时间基线刻度。当波形拥挤而看不清楚时，可将时间基线设置得低一些。

拖曳读数指针可读取波形的数据。在面板下部的两个框内显示指针所处位置的时间读数和逻辑读数（4 位十六进制数）。

触发方式有多种选择。单击 Trigger 区的“Set”按钮便弹出触发方式对话框，如图 2-35 所示。

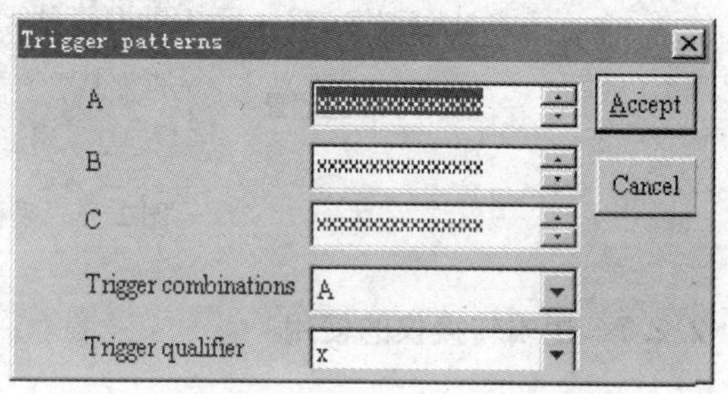

图 2-35　触发方式选择对话框

对话框中有 A、B、C 三个触发字，三个触发字的识别方式可通过 Trigger combination 进行选择，分为如下几种组合情况：

A or B

A or B or C

A then B

（A or B） then C

A then （B or C）

A then B then C

A then B （no C）

触发字的某一位设置为 x 时，表示该位为“任意”（0、1 均可）。三个触发字的默认设置均为 xxxxxxxxxxxxxxxx，表示只要第一个输入逻辑信号到达，无论是什么逻辑值，逻辑分析仪均被触发而开始采集波形数据。否则必须满足触发字的组合条件才被触发。此外，Trigger Qualifier（触发限定字）对触发起控制作用。若该位设为 x，触发控制不起作用，触发完全由触发字决定；若该位设置为 1（或 0），则仅当触发控制输入信号为 1（或 0）时，触发字才起作用；否则即使触发字组合条件满足也不能引起触发。

单击面板图中 Clock 区的“Set”按钮则弹出 Clock setup（采样时钟设置）对话框，如图 2-36 所示。该对话框用于对波形采集的控制时钟进行设置。可以选择内时钟或者外时钟；上跳沿有效或下跳沿有效。如果选择内时钟，还可以设置其频率。此外，Clock Qualifier（时钟限定）表示时钟限制。若该位设置为 1，表示时钟控制输入为 1 时开放时钟，逻辑分析仪可以进行波形采集；若该位设置为 0，表示时钟控制输入为 0 时开放时钟；若该位设置为 x，表示时钟总是开放，不受时钟控制输入的限制。本对话框也可设置触发前点数、触发后点数以及触发电平（通过 Analysis/Analysis Options/Instruments 中关于触发的选项设置，也有同样的设置内容）。触发发生后，逻辑分析仪按照设置的点数显示触发前波形和触发后波形，并标出触发的起始点。在触发前，单击“Stop”按钮可显示触发前波形。任何时候单击“Reset”按钮，逻辑分析仪就会复位，清除显示的波形。

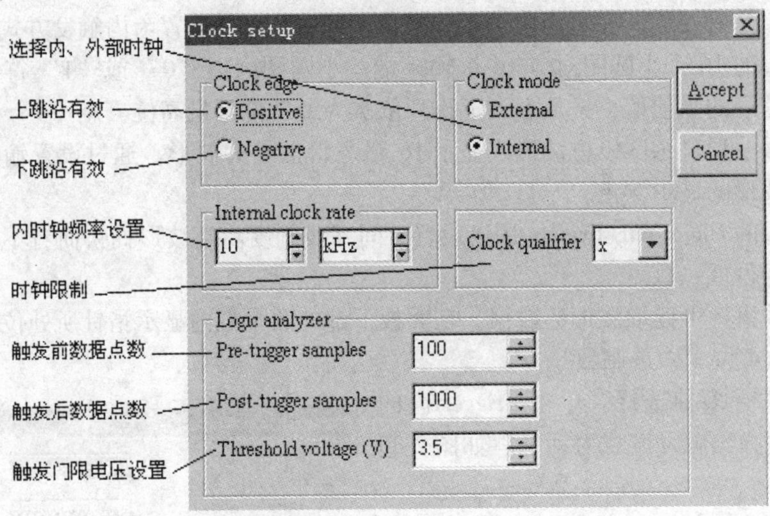

图 2-36 采样时钟设置对话框

2.2.7 逻辑转换仪的使用

逻辑转换仪是 EWB 特有的仪表，在实验室里不存在与之对应的实际仪器。逻辑转换仪能够完成真值表、逻辑表达式和逻辑电路三者之间的相互转换，这一功能给数字逻辑电路的设计与仿真带来了很大的方便。图 2-37 是其图标和面板。图 2-38 是转换方式选择按钮的含义。

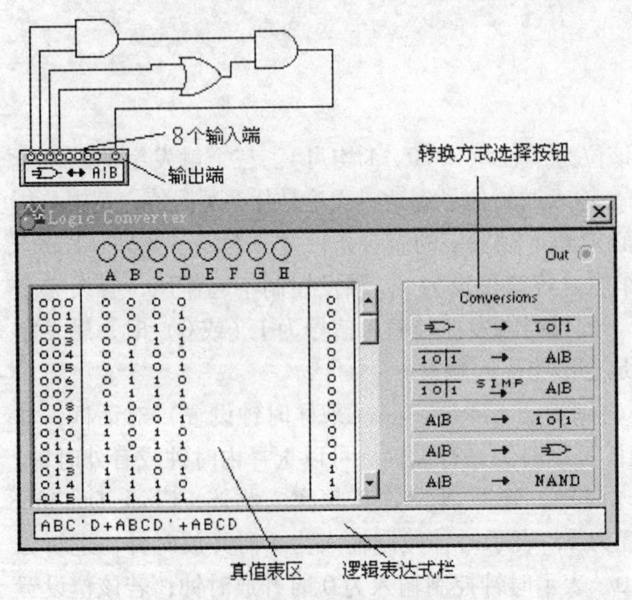

图 2-37 逻辑转换仪的图标和面板

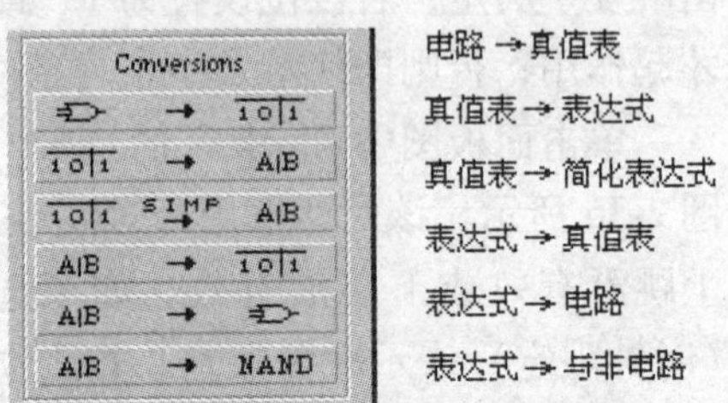

图 2-38 转换方式选择按钮的含义

由逻辑电路导出真值表的方法是：首先画出逻辑电路图，并将其输入端连接至逻辑转换仪的输入端，输出端连接至逻辑转换仪的输出端，见图 2-37。然后按下“电路→真值表”按钮，在真值表区即出现该电路的真值表。

由真值表导出逻辑表达式时，首先根据输入信号的个数用鼠标器单击逻辑转换仪面板顶部代表输入端的小圆圈，选定输入信号（由 A 至 H）。此时真值表区自动出现输信号的所有组合，而输出列的初始值则全部为零。可以根据所需要的逻辑关系修改真值表的输出值。然后按下“真值表→表达式”按钮，在面板的底部逻辑表达式栏出现相应的逻辑表达式。如果要简化该表达式或直接由真值表得到简化的逻辑表达式，按下“真值表→简化表达式”按钮即可。表达式中“'”表示逻辑变量的“非”。

由逻辑表达式得到真值表时，可以直接在逻辑表达式栏输入表达式（“与 或”式及“或 与”式均可），然后按下“表达式→真值表”按钮，便可得到相应的真值表。同样，按下“表达式→电路”按钮则得到相应的逻辑电路图；按下“表达式→与非电路”按钮便可得到由与非门构成的电路。

2.3　电路的仿真过程

EWB 利用计算机的计算功能来完成对模拟电路、数字电路以及混合电路的性能仿真和分析。当使用者在电子工作台上创建一个电路图后，启动电子工作台电源开关或选择适当的仿真分析方法，便可从示波器等虚拟仪器上看到仿真分析结果。下面通过举例来说明模拟电路仿真实验的一般步骤（数字电路较为简单，参见上节数字仪器的使用）。

（1）连接电路　图 2-39 是一个单管放大电路，要观察其输入、输出端的波形，可以采用 2.1 节的方法生成电路、设置元器件参数并连接仪器。可以设置连至示波器输入端的导线颜色为红色，这可以使示波器显示该路波形的颜色也为红色。这种方法常用来区别两路不同的波形。

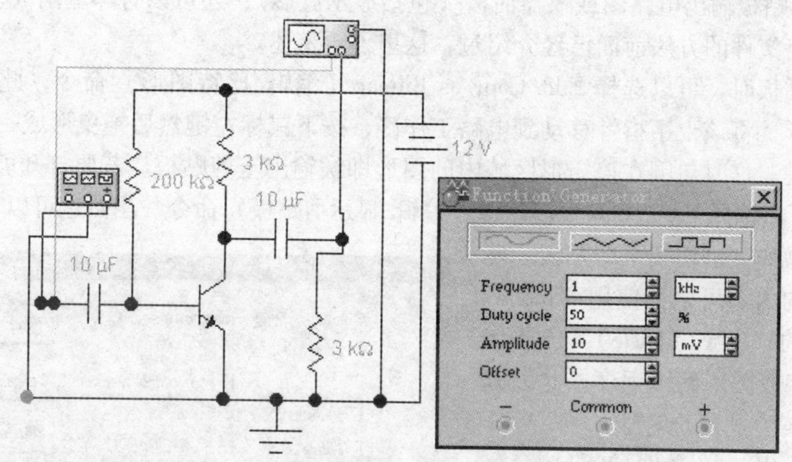

图 2-39　单管放大电路及函数信号发生器参数选择

（2）电路文件存盘与打开　电路生成后可以将其存为电路文件保存，以备调用。方法是选择 File/Save As（文件/另存为）命令。弹出对话框后，选择合适的路径并输入文件名，再按下“确定”按钮即完成电路文件存盘。EWB5.0 会自动为电路文件添加后缀“.EWB”。若需打开电路文件，可选择 File/Open（文件/打开）命令，弹出相应对话框后，操作方法与存盘类似。存盘与打开也可以使用工具栏的有关按钮。

（3）电路的仿真实验　仿真实验开始前可双击有关仪器的图标打开其面板，准备观察被测试波形。本实验的函数信号发生器的参数选择如图 2-39 所示。按下主界面的启动/停止开关，仿真实验开始。若再次按下启动/停止开关，仿真实验结束。如要使实验过程暂停，可单击主界面的左上角的“Pause”（暂停）按钮，也可按计算机键盘的 F9 键。再次单击 Pause 按钮或按 F9 键，实验恢复运行。

电路启动后，需要调整示波器的时基和通道控制，使波形显示正常。本实验的示波器的设置及波形如图 2-40 所示。

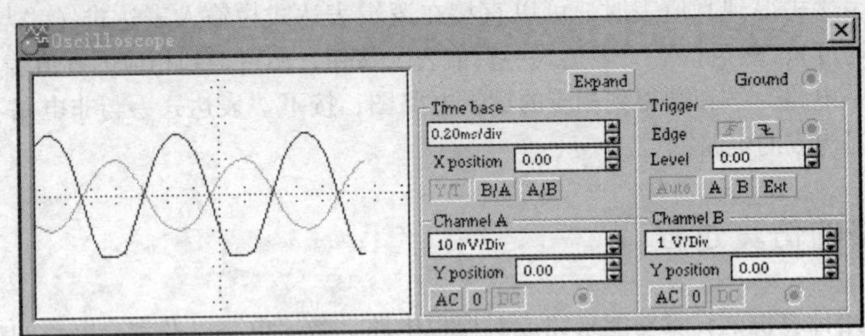

图 2-40 示波器的设置及电路波形

此外，为了便于观察示波器波形，可以在 Analysis/Analysis Options/Instrument 对话框中，对有关示波器的选项进行设置。单击“Expend”（扩展）按钮可以扩展示波器的面板，并可利用读数指针读取波形各点的具体数值。

（4）实验结果的输出 输出实验结果的方法有许多种，可以存储电路文件；也可以用 Windows 的剪贴板输出电路图或仪器面板（包括显示波形）；还可以打印输出。

存储电路文件的方法前面已经介绍过，这里不再赘述。

使用剪贴板时，可以选择 Edit/Copy as Bitmap（编辑/比特图形）命令，此时鼠标器指针成为十字形。将该十字指针移动到电路工作区，按下鼠标左键然后拖曳形成一个矩形，再释放鼠标按键。这时包围在该矩形区域内的图形即被输出至剪贴板。若要打开剪贴板观察剪贴的图形，可以选择 Edit/Show Clipboard（编辑/显示剪贴板）命令。当然也可以使用Windows 本身提供的操作方法切换至剪贴板。传送至剪贴板的内容可以再使用 Windows 本身所提供的“粘贴（Paste）”方法传送至其他文字或图形编辑程序。此种方法可以用于实验报告的编写。

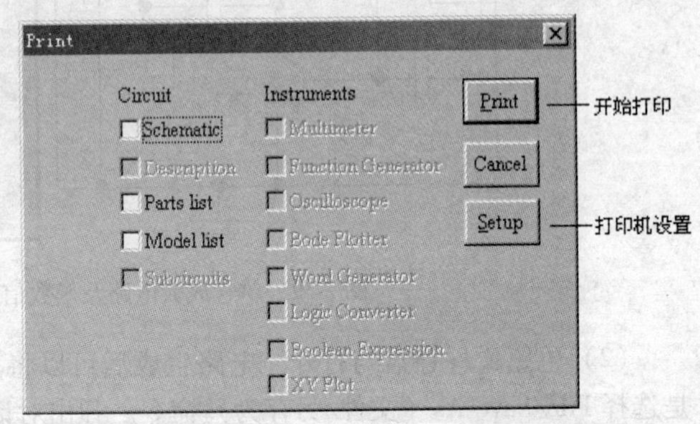

图 2-41 打印机选项对话框

选择 File/Print（文件/打印）命令则弹出如图 2-41 所示的打印机选项对话框，可以选择电路中需要打印的各个部分。其中 Schematic（电路图）总是选中的，其他部分为可选项。按下“Setup”按钮可调出打印机设置对话框，其设置方法同 Windows 的打印机设置方法相同。选择 File/Print Setup（文件/打印设置）命令也同样可以调出打印机设置对话框。全部设置完成后，按下“Print”（打印）按钮执行打印输出。

（5）电路的描述　选择 Window/Description（窗口/描述）命令可以打开电路描述窗口，可以在该窗口中输入有关仿真实验电路的描述内容，该内容将随电路文件一起存储，供以后查阅。一般情况下，为了使电路工作区具有较大的面积，可以关闭电路描述窗口。

2.4　子电路的生成与使用

为了使电路的连接更加简明，可以将一些常用电路定义为子电路。子电路相当于用户自己定义的小型集成电路，可以存放在自定元器件库中供以后反复调用。

下面以由两个门电路构成的半加器电路为例，说明子电路的定义方法。首先选中要定义为子电路的所有器件（器件个数无限制），如图 2-42 所示；然后单击工具栏上的生成子电路按钮或选择 Circuit/Create Sub Circuit（电路/生成子电路）命令弹出如图 2-43 所示的对话框，在 Name 栏中写入子电路名称并根据需要单击其中的某个命令按钮，子电路的定义即完成。此时屏幕上出现已写入的子电路名称为标题的子电路窗口，并将半加器子电路存入自定器件库中，如图 2-44 所示。以后，若拖曳自定器件库的图标中的“SUB”按钮，会弹出如图 2-45 的对话框，可以选择需要的子电路。双击子电路图标可打开子电路窗口，对其作进一步的编辑和修改。可以在子电路窗口中添加或删除元器件；也可以添加引出端，方法是从子电路某一元器件拖曳引出导线至子电路窗口的任一边沿处，待出现小方块时释放鼠标，即得到一个新的引出端。对某一子电路的修改，同时也影响该子电路的其他复制。

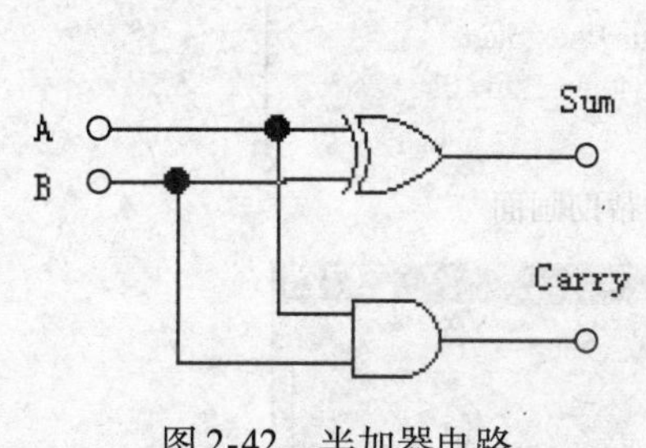

图 2-42　半加器电路

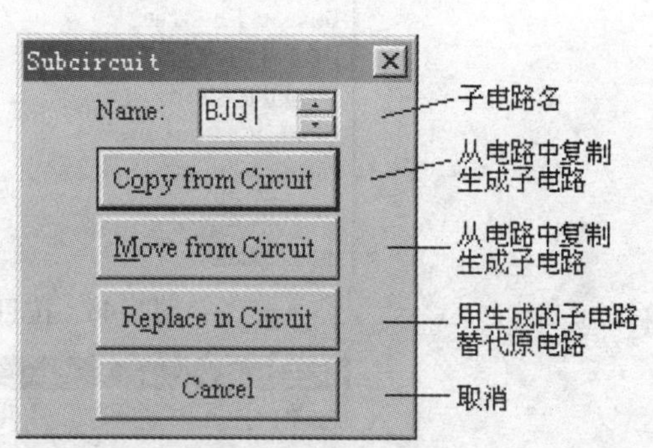

图 2-43　子电路设置对话框

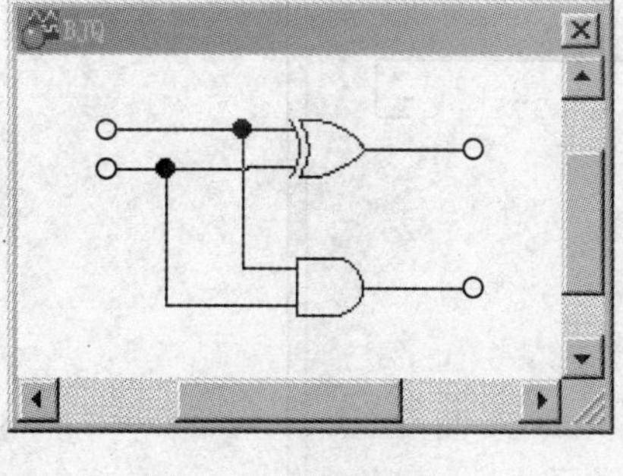

图 2-44　子电路窗口

图 2-45　子电路对话框

需要说明的是，生成的子电路仅在本电路中有效。要应用到其他电路中，可使用剪贴板进行复制与粘贴操作。也可以将其粘贴到（或直接编辑在）DEFAULT EWB 电路文件的自定元器件库中。以后每次启动 EWB5.0，自定元器件库中的子电路会自动出现在电子工作台上，供随时调用。

2.5　帮助功能的使用

EWB5.0 提供了丰富、详尽的联机帮助功能。任何时候，对某一分析功能或操作命令没有把握时，都可以使用帮助菜单或 F1 键去查阅各种有关的信息。

选择 Help/Help Index 命令即可调用和查阅有关的帮助内容。可以按目录或主题搜索方式进行查阅。

图 2-46 是使用目录方式查阅时的初始画面的一部分。由该画面可以层层深入阅读各种感兴趣的内容。如果对某一个元器件或仪器感兴趣，可以“选中”该对象，然后按“F1”键或单击工具栏的“帮助”按钮，与该对象相关的内容即会自动弹出。图 2-47 是按主题搜

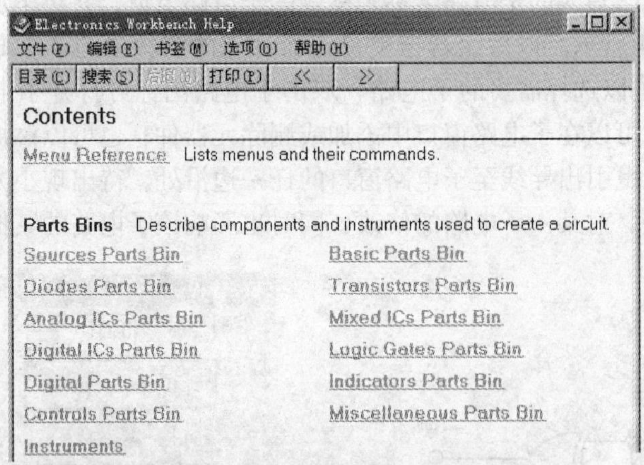

图 2-46　按目录方式的帮助画面

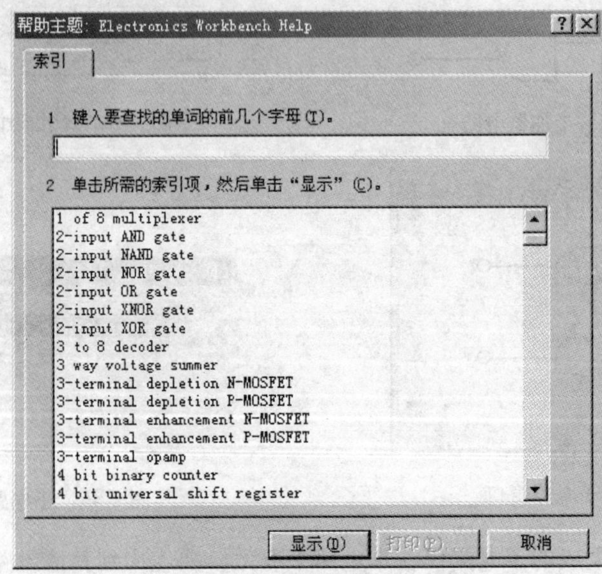

图 2-47　按主题搜索方式的帮助画面

索方式的帮助画面。可以输入要查找单词的头几个字母，由程序自动搜索相关的内容；也可以从图中下面的滚动框中按字母的顺序寻找相关的内容。

2.6　印制电路板的设计

EWB 可以把电路图直接转换成各种印制电路板排版软件能接受的网表文件。网表文件是一种采用文本格式描述电路的文件，有规定的文本格式，用于说明电路中的元器件型号、标识以及在电路中的位置等情况。使用者可以通过文字处理软件如 “Word” 和 “Windows” 操作系统下的记事本、写字板等文本编辑工具，把网表文件转换成文本文件的格式。

EWB 可以同 SPICE 的网表文件相互转换，即可以把在工作区内创建的电路以 SPICE 网表文件形式输出，也可以输入 SPICE 网表文件转换成电路图。

EWB 可以将网表文件送至 PCB 排版软件，与常用的电路设计和排版软件如 OrCad PCB386（*.NET）、Tango（*.NET）等软件相衔接，直接排出印制电路板。

当使用者完成电路分析和设计以后，就可以把电路文件转换成各排版软件的网表文件，在排版软件的支持下，进行印制电路板的排版工作。转换工作的步骤为

1）创建电路，完成电路的分析和设计工作；标注元器件编号、数值、电路节点、电路参考地；去除排电路板时不需要的测试仪器和多余元器件，确认电路无误。

2）单击 “File” 按钮，选中 “Export...” 项，打开其对话框，在 “保存类型（T）” 栏中单击箭头，将出现 OrCad PCB386（*.NET）、Tango（*.NET）等，如图 2-48 所示。选中你熟悉的软件名，在 “文件名（N）” 栏中写入文件名，单击 “保存（S）” 按钮。

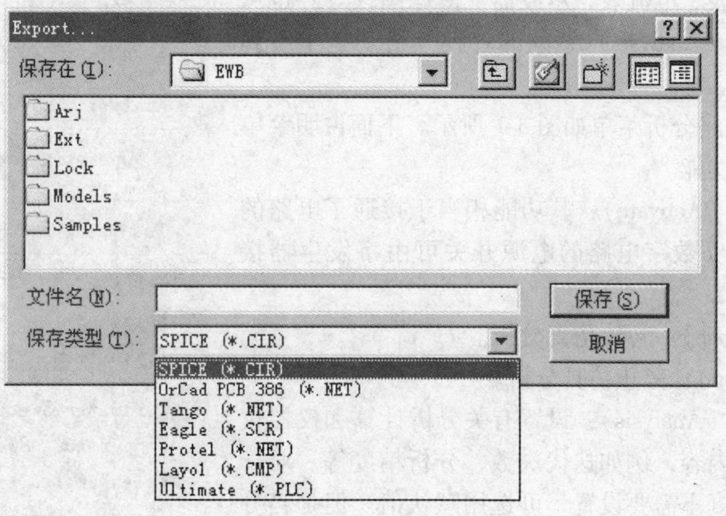

图 2-48　“Export...” 对话框

第 3 章　EWB 的电路分析功能

电子工作台（EWB）可以对电工技术、模拟电子技术、数字电子技术中的电路模型和电子技术应用系统进行电路模型的创建和仿真分析。其分析方法和元器件库的模型均都是以 SPICE 程序为基础，当使用者创建一个电路图，并按下电源开关后，就可以从示波器等测试仪器上得到电路的被测数据或波形。实际上，这个过程是该软件通过计算电路的数学表达式而求得的数值解，然后根据该数值绘制波形。电路中的每个元器件，都有其设定的数学模型，因此，这些元器件模型的精度，就决定了电路仿真结果的精度。采用 EWB 仿真，即通过计算机软件对电工技术、模拟电子技术、数字电子技术中的电路模型进行模拟运行，其整个运行过程可分为 4 个步骤：

（1）数据输入　输入用户创建的电路图结构、元器件数据，选择分析方法。

（2）参数设置　程序检查输入数据的结构和性质以及电路中的阐述内容，对参数进行设置。

（3）电路分析　对输入信号进行分析，它将占据 CPU 工作的大部分时间，是电路进行仿真和分析的关键。它将形成电路的数值解，并将所得数据送至输出级。

（4）数据输出　从虚拟测试仪器仪表上获得仿真结果，如电压表、电流表、示波器、博德图仪等。也可以直接从分析（Analysis）菜单的各种分析功能中看到测量分析结果。

EWB 的电路分析菜单如图 3-1 所示。下面说明菜单中的各种分析功能。

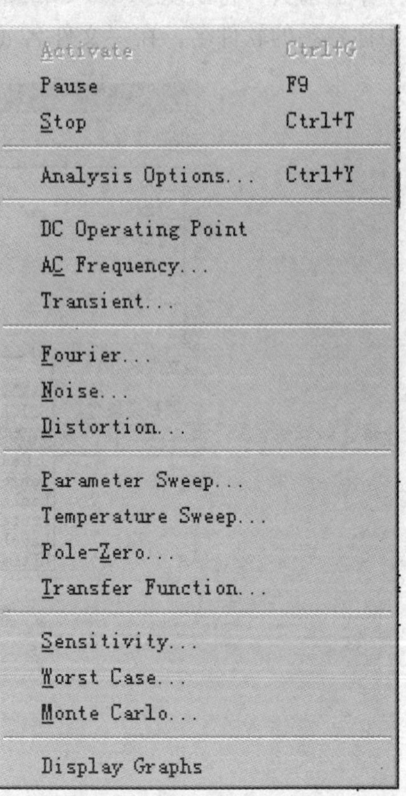

图 3-1　EWB 的电路分析菜单

激活分析（Activate）：其功能相当于接通了电路的仿真电源开关（数字电路的电源开关可由字发生器接通）。

暂停（Pause）：暂停仿真分析。

停止（Stop）：停止仿真分析。

分析选择（Analysis）：设置有关分析计算和仪器仪表使用方面的内容，例如迭代次数、分析精度等。对于一般电路的仿真不需要设置，可选用默认值。但是当分析中出现不收敛问题时，是需要重新设置的。该菜单分为如下设置卡：

通用设置卡（General）；

DC 设置卡（DC）；

瞬态分析设置卡（Transient）；

器件设置卡（Device）；

仪器设置卡（Instrument）。

EWB 有十几种分析功能，即直流工作点分析、交流分析、瞬态分析、傅里叶分析、噪声分析、失真度分析、参数扫描分析、温度扫描分析、极零点分析、传递函数分析、灵敏度分析、最坏情况分析、蒙特卡罗分析等。下面举例介绍它们的分析操作过程。

3.1　直流工作点分析

直流工作点分析（DC Operating Point Analysis）分析既可对创建的直流电路进行分析，又可对交流电路的静态工作点（直流通路）进行分析，如计算晶体管放大器的静态工作点等。分析菜单如图 3-1 所示。在分析过程中，电容被看做开路，电感被看做短路，AC 电源被看做无输出并工作在稳态，电路中的数字器件将被视为高阻接地。直流（DC）工作点分析的结果可用于其他分析。若在分析中出现错误，可阅读本章末尾的仿真中出现的问题与处理。DC 分析的步骤如下：

1）在电子工作台主窗口的电路工作区创建仿真电路。

2）选定菜单栏中的 Circuit/Schematic Option/Show Nodes，则电路的节点标志（ID）显示在电路图上，如图 3-2 所示的直流电路。

3）选定菜单栏中的 Analysis/DC Operating Point 项，电子工作台会自动把电路中所有节点电压数值和电压源支路的电流显示在 Analysis/DC Bias 中，如图 3-3 所示。

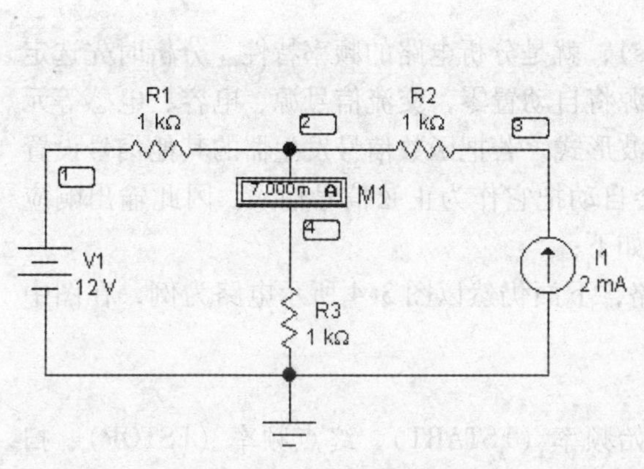

图 3-2　直流电路的创建

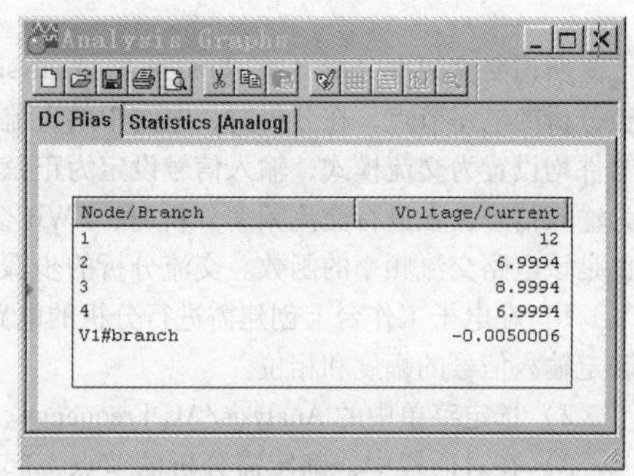

图 3-3　直流电路分析结果

对图 3-2 所示的直流电路，用叠加原理容易求得节点 1、2、3、4 的电位分别为 12V、7V、9V、7V；电压源支路的电流为 -5mA（指向参考点），R3 支路电流为 7mA（指向参考点），这些理论计算值和仿真分析结果是一致的，和图中用直流电流表测得的值也是一致的。

在用 EWB 仿真分析时，节点的概念扩展到两个元器件间的连接点，所以仿真分析结果包括所有元器件的电压值。例如电阻 R1 两端的电压为

$$U_{12} = U_1 - U_2 = 12\text{V} - 7\text{V} = 5\text{V}$$

电阻 $R2$ 两端的电压为

$$U_{23} = U_2 - U_3 = 7\text{V} - 9\text{V} = -2\text{V}$$

从而可得各支路电流。

图 3-4 所示是单管交流放大电路，其静态工作点（直流通路）分析如图 3-5 所示。它是该电路交流频率等分析的基础。

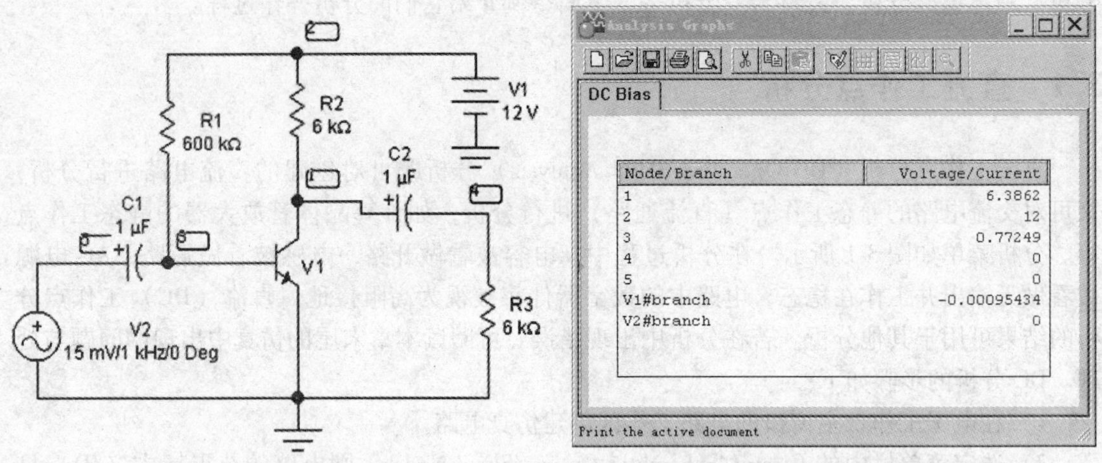

图 3-4 单管交流放大电路　　图 3-5 静态工作点分析结果

3.2 交流频率分析

所谓交流频率分析（AC Frequency Analysis），就是分析电路的频率特性。分析时先选定被分析的电路节点，在分析时，电路中的直流源将自动置零，交流信号源、电容、电感等元器件均设置为交流模式，输入信号设定为正弦波形式。若把函数信号发生器的其他信号设置为输入信号，在进行交流频率分析时，EWB 会自动把它作为正弦信号输入。因此输出响应也是该电路交流频率的函数。交流分析的步骤如下：

1）在电子工作台上创建需进行分析的电路，下面仍然以图 3-4 所示电路为例，在图中确定输入信号的幅度和相位。

2）选定菜单中的 Analysis/AC Frequency。

3）在对话栏中，确定需分析的节点、起始频率（FSTART）、终点频率（FSTOP）、扫描形式（Sweep type）、显示点数（Number Points）和纵向尺度（Vertical Scale）。

对图 3-4 所示电路交流频率分析参数设置对话框的设定与选择如下：

起始频率（Start Frequency）：1Hz（默认设置）；

终止频率（End Frequency）：10GHz（默认设置）；

扫描形式（Sweep Type）：10 倍频（10 倍频/线性/倍频，默认设置为线性）；

点数（点/每单位）（Number of Points/Points Per）：100（对线性而言，起始至终止间共有多少点数，默认设置为 100）；

纵向刻度（Vertical Scale）：Log（对数）（线性/对数/分贝，默认设置为线性）；

分析的节点号（Nodes for Analysis）：4（将被分析的节点编号 4 加到 Add 欲分析节点 Nodes for Analysis，默认设置为节点 1）。

4）按“Simulate”（仿真）键，即可在显示图上获得被分析节点的频率特性波形。按

"Esc"键，将停止仿真。

交流频率分析的结果，可以显示成幅频特性和相频特性两个图，如图 3-6 所示。如果用博德图仪连至电路输出端和被测点，同样也可以获得交流频率特性。

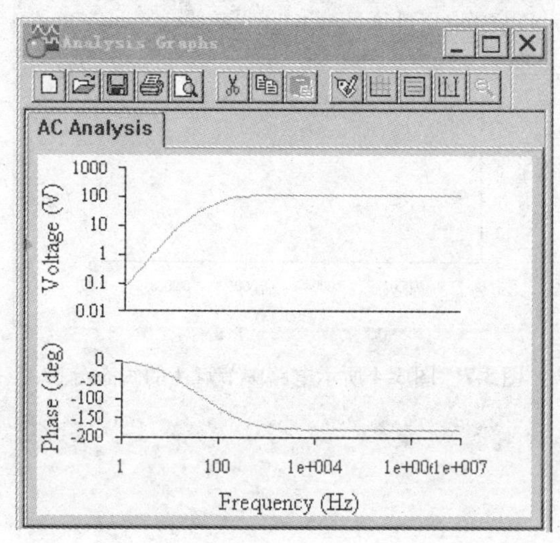

图 3-6　图 3-4 所示电路中节点 4 的频率特性

3.3　瞬态分析

瞬态分析（Transient Analysis），是指电路选定节点的时域响应。即观察该节点在整个显示周期中每一时刻的电压波形。进行瞬态分析时，直流电源保持常数，交流信号源随着时间而改变，电容和电感都是储能元件。在对选定节点进行瞬态分析时，需按 Analysis 栏对话框的要求进行，一般可对该节点作"直流工作点分析"，其结果可以作为瞬态分析的初始条件。瞬态分析的步骤如下：

1）在电子工作台上创建需进行分析的电路图，确定输入信号的幅度和相位。

2）选定菜单栏中的 Analysis/Transient。

3）按对话框要求设置参数。瞬态分析对话框的选项、取值及含义如下：

设置为零（Set to Zero）：不选（若从零初始状态开始则选择此项）；

使用者定义（User-defined）：不选（若从使用者所定义的初始状态开始，则选择此项）；

计算静态工作点（Calculate DC Operating Point）：选用（若从静态工作点开始分析，则选择此项）；

起始时间（Start Time）：0s（瞬态分析的起始时间必须大于或等于零，而且小于终止时间）；

终止时间（End Time）：0.001s（瞬态分析的终止时间，必须大于起始时间）；

自动产生步进时间（Generate Time Steps）：选中（EWB 将尝试选择模拟电路的合理性及最大步进时间）。

4）按"Simulate"键，即可在显示图上获得被分析节点的瞬态波形，按"Esc"键，将停止仿真。瞬态分析的结果与用示波器观察的结果是一样的。但是采用瞬态分析方法，可以通过设置，更仔细地观察到波形起始部分的变化情况。仍以图 3-4 电路为例，分析电路中节点 4 的瞬态波形，其结果如图 3-7 所示。

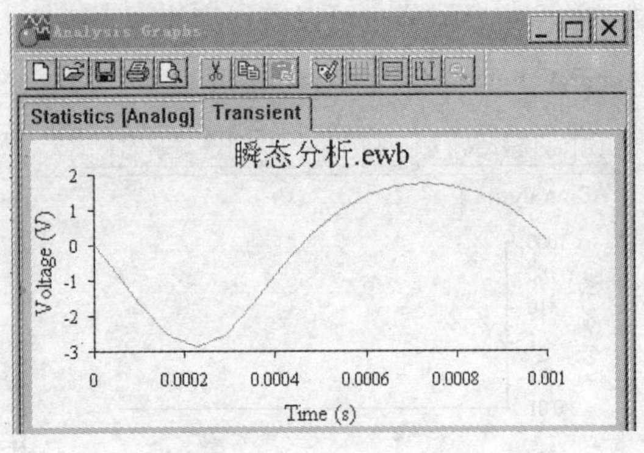

图 3-7　图 3-4 所示电路中节点 4 的瞬态分析

3.4　傅里叶分析

傅里叶分析（Fourier Analysis）方法用于分析一个时域信号的直流分量、基波分量和谐波分量。即把被测节点处的时域变化信号作离散傅里叶变换，求出它的频域变化规律，将被测量节点的频谱显示在分析图窗口中。在进行傅里叶分析时，必须首先选择被分析的节点，一般将电路中的交流激励源的频率设定为基频，若在电路中有几个交流电源时，可将基频设置在这些电源频率的最小公因数上。傅里叶分析步骤为

1）在电子工作台上创建要分析的电路图，如图 3-8 所示。该电路输入正弦波时，输出（节点 3）为梯形波。用示波器观测的输出梯形波，如图 3-9 所示。

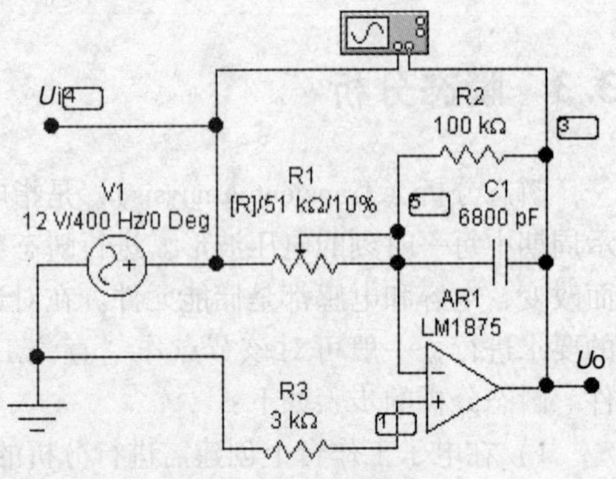

图 3-8　梯形波产生电路

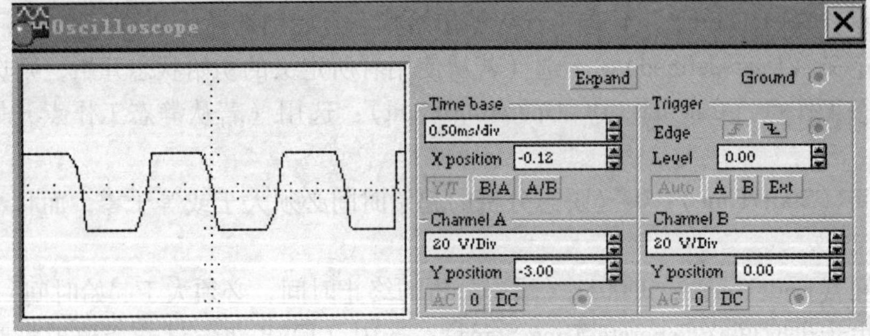

图 3-9　示波器观测梯形波

2）选定菜单栏中的 Fourier Analysis 项。

3）按对话框的要求设置参数。傅里叶分析参数设置对话框如图 3-10 所示，傅里叶分析对话框的选项、取值及含义如下：

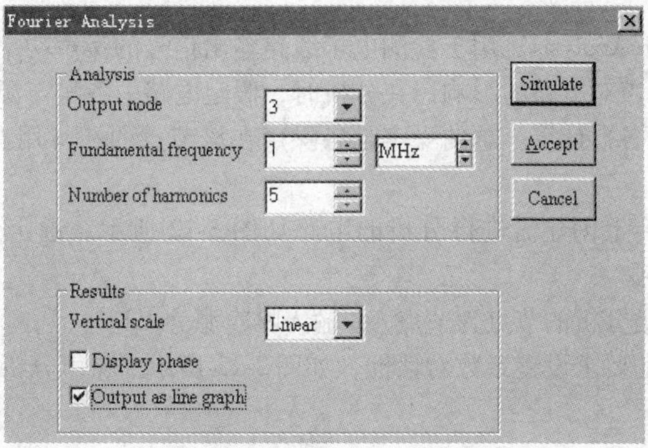

图 3-10　傅里叶分析对话框

输出节点（Output node）：3（电路中被分析的节点，默认设置为第一个节点）；

基频（Fundamental frequency）：1MHz（傅里叶分析的基频，为交流电源的频率或最小的公因数，默认设置为 1Hz）；

谐波数（Number of harmonics）：5（被计算、显示的基频谐波数，默认设置为 9）；

纵向刻度（Vertical scale）：线性（线性/对数/分贝，默认设置为线性）；

相角显示（Display phase）：不选（显示相频特性曲线）；

线上输出（Output as line graph）：不选（显示幅频特性曲线，而不是傅里叶变换的条形码）。

4）按“Simulate”键，即可在显示图上获得被分析节点 3 的 Fourier 变换波形，如图 3-11所示。按“Esc”键，将停止仿真。

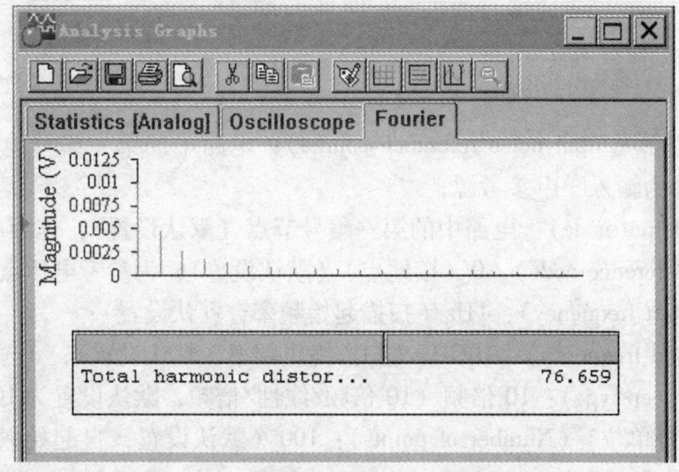

图 3-11　方波信号傅里叶分析频谱图

傅里叶分析可以显示被分析节点的电压幅频特性也可以显示相频特性，显示的幅度可以是离散条形，也可以是连续曲线形，默认设置为离散型。

3.5　噪声分析

噪声分析（Noise Analysis）用于检测电子线路输出信号的噪声功率幅度，用于计算、分析电阻或晶体管的噪声对电路的影响。在分析时，假定电路中各噪声源是互不相关的，因此它们的数值可以分开各自计算。总的噪声是各噪声在该节点的和（用有效值表示）。噪声分析步骤如下：

1）在电子工作台上创建需进行分析的电路如图3-12所示。选定分析栏中的噪声分析（Analysis/Noise）选项。

2）确定电路中被分析的节点为节点4，输入噪声源为V2。

3）根据对话框的要求设置参数对话框，如图3-13所示。噪声分析对话框中的选项、取值以及含义如下：

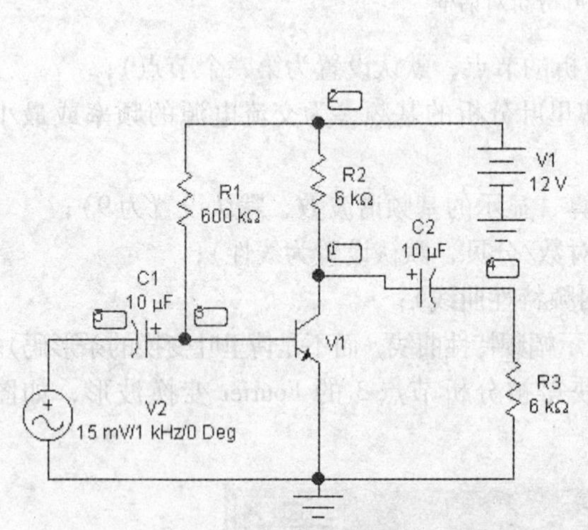

图3-12　噪声分析电路

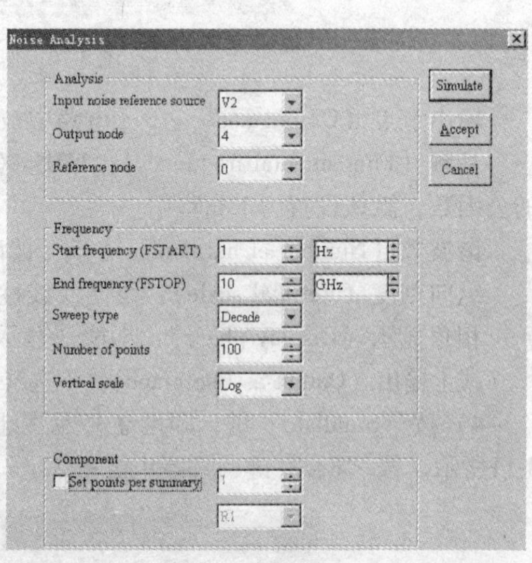

图3-13　噪声分析参数设置对话框

输入噪声参考源（Input noise reference source）：电路中的第一编号电源（默认设置），选择交流电压源作为输入噪声参考源；

输出节点（Output node）：电路中的第一编号节点（默认设置），作噪声分析的节点；

参考节点（Reference node）：0（接地点）（默认设置），为参考电压点；

起始频率（Start frequency）：1Hz（扫描起始频率，默认设置）；

终止频率（End frequency）：10GHz（扫描终止频率，默认设置）；

扫描形式（Sweep type）：10倍频（10倍频/线性/倍频，默认设置为10倍频）；

总点数（点/每单位）（Number of points）：100（默认设置，自起始频率至终止频率之间的总点数）；

纵向刻度（Vertical scale）：对数（对数/线性/分贝，默认设置为对数）；

设置电路观测点的点数（Set point per summary）：不选（当选择该项时，显示被选元件噪声作用时的曲线，用求和的点数除以频率间隔数，会降低输出显示图的分辨率）；

设置噪声源的总点数（Points Pre Summary Component）：电路中的第一编号元件（默认设置），当选择该选项时，即选择噪声源进行求和。

举例来说，在噪声分析对话框中，把 V1 作为输入源，把节点 1 作为输出节点，则电路中各噪声源在节点 1 处形成的输出噪声，用该输出噪声除以电路的增益所获得的等效输入噪声来表示，再把它作为信号输入一个假定没有噪声的电路，即获得节点 1 处的实际输出噪声。

4）按仿真“Simulate”键，即可在显示图上获得被分析节点的噪声分布曲线图，如图 3-14 所示。按“Esc”键，将停止仿真。图中下部的曲线为输入噪声功率曲线，上部曲线为输出噪声功率曲线。

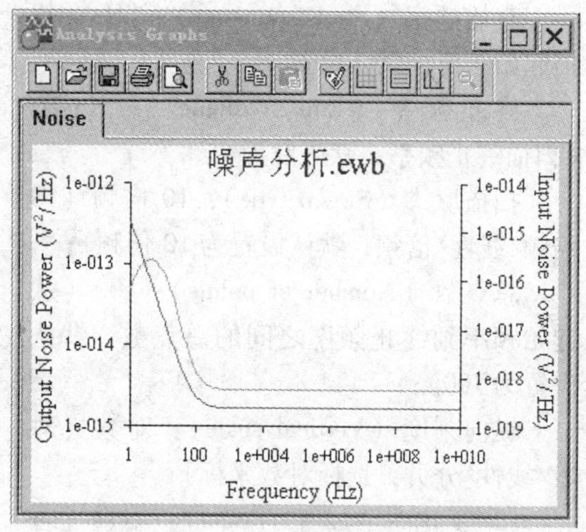

图 3-14　共射极放大电路输出噪声功率曲线

3.6　失真分析

失真分析（Distortion Analysis）用于分析电子电路中的谐波失真和内部调制失真，主要用于小信号模拟电路。若电路中有一个交流信号源，该分析能确定电路中每一个节点的二次谐波和三次谐波的复数值。若电路中有两个交流信号源，该分析能确定电路变量在三个不同频率处的复数值。三个不同频率是：两个频率之和的值、两个频率之差的值以及第一个频率的 2 倍频与另一个频率的差值。该分析方法是对电路进行小信号失真分析，尤其适合观察在瞬态分析中无法看到的比较小的失真。失真分析步骤为：

1）在电子工作台上创建失真分析电路，如图 3-15 所示。晶体管 Q2N2222A 的电流放大系数设定为 100，其他参数如图 3-15 所示。

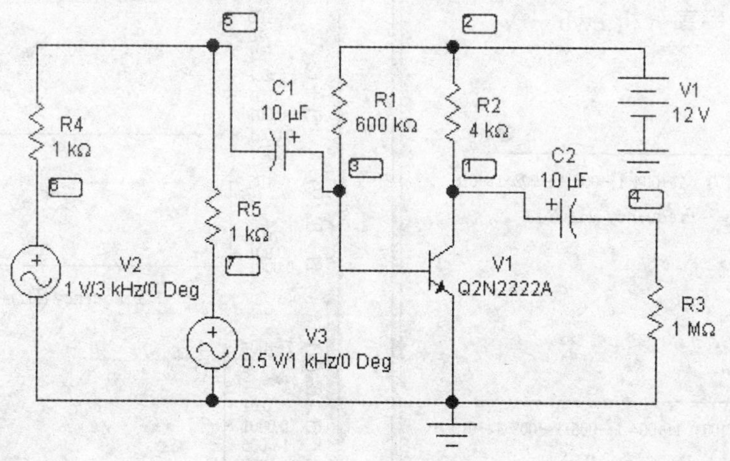

图 3-15　失真分析电路

2）选定菜单中的 Distortion Analysis 选项。

3）按对话框要求设置参数。失真分析参数设置对话框如图3-16所示。噪声分析对话框中的选项、取值以及含义如下：

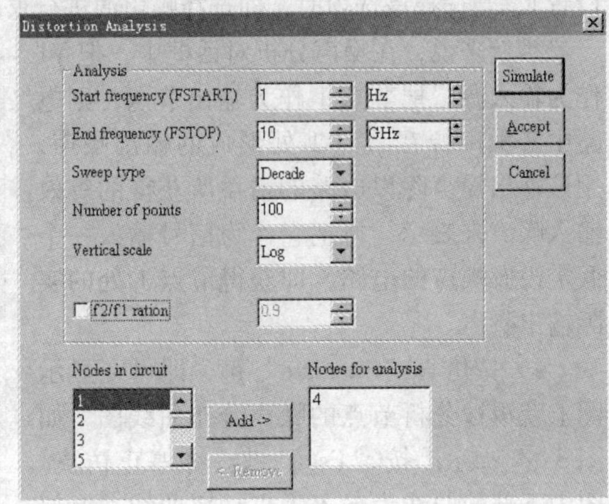

图3-16 失真分析参数设置对话框

起始频率（Start frequency）：1Hz（扫描起始频率，默认设置）；

终止频率（End frequency）：10GHz（扫描终止频率，默认设置）；

扫描形式（Sweep type）：10倍频（10倍频/线性/倍频，默认设置为10倍频）；

总点数（Number of points）：100（从起始频率到终止频率之间的总点数，默认设置为100）；

纵向刻度（Vertical scale）：对数（对数/线性/分贝，选择对数坐标）；

f2/f1比率（f2/f1 ration）：不选（若信号有两个频率f1和f2，当不选定该项时，分析结果为二次谐波和三次谐波的失真情况，当选定该项时，f1进行扫描，f2被设定成该比值乘以起始频率，必须在0和1之间取值，并得到两个频率之和的值、两个频率之差的值以及第一个频率的二倍频与另一个频率的差值等三种互调失真情况）；

欲分析节点（Nodes for analysis）：节点4（选择被分析的节点）。

4）按仿真“Simulate”键，即可在显示图上获得被分析节点的失真波形，图3-17所示为节点4的二次谐波和三次谐波的失真情况，图3-18所示为节点4的电路内部调制频率，f1+f2、f1－f2和2×f1－f2的互调失真情况。

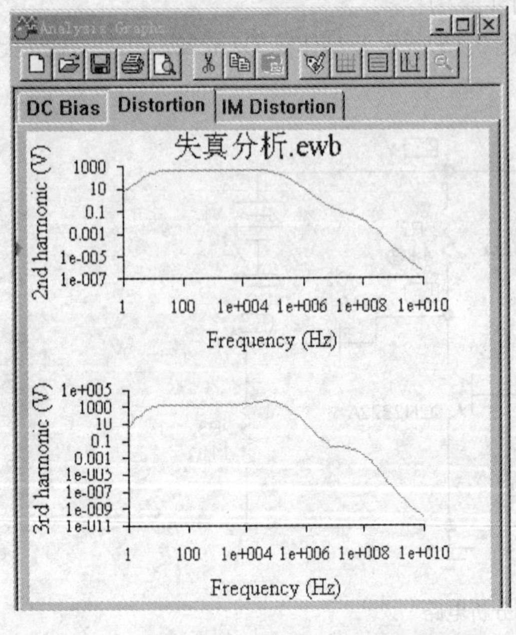

图3-17 节点4的二次谐波和三次谐波失真情况

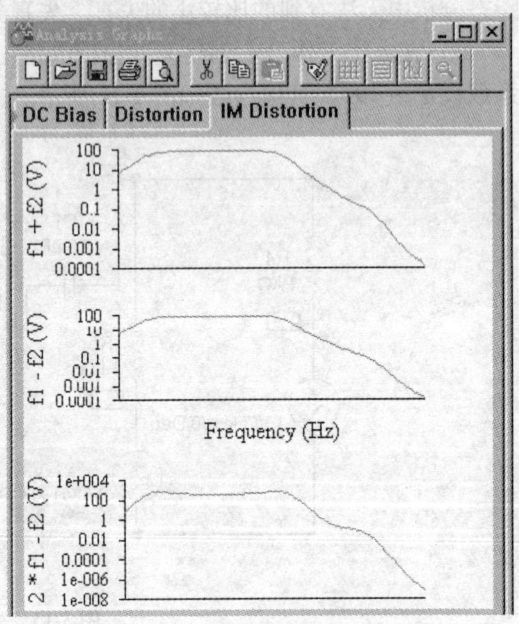

图3-18 节点4的电路内部调制频率

3.7　参数扫描分析

对电路进行参数扫描分析（Parameter Sweep Analysis），可以较快地获得某元件的参数在一定范围内变化时，对电路响应的影响，获得静态分析、瞬态分析、交流频率分析等随着参数变化的情况，它相当于该元件每次取不同的值，相应地进行一次仿真，是电路分析、调整和设计的快捷方法。通过“参数扫描分析”对话框，选择被分析元件的起始值、终止值和增量值。参数扫描的分析步骤为：

1）创建要分析的电路，如图 3-19 所示。该电路是由 555 定时器构成的自激多谐振荡器，由参数扫描分析可观测电容器 C0 上的充放电电压波形随其参数变化的情况。

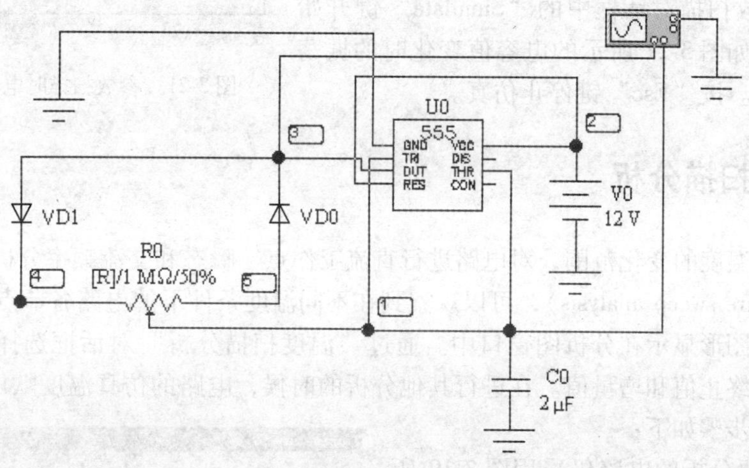

图 3-19　参数扫描分析

2）选择分析项中的参数扫描栏。确定电路被分析的节点、元件和被分析的参数的取值范围。

3）选择扫描方式（直流工作点、瞬态和交流频率分析）。

4）修改对话框中的分析参数设置。参数扫描分析设置对话框如图 3-20 所示。参数扫描对话框中的选项、取值以及含义如下。

元件（Component）：C0（选择欲扫描的元件）；

参数（Parameter）：电容值（欲扫描的元件的第一参数）；

起始值（Start value）：所选元件的参数值（扫描的起始值）；

终止值（End value）：所选元件的参数值（扫描的终止值）；

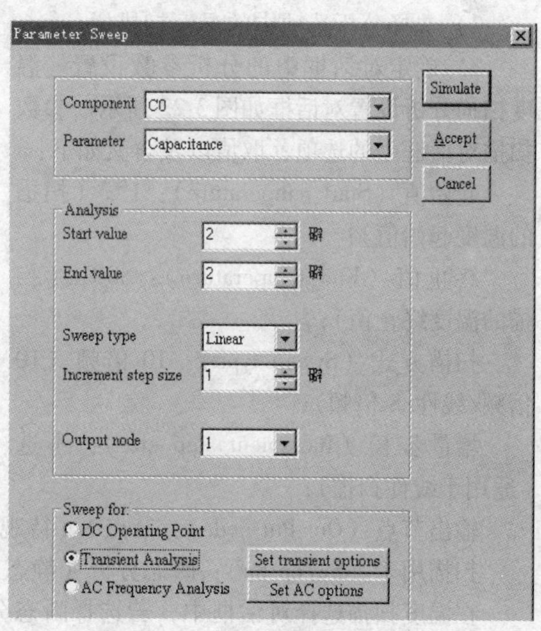

图 3-20　参数扫描分析设置对话框

扫描方式（Sweep type）：线性（10倍频/线性/8倍频）；

增量步长（Increment step size）：1（根据参数值大小而定，仅适用于线性扫描）；

输出节点（Out put node）：节点1（欲分析的电路中的节点）；

扫描适用：（Sweep for）：瞬态分析（直流工作点分析/瞬态分析/交流频率分析）。

在参数扫描选择对话框中，若选择瞬态分析或交流分析选项，按参数扫描对话框中的“Set transient options”键或“Set AC options”键，将打开这两个对话框，以观察和修改被分析的元件的参数。

5）按参数扫描对话框中的“Simulate”键开始仿真，观察到如图3-21所示的电容值变化时的振荡频率变化情况。按“Esc”键停止仿真。

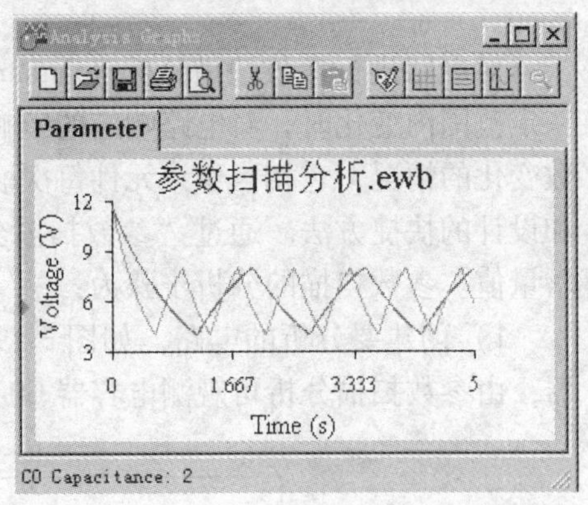

图3-21　参数扫描时电容的电压波形

3.8　温度扫描分析

改变环境温度的变化范围，对电路进行直流工作点、瞬态和交流频率分析，温度扫描分析（Temperature sweep analysis），可以观察到在不同温度条件下的电路各节点电压和支路电流，并用曲线图形显示在分析图窗口中。通过“温度扫描分析”对话框选择被分析元件温度的起始值、终止值和增量值。在进行其他分析的时候，电路的仿真温度默认设定在27℃。温度扫描分析步骤如下：

1）创建要分析的电路仍采用图3-19所示电路，确定欲分析的节点和元器件。

2）选择分析选项中的温度扫描栏。

3）确定对话框中的分析参数设置。温度扫描分析设置对话框如图3-22所示。参数扫描对话框中的选项、取值以及含义如下：

起始值（Start temperature）：1℃（扫描的温度起始值）；

终止值（End temperature）：80℃（扫描的温度终止值）；

扫描方式（Sweep type）：10倍频（10倍频/线性/8倍频）；

增量步长（Increment step size）：不选（适用于线性扫描）；

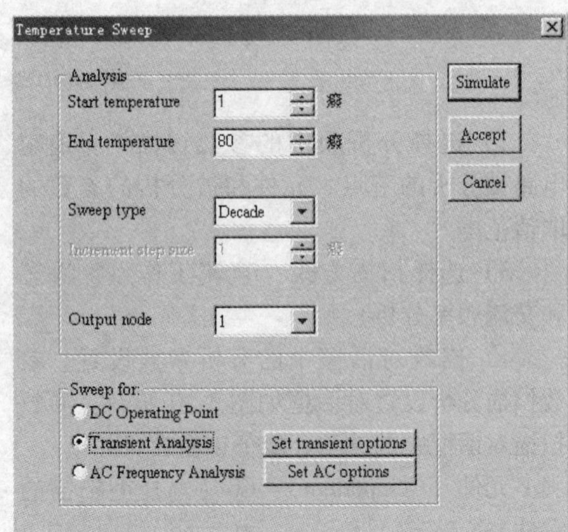

图3-22　温度扫描分析设置对话框

输出节点（Out Put node）：节点1（待观察结果的节点）；

扫描用于（Sweep for）：瞬态分析（静态工作点/瞬态分析/交流频率分析）。

在温度扫描选择对话框中，若选择瞬态分析或交流分析选项，你可以按“Set transient options”键或“Set AC options”键，将打开相应的对话框，可以观察和修改被分析的参数。

若按“Set transient options”键，将弹出如图 3-23 所示的对话框。

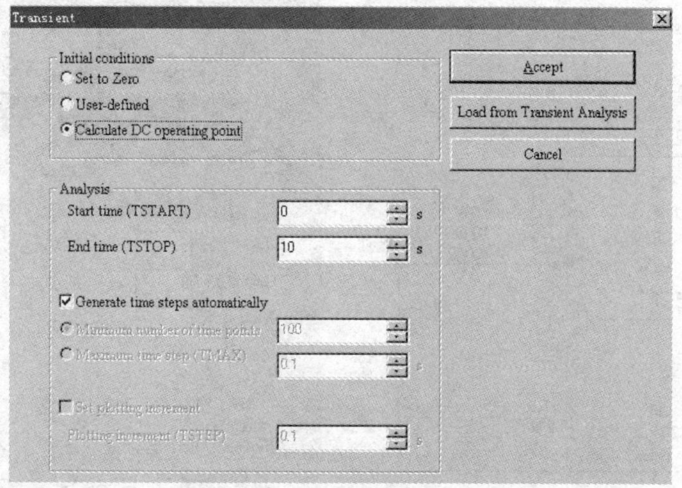

图 3-23　温度扫描瞬态分析选项

4）按参数扫描对话框中的“Simulate”键，开始仿真，观察到如图 3-24 所示仿真波形，是电路的工作温度从 1～80℃时的输出波形变化情况。按“Esc”键停止仿真。

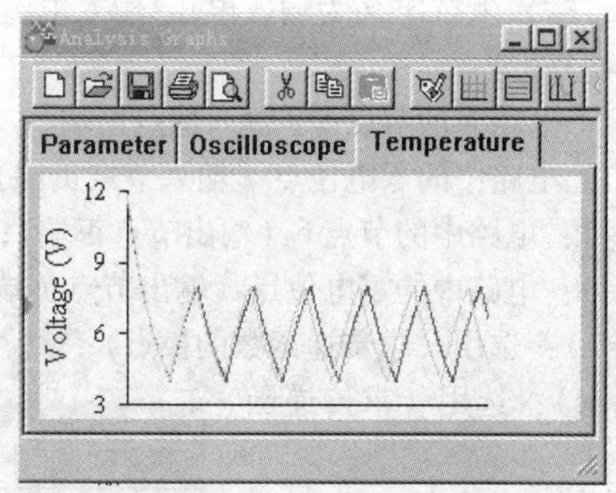

图 3-24　温度扫描分析波形图

3.9　极-零点分析

该分析方法用于计算交流小信号电路传递函数中的零点和极点。极-零点分析（Pole-Zero Analysis）方法是一种对电路的稳定性分析的方法。通常先进行直流工作点分析，求得非线性器件线性化的小信号模型。在此基础上再分析传递函数的极、零点以及电路的稳定性。极-零点分析步骤如下：

1）创建待分析的电路，如图 3-25 所示。该电路是静态工作点稳定的共发射极电路，晶体管为理想模型。

2）选择菜单栏的 Pole-Zero Analysis 选项。

3）确定参数设置对话框的内容。极-零点分析参数设置对话框如图 3-26 所示。极-零点分析对话框的选项、取值及含义如下：

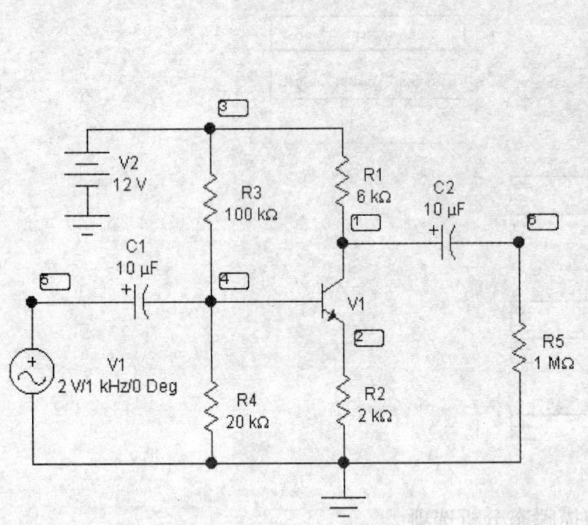

图 3-25　极-零点分析电路

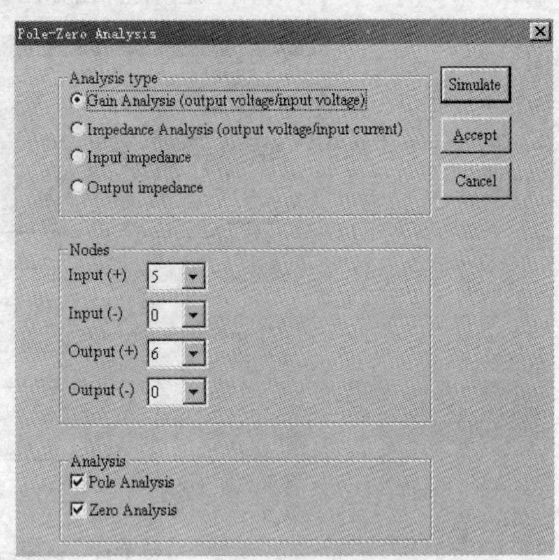

图 3-26　极-零点分析参数设置对话框

分析类型（Analysis type）：增益分析（增益分析定义为输出电压/输入电压；阻抗分析定义为输出电压/输入电流；输入阻抗定义为输入电压/输入电流；输出阻抗定义为输出电压/输出电流，默认值为增益分析）；

输入正节点 Input（+）：电路中的节点 5（输入节点正端）；

输入负节点 Input（−）：电路中的零电位点（输入节点负端）；

输出正节点 Output（+）：电路中的节点 6（输出节点正端）；

输出负节点 Output（−）：电路中的零电位点（输出节点负端）；

极点分析（Pole Analysis）：选用（求传递函数的极点）；

零点分析（Zero Analysis）：选用（求传递函数的零点）。

电路的输入节点“Input（+）”和“Input（−）”对应传递函数的输入端。电路中的输出节点“Output（+）”和“Output（−）”对应传递函数的输出端。

4）按“Simulate”键开始分析，静态工作点稳定的共发射极电路极-零点分析结果如图 3-27 所示。按“Esc”键停止分析。

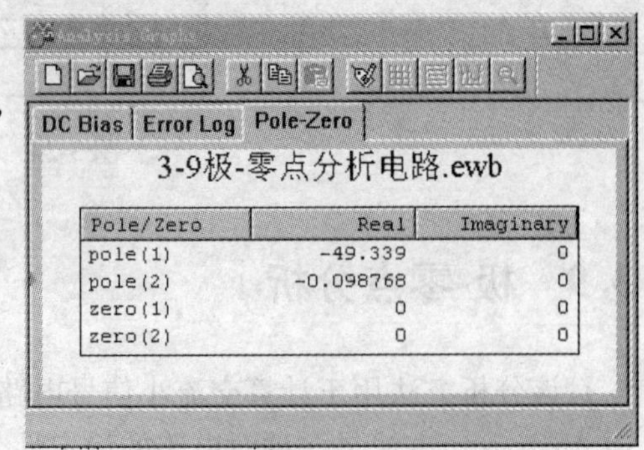

Pole/Zero	Real	Imaginary
pole(1)	-49.339	0
pole(2)	-0.098768	0
zero(1)	0	0
zero(2)	0	0

图 3-27　极-零点分析结果

3.10　传递函数分析

在进行传递函数分析（Transfer Function Analysis）之前，应首先对模拟电路或非线性元件进行直流工作点分析，求得线性模型。传递函数分析可以分析一个独立电源与两个节点的输出电压或一个独立电源与一个电流输出变量之间的直流小信号传递函数。也可以用于计算输入、输出阻抗。输出变量可以是电路任意节点的电压，但输入必须是独立电源。传递函数分析步骤如下：

1）创建传递函数分析电路，如图 3-28 所示，该电路是由集成运算放大器组成的反相输入比例运算电路。确定电路的输出节点、参考节点和输入独立电源后，分析该电路的输入阻抗、输出阻抗以及传递函数。

2）选择菜单栏的 Analysis/Transfer Function 选项。

3）确定传递函数分析参数设置对话框的内容。传递函数参数设置对话框如图 3-29 所示。对话框的选项、取值及含义如下：

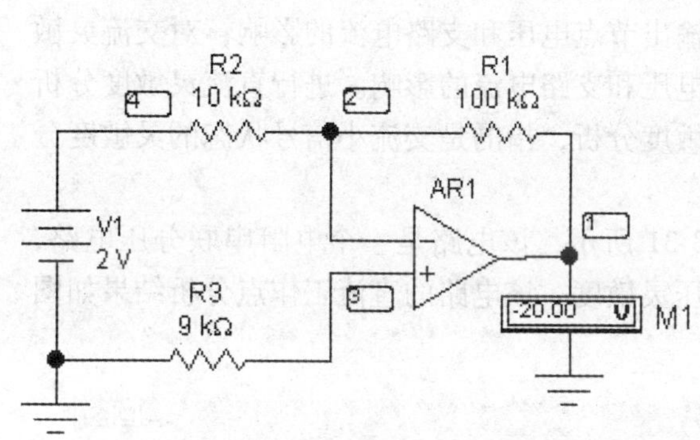

图 3-28　传递函数分析电路

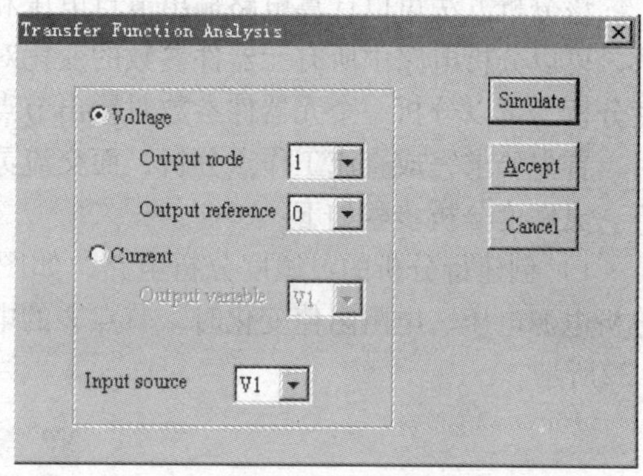

图 3-29　传递函数参数设置对话框

电压/电流（Voltage/Current）：电压（选择电压或电流，默认设置为电压）；

输出节点（Output node）：节点 1（电路中要分析的节点）；

输出参考点（Output reference）：接地点（电路的参考点）；

输出变量（Output variable）：电路中的电源（若选择电流，必须是电路中的电流源）；

输入电源（Input source）：电路中的电源（选择电压源或电流源）。

4）按“Simulate”按钮开始分析，分析结果如图 3-30 所示，图中给出了输出阻抗、节点 1 的电压增益和输入阻抗的值。按“Esc”键停止分析。

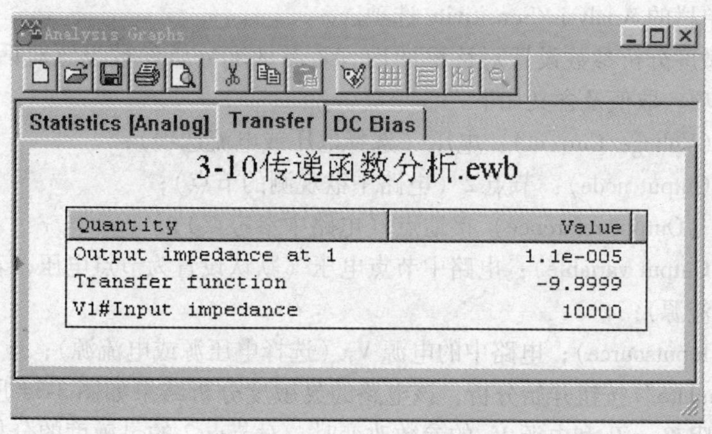

图 3-30　传递函数分析结果

3.11 灵敏度分析

灵敏度是指电路中任何一个节点的电压或支路电流对电路中元件参数的敏感程度。它用于衡量电路中元器件参数的变化引起电路中电压或电流变化的程度。

对网络函数 $T(x)$，x 为其中某一元件的参数，定义函数 T 对参数 x 的灵敏度为

$$S_x^T = \frac{\partial T}{\partial x}$$

该分析方法可以计算电路输出节点电压和支路电流的交、直流灵敏度。对直流灵敏度分析，可以分析电路中所有元器件参数的变化对输出节点电压和支路电流的影响；对交流灵敏度分析，可以分析一个元器件参数对输出节点电压和支路电流的影响。进行直流灵敏度分析时，首先要求完成直流工作点分析，而交流灵敏度分析，指的是交流小信号状态的灵敏度分析。灵敏度分析步骤如下：

1）创建待分析的灵敏度分析电路，如图 3-31 所示，该电路是一个电阻串联分压电路，分析电源电压、电阻阻值变化时，节点 2 的电压灵敏度。该电路的直流工作点分析结果如图 3-32所示。

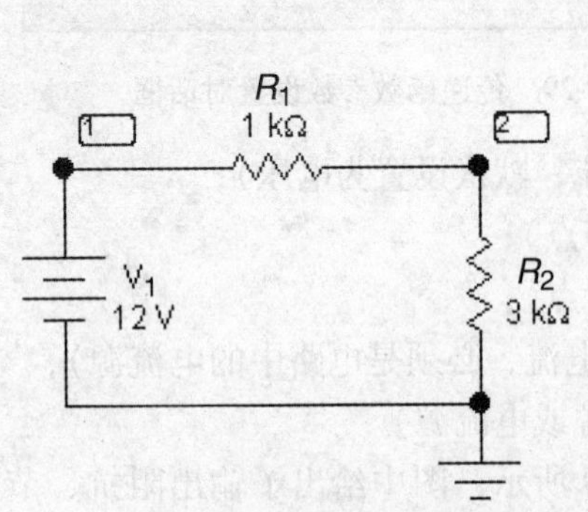

图 3-31 灵敏度分析电路

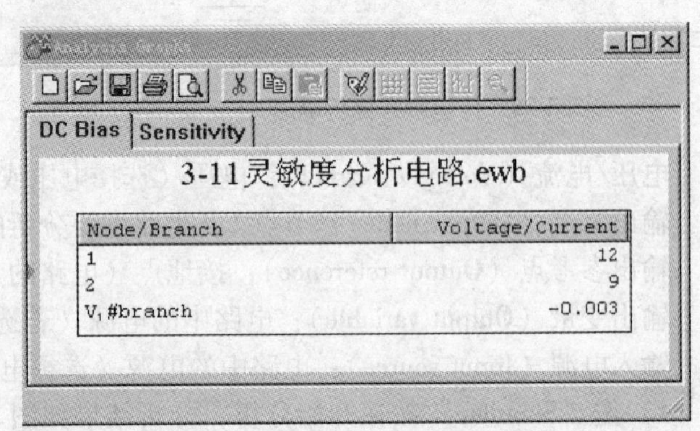

图 3-32 直流工作点分析结果

2）选择菜单栏的 Analysis/Sensitivity 选项。

3）修改灵敏度分析参数设置对话框的内容。灵敏度分析参数设置对话框如图 3-33 所示。对话框的选项、取值及含义如下：

电压/电流（Voltage/Current）：电压（选择电压或电流选项）；

输出节点（Output node）：节点 2（电路中欲观测的节点）；

输出参考点（Output reference）接地点（电路中参考点）；

输出变量（Output variable）：电路中节点电压（默认设置为节点电压，若选择电流，必须是电路中的电流源）；

输入电源（Inputsource）；电路中的电源 V_1（选择电压源或电流源）；

4）按“Simulate”按钮开始分析，该电路的灵敏度分析结果如图 3-34 所示，图形显示窗口中给出的电阻 R_1、R_2和电源 V_1 的参数改变时，对节点 2 的灵敏度的分析值，与理论计算值是一致的。

Sensitivity Analysis

Analysis
Voltage
Output node　2
Output reference　0
Current
Output source　V1

Simulate
Accept
Cancel

Frequency
DC Sensitivity
AC Sensitivity
Start frequency (FSTART)　1　Hz
End frequency (FSTOP)　10　GHz
Sweep type　Decade
Number of points　100
Vertical scale　Log

Component
R1

图 3-33　灵敏度分析参数设置对话框

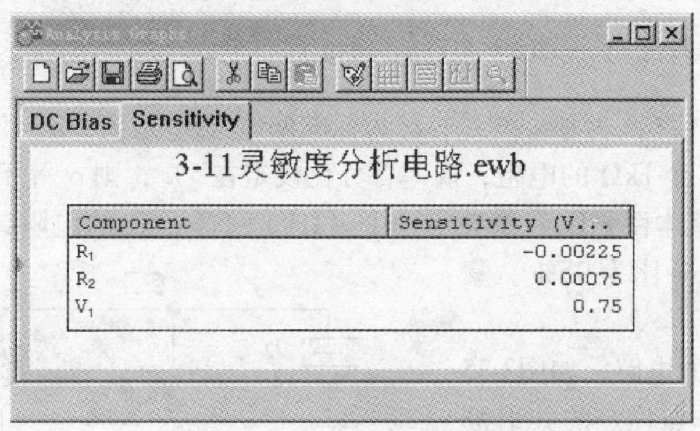

图 3-34　灵敏度分析结果

节点 2 的电压 V_2 表示为

$$V_2 = \frac{R_2}{R_1 + R_2} V_1$$

R_1 对节点 2 的灵敏度表达式为

$$S_x^T = \frac{\partial T}{\partial x} = \frac{\partial V_2}{\partial R_1} = \frac{\partial}{\partial R_1} \frac{R_2}{R_1 + R_2} V_1 = -0.00225$$

R_2 对节点 2 的灵敏度表达式为

$$S_x^T = \frac{\partial T}{\partial x} = \frac{\partial V_2}{\partial R_2} = \frac{\partial}{\partial R_2} \frac{R_2}{R_1 + R_2} V_1 = 0.00075$$

电压 V_1 对节点 2 的灵敏度表达式为

$$S_x^T=\frac{\partial T}{\partial x}=\frac{\partial V_2}{\partial V_1}=\frac{\partial}{\partial V_1}\frac{R_2}{R_1+R_2}V_1=0.75$$

当 R_1 的阻值增加时，电路中节点 2 的电压将减小，所以 R_1 对节点 2 的灵敏度数值为负数。当 R_2、V_1 值增加时，电路中节点 2 的电压将增加，所以 R_2、电源 V_1 对节点 2 的灵敏度数值为正数。

交流灵敏度分析的方法与直流灵敏度分析的方法完全雷同。交流灵敏度分析方法仅适合模拟电路的小信号电路模型。

3.12　蒙特卡罗分析

蒙特卡罗分析（Monte Carlo Analysis）是采用统计分析方法来观测给定电路中的元件参数，按选定的误差分布类型在一定的范围内变化时，对电路特性的影响。用这些分析结果可以预测电路在批量生产时的成品率和生产成本。

在进行分析时，首先进行电路的标称数值分析，然后在该数值的基础上，加减一个 σ 值进行运行。该 σ 值取决于所选定的误差分布类型。Monte Carlo 分析方法提供了两种分布类型：

1）均匀分布（Uniform）元件值在它的容差范围内以相等的概率出现，是一种线性的分布形式。

2）正态高斯分布（Gaussian）分布概率为

$$P(x)=\frac{1}{\sqrt{2\pi\sigma}}\exp\left[-\frac{(\mu-\chi)^2}{2\sigma^2}\right]$$

式中，μ 为标称参数值；x 为独立变量；σ 为标准偏差（SD）值，σ = 误差百分比 × 标称值。

例如：电路中一个 1kΩ 的电阻，误差百分比设定在 5%，则 σ 等于 50Ω，即误差范围在 0.95～1.05kΩ，则总体百分比为 68%。一个（1.96 ± 5%）kΩ 的电阻，误差范围为 0.902～1.098kΩ，其总体百分比为 95%。蒙特卡罗分析步骤如下：

1）创建待分析的电路，如图3-35 所示，此图为一工作点稳定的共射极放大电路，晶体管选用 Q2N2222A，观察以节点 5 为输出端的频率响应的蒙特卡罗分析曲线。

2）选择菜单栏的 Monte Carlo Analysis选项。

3）确定蒙特卡罗分析参数设置对话框的内容。蒙特卡罗分析参数设置对话框如图 3-36 所示，对话框的选项、取值及含义如下：

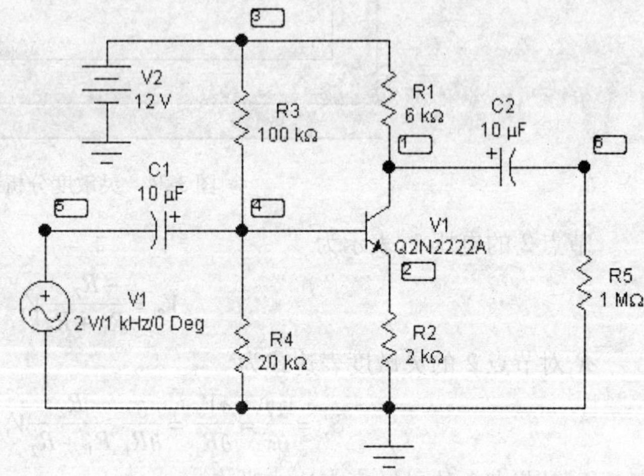

图 3-35　蒙特卡罗分析电路

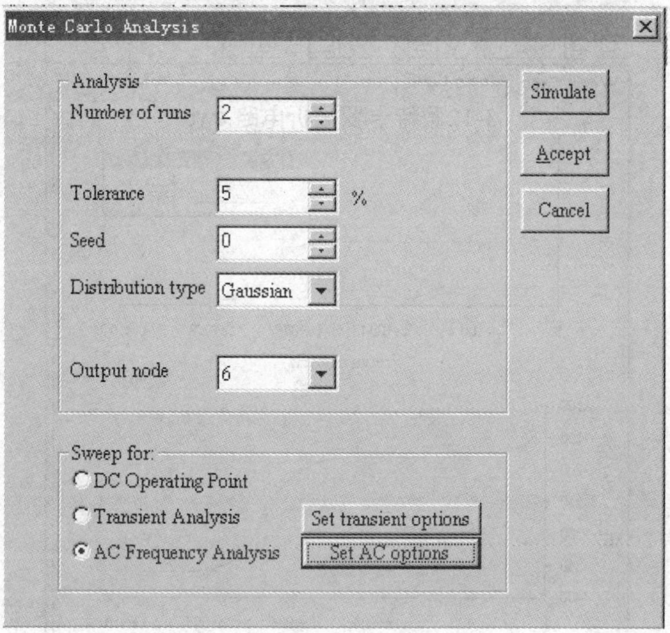

图 3-36　蒙特卡罗分析参数设置对话框

执行次数（Number of runs）：2（必须大于或等于 2 次）；

容许误差（Tolerance）：5%（指平均分布函数的最大变化量或高斯标准分布函数的百分比，默认设置为 5%）；

种子（Seed）：0（用来启动随机函数发生器）；

分布函数类型（Distribution type）：平均分布函数（平均分布函数/高斯分布函数，默认设置为平均分布函数）；

输出节点（Output node）：电路中的节点 6（要观察的电路节点）；

扫描...（Sweep for...）：交流频率分析（选择：静态工作点/瞬态分析/交流频率分析，若选择瞬态分析或交流频率分析，可以再通过设置“瞬态分析/交流频率分析”对话框确定各选项。蒙特卡罗交流频率分析对话框如图 3-37 所示）。

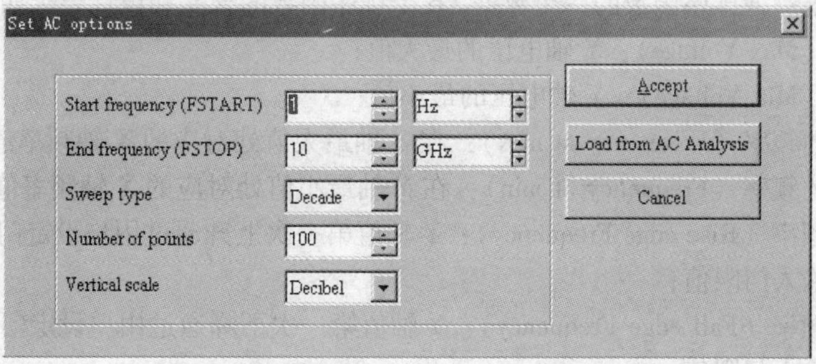

图 3-37　蒙特卡罗交流频率分析对话框

4）按“Simulate”按钮开始分析，蒙特卡罗分析输出结果如图 3-38 所示，图形显示窗口中显示的是节点 6 的频率响应蒙特卡罗分析曲线。按“Esc”键停止分析。

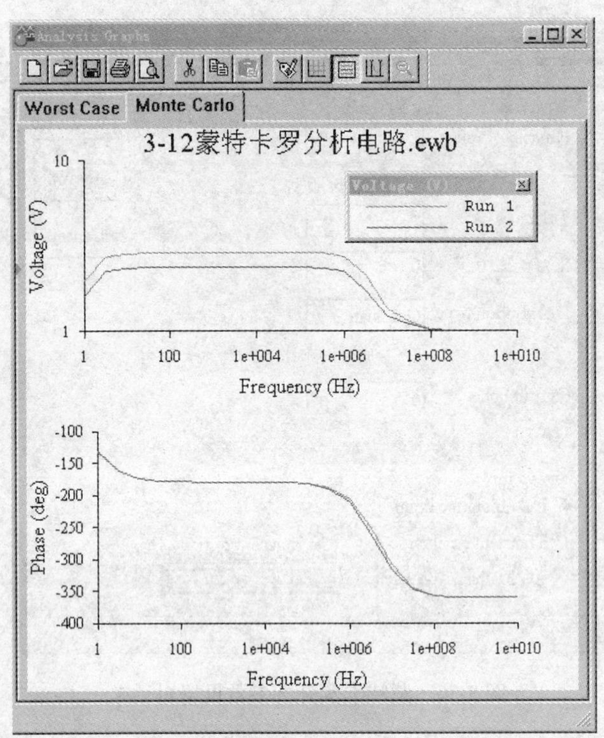

图 3-38 蒙特卡罗分析输出结果

3.13 最坏情况分析

最坏情况分析（Worst Case Analysis）也是一种统计分析方法，可以观察到在元件参数变化时，电路特性变化的最坏可能性。适合于对模拟电路、直流和小信号电路的分析。在电路分析时，首先进行标称值的分析，然后进行交流或直流灵敏度分析，在计算出每个参数对输出量的灵敏度后，就可以获得最坏情况分析的结果。最坏情况仿真的数据由排序函数进行收集，该排序函数相当于一个带选择功能的滤波器，最坏情况分析中共有 6 种排序函数，每一次运行只收集一种排序函数的一个数据。6 个排序函数的含义和设计要求如下：

最大电压（Max Voltage）：Y 轴电压的最大值；

最小电压（Min Voltage）：Y 轴电压的最小值；

在最大处的频率（Frequency at max）：在 Y 轴最大值处对应的 X 轴频率值；

在最小处的频率（Frequency at min）：在 Y 轴最小值处对应的 X 轴频率值；

上升边沿频率（Rise edge Frequency）：Y 轴值第一次上升通过用户设定门限值时的 X 轴频率值，需要输入门限值；

下降边沿频率（Fall edge Frequency）：Y 轴值第一次下降通过用户设定门限值时的 X 轴频率值，需要输入门限值。

最坏情况分析步骤为：

1）创建最坏情况分析电路，如图 3-39 所示，该电路是由集成运算放大器组成的 RC 有源低通滤波器，确定电路中的节点 3 为要分析的输出节点，进行最坏情况交流频率分析。

2）选择菜单栏的 Analysis/Worst case analysis 选项。

3）确定最坏情况分析参数设置对话框的内容，最坏情况分析参数设置对话框如图 3-40 所示，对话框的选项、取值及含义如下：

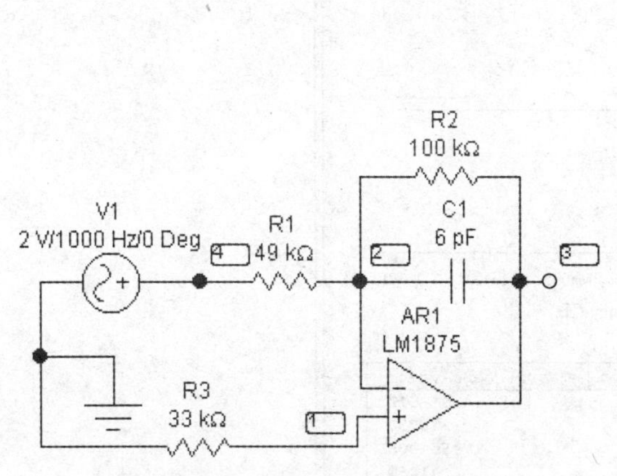

图 3-39　最坏情况分析电路

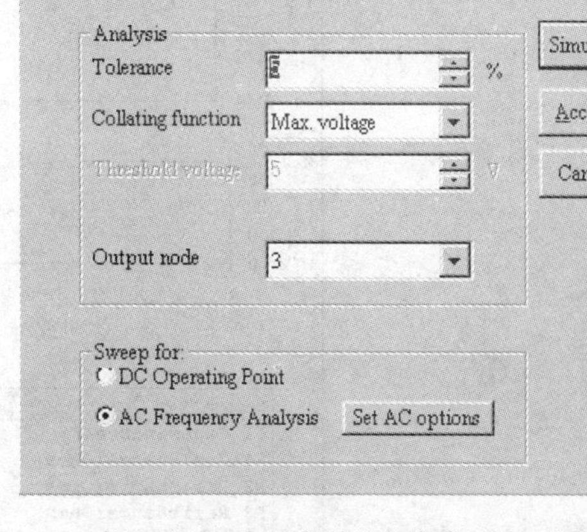

图 3-40　最坏情况分析参数设置对话框

容许误差（Tolerance）：5%（被分析参数的变化值，默认设置为 5%）；

排序函数（Collating function）：最大电压（当选择直流工作点分析时，只能选最大或最小电压，若选择交流频率分析，可以通过另一个对话框观察和修改分析参数，如图 3-41 所示）；

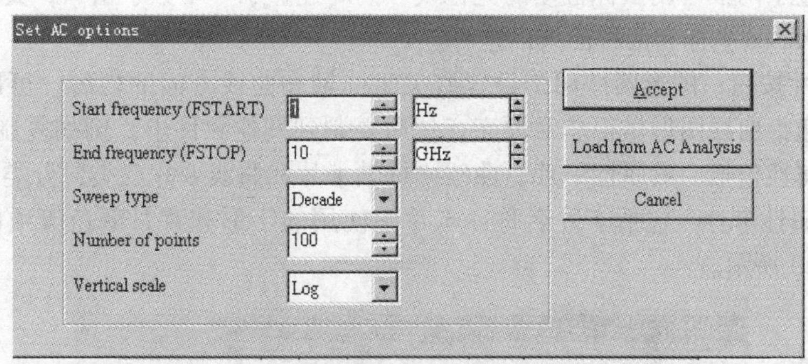

图 3-41　最坏情况交流频率分析对话框

输出节点（Output node）：电路中的节点 3（欲观测的输出电压节点）；

扫描...（Sweep for...）：交流频率分析（在静态工作点/交流频率分析中任选一项）；

4）按“Simulate”按钮开始分析，图形显示窗口中显示出节点 3 的有源低通滤波器最坏情况分析结果，如图 3-42 所示。按“Esc”键停止分析。

下面对 EWB 的图形显示窗口和鼠标右键的功能加以说明：

1. 图形显示窗口（Display graphs）菜单　图形显示窗口用于显示各种分析结果，对不同的分析，输出可以是图形或者是数据。除显示图形和数据外，还可以建立、调入、存盘、打印、复制和粘贴图形和数据文件。图形显示菜单按钮说明如下：

栅格按钮在曲线坐标平面上显示栅格；

图标按钮显示图中曲线和曲线所对应的节点号；

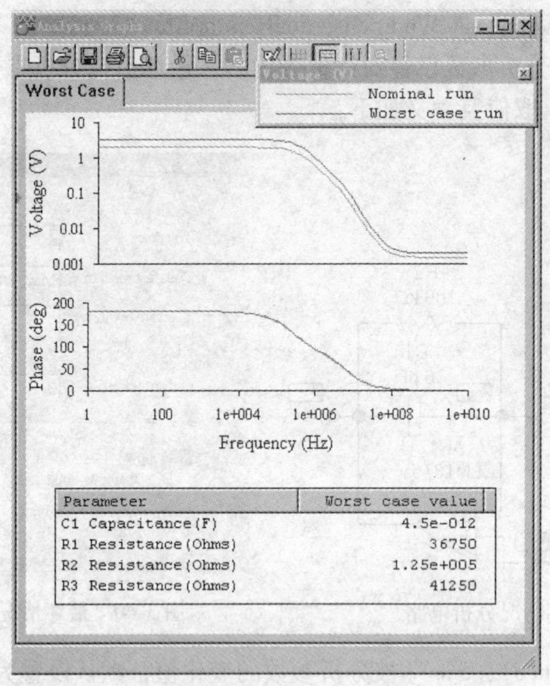

图 3-42 有源低通滤波器最坏情况分析结果

光标按钮显示两根可用鼠标拉动的光标线，同时还显示一个数字窗口，其中显示两根光标对应曲线的 X、Y 坐标和两根曲线的坐标差。

2. 图形属性按钮 图形属性用于设置有关坐标轴和曲线方面的内容，可以根据需要设置图形属性按钮把曲线图形做得非常漂亮，然后复制到其他软件中，例如复制到 Word 软件中使用，图形属性包括一般属性卡片、曲线坐标轴卡片和曲线卡片三类，分类介绍如下：

（1）一般属性卡片 包括卡片名称、卡片中使用的字形和背景颜色等项内容，一般属性卡片如图 3-43 所示。

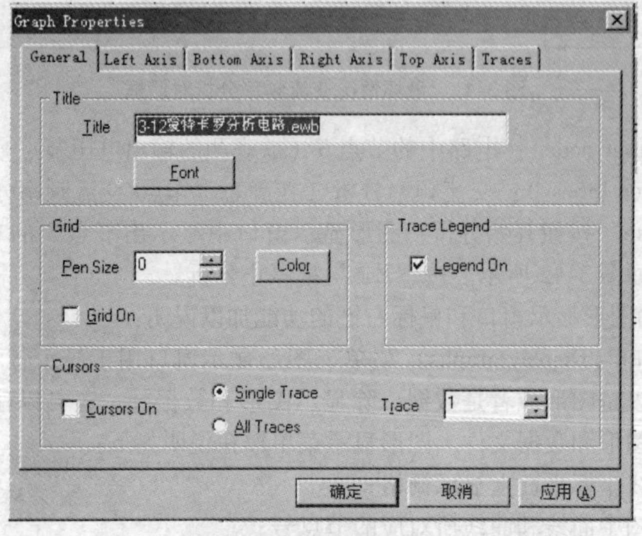

图 3-43 一般属性卡片

（2）曲线坐标轴属性卡片　该卡片用于设置曲线坐标轴，可以设置左、右、上和下 4 根坐标轴，设置它们的颜色、线宽、标尺、分隔等项内容，图 3-44 表示的是左坐标轴卡片的图片，而右坐标轴卡片、上坐标轴卡片和下坐标轴卡片设置方法与其相同。

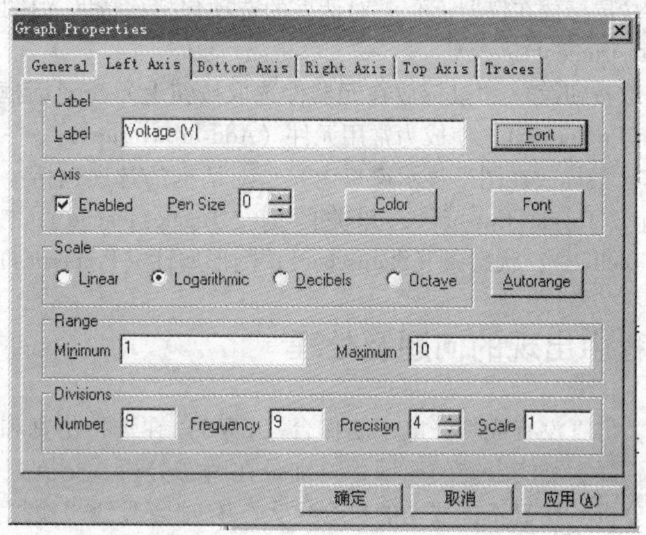

图 3-44　曲线坐标轴属性卡片

（3）曲线属性卡片　设置曲线的颜色、线宽等项内容，如图 3-45 所示。

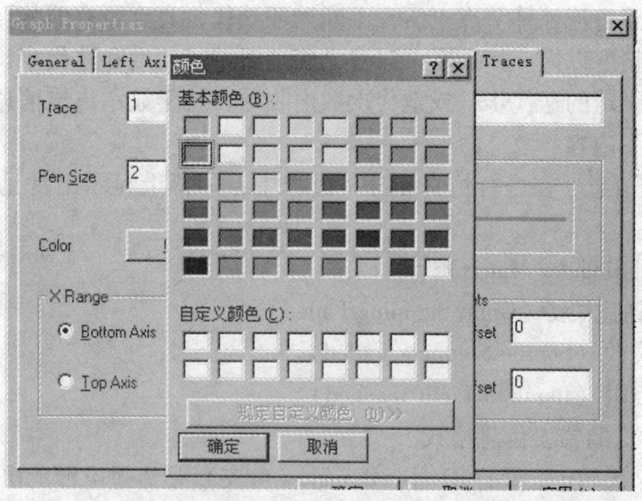

图 3-45　曲线属性卡片

3. 分析菜单中鼠标右键的功能　鼠标左键用于使能菜单和按钮，而鼠标右键的功能是提供更方便的菜单，有如下几类菜单可供使用：

（1）一般菜单（鼠标放在图形编辑窗口内）　对话框的选项包括：帮助（Help）；粘贴（Paste）；窗口拉近（Zoom in）；窗口离远（Zoom out）；图形选择（Schematic Options）。

（2）元件菜单（鼠标放在元件上）　对话框的选项包括：帮助（Help）；剪切（Cut）；拷贝（Copy）；删除元件（Delete Component）；旋转元件（Rotate）；垂直翻转元件（Flip

Vertical)；水平翻转元件（Flip Horizontal）；元件属性（Component Properties）。

(3) 连线菜单（将鼠标放在连线上，双击点亮连线） 对话框的选项包括：线属性（Wire Properties）；删除线（Delete）。

(4) 仪器菜单（鼠标放在仪器上） 对话框的选项包括：帮助（Help）；打开（Open）；删除仪器（Delete Instrument）。

(5) 元器件选取按钮菜单（鼠标放在元器件选取按钮上） 对话框的选项包括：元器件属性（Component Properties）；使成为常用元件（Add to favorites）。

(6) 图形菜单（鼠标放在图形显示窗口内） 对话框的选项包括：文件（File）；编辑（Edit）；开关光标（Toggle Cursors）；开关图例（Toggle legend）；恢复图形（Restore Graph）；工具条（Toolbar）；状态条（Status bar）；图形属性（Properties）。

3.14 仿真过程中出现的问题及处理

由于各种原因，仿真没有成功，电子工作台（EWB）在进行仿真和分析过程中，屏幕上显示出错误信息，提示可能出错的原因，特别是在瞬态分析、交流频率分析时（用示波器测量时也是瞬态分析）仿真不能成功的机会更大。有时会遇到“模拟失败”或“程序不收敛”等问题，譬如电子工作台采用改进的 Newton-Raphson 算法求解非线性电路时，由于电路含有非线性元件，需要对很多用于非线性元件线性化的方程进行迭代计算，采用多种步长的线性方程迭代来逼近非线性特性。仿真程序首先假定一个初始的节点电压，然后求出支路电流，再用该支路电流计算节点电压，不断循环迭代，直至所有的节点电压和支路电流收敛于使用者定义的精度以内。使用者可以自己确定误差的精度和迭代步长的限制。若计算的电压或电流没有在设定的迭代步长或迭代次数内收敛，就会显示出错信息，仿真停止。常见的错误信息包括如下内容：

1. 常见的错误信息 在进行仿真和分析过程中，屏幕上显示出常见的错误信息有以下几种：

1）奇异矩阵（Singular Matrix）。

2）最小电导步距失败（Gmin Stepping Failed）。

3）电源步距失败（Source Stepping Failed）。

4）迭代次数极限（Iteration Limit reached）。

2. 屏幕显示常见的错误信息格式

1）Vl#Branck：V1 电压源的 ID 号，Branch（分支）是流过电源的电流。

2）AR1［D1］：AR1 是运算放大器 ID 号，D1 是运算放大器内部的二极管。

3）R1：Name：R1 是电阻的 ID 号，Name（名字）是包含电阻的子电路名。

4）U1［6］：元件 U1 中内部节点［6］。

如果在进行瞬态分析时，仿真程序不能在给定的初始时间步长条件下达到收敛，该时间步长会自动减少，再次迭代循环。但当时间步长减至太小时，会显示出错信息“时间步长太小”（Time Step too Small），仿真停止。

“静态工作点分析”也会由于各种原因导致不收敛的情况产生。若假定的节点电压的初始值与实际情况相差太大，电路就会显得不稳定（电路的仿真方程有多个解），或者产生电路模式的跃变或出现异常的阻抗。

在解决仿真不收敛或分析方法失效问题时，首先要分清是采用哪种分析方法所引起的，通常静态工作点分析是在各种分析方法之前进行的。

3. 静态工作点（直流）分析出错时的解决办法

1）检查电路的结构和连接是否存在问题，要求做到：

① 电路连接正确，没有悬空节点和多余的不用元器件，没有虚接和错接。

② 不要将数值“0”和字母“O”在电路中混淆。

③ 电路必须要有接地点，在电路中的每一个节点对地要有直流通路，确保电路不被变压器或电容等元件对地完全隔离。

④ 电容器和电流源不能以串联形式连接。

⑤ 电感器和电压源不能以并联形式连接。

⑥ 电路中所有的元器件和信号源的设置数值必须满足电路分析的要求。

⑦ 所有受控源（相关源）的增益设置必须正确。

⑧ 要求正确引入元器件模型和子电路。

2）在分析选择菜单（Analysis/Analysis Options）的“静态工作点分析”对话框中，增加迭代次数至 200 ~ 300。

3）在分析选择菜单（Analysis/Analysis Options）通用（Global）设置卡对话框中将“RSHUNT”值扩大至 100 倍。

4）在分析选择菜单（Analysis/Analysis Options）通用（Global）设置卡对话框中将“Gmin”最小电导的参数值的值扩大至 10 倍。

5）选择分析选择菜单（Analysis/Analysis Options）中瞬态分析的“初始条件为零”进行分析。

4. 瞬态分析中仿真失效时的处理

1）按照解决 DC 工作点问题的方法检查电路连接等问题。

2）在分析选择菜单（Analysis/Analysis Options）通用（global）设置卡对话框中设置相对误差为 0.01，这就相当于把误差放大了 10 倍，迭代次数会更少，仿真完成的更快。

3）分析选择菜单（Analysis/Analysis Options）瞬态（Transient）设置卡对话框中，将瞬态时间点增加到 100，允许在瞬态分析过程中增加迭代次数。

4）在电路节点电流精度容许的范围内，降低分析选择菜单（Analysis/Analysis Options）通用（Global）设置卡对话框中“绝对误差精度”（VNTOL）值，在实际电路中的电压和电流值的精度一般不会低于 1μV 和 1pA，可以修改对话框中的默认设置值，将它设定在比实际估计的电压和电流值小一个数量级。

5）在电路分析中尽量使用实际元件模型（实际模型中有 PN 结电容），或者在二极管两端并联 RC 串联电路。电路仿真时，尽量模拟实际情况，譬如考虑结电容的影响，采用子电路来替代有些器件模型，如高频和功率器件等。

6）若电路中使用受控单脉冲信号源，应增加其上升和下降时间。

7）改变选择分析选择菜单（Analysis/Analysis Options）中“瞬态（Transient）分析栏”中的积分方法为“Gear”（变阶积分法），虽然“Gear”积分方法需要的时间较长一些，但通常要比“Trapezoid”（梯形法）要稳定一些。

5. 瞬态分析失效举例说明 使用正确的和实际的模型器件会使瞬态分析成功，现以图3-46仿真电路举例说明如下。在图3-46所示电路中：与门U1可使用当前库（default）中的理想（ideal）模型，而不能使用TTL库中的LS、LS-BUF、LS-OC和LS-OC-BUF模型。与门U1可以使用CMOS库中的4000-XV模型和HC、HC-BUF模型，而不能使用HC-OD模型。当U1使用当前库中的理想模型时，二极管可以使用理想模型和实际模型。当U1使用4000-XV系列模型时，二极管可以使用理想模型和实际模型。

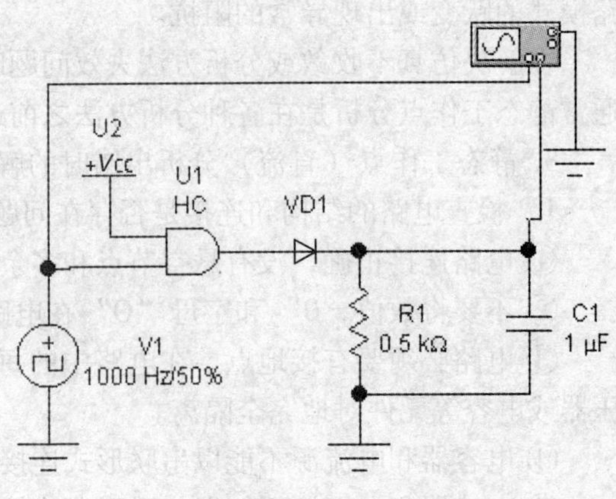

图3-46 瞬态分析失效说明电路

在图3-46所示电路中，U1使用HC模型，二极管D1使用理想模型，在虚拟示波器上观察到如图3-47所示的波形。若U1使用HC-OD模型，二极管D1使用理想模型，在虚拟示波器上观察不到输出波形，仿真失效。

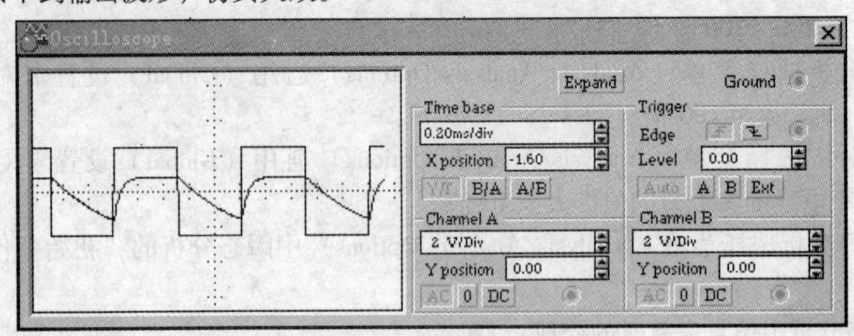

图3-47 瞬态分析失效说明电路波形

习 题

3-1 试述EWB的直流（DC）分析步骤，对图3-48所示电路进行直流分析。求各节点电压和节点4对地的电流值。

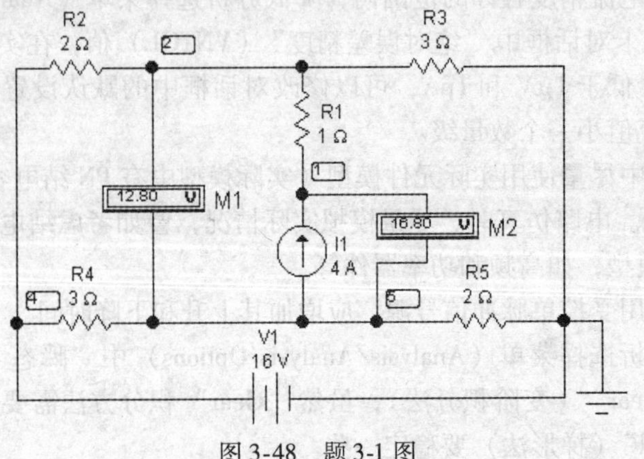

图3-48 题3-1图

3-2 试述 EWB 的交流（AC）频率分析步骤，在 EWB 主窗口创建一个共集电极电路，再对其进行交流（AC）频率分析。

3-3 试述 EWB 的瞬态分析步骤，在 EWB 主窗口创建一个共集电极电路，再对其进行瞬态分析。

3-4 试述 EWB 的傅里叶分析步骤，在 EWB 主窗口创建一个矩形波产生电路，再对其输出波形进行傅里叶分析。

3-5 试述 EWB 的噪声分析步骤，在 EWB 主窗口创建一个共发射极电路，再对其输出端进行噪声分析。

3-6 试述 EWB 的失真分析步骤，在 EWB 主窗口创建一个共发射极电路，再对其输出端进行失真分析。

3-7 试述 EWB 的参数扫描分析步骤，在 EWB 主窗口创建一个由 555 定时器组成的自激多谐振动器，然后通过参数扫描分析，将其调整为秒脉冲发生器。

3-8 试述 EWB 的温度扫描分析步骤，在 EWB 主窗口创建一个由 555 定时器组成的自激多谐振动器，然后通过温度扫描分析，观测其电容电压和输出电压波形的变化情况。

3-9 试述 EWB 的极-零点分析步骤，在 EWB 主窗口创建一个工作点稳定共发射极电路，再对其进行极-零点分析。

3-10 试述 EWB 的传递函数分析步骤，在 EWB 主窗口创建一个同相比例运算电路，再对其进行传递函数分析。

3-11 试述 EWB 的灵敏度分析步骤，在 EWB 主窗口创建一个工作点稳定共发射极电路，再对其进行直、交流灵敏度分析。

3-12 试述 EWB 的蒙特卡罗分析步骤，在 EWB 主窗口创建一个工作点稳定共发射极电路，再对其进行蒙特卡罗分析。

3-13 试述 EWB 的蒙特卡罗分析步骤，在 EWB 主窗口创建一个工作点稳定共发射极电路，再对其进行蒙特卡罗分析。

3-14 试述 EWB 的最坏情况分析步骤，在 EWB 主窗口创建一个由集成运算放大器组成的 RC 有源低通滤波器，再对其输出节点进行最坏情况分析。

第4章　电工技术中的电路设计与仿真

电工技术基础理论部分主要包括电路分析方法、正弦稳态交流电路、三相交流电路和线性电路的时域分析。这些核心的内容均可以利用EDA（Electronics Design Automation）进行仿真和分析。本章主要介绍利用EDA技术中的EWB（Electronics Workbench）对电工技术基础理论部分的主要内容进行仿真的步骤、过程和仿真方法等，同时介绍如何利用EWB在虚拟环境中进行电工技术中的验证性实验和开发设计性实验。

4.1　电路分析方法

从电工技术的基础理论可知，常用的电路分析方法有支路电流法、节点电压法、叠加定理、戴维南定理和诺顿定理。针对不同电路的特点，选择不同的电路分析方法，可使得问题的求解更简单快捷。利用EWB可对采用不同电路分析方法求解的电路进行仿真，从而验证电路求解的正确性。同时还可以对电路分析方法中的验证性实验和设计性的实验进行仿真。

4.1.1　支路电流法

支路电流法是直接利用KCL和KVL列写以支路电流为直接求解量的方程，从而求解各个支路电流的一种电路分析方法。

利用EWB指示器件库（Indicators）中的直流电流表，可将各条支路电流的仿真结果显示出来，并通过和理论值的比较，还可以验证仿真结果的正确性。

下面介绍利用EWB仿真各支路电流的具体过程。

1）先在EWB工作平台上画出待分析的电路，分别从基本元件库（Basic）和电源库（Source）中选取电阻和电源。双击元件符号，打开属性（Properties）对话框，选中“Value”卡，设置电源和电阻的参数值，然后按照电路结构，连接元件。

2）从指示器件库（Indicators）中选取直流电流表，串入各个支路中，注意电流表的极性。

3）打开仿真开关，系统开始仿真，各个支路电流的仿真结果将显示在直流电流表上

例4-1　电路如图4-1所示，利用EWB仿真出支路电流 I_1、I_2、I_3和 I_4的值。

解　首先从基本元器件库（Basic）中选取电阻，双击元件符号，打开属性（Resistor Properties）对话框，选中“Value”卡，将电阻值均设为3Ω，同样从电源库（Source）中选取电压源和电流源，双击元件符号，将电压源的参数值设为30V，电流源的参数值分别设为10A和5A。为使得电路元件排放规则，可以利用工具按钮中的（Rotate，Flip Horizontal 和 Flip Vertical）按钮将水平放置的元件置为垂直放置、水平转向和上下翻转。然后按照电路结构，连接元器件，如图4-2所示。注意仿真

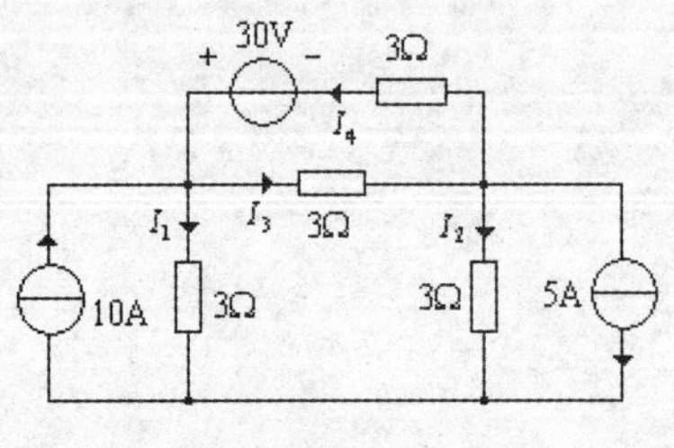

图4-1　例4-1图

电路必须有接地参考点。

从指示元器件库（Indicators）中选取直流电流表，将电流表两端的接线与串接电路的连线重合，即可以将电流表串入到相应的支路中。连接时注意电流表的极性。电流表默认的属性是直流，因此无需改变电流表的任何设置。串入电流表后的电路如图 4-3 所示。

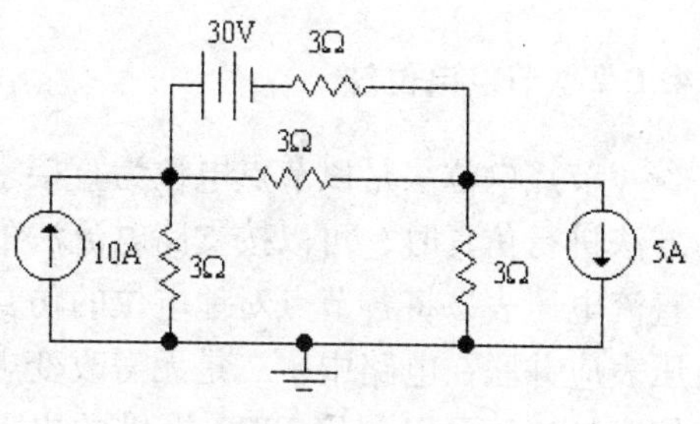

图 4-2　例 4-1 连线图

打开 EWB 界面右上角的仿真开关，系统开始仿真，各个支路电流的仿真结果将显示在直流电流表上，如图 4-4 所示。

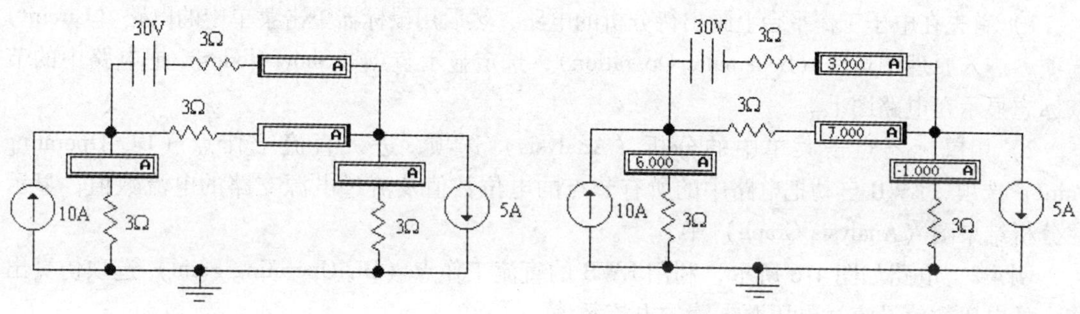

图 4-3　例 4-1 仿真连线图　　图 4-4　例 4-1 仿真结果

为进一步验证仿真结果的正确性，可利用支路电流法对图 4-1 的电路进行求解，电路中有 3 个节点，因此独立节点有两个，可列写两个 KCL 方程。

$$I_1 + I_3 - I_4 - 10\mathrm{A} = 0 \tag{4-1}$$

$$I_2 - I_3 + I_4 + 5\mathrm{A} = 0 \tag{4-2}$$

电路中有 4 个未知电流，还需要列写两个回路方程。根据图 4-1 的电路结构特点，列写不含独立电流源的两个网孔的 KVL 方程（数值方程）：

$$3I_3 + 3I_4 - 30 = 0 \tag{4-3}$$

$$3I_1 - 3I_2 - 3I_3 = 0 \tag{4-4}$$

将上述两组方程联立起来，即可求解出未知的支路电流 $I_1 \sim I_4$的值。$I_1 = 6\mathrm{A}$、$I_2 = -1\mathrm{A}$、$I_3 = 7\mathrm{A}$、$I_4 = 3\mathrm{A}$。可见仿真结果等于理论值，仿真结果是正确的。

利用上述介绍的方法可以对图 4-5a 电路进行仿真，仿真结果如图 4-5b 所示。

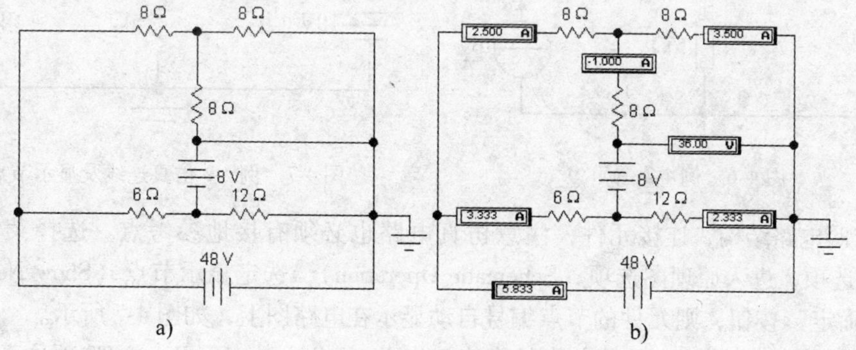

图 4-5　支路电流法电路连线及仿真图

4.1.2 节点电位法

节点电位法是以节点电位为直接求解量的一种电路分析方法。利用 EWB 对该电路分析方法进行仿真时，可以按支路电流法的仿真方法，通过 EWB 指示器件库（Indicators）中的直流电压表，将各节点对地电位的仿真结果显示出来。但要注意以下问题：一是虚拟直流电压表应并联在电路中；二是无需改变虚拟直流电压表的设置。除可以用上述方法对电路进行仿真外，还可以利用 EWB 提供的电路分析方法中的直流工作点分析（DC Operating Point Analysis）对电路进行分析。

利用直流工作点分析对电路进行分析的主要步骤如下：

1）首先在电子工作平台上画出待分析的电路，然后用鼠标器单击菜单中的电路（Circuit）选项，进入原理图选项（Schematic Operation），选定显示节点（Show Nodes）把电路中的节点标志显示在电路图上。

2）用鼠标器点击菜单中的分析（Analysis）选项，进入直流工作点（DC Operating Point）选项，EWB 自动把电路中的所有节点的电位数值及流过电源支路的电流数值，显示在分析结果图（Analysis Graph）中。

例 4-2 电路如图 4-6 所示，利用 EWB 的直流工作点（DC Operating Point）选项仿真出节点的电压数值及流过电压源支路的电流数值。

解 1）从基本元件库（Basic）中调出电阻元件。双击电阻元件符号，打开电阻属性（Resistor Properties）对话框，选中“Value”卡，将电阻值均设为 5Ω，同样从电源库（Source）中选取电压源和电流源，双击元件符号，将电压源的参数值设为 10V，电流源的参数值分别设为 2A 和 1A，为使得电路元件排放规则，可以利用工具按钮中的（Rotate, Flip Horizontal 和 Flip Vertical）按钮将水平放置的元件置为垂直放置、水平转向和上下翻转。然后按照电路结构，连接元件，如图 4-7 所示。注意仿真电路必须有接地参考点，而且为了和仿真节点一致，选取图 4-6 的节点标号。

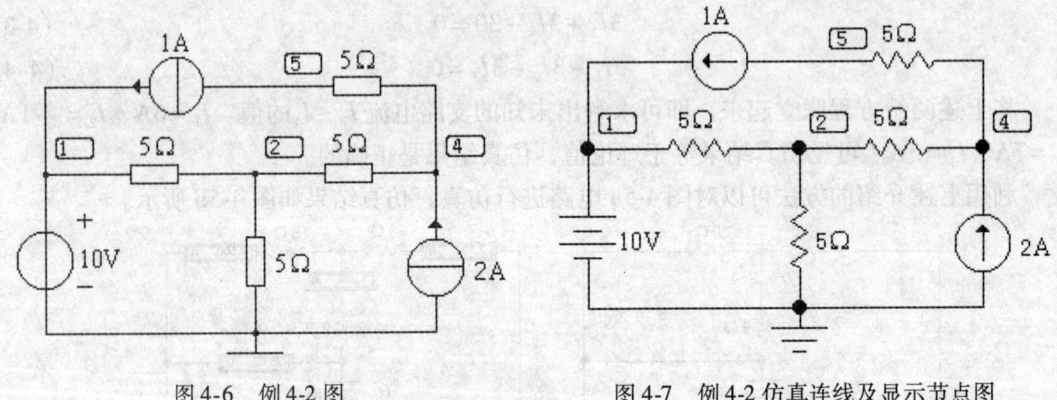

图 4-6 例 4-2 图　　　　图 4-7 例 4-2 仿真连线及显示节点图

2）按照电路结构，连接元件，注意仿真电路也必须有接地参考点。选择菜单中电路（Circuit）选项，进入原理图选项（Schematic Operation），选定显示节点（Show Nodes），然后单击“确定”按钮，则元件的节点编号自动显示在电路图上，如图 4-7 所示。

3）选择分析（Analysis）菜单中的直流工作点（DC Operating Point）选项仿真出节点的

电位的数值及流过电压源支路的电流数值，如图 4-8 所示。

为进一步验证仿真结果的正确性，可利用节点电位法对图 4-6 的电路进行求解，电路中有 4 个节点，因此独立节点有 3 个，列写的节点电位数值方程为

$$\left.\begin{aligned}&V_1=10\\&-\frac{1}{5}V_1+\left(\frac{1}{5}+\frac{1}{5}+\frac{1}{5}\right)V_2-\frac{1}{5}V_4=0\\&-\frac{1}{5}V_2+\frac{1}{5}V_4=2-1\end{aligned}\right\}\quad(4\text{-}5)$$

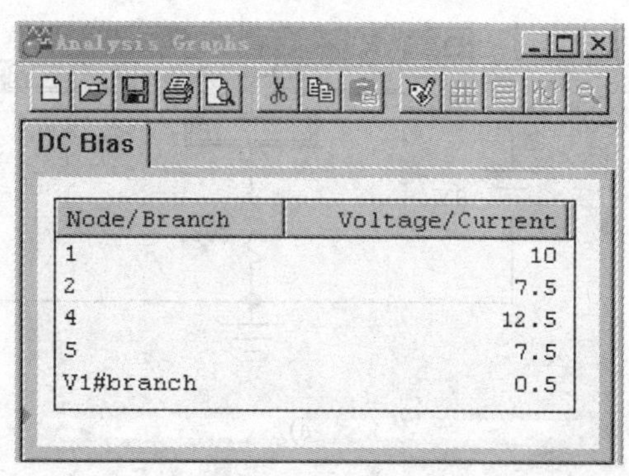

Node/Branch	Voltage/Current
1	10
2	7.5
4	12.5
5	7.5
V1#branch	0.5

图 4-8　例 4-2 电路直流工作点分析结果

对式（4-5）求解，即可求出各节点的电位值。$V_1=10\text{V}$，$V_2=7.5\text{V}$，$V_4=12.5\text{V}$。

列节点 1 的 KCL 方程，即可求得电压源支路的电流 $I=0.5\text{A}$，方向是与电压源的电压是非关联的。由计算结果和图 4-8 可知，仿真结果等于理论值，仿真结果是正确的。

利用上述介绍的方法可以对图 4-1 电路的节点电压进行仿真，仿真结果如图 4-9 所示。

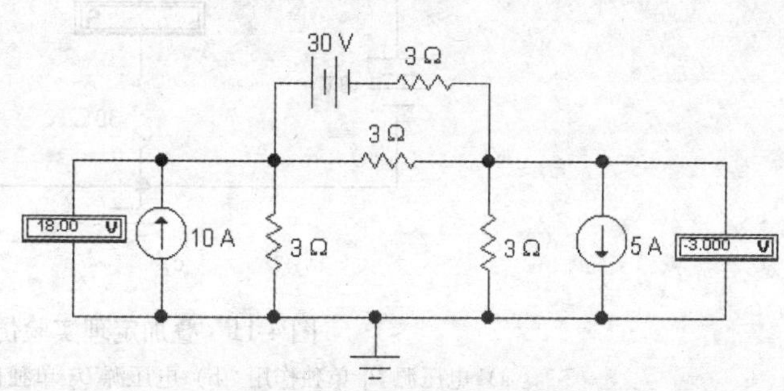

图 4-9　节点电位法仿真图

4.1.3　叠加定理

叠加定理是指线性电路中，某一条支路的响应等于各个电源单独作用时在该支路形成响应的代数和。它是线性电路一种重要的电路分析方法。利用 EWB 对该电路分析方法进行仿真时，利用 EWB 指示器件库（Indicators）中的直流电压表和直流电流表，可将各个电源单独作用时该支路电压或电流的仿真结果显示出来，然后叠加，求出全响应，并通过和理论值的比较，验证仿真结果的正确性。

下面通过验证性实验的角度来介绍利用 EWB 仿真叠加定理电路分析方法的具体过程。

例 4-3　用 EWB 验证电路的叠加定理分析方法。

1. 实验目的

1）验证线性电路理论中的叠加定理。

2）学习 EWB 中电源库及元器件库中直流电压源、电阻、接地点的使用方法。

3）学习 EWB 中虚拟仪器电压表、电流表的使用方法。

2. 实验原理　叠加定理

实验原理图如图 4-10 所示。

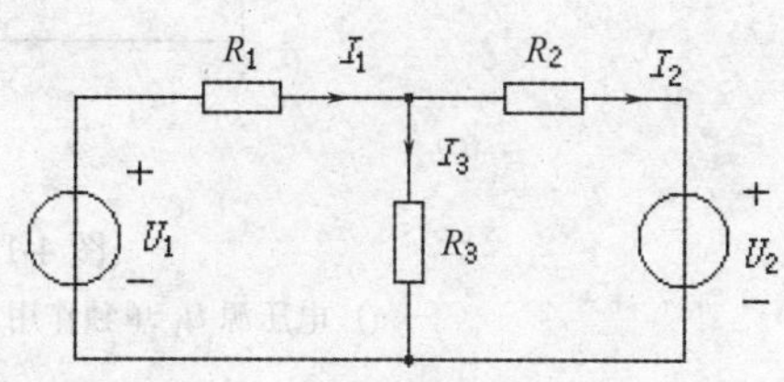

图 4-10　叠加定理实验原理图

1）在 EWB 中创建电压源 U_1 单独作用时的等效电路，如图 4-11a 所示。同理，电压源 U_2 单独作用时的等效电路如图 4-11b 所示；电压源 U_1 与 U_2 共同作用时的电路如图 4-11c 所示。注意各支路中应串入虚拟的直

流电流表以便测量各支路电流。

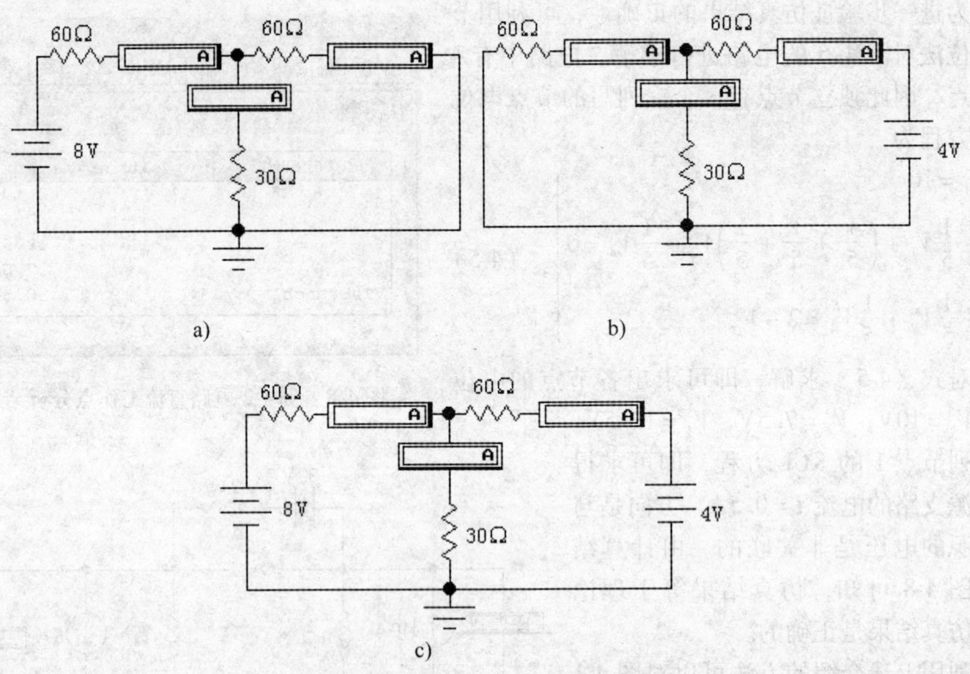

图 4-11 叠加定理实验仿真连线图

a）电压源 U_1 单独作用 b）电压源 U_2 单独作用 c）U_1 与 U_2 共同作用

2）打开电路仿真开关，图中各支路电流如图 4-12 所示，将仿真值填入表 4-1 中。

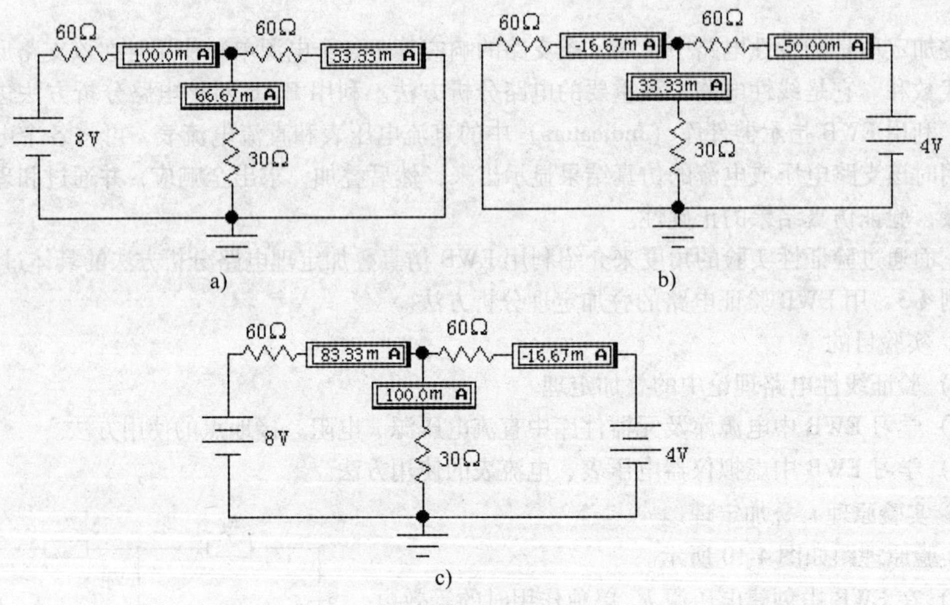

图 4-12 叠加定理实验仿真结果图

a）电压源 U_1 单独作用 b）电压源 U_2 单独作用 c）U_1 与 U_2 共同作用

3）理论计算出对应的各支路电流，一同填入表 4-1 中。

表 4-1　叠加定理各支路电流的仿真值

电源	$U_1=8\text{V}$，$U_2=0\text{V}$			$U_1=0\text{V}$，$U_2=4\text{V}$			$U_1=8\text{V}$，$U_2=4\text{V}$		
电流 / 测量	I'_1/mA	I'_2/mA	I'_3/mA	I'_1/mA	I'_2/mA	I'_3/mA	I_1/mA	I_2/mA	I_3/mA
第一次测量	100.0	33.33	66.67	−16.67	−50.0	33.33	83.33	−16.67	100.0
第二次测量	100.0	33.33	66.67	−16.67	−50.0	33.33	83.33	−16.67	100.0
理论值	100.0	33.33	66.67	−16.67	−50.0	33.33	83.33	−16.67	100.0

通过仿真结果和理论值的比较可知，二者的结果是一致的。可见利用 EWB 可进行验证性的实验仿真。

利用上述介绍的方法可以对图 4-13a 电路进行叠加定理的仿真，仿真结果如图 4-13 所示。

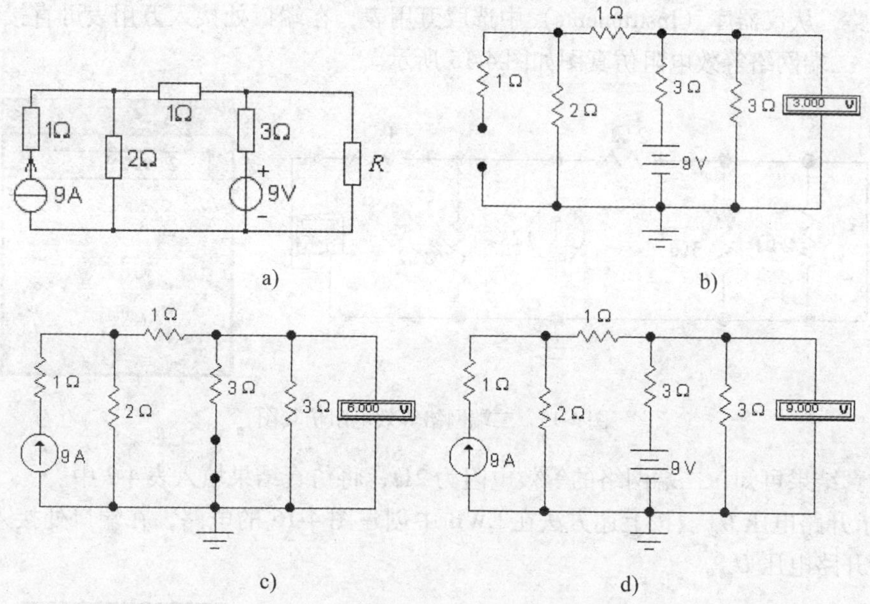

图 4-13　叠加定理电路图及仿真结果

a）电路原理图　b）U_S单独作用　c）I_S单独作用　d）共同作用

4.1.4　戴维南定理

戴维南定理是指任意线性有源二端网络，对外电路来说总可以用一个电压源和一个电阻串联来代替，其中电压源的电压等于有源二端网络的开路电压，等效电阻等于对应无源网络的等效电阻。下面通过验证实验的方法来介绍利用 EWB 仿真戴维南定理的具体过程。

例 4-4　用 EWB 验证电路的戴维南定理分析方法，要求：用戴维南定理求图 4-14 所示电路中的电流 $I=$？

1. 实验目的

1）验证线性电路理论中的戴维南定理。

2）学习 EWB 中电源库及元件库中直流电压源、直流电流源、电阻、接地点的使用方法。

3）学习 EWB 中虚拟仪器的直流电压表、电流表、万用表的使用方法。

2. 实验用原理　戴维南定理原理图如图 4-14 所示。

3. 实验内容与方法

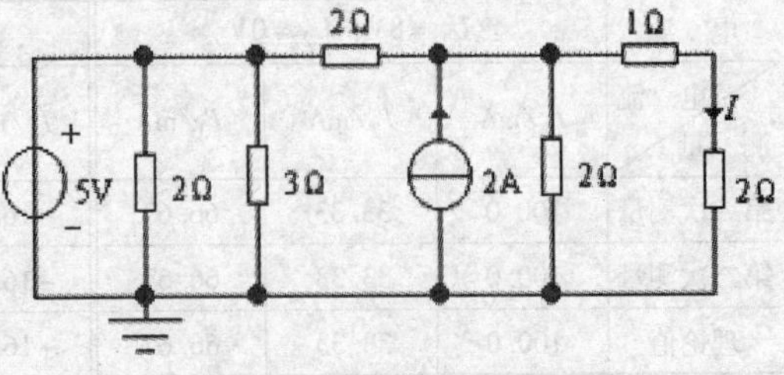

图 4-14　戴维南定理原理图

1）求等效电阻 R_{eq}。在 EWB 中创建电路，首先从基本元件库（Basic）中调出电阻元件。双击电阻元件符号，打开电阻属性（Resistor Properties）对话框，选中“Value”卡，将电阻值设为相应的值，同样从电源库（Source）中选取电压源和电流源，双击元件符号，将电压源的参数值设为 5V，电流源的参数值设为 2A。为使得电路元件排放规则，可以利用工具按钮中的（Rotate，Flip Horizontal 和 Flip Vertical）按钮将水平放置的元件置为垂直放置、水平转向和上下翻转，然后按照电路结构，连接元件。在求等效电阻 R_{eq}时，应将电压源短路，电流源开路，从仪器库（Instruments）中选取万用表，在端口处接入万用表可直接测量等效电阻 R_{eq}。二端网络等效电阻仿真图如图 4-15 所示。

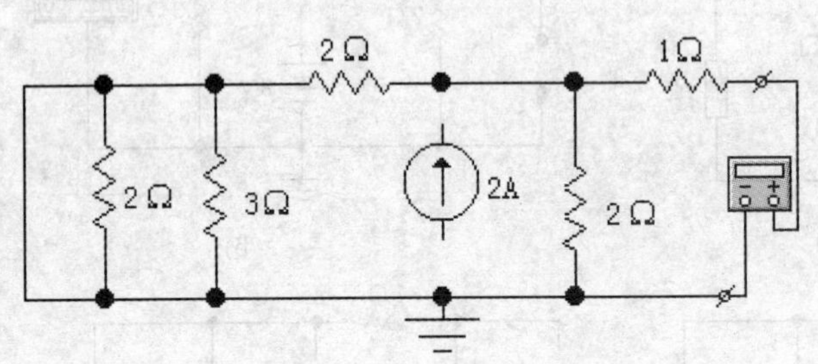

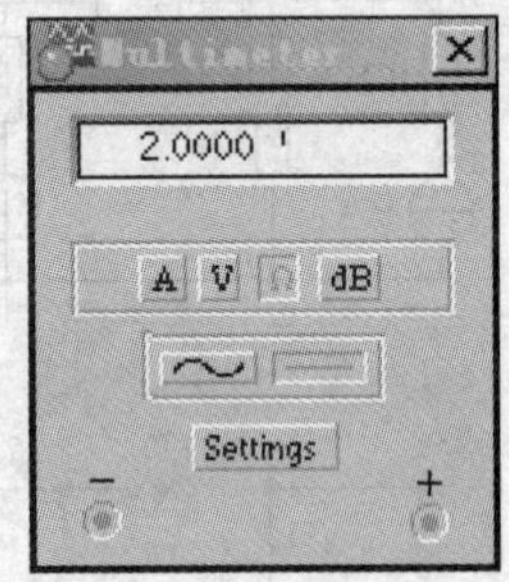

图 4-15　二端网络等效电阻仿真图

由仿真结果可知，二端网络的等效电阻为 2Ω，将仿真结果填入表 4-2 中。

2）求开路电压 U_{oc}。按上述方法在 EWB 中创建图 4-16 的电路，在端口处接入万用表，直接测量开路电压 U_{oc}。

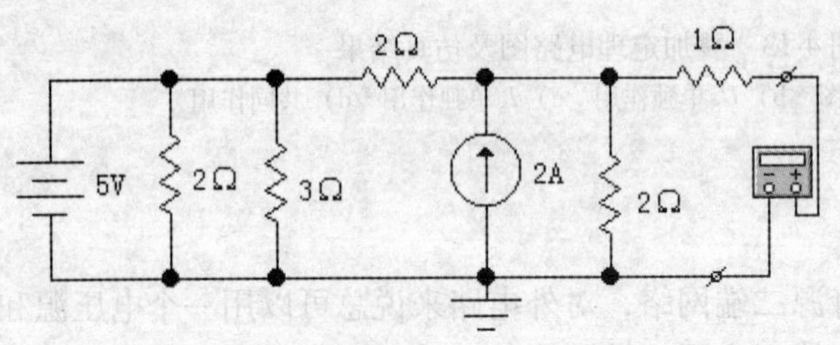

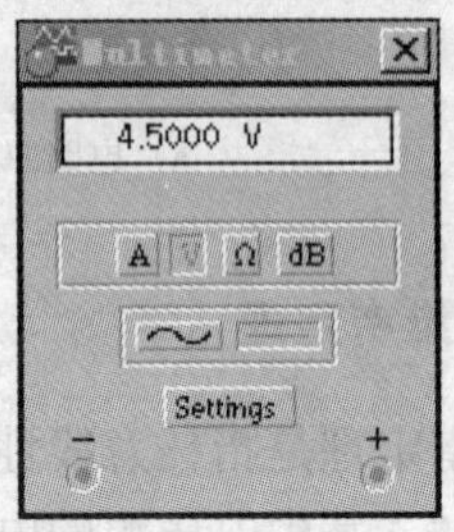

图 4-16　二端网络开路电压仿真图

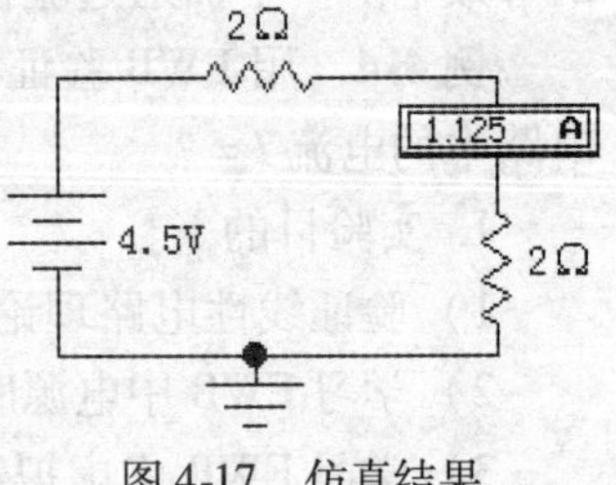

图 4-17　仿真结果

由仿真结果可知：二端网络的开路电压为 4. 5V，将仿真结果填入表 4-2 中。

3）将开路电压 U_{oc} 和等效电阻 R_{eq} 仿真出结果后，在 EWB 中创建图 4-17 的电路，在端口处接入直流电流表，仿真出最终结果，将仿真结果填入表 4-2 中。

表 4-2　戴维南定理方法仿真及计算结果

参数 / 结果	R_{eq}/Ω	U_{oc}/V	I/A
仿真值	2	4.5	1.125
理论值	2	4.5	1.125

4.2　含受控源电路的分析

EWB 的信号源库（Sources）中提供了 4 种受控源的模型，其中电压控制的电压源（VCVS）的参数 E 表示输入电压对输出电压的控制因数，即 $E = V_o/V_i$，无量纲。电压控制的电流源（VCCS）的参数 G 表示输入电压对输出电流的控制因数，即 $G = I_o/V_i$，量纲为 mS（毫西门子）。电流控制的电压源（CCVS）的参数 H 表示输入电流对输出电压的控制因数，即 $H = V_o/I_i$，无量纲为 mΩ、Ω 和 kΩ。电流控制的电流源（CCCS）的参数 F 表示输入电流对输出电流的控制因子，即 $F = I_o/I_i$，无量纲。

利用 EWB 中提供的这些电路模型，可对含有受控电源的电路进行仿真，下面举例说明仿真的具体过程。

例 4-5　电路如图 4-18 所示，用 EWB 仿真该电路，求出电压 U 和电流 I 的值。

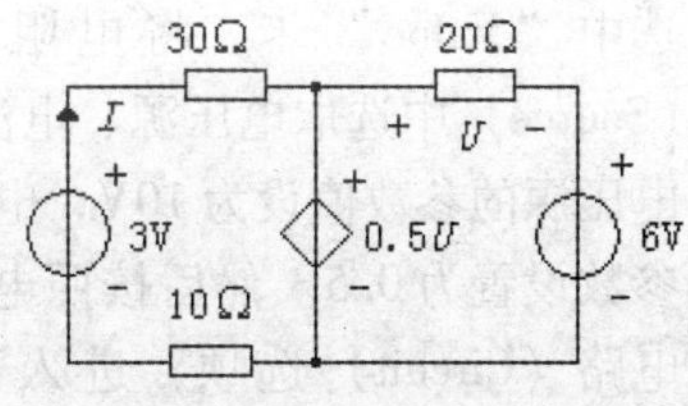

图 4-18　例 4-5 电路原理图

解　首先在 EWB 中创建电路，从基本元件库（Basic）中调出电阻元件。双击电阻元件符号，打开电阻属性（Resistor Properties）对话框，选中"Value"卡，将电阻值设为相应的值，同样从电源库（Source）中选取电压源和受控源，双击元件符号，设置相应的参数值。从仪器库（Instruments）中选取万用表，选取电流挡并串入电路中可直接测量电流 I；从指示器件库（Indicators）中选取直流电压表，并入支路中可直接测量电压 U。仿真电路连线图如 4-19 所示。

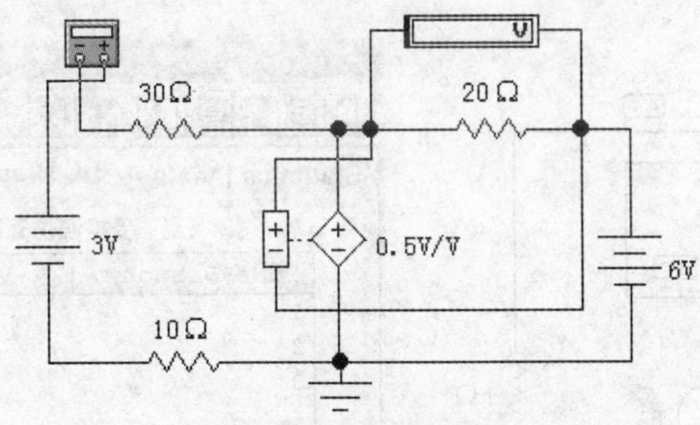

图 4-19　例 4-5 仿真电路连线图

打开 EWB 界面右上角的仿真开关，系统开始仿真，3V 电压源支路的电流和 20Ω 电阻上的仿真结果将显示在万用表和直流电压流表上，如图 4-20 所示。

为进一步验证仿真结果的正确性，可利用电路分析方法对图 4-15 的电路进行求解，这里略。由计算结果可知：仿真结果等于理论值，仿真结果是正确的。

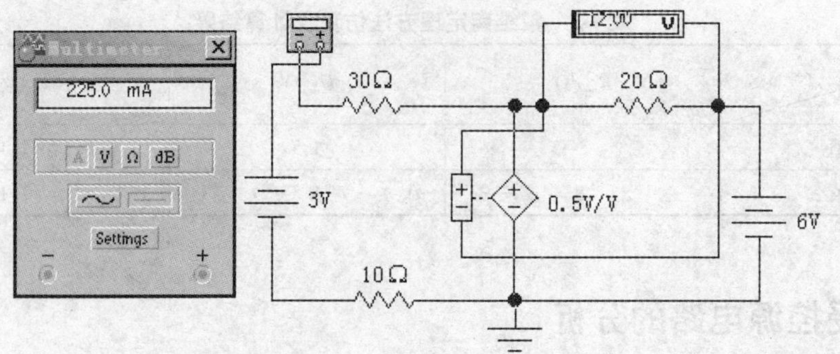

图 4-20 例 4-5 仿真结果图

含受控源电路的分析也可以利用 EWB 提供的电路分析方法中的直流工作点分析（DC Operating Point Analysis）对电路进行分析。

例 4-6 电路如图 4-21 所示，利用 EWB 的直流工作点（DC Operating Point）选项仿真出节点的电压数值及流过电压源支路的电流电流源两端的电压值。

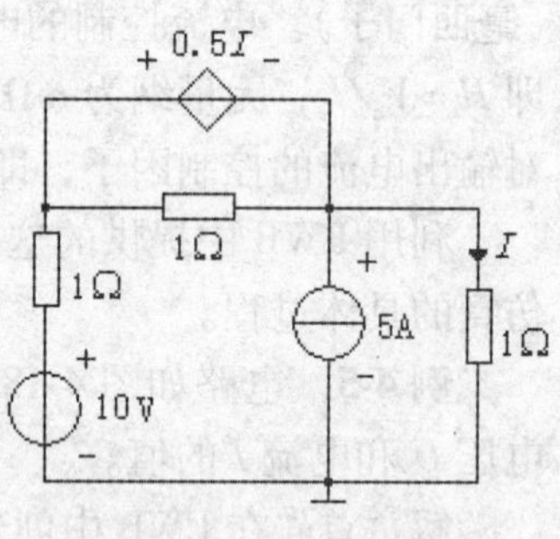

图 4-21 例 4-6 图

解 1）首先从基本元件库（Basic）中调出电阻元件。双击电阻元件符号，打开电阻属性（Resistor Properties）对话框，选中"Value"卡，将电阻值均设为 1Ω，同样从电源库（Source）中选取电压源、电流源和受控源，双击元件符号，将电压源的参数值设为 10V，电流源的参数值设为 5A，受控源的参数设置为 0.5。然后按照电路结构，连接元件。选择菜单中电路（Circuit）选项，进入原理图选项（Schematic Operation），选定显示节点（Show Nodes），然后单击"确定"按钮，则元件的节点编号自动显示在电路图上，如图 4-22 所示。注意仿真电路必须有接地参考点。

2）选择分析（Analysis）菜单中的直流工作点（DC Operating Point）选项，打开仿真开关，仿真出节点的电位的数值及流过电压源支路的电流数值，如图 4-23 所示。

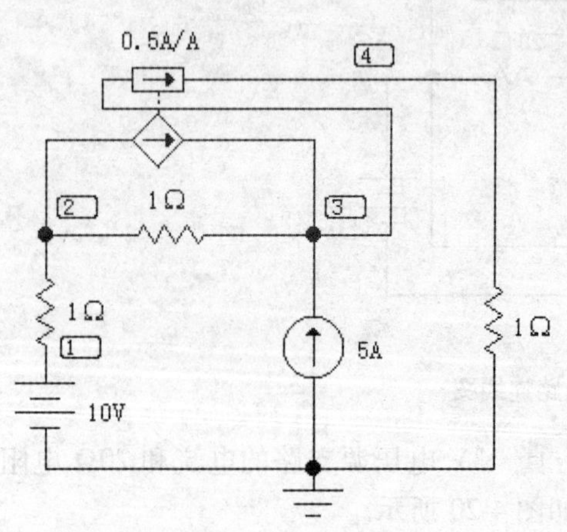

图 4-22 例 4-6 仿真连线图

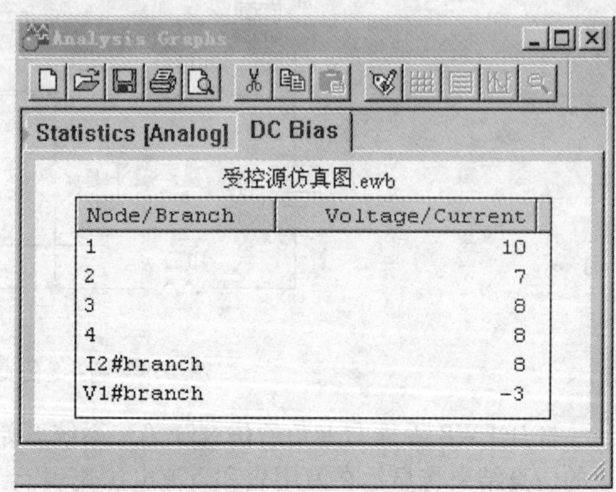

Node/Branch	Voltage/Current
1	10
2	7
3	8
4	8
I2#branch	8
V1#branch	-3

图 4-23 例 4-5 仿真结果图

上面是含 VCVS 和 CCCS 的电路分析，同理，利用 EWB 提供的虚拟仪器和电路分析方法中的直流工作点分析（DC Operating Point Analysis）也可以对含 VCCS 和 CCVS 进行分析，仿真电路和结果分别如图 4-24 和图 4-25 所示。其中图 4-24 中的 5mho 是 VCCS 的控制系数，具有电阻的量纲，mho 表示毫欧姆。

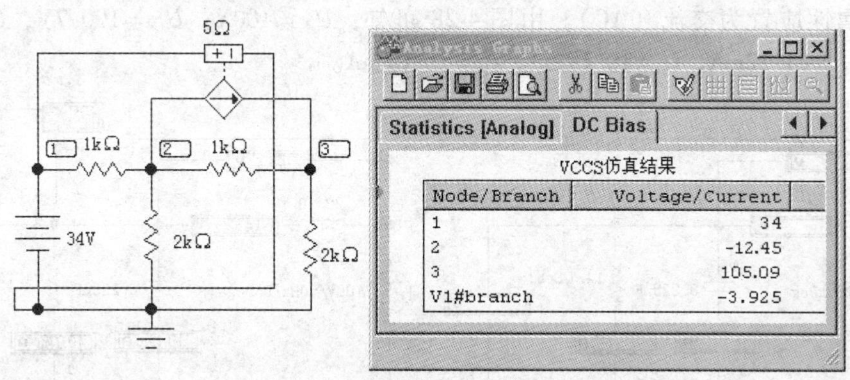

图 4-24　含 VCCS 的电路及仿真结果图

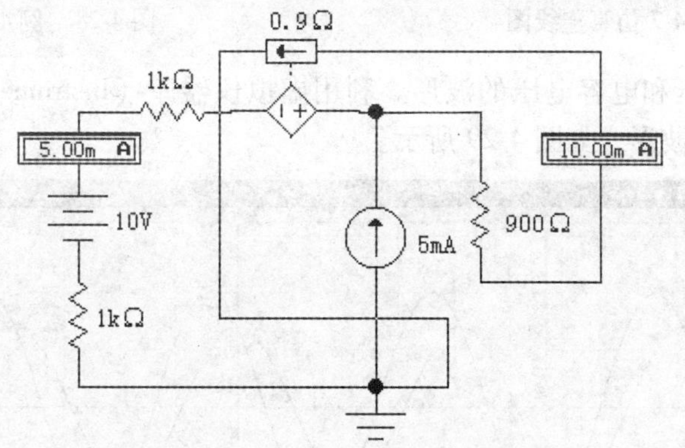

图 4-25　含 CCVS 的电路及仿真结果图

4.3　正弦交流电路

EWB 的信号源库（Sources）中提供了交流电压源和交流电流源两种模型，基本元件库（Basic）中有电阻、电感和电容模型。利用 EWB 提供的指示器件库（Indictors）中的电压表和电流表，虚拟仪器库（Instruments）中的示波器可对正弦交流电路进行仿真研究。

例 4-7　电路如图 4-26 所示，已知：$L=22.1\mathrm{H}$，$C=0.225\mu\mathrm{F}$，$R=14.14\mathrm{k}\Omega$，$u_{\mathrm{S}}(t)=100\times\sqrt{2}\sin 314t\ \mathrm{V}$。要求：1）测量各支路的电压、电流数值；2）用示波器观察电源电压 $u_{\mathrm{S}}(t)$ 和电容电压 $u_{\mathrm{C}}(t)$ 的波形，并从示波器的波形上测出 $u_{\mathrm{S}}(t)$ 和 $u_{\mathrm{C}}(t)$ 的相位差；3）仿真结果与理论值比较。

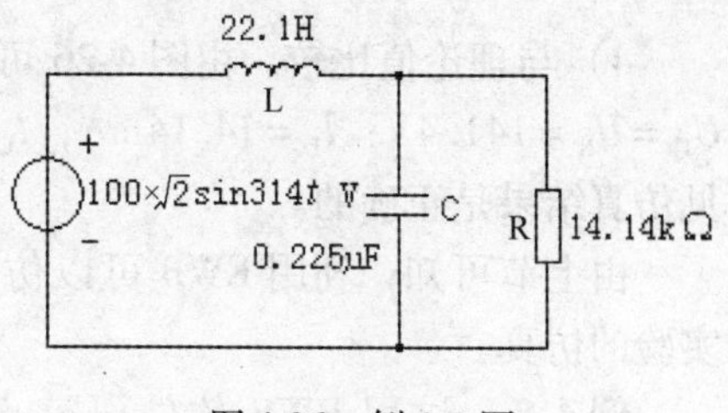

图 4-26　例 4-7 图

解　1）在 EWB 工作台上画出电路的原理图，交流电压源在信号源库（Sources）中，从基本元件库

(Basic) 中选取电阻、电感和电容。利用 EWB 提供的指示器件库 (Indictors) 中的电压表和电流表测量各支路的电压、电流值，用虚拟仪器库 (Instruments) 中的示波器观察正弦交流电路的仿真波形。仿真连线图如图 4-27 所示。

2）打开仿真开关，观察电压表、电流表的读数，如图 4-28 所示。这里应注意电压表、电流表的属性应置为交流 (AC)。由图 4-28 可知：$U_S = 100V$，$U_L = 100.7V$，$U_C = U_R = 142.3V$；$I_L = 14.32mA$，$I_C = 10.19mA$，$I_R = 10.07mA$。

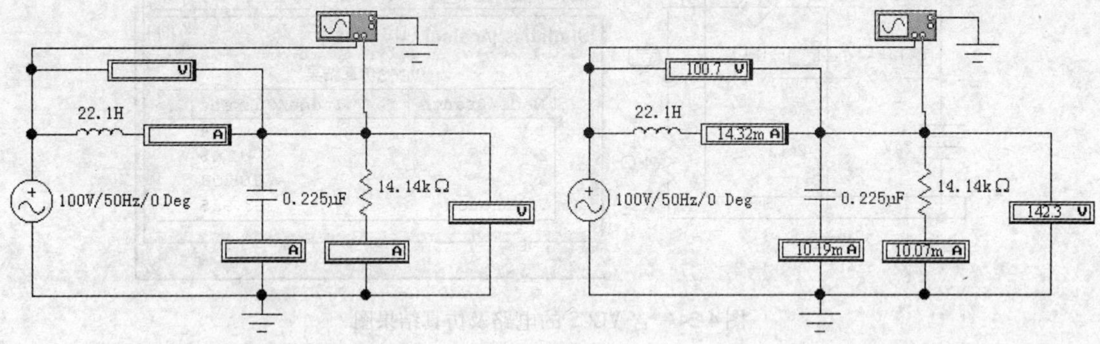

图 4-27　例 4-7 仿真连线图　　　　图 4-28　例 4-7 仿真结果

3）观察电源电压和电容电压的波形。利用虚拟仪器库 (Instruments) 中的示波器观察正弦交流电路的仿真波形，如图 4-29 所示。

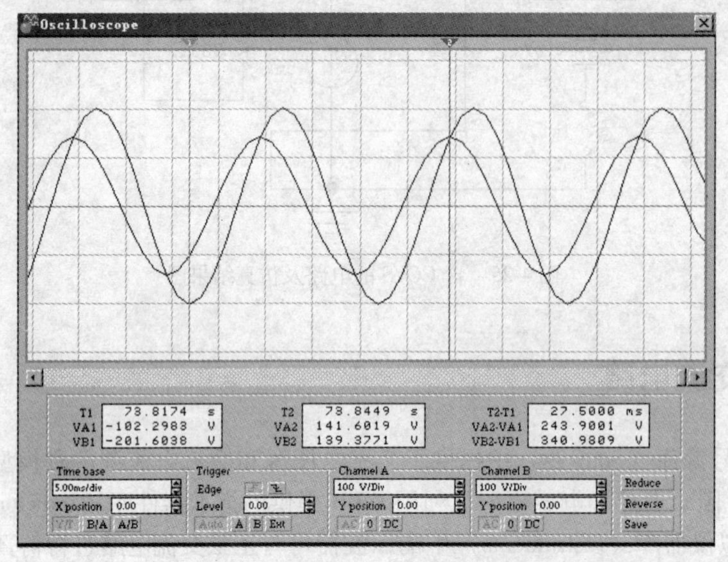

图 4-29　电源电压和电容电压的波形图

4）与理论值比较。由图 4-26 可计算电压、电流的理论值分别为 $U_S = 100V$，$U_L = 100V$，$U_C = U_R = 141.4V$；$I_L = 14.14mA$，$I_C = 10mA$，$I_R = 10mA$，仿真结果等于或接近理论值，可见仿真结果是正确的。

由上节可知，利用 EWB 可以仿真验证性实验。下面讨论如何利用 EWB 来进行设计性实验的仿真。

例 4-8　试用 EWB 软件研究 R、L、C 串联谐振电路的特性。已知 $R = 0.1k\Omega$，$C =$

0.1μF，$L=10\text{mH}$，信号源 $u_i=100\times\sqrt{2}\sin 10000\pi t$ V。该题目有如下的要求：1）用一只虚拟万用表和多个单刀双掷开关设计出能测量电路各点间电压的值；2）通过改变单刀双掷开关，用万用表测量上述各量的值，并列表（各测量值、理论计算式、计算值、绝对误差）与理论计算值相比较，分析误差原因；3）观测 u_i 与电容两端电压 u_C 的波形，并解释其大小和相位关系上的含义。

解　1）根据题目要求在 EWB 上作出图 4-30 所示的仿真电路。图中单刀双掷开关共 6 个，分别名（并由相应的键控制）为 F、G、H、I、J、K。通过这 6 个开关的组合，可测量题目要求的各量的值。

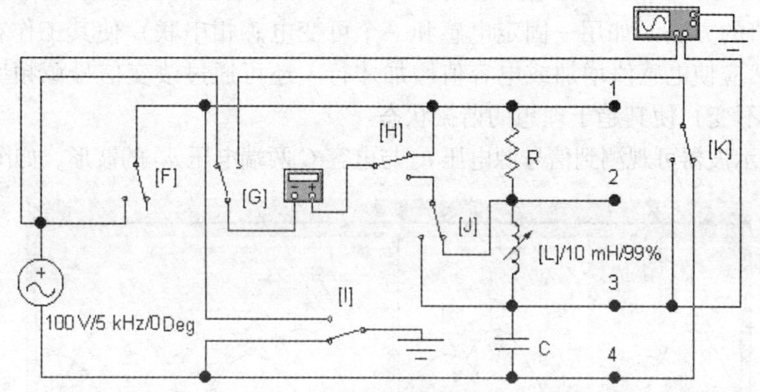

图 4-30　*RLC* 串联谐振仿真电路

2）当开关 F 掷于空挡、开关 G 掷于信号源上端、开关 H 掷于点 1、开关 I 掷于点 4、其他开关为任意状态时，多用表将串入被测电路中，当选择测量交流电流后，按仿真开关，电流表显示测量值约为 1A，如图 4-31a 所示；当将开关 F 掷于信号源上端，开关 H 和 J 掷于点 2 时，多用表并联于点 1、2 两端，选择测量交流电压挡后按仿真开关，电压表显示 $U_{12}=100$ V，如图 4-31b所示，按此方法可测得其他电压值。

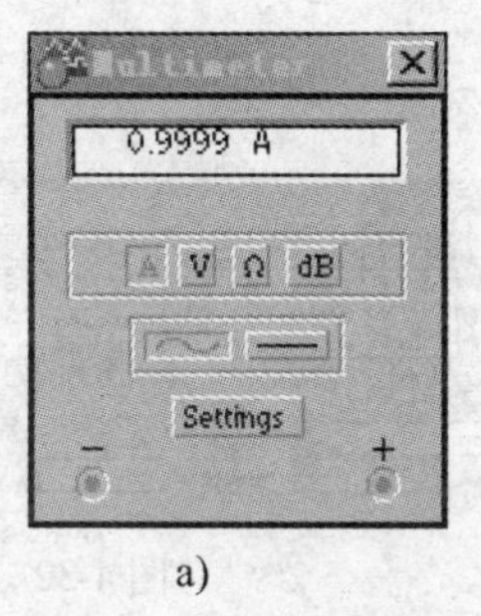

a)

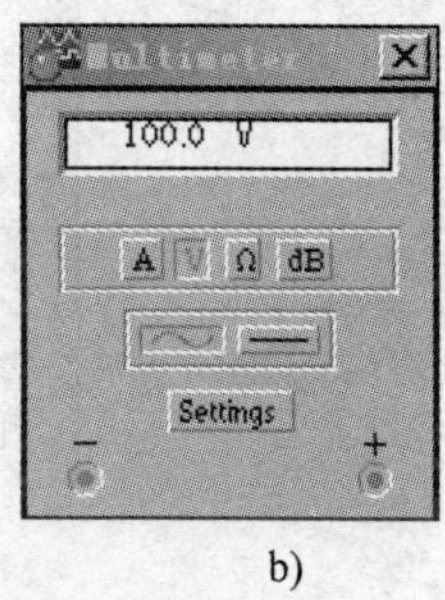

b)

图 4-31　*RLC* 串联谐振电路中电流、电压仿真值
a）电路中电流测量值　b）电阻上电压测量值

按题目要求将仿真测量值与理论计算值相比较，填入表 4-3 中。

表 4-3　*RLC* 串联谐振电路参量表

被测量	测量值	计算式	理论值	绝对误差
I	0.9999A	$I=U_i/R$	0.9991A	0.0008A
U_{12}	100.0V	$U_{12}=IR$	99.91V	0.09V
U_{13}	330.6V	$U_{13}=I\sqrt{R^2+X_L^2}$	329.43V	1.17V
U_{14}	100.0V	$U_{14}=I\sqrt{R^2+(X_L-X_C)^2}$	99.994V	0.006V
U_{23}	315.0V	$U_{23}=IX_L$	313.9V	1.1V
U_{24}	0.868V	$U_{24}=I\ (X_L-X_C)$	4.096V	3.228V
U_{34}	314.3V	$U_{34}=IX_C$	318.0V	4.3V

误差分析：填好表后分析产生误差的原因。在确定该软件的仿真精度完全达到要求的前提下，测量值与理论值产生误差的原因是给定参数并没有使电路达到理论上的谐振状态。由给定参数可得

$$\omega L = 2\pi f L = 314.2\Omega$$

$$1/(\omega C) = 1/(2\pi f C) = 318.3\Omega$$

两者并不相等。若信号源频率和电感 L 确定，根据谐振条件

$$2\pi f L = \frac{1}{2\pi f C}$$

可得电容 $C = 0.1013\mu F$，而电路中取 $0.1\mu F$，故各测量值与理论值产生误差，可通过改变电感或电容值的方法（如用一固定电感和一个可变电感相串联）使其工作在趋于理想的谐振状态。显然应使电感值增加或电容值增加才行。还可通过改变信号源频率的方法（频率增加，L、C 不变）使其趋于理想的谐振状态。

3）用虚拟示波器可观测到信号源电压 u_i 与电容 C 两端电压 u_C 的波形，如图 4-32 所示。

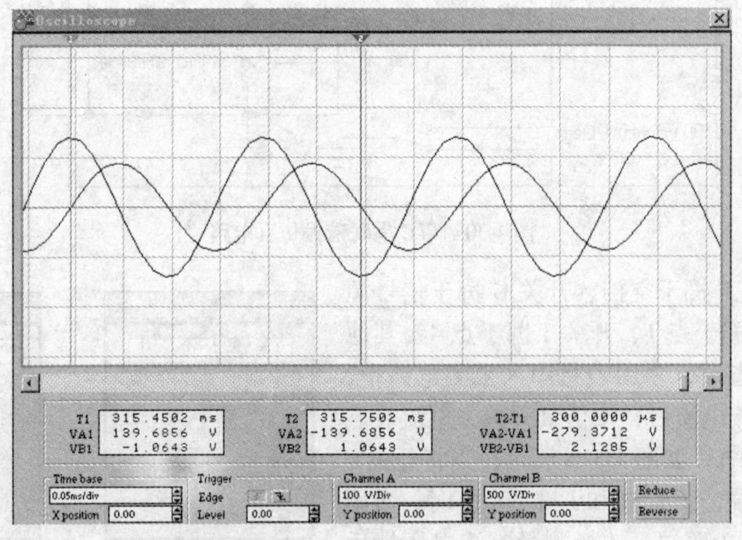

图 4-32 例题 4-8 波形图

由图可知：

1）u_C 与 u_i 的最大值或有效值与品质因数 Q 的关系是

$$\frac{u_{Cm}}{u_{im}} = \frac{u_C}{u_i} = Q$$

而

$$Q = \frac{\omega_0 L}{R}$$

由此可通过改变 R 值从而改变 Q 值和电容端电压 u_C 的值。

2）u_C 在相位上滞后 u_i 角 90°，这是因为谐振时，$u_R = u_i$，回路电流 $i = u_R/R$ 与 u_i 同相位，u_C 与 u_i 的相位关系即是与回路电流 i 的相位关系，故 u_C 滞后 u_i 角 90°。

例 4-9 试用 EWB 软件研究上题 RLC 串联谐振电路的频率特性（选频特性）。

要求：1）画出用虚拟扫频仪（频率特性测试仪）测量不同 R 值（Q 值）时的幅频特性和相频特性的仿真电路；2）观测不同 $R(Q)$ 值时的幅频特性曲线与相频特性曲线，确定它

们的上限频率f_H、下限频率f_L和通频带B_W；3）试设计一个谐振频率$f_0=880\text{kHz}$（沈阳广播电台频率），通频带宽度为$B_W=12.6\text{kHz}$的RLC串联选频电路，确定RLC的值。

解　1）用虚拟扫频仪测量RLC串联谐振电路频率特性的仿真电路见图4-30。图4-27也是例题4-9仿真电路，这里不再画出。

2）串联谐振电路的频率特性主要是指回路中电流的频率特性，即

$$\dot{I}(\mathrm{j}\omega)=\frac{\dot{U}}{Z}=\frac{\dot{U}}{R+\mathrm{j}(X_L-X_C)}$$

其幅频特性为

$$I=\frac{U}{\sqrt{R^2+(\omega L-\frac{1}{\omega C})^2}}$$

其相频特性为
$$\varphi=\arctan\frac{\omega L-\frac{1}{\omega C}}{R}$$

图4-33示出了不同R值（保持L、C不变）时的电流频率特性。

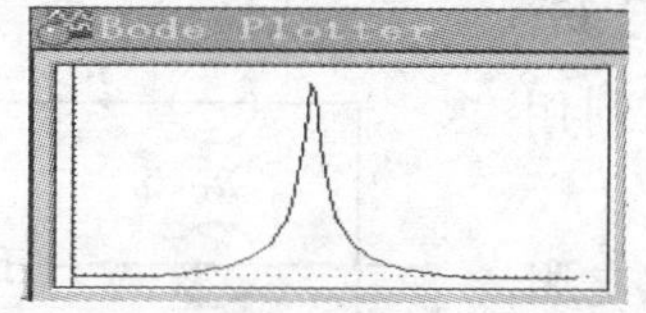

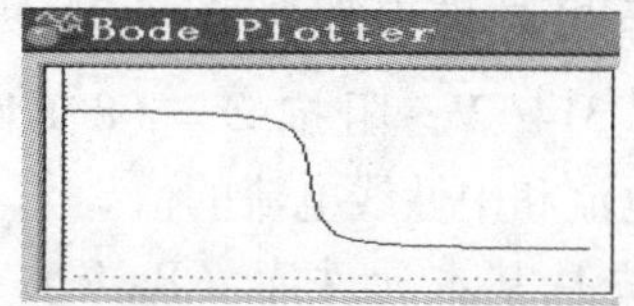

图4-33　电流i的幅频特性与相频特性

用虚拟扫频仪测量时，应先在横轴选择合适的扫频范围，在纵轴选择合适的幅值或相位角范围，将被测电路的输入和输出接入扫频仪，按仿真开关，可观测被测电路的线性或对数幅频特性以及附加相移。改变频率测量点（移动频率线）可测得扫频范围内任一频率（或倍频）下的幅值或分贝值以及附加相位角。据此可测得不同的R和Q值时电流I的谐振频率f_0、上限频率f_H、下限频率f_L和通频带B_W，并列出测量表（略）。频率在f_0时，回路电流I最大为I_0，当频率离开f_0时，电路失谐，I下降，当频率增高使I下降到I_0的70.7%（或3dB）时的频率称为上限频率f_H；当频率降低使I下降到I_0的70.7%（或3dB）时的频率称为下限频率f_L；通频带$B_W=f_H-f_L$。

3）用EWB软件完成电路的CAD设计，可使理论计算与实验调整相结合，缩短设计周期。

若设$L=0.3\text{mH}$，由

$$f_0=\frac{1}{2\pi\sqrt{LC}}=\frac{1}{2\times3.14\times\sqrt{0.3\times10^{-3}C}}=880\times10^3\text{Hz}$$

得　$C=109\text{pF}$

由于　$Q=\dfrac{f_0}{B_W}=\dfrac{880\times10^3}{12.6\times10^3}=69.8$

则　$R=\dfrac{2\pi f_0L}{Q}=\dfrac{2\times3.14\times880\times10^3\times0.3\times10^{-3}}{69.8}\Omega=24\Omega$

上限频率

$$f_{\mathrm{H}}\approx f_0+\frac{1}{2}B_{\mathrm{W}}=880\times10^3\,\mathrm{Hz}+\frac{1}{2}\times12.6\times10^3\,\mathrm{Hz}=886.3\mathrm{kHz}$$

下限频率

$$f_{\mathrm{L}}\approx f_0-\frac{1}{2}B_{\mathrm{W}}=880\times10^3\,\mathrm{Hz}-\frac{1}{2}\times12.6\times10^3\,\mathrm{Hz}=873.7\mathrm{kHz}$$

通过虚拟扫频仪可进行实验调整，取 C 为可变电容（或固定电容与可变电容的组合），取 R 为可变电阻，在给定条件下可迅速确定电容 C 和电阻 R 的值，并可发现减小 R 值，增加 Q 值可提高电路的选频性能。参数表和波形图可自行完成。

4.4 三相交流电路

利用 EWB 可以对三相交流电路进行仿真研究，本节依据三相交流电路的特征，分别对负载对称和不对称情况下电路中的电流、电压进行仿真研究，应用的元件和仪器分别包括在基本元件库（Basic）、信号源库（Sources）、指示器件库（Indicators）和仪器库（Instruments）中。

例 4-10 三相对称电路如图 4-34 所示，已知：$u_{\mathrm{U}}=120\times\sqrt{2}\sin 314t$ V，阻抗 $Z=(8+\mathrm{j}6)\,\Omega$，利用 EWB 仿真出相电流和中性线电流的值。

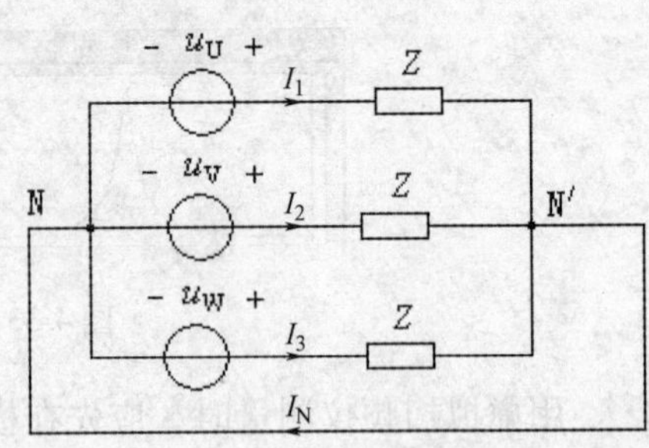

图 4-34 例 4-10 图

解 1）首先从基本元件库（Basic）中选取电阻和电感元件，双击元件符号，打开属性（Resistor Properties）对话框，选中“Value”卡，将电阻值均设为 8Ω，电感值均设为 19.1mH。从电源库（Source）中选取三个交流电压源，双击元件符号，将电压源的有效值设为 120V，频率设为 50Hz，相位分别设为 0°、120°和 240°。同样从指示器件库（Indicators）选取电流表元件，双击元件符号，将电流表的属性设为交流（AC）。为了使得电路元件排放规则，可以利用工具按钮中的（Rotate，Flip Horizontal 和 Flip Vertical）按钮将水平放置的元件置为垂直放置、水平转向和上下翻转。然后按照电路结构，连接元件。图 4-34 的仿真连线图如图 4-35 所示。电压源的属性对话框如

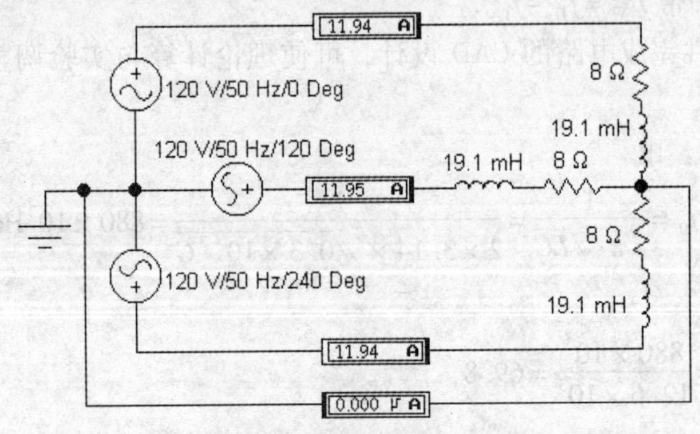

图 4-35 例 4-10 仿真图

图 4-36 所示，电流表的属性对话框如图 4-37 所示，注意仿真电路必须有接地参考点。

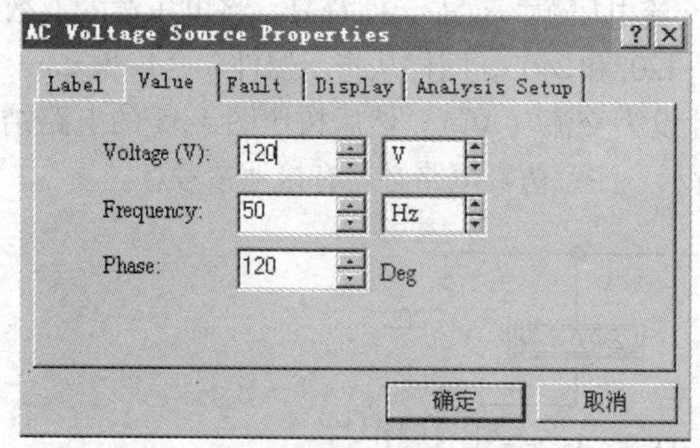

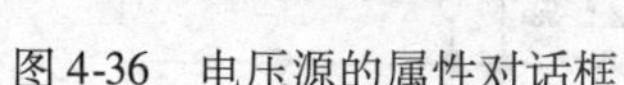
图 4-36　电压源的属性对话框

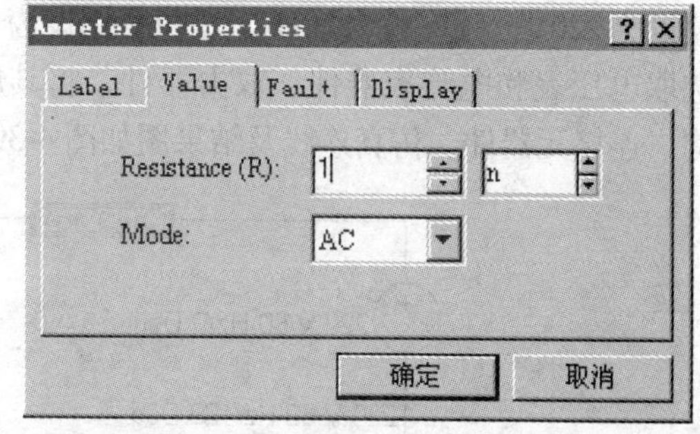

图 4-37　电流表的属性对话框

2）打开 EWB 界面右上角的仿真开关，系统开始仿真，各个支路电流的仿真结果将显示在交流电流表上，见图 4-35。

3）为进一步验证仿真结果的正确性，可计算图 4-34 的理论值。$I_1 = I_2 = I_3 = 12\text{A}$、$I_N = 0\text{A}$，可见仿真结果是正确的。

例 4-11　三相电路如图 4-38 所示，电源电压为 380V/220V。U 相为一只 220V/40W、$\cos\varphi = 0.5$ 的荧光灯，V 相为一只 220V/40W、$\cos\varphi = 0.5$ 的荧光灯和 220V/40W 的一盏白炽灯并联，W 相为 5 只 220V/100W 的白炽灯的并联。利用 EWB 仿真出：1）S 闭合时负载的相电压、相电流和中性点之间的电压、中性线电流；2）S 断开时负载的相电压、相电流和中性点之间的电压、中性线电流。

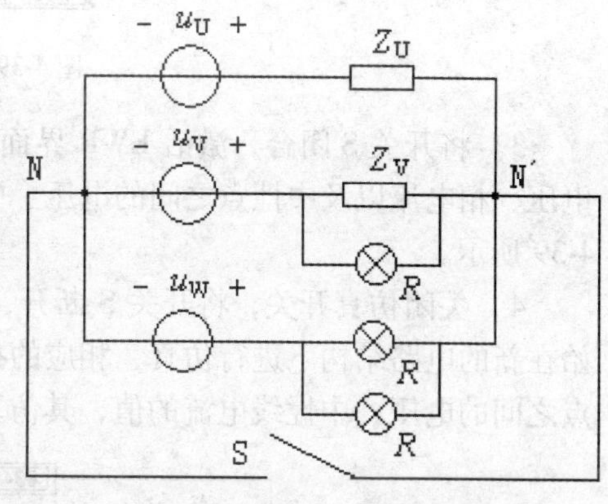

图 4-38　例 4-11 图

解　1）在画出 EWB 的仿真图之前，需计算电路中的参数。荧光灯电路（包括镇流器）用电阻和电感串联模型来代替，白炽灯用电阻模型来代替。根据已知条件可知，U 相和 V 相荧光灯的等效电感和电阻可通过下式求出（略去镇流器损耗）

$$|Z_U| = |Z_V| = \frac{U_p^2 \cos\varphi}{P} = \frac{220^2 \times 0.5}{40}\Omega = 605\Omega$$

$$R_U = R_V = |Z_U|\cos\varphi = 605 \times 0.5\Omega = 302.5\Omega$$

$$L = \frac{X_L}{\omega} = \frac{|Z_U|\sin\varphi}{\omega} = \frac{605 \times 0.87}{314}\text{H} = 1.67\text{H}$$

白炽灯的等效电阻为

$$R = \frac{U_p^2}{P} = \frac{220^2}{100}\Omega = 484\Omega$$

由于 W 相为 5 只 220V/100W 的白炽灯的并联，所以 W 相的等效阻抗为

$$Z_W = R/5 = 484/5\ \Omega = 96.8\Omega$$

2）在 EWB 平面上画仿真图，首先从基本元件库（Basic）中选取电阻和电感元件，双

击元件符号，打开属性（Resistor Properties）对话框，选中“Value”选项卡，将电阻和电感设为相应的值。从电源库（Source）中选取三个交流电压源，双击元件符号，将电压源的有效值设为220V，频率设为50Hz，相位分别设为0°、120°和240°。同样从指示器件库（Indicators）选取电压表和电流表器件，双击器件，将其属性设为交流（AC）。然后按照图4-35的电路结构，连接元器件。仿真连线及结果图如图4-39所示。注意仿真电路必须有接地参考点。

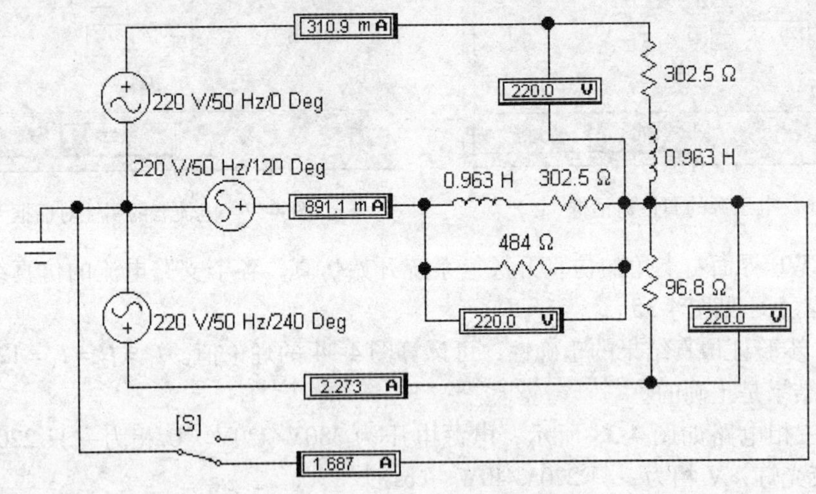

图4-39 仿真连线及结果图

3）将开关S闭合，激活EWB界面右上角的仿真开关，系统开始仿真，各个支路的相电压、相电流以及中性点之间的电压、中性线电流的仿真结果将显示在交流电流表上。如图4-39所示。

4）关闭仿真开关，将开关S断开，然后在激活EWB界面右上角的仿真开关，系统开始在新的电路结构下进行仿真，相应的指示仪表显示了各个支路的相电压、相电流以及中性点之间的电压、中性线电流的值，其仿真结果图如图4-40所示。

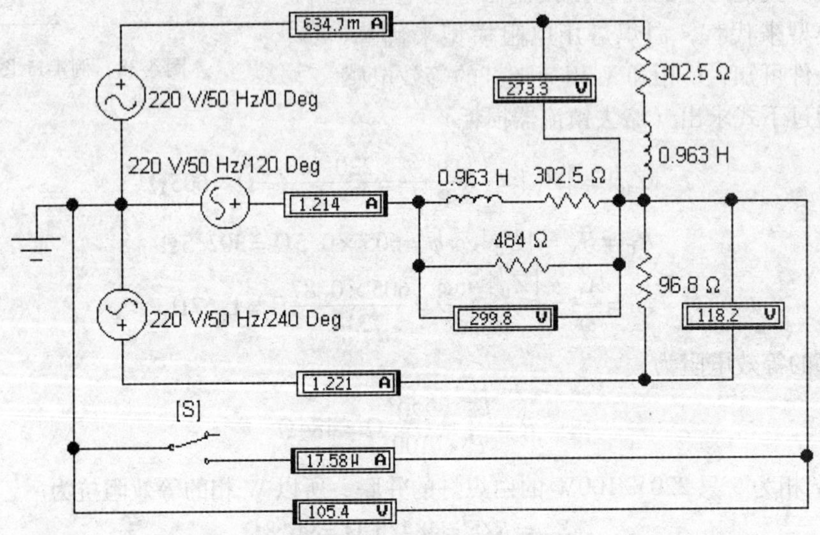

图4-40 开关断开后的仿真结果图

5）为进一步验证仿真结果的正确性，可计算图 4-35 的理论值。这里的计算结果从略。由理论计算结果可知仿真结果的正确性。

下面通过验证性实验的角度来介绍利用 EWB 仿真三相交流电路分析方法的具体过程。

例 4-12　用 EWB 验证三相电路中负载对称和不对称时电压和电流的线值与相值关系。

1. 实验目的

1）学习负载的星形和三角形联结方法。

2）学习利用 EWB 验证三相电路中负载对称和不对称时电压和电流的线值与相值关系。

3）学习 EWB 中虚拟仪器电压表、电流表的使用方法以及电源库、接地点的使用方法。

2. 实验原理　实验原理图如图 4-41 所示。

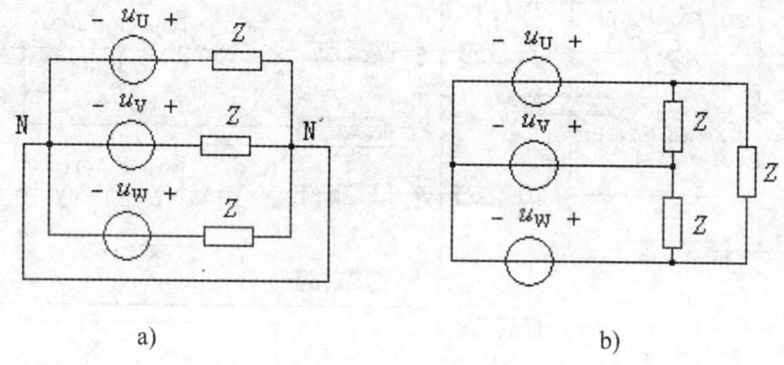

图 4-41　实验原理图

a）星形联结　b）三角形联结

3. 实验内容和方法

1）在 EWB 中创建仿真的连线图。通过开关 A、B、C 来实现负载的星形联结和三角形联结之间的转换，通过开关 G 和 H 来实现负载的对称接法和不对称接法之间的转换，电路连线及仿真图 4-42 所示。注意各支路中应串入虚拟的交流电压表和交流的电流表以便测量各支路的电压和电流。

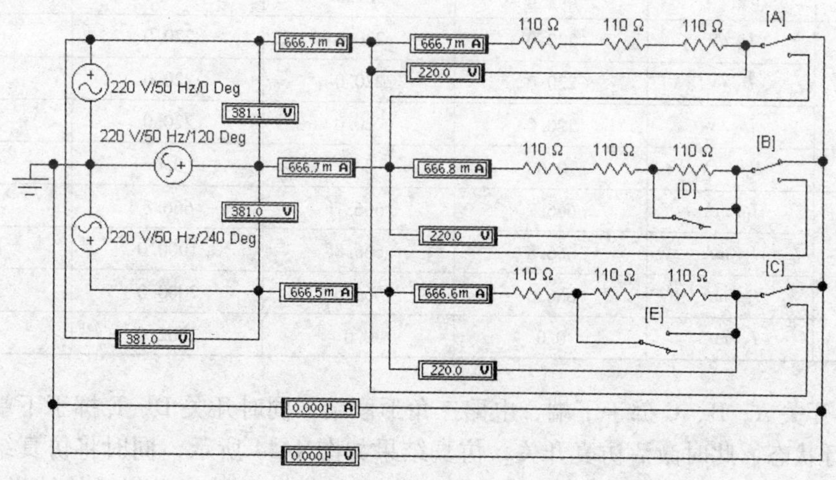

图 4-42　电路连线及仿真图

2）将开关 A、B、C 掷于上端，电路做星形联结，同时开关 D、E 掷于下端，负载处于对称运行状态，此时激活仿真开关，仿真结果如图 4-42 所示，同时将仿真结果填入表 4-4中。

3）开关 A、B、C、D 和 E 的位置不变，关闭仿真开关，将开关 S 掷于下端，中性线断开，然后再次激活仿真开关，仿真结果图如图 4-43 所示，同时将仿真结果填入表 4-4 中。同理，将开关 D、E 掷于上端，可仿真出负载作不对称运行时，有无、中性线两种情况下的结果，如表 4-4 所示。

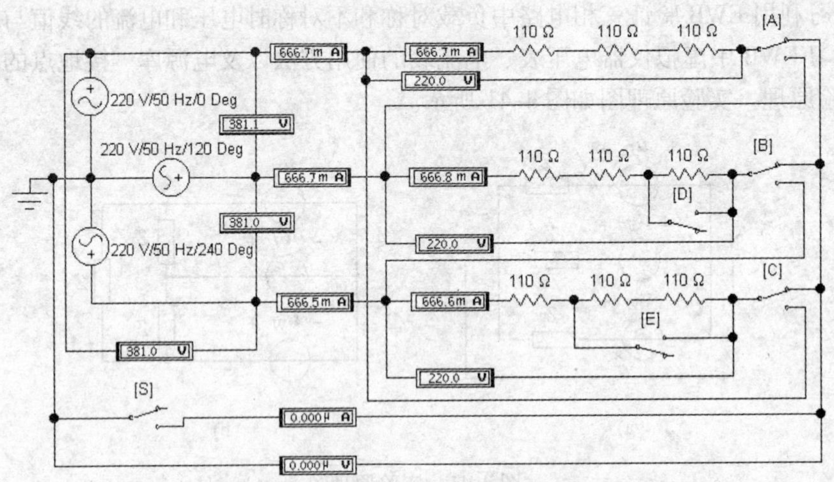

图 4-43　中性线断开时的仿真结果图

表 4-4　负载星形联结的仿真结果

测量量	测量值 \ 联结方式	负载对称 有中性线	负载对称 无中性线	负载不对称 有中性线	负载不对称 无中性线
线电压	U_{UV}/V	381.1	381.1	381.1	381.1
	U_{VW}/V	381.0	381.0	381.0	381.0
	U_{WU}/V	381.0	381.0	381.0	381.0
相电压	U_U/V	220.0	220.0	220.0	274.9
	U_V/V	220.0	220.0	220.0	249.8
	U_W/V	220.0	220.0	220.0	151.0
	$U_{NN'}$/V	0.0	0.0	0.0	72.11
电流	I_U/mA	666.7	666.7	666.8	833.0
	I_V/mA	666.8	666.8	1000.0	1136.0
	I_W/mA	666.6	666.6	2000.0	1373.0
	I_N/mA	0.0	0.0	1202.0	0.001

4）将开关 A、B、C 掷于下端，电路三角形联结，同时开关 D、E 掷于下端，负载处于对称运行状态，此时激活仿真开关，仿真结果如图 4-44 所示，同时将仿真结果填入表 4-5 中。同理，将开关 D、E 掷于上端，可仿真出负载做不对称运行时的结果，如表 4-5 所示。

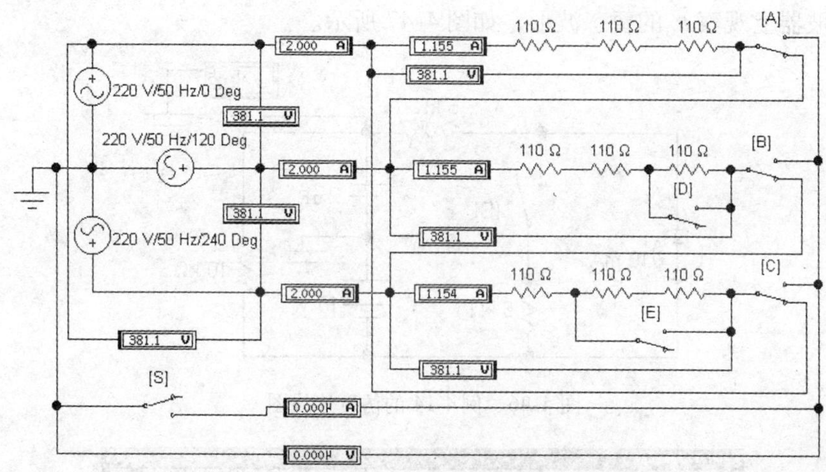

图 4-44　负载作三角形联结且对称时的仿真图

表 4-5　负载三角形联结时的测量值

被　测　量	电压/V			线电流/A			相电流/A		
符号	U_{UV}	U_{VW}	U_{WU}	I_U	I_V	I_W	I_{UV}	I_{VW}	I_{WU}
对称	381.1	381.1	381.1	2.0	2.0	2.0	1.155	1.155	1.154
不对称	381.0	381.0	381.1	4.164	2.516	4.583	1.155	1.732	3.465

5）为进一步验证仿真结果的正确性，可计算上述情况的理论值。这里计算结果从略。由理论计算结果可知仿真结果的正确性。

4.5　线性电路时域分析

利用 EWB 工作平台可以对线性电路的动态过程进行仿真研究，基于仿真结果可求出一阶电路响应的表达式，并通过虚拟的示波器可观察出动态响应的波形。应用的元件和仪器分别包括在基本元件库（Basic）、信号源库（Sources）、指示器件库（Indicators）和仪器库（Instruments）中。

例 4-13　电路如图 4-45 所示，用 EWB 进行仿真。要求：1）用示波器观察 $u_C(t)$ 的波形。2）求 $u_C(t)$ 的表达式。

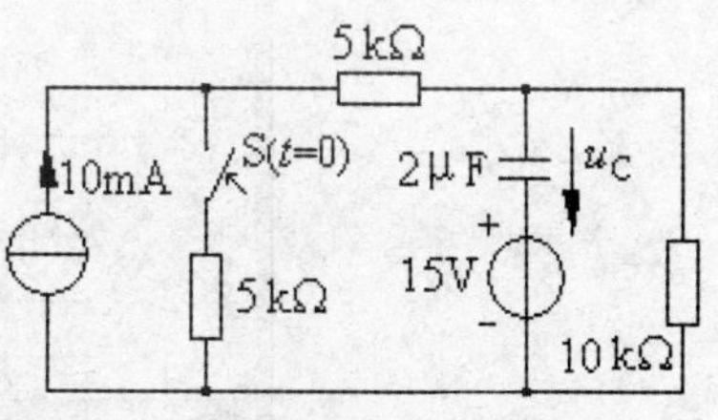

图 4-45　例 4-14 图

解　1）在 EWB 平面上画仿真图，首先从基本元件库（Basic）中选取电阻和电容元件，双击元件符号，打开属性（Resistor Properties）对话框，选中“Value”卡，将电阻和电容设为相应的值。从电源库（Source）中选取一个直流电压源和一个直流电流源，双击元件符号，将电压源的有效值设为 15V，电流源设为 10mA。从仪器库中选取示波器，然后按照图 4-45 的电路结构，连接元器件。仿真连线图如图 4-46 所示。注意仿真电路必须有接地参考点以及虚拟示波器的接法。

2）打开仿真开关，观察示波器上 u_C 的波形，待输出稳定后（u_C 是一条直线），开关 S

换路，在示波器上观察 u_C 的暂态波形，如图 4-47 所示。

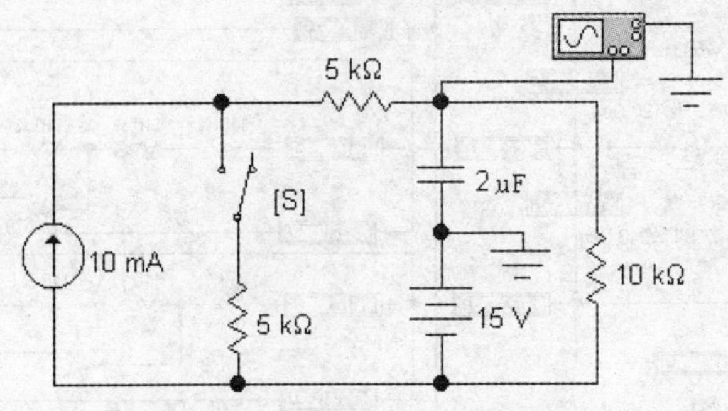

图 4-46　例 4-14 的仿真连线图

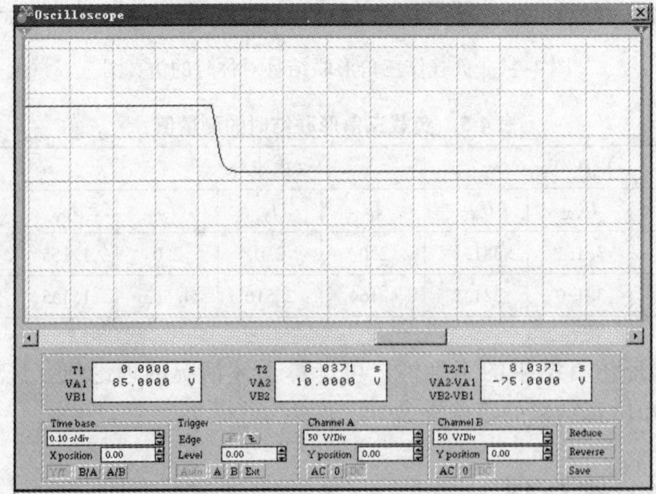

图 4-47　电容电压的仿真波形图

3）将图 4-44 的标尺 1 拖到换路点，标尺 2 放在暂态曲线的任意点，如图 4-48 所示。

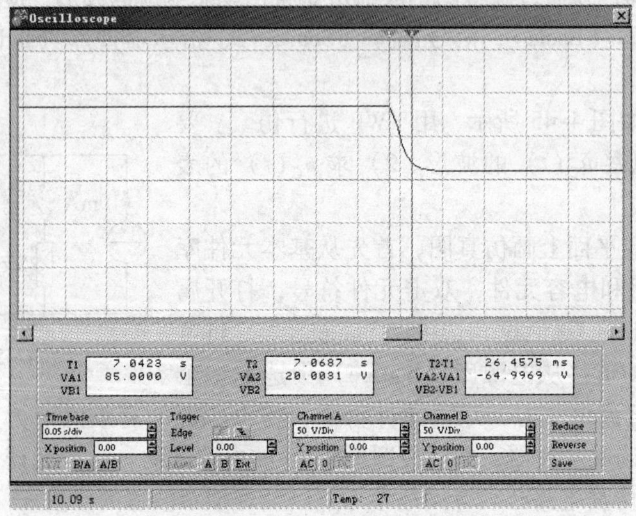

图 4-48　电容电压的测量图

二者之差即为动态响应时间 t，此时的 t、$u_C(t)$ 的值由图4-48可知。

由图4-48可得：$t=26.4575\text{s}$，$u_C(t)=20.0031\text{V}$。将标尺分别放在换路前的稳定点和换路后的稳定点，即可测量出 $u_C(0_-)=85V$、$u_C(\infty)=10\text{V}$，将 t、$u_C(t)$ 的值代入下式并考虑换路条件 $u_C(0_-)=u_C(0_+)$

$$u_C(t)=u_C(\infty)+[u_C(0_+)-u_C(\infty)]e^{-\frac{t}{\tau}}$$

求出时间常数 $\tau=0.102\text{s}$。将 $u_C(0-)=\text{VA1}=85\text{V}$、$u_C(\infty)=\text{VA2}=10\text{V}$、$\tau=0.102\text{s}$ 代入上式得 $u_C(t)$ 的表达式：

$$\begin{aligned}u_C(t)&=u_C(\infty)+[u_C(0_+)-u_C(\infty)]e^{-\frac{t}{\tau}}\\&=[10+(85-10)e^{-\frac{t}{0.102}}]\ \text{V}=(10+75e^{-10t})\text{V}\end{aligned}$$

4）与理论值比较。由理论计算可知 $u_C(0-)$、$u_C(\infty)$，时间常数 τ 的理论值分别为80V、10V和0.1s，仿真结果等于或接近理论值，可见仿真是正确的。

在电子线路中，经常会遇到一系列周期为 T 的矩形脉冲电压，简称脉冲序列，下面分析如何利用EWB研究 RC 电路对矩形波的响应。

例4-14　利用EWB研究 RC 电路对矩形波的响应。要求：1）当 $T\gg\tau$ 时，u_C 和 u_S 的波形；2）当 $T\ll\tau$ 时，u_C 和 u_S 的波形；3）当 $T=\tau$ 时，u_C 和 u_S 的波形。

解　1）在EWB平面上画仿真图，首先从基本元件库（Basic）中选取电阻和容元件，双击元件符号，打开属性（Resistor Properties）对话框，选中“Value”卡，将电阻和电容设为1kΩ和10μF。从电源库（Source）中选取方波电压源，双击元件符号设置方波的值电压源周期、占空比和电压的幅值，然后按照电路结构，连接元器件，仿真连线图如图4-49所示，注意仿真电路必须有接地参考点。

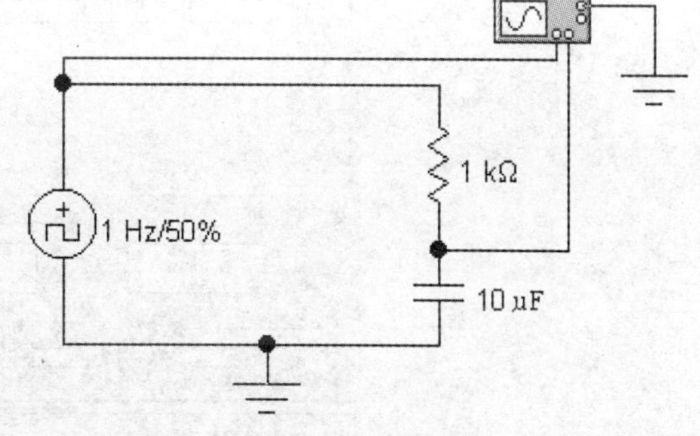

图4-49　仿真连线图

2）由图4-49可知，电路的时间常数 $\tau=RC=1000\times10\times10^{-6}\ \text{s}=0.01\text{s}$。为考虑 $T\gg\tau$ 的情况，将方波电源的频率设为1Hz，则它的周期 $T=1/f=1/1\text{s}=1\text{s}$。此时激活仿真开关，用示波器观察电容电压和电源电压的波形，如图4-50所示。由图4-50可知，该电路在 $0\leqslant t\leqslant T/2$ 这段时间里，电容被迅速充电，当 $t=T/2$ 时，电容上的电压早已上升到稳态值。而在 $T/2\leqslant t\leqslant T$ 这段时间里，电容被迅速放电，当 $t=T$ 时，电容上的电压早已降至零。

3）为考虑 $T\ll\tau$ 的情况，将方波电源的频率设为1kHz，则它的周期 $T=1/f=1/1000\text{s}=0.001\text{s}$，电路的时间常数仍为 $\tau=RC=1000\times10\times10^{-6}\text{s}=0.01\text{s}$。此时激活仿真开关，用示波器观察电容电压和电源电压的波形如图4-51所示。由图4-51可知，该电路在 $0\leqslant t\leqslant T/2$ 这段时间里，电容被缓慢充电，当 $t=T/2$ 时，电容上的电压还没有上升到稳态值。而在 $T/2\leqslant t\leqslant T$ 这段时间里，电容又缓慢放电，当 $t=T$ 时，电容上的电荷还没有完全放完，此时有开始了新的充电过程。每一次充放电，电容的结束值都比初始值有所增加，所以电容电压的总体趋势是上升的，最终达到电源电压。

4）为考虑 $T=\tau$ 的情况，将方波电源的频率设为100Hz，则它的周期 $T=1/f=1/100\text{s}=$

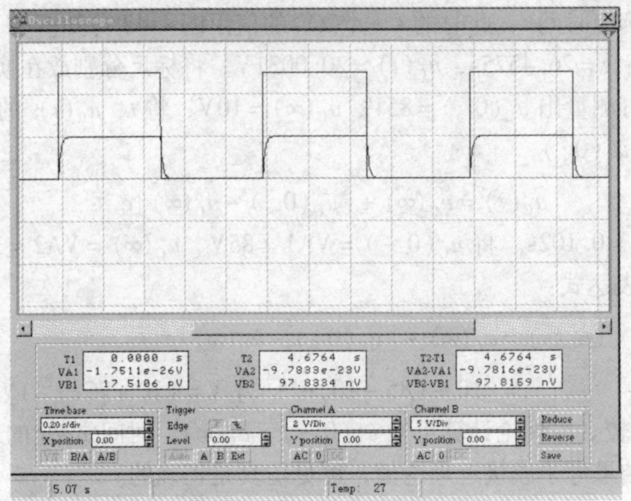

图 4-50 $T \gg \tau$时电容电压和电源电压波形

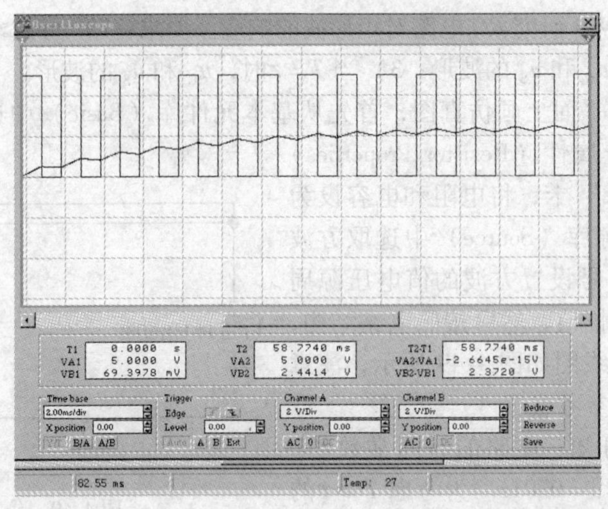

图 4-51 $T \ll \tau$时电容电压和电源电压波形

0.01s，电路的时间常数仍为$\tau = RC = 1000 \times 10 \times 10^{-6}\text{s} = 0.01\text{s}$。此时激活仿真开关，用示波器观察电容电压和电源电压的波形如图 4-52 所示。由图 4-52 可知，该电路经过 2 ~ 3 个周期后，电容的电压达到了稳定值。

读者还可以自己设计方波电源的周期和电路的时间常数，通过上面介绍的方法来观察 *RC* 电路对矩形波响应的情况。

利用 EWB 中的瞬态分析（Transient Analysis）可以对电路的瞬态进行分析，瞬态分析步骤如下：

1）画电路图并显示节点，选择待分析的节点。

2）选择分析（Analysis）菜单中的瞬态分析（Transient）项，打开相应的对话框，根据对话框，如图 4-53 所示。按照提示，设置参数。

对话框中各参数的含义如下：

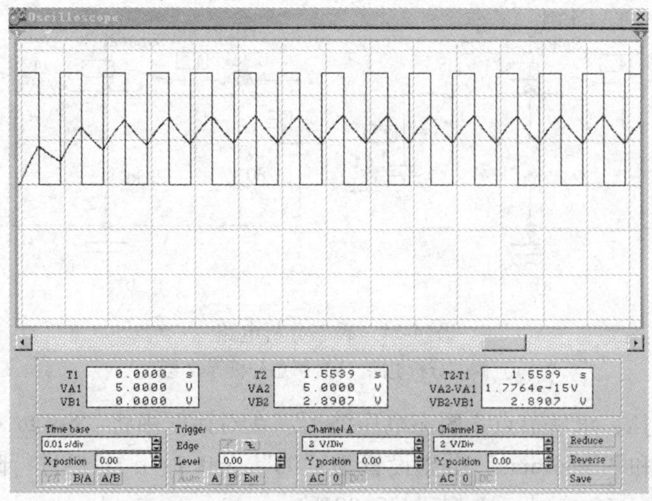

图 4-52　$T=\tau$时电容电压和电源电压波形

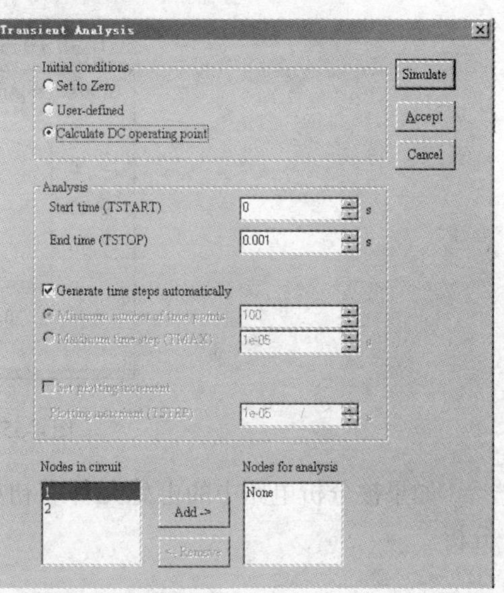

图 4-53　瞬态分析（Transient）对话框

Set to Zero：初始条件为零开始分析。默认设置：不选用。

User-defined：由用户定义的初始条件进行分析。默认设置：不选用。

Calculate DC operation point：将直流工作点分析结果作为初始条件进行分析。默认设置：选用。

Start time（TSTART）：瞬态分析的起始时间。要求大于等于零，小于终点时间。默认设置：0s。

End time（TSTOP）：瞬态分析的终点时间。必须大于起始时间。默认设置：0.001s。

Generate time steps automatically：自动选择一个较为合理的或最大的时间步长。默认设置：选用。该参数有两项设置“Minimum number of time points”仿真输出图上，从起始时间到终止时间的点数。默认设置：100。“Maximum time step”最大时间步长。默认设置：le－0.5s。这两项的设置值是关联的，只要设置其中一个，另一个自动变化。

Set plotting increment/ Plotting increment：设置绘图线增量。默认设置：le－0.5s。它跟随“Minimum number of time points”设置值自动变化，也可单独设置。

Nodes for analysis：待分析节点。

3）按“Simulate”（仿真）按钮，显示待分析节点的瞬态响应波形，按“Esc”键停止仿真运行，下面举例说明。

例 4-15　电路如图 4-54a 所示，$t=0$ 时，S 闭合，$U_{C1}(0)=30V$（方向上正下负），求 U_{C1}电压波形及 $t=60ms$ 时 U_{C1}值。

解　在 $t=0$ 时，S 闭合，$U_{C1}(0)=30V$，画等效电路，如图 4-54b 所示，节点 2 电压便

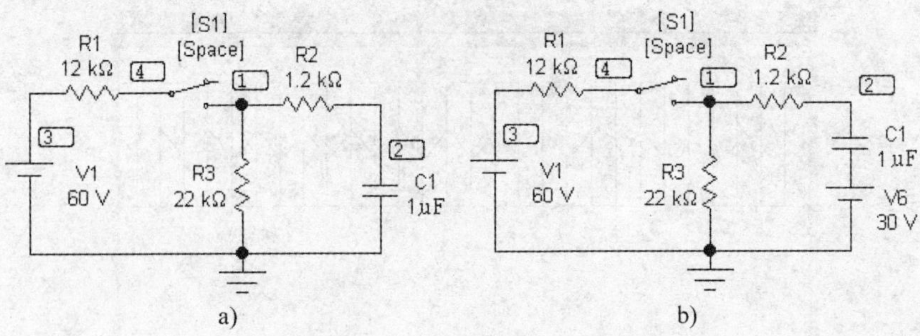

图 4-54 瞬态分析电路

a）瞬态分析电路 b）瞬态分析等效电路

是电容器 C_1 两端电压，求解节点 2 瞬态电压波形。在对话框中将“Set to Zero”设置为“选用”，“Start time”和“Stop time”分别设置为“0s”、“0.1s”，然后进行瞬态分析，分析结果如图 4-55 所示。$t=60\text{ms}$ 时，U_{C1} 值为 38.82V。

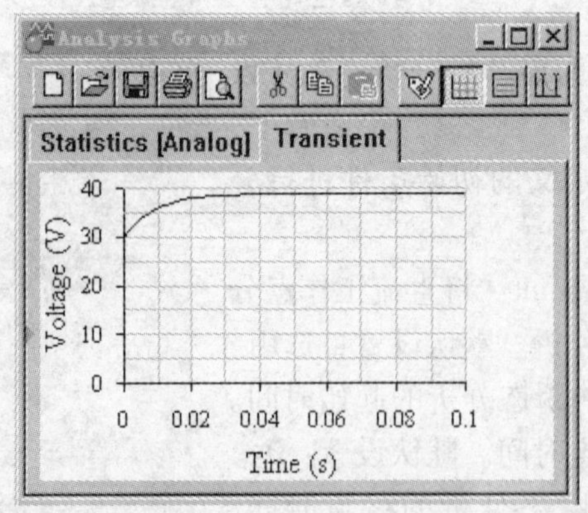

图 4-55 节点 2 瞬态分析结果

如果被分析电路中的电感元件有初始电流，分析时也要画出其等效电路，再进行瞬态分析。

习 题

4-1 利用 EWB 工作平台仿真出图 4-56 所示电路中各支路电流值。

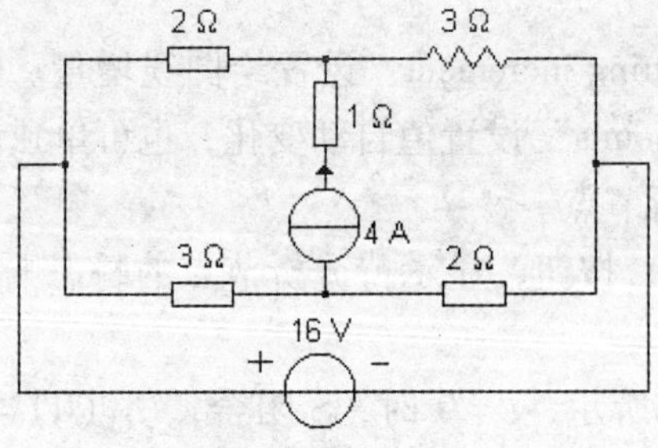

图 4-56 题 4-1 图

4-2　利用 EWB 中的直流工作点分析（DC Operating Point Analysis）求图 4-57 所示电路中各节点电压值。

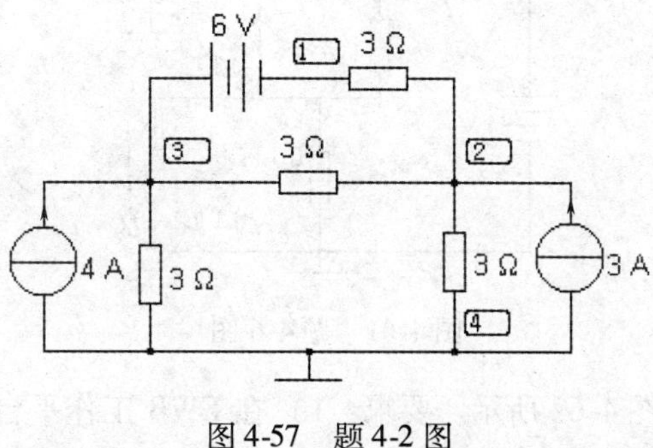

图 4-57　题 4-2 图

4-3　利用 EWB 工作平台并采用叠加定理电路分析方法求图 4-58 所示电路中的 I。

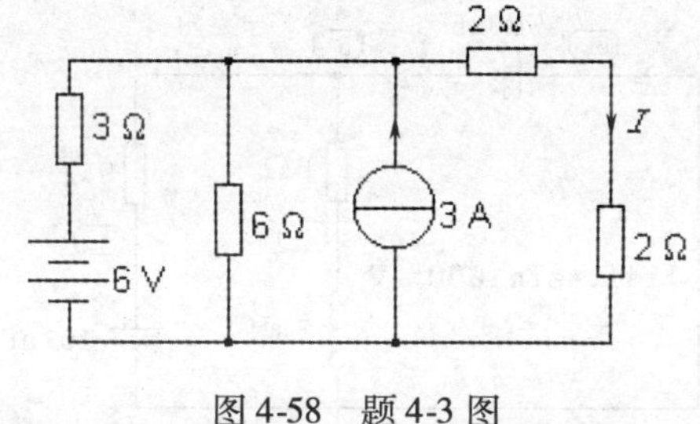

图 4-58　题 4-3 图

4-4　利用 EWB 工作平台并采用戴维南定理求图 4-59 所示电路中的 U_o。

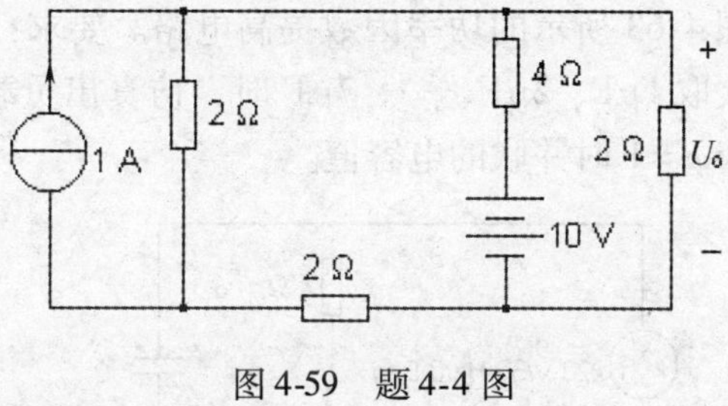

图 4-59　题 4-4 图

4-5　利用 EWB 工作平台求出图 4-60 所示电路中的 I。

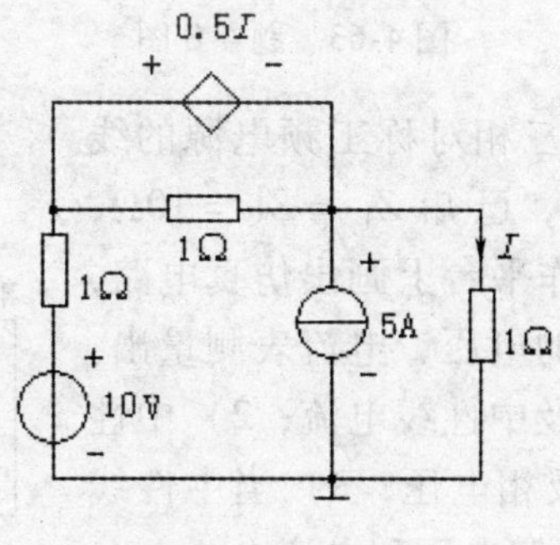

图 4-60　题 4-5 图

4-6 利用 EWB 工作平台求出图 4-61 所示电路中的 U_o。

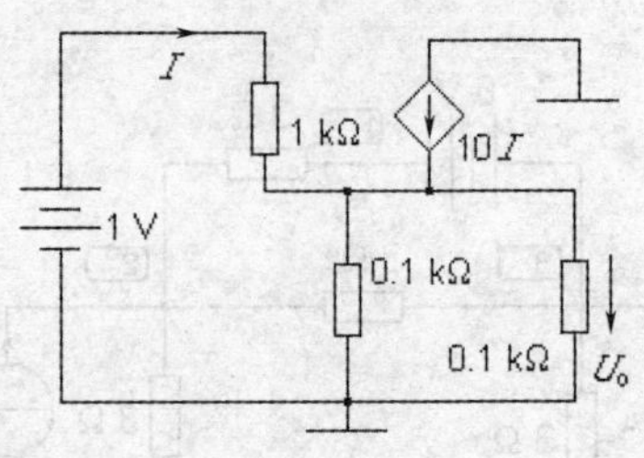

图 4-61 题 4-6 图

4-7 正弦稳态电路如图 4-62 所示。要求：1）在 EWB 工作平台作出仿真电路图；2）用万用表的交流电压挡测量电压 U_{24}、U_2、U_4、U_5、U_{35} 的有效值并与理论值相比较；3）用万用表的交流电挡测量各支路电流的有效值并与理论值相比较；4）用示波器观察 u_2、u_4 的波形。

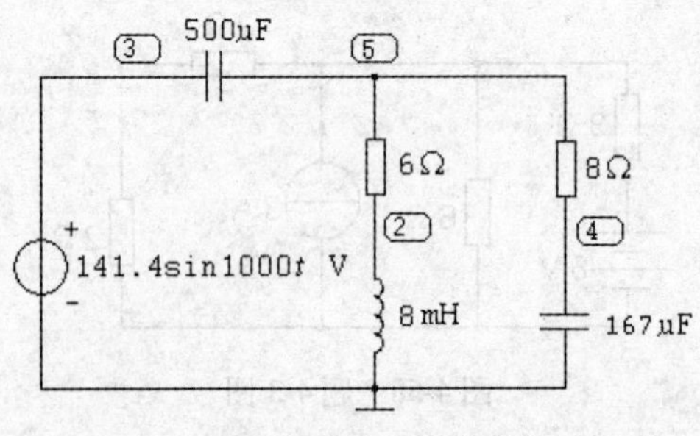

图 4-62 题 4-7 图

4-8 利用 EWB 研究图 4-63 所示的功率因数提高电路。要求：1）在 EWB 平面上画出仿真电路，当并联电容依次取 1μF、2μF、…、7μF 时，仿真出负载电流、电容电流和电源供出的电流值；2）找出 $\cos\varphi=1$ 时并联的电容值。

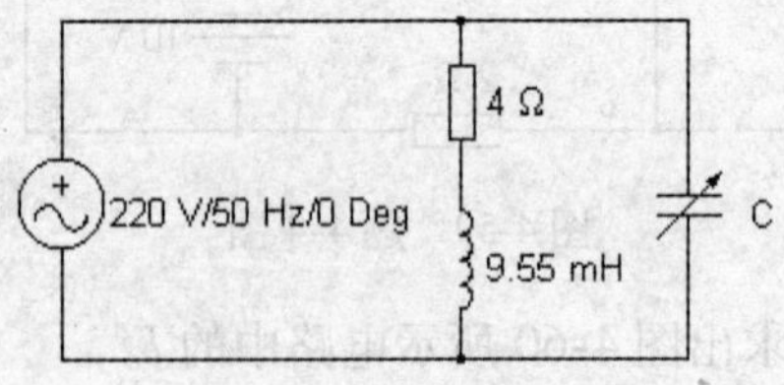

图 4-63 题 4-8 图

4-9 电路如图 4-64 所示，三相对称工频电源的线电压为 380V，三相负载不对称，已知 $Z_U=Z_V=10\Omega$，$Z_W=5\angle 60°\Omega$。要求在 EWB 工作平台上画出仿真电路，并利用 EWB 中的万用表或交流的电压、电流表测量出：1）有中性线时，负载的相电流及中性线电流；2）中性线断开时，各相负载的相电流及相电压；3）当中性线断开且 W 相负载短路时，各相负载电压和电流。

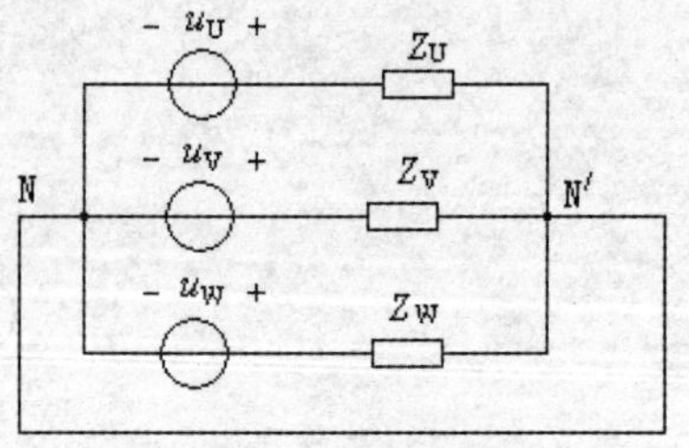

图 4-64 题 4-9 图

4-10　电路如图 4-65 所示，三相对称工频电源的线电压为 380V，三角形联结的对称三相负载的每相阻抗 $Z=(4+j3)\Omega$，要求在 EWB 工作平台上画出仿真电路，并利用 EWB 中的万用表或交流的电压、电流表测量相电流及线电流，验证相电流和线电流满足的关系。

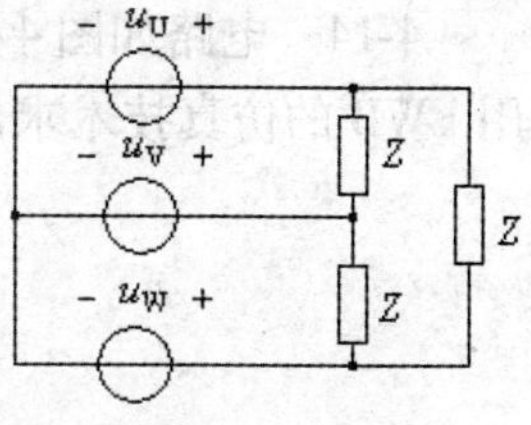

图 4-65　题 4-10 图

4-11　三相对称电路如图 4-66 所示，已知 $Z_1=(3+j4)\Omega$，$Z_2=(10+j10)\Omega$，$Z_l=(2+j2)\Omega$，对称工频电源星形联结，相电压为 127V。要求在 EWB 工作平台上画出仿真电路，并利用 EWB 中的万用表或交流的电压、电流表测量出：1）输电线上的三相电流；2）两组负载的相电压；3）负载侧的线电压。

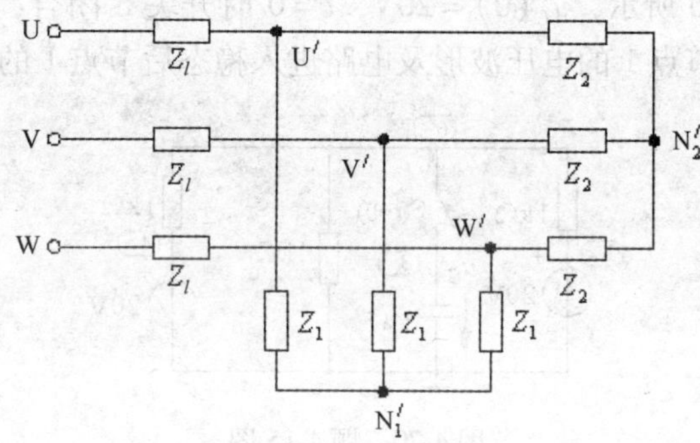

图 4-66　题 4-11 图

4-12　图 4-67 所示三相四线制电路中，三相工频电源对称，线电压为 380V，$X_L=X_C=R=40\Omega$。要求在 EWB 工作平台上仿真出：1）三相相电压、相电流；2）中性线电流。

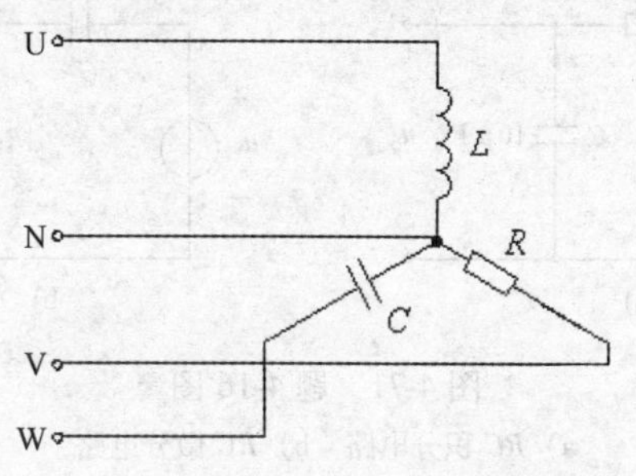

图 4-67　题 4-12 图

4-13　电路如图 4-68 所示，开关 S 在位置 a 时已经处于稳态，$t=0$ 时开关 S 由 a 合向 b，利用 EWB 中的虚拟示波器观察开关闭合后的 $u_C(t)$ 并求 $t=0.5s$ 时的 $u_C(t)$ 值。

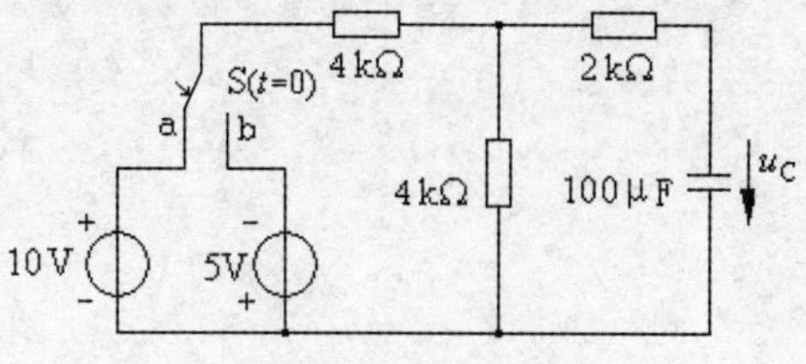

图 4-68　题 4-13 图

4-14　电路如图4-69所示，开关S动作前电路已经处于稳态，$t=0$时开关S闭合，利用EWB的仿真技术求出开关S闭合后$u_C(t)$的表达式。

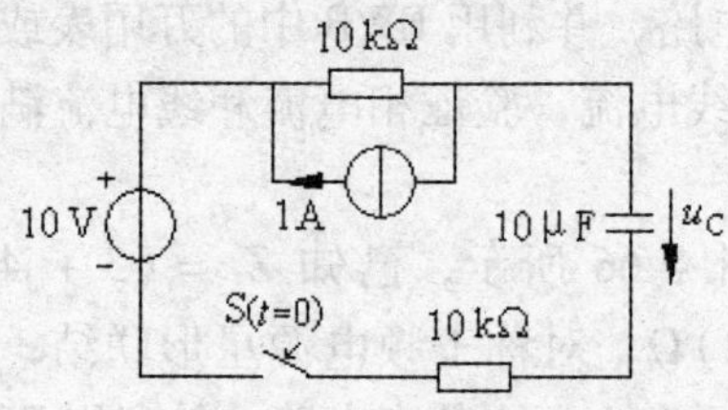

图4-69　题4-14图

4-15　电路如图6-70所示，$u_C(0)=20V$，$t=0$时开关S闭合，利用EWB的瞬态分析（Transient Analysis）求节点1的电压波形及电路进入稳态后节点1的电压数值。

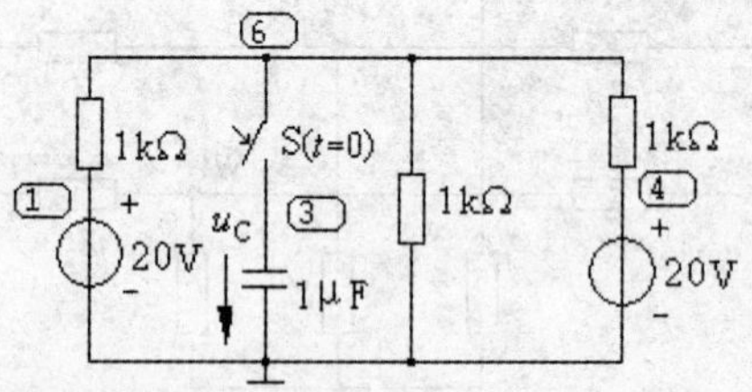

图4-70　题4-15图

4-16　*RC*积分和微分电路如图6-71所示，分别求构成积分和微分电路时方波电源u_S的频率，并利用EWB的瞬态分析（Transient Analysis）求输出电压的波形。

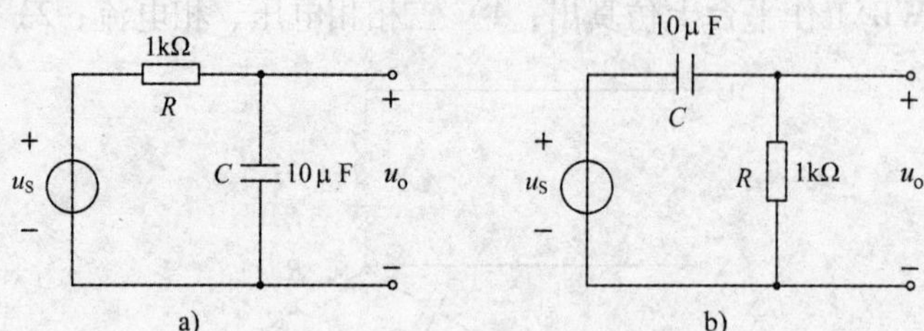

图4-71　题4-16图

a）*RC*积分电路　b）*RC*微分电路

第 5 章　模拟电子电路的设计与仿真

模拟电子电路在自动控制系统中，在众多的大大小小的电子产品中占有很重要的位置，即使在电子产品趋于数字化的现在和将来，模拟电路都有其不可替代的作用。在 EDA 中有大量模拟元器件和信号发生器，电压表、电流表等测量仪表和示波器等仪器，提供给读者一个庞大电子实验室，如何正确地利用这个实验室，学会使用其中的元器件、仪器仪表是十分重要的。本章分 6 节分别对基本放大电路、场效应晶体管放大电路、运算放大器应用电路、反馈振荡电路、稳压电源电路及晶闸管电路介绍各自的仿真方法，并详细、深入、广泛的探讨各种模拟电路的仿真实用技术。

5.1　基本放大电路

5.1.1　基本放大电路仿真概要

基本放大电路主要是以晶体三极管（简称晶体管）为核心构成的放大电路，在电子工作台 EWB 上，晶体管位于晶体管库中，其中备有 NPN 型和 PNP 型的晶体管，器件在库中的位置及图标如图 5-1 所示。

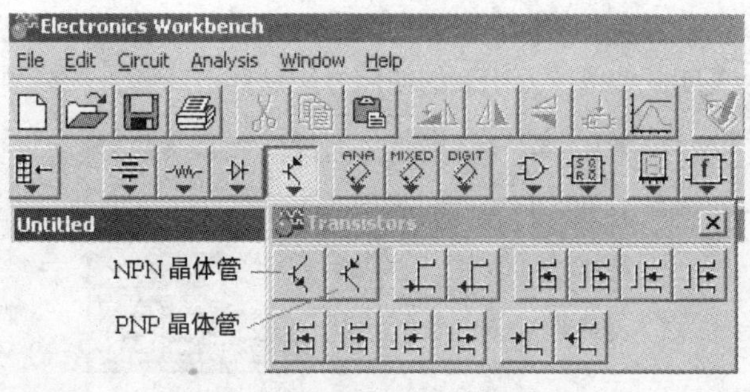

图 5-1　晶体管所在位置及其图标

晶体管默认设置近于理想器件。若想查询或改变其参数，可以用鼠标双击图标，打开图 5-2 所示的对话框，可以

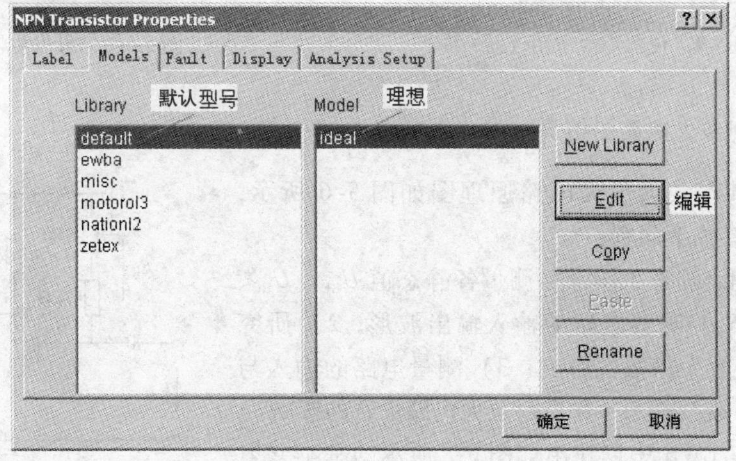

图 5-2　晶体管型号选择对话框

选择晶体管型号，最初指向默认型号，选择了理想晶体管。若想知道该晶体管的参数，可按下编辑（Edit）按钮。打开如图 5-3 所示的参数细则菜单。在此菜单中详细列出了电流放大系数（β值）、BE 结电压、饱和电流、BE 结电容、BC 结电容等参数，这些参数均可进行更改。

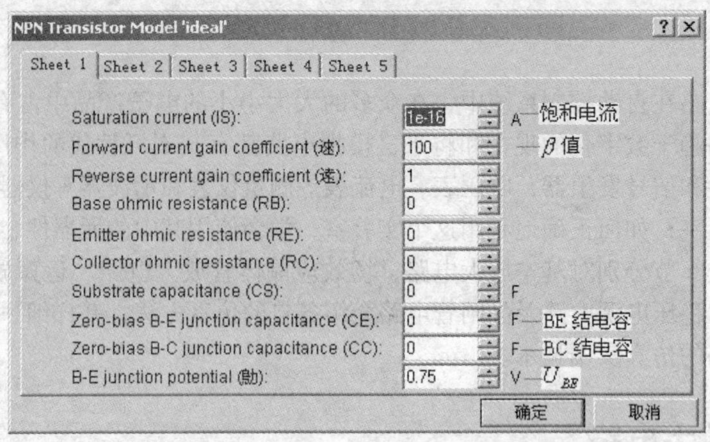

图 5-3　晶体管参数细则菜单

基本放大电路中还要使用一些常用的仪器，如万用表、信号发生器、示波器等，它们位于 EWB 的仪器库中，如图 5-4 所示。其中信号发生器中备有三种波形可供选择，使用时用鼠标双击信号发生器图标，打开如图 5-5 所示的菜单，可以选择信号种类、频率、幅值等，选择完后即可关闭此菜单。万用表的使用方法是双击图标，选择测量信号种类，而后直接读数。

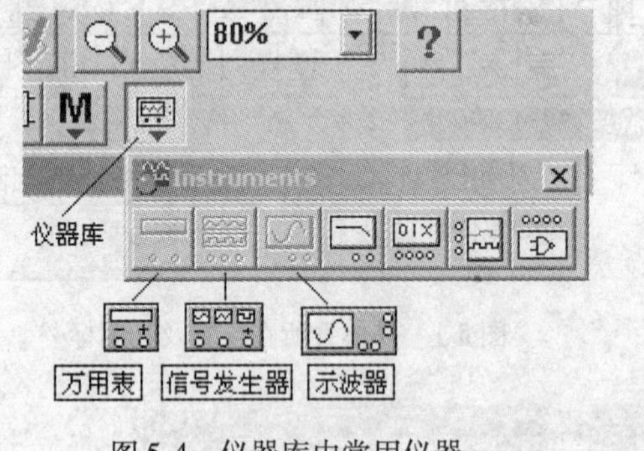

图 5-4　仪器库中常用仪器

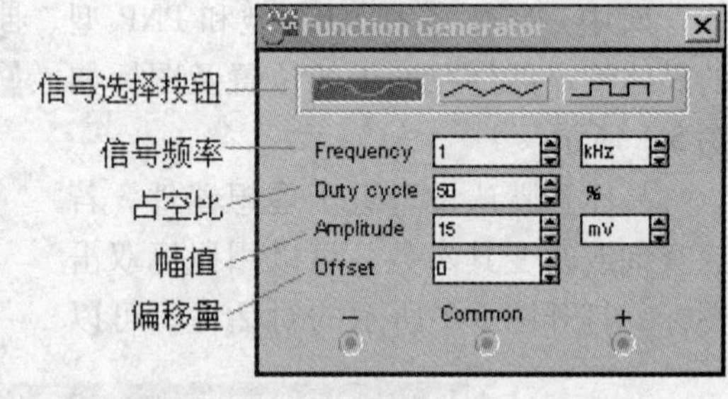

图 5-5　信号发生器

5.1.2 基本共射放大电路的仿真

例 5-1　基本共射放大电路原理图如图 5-6 所示，$\beta=100$，试解答如下问题：

1）正确确定静态工作点并测量各静态值 U_{BE}、U_{RC}、I_B、I_C、U_{CE}、R_B并观察电路的输入输出波形；2）研究 R_L和 R_C对电路放大倍数的影响；3）测量电路的输入与输出电阻；4）观察静态工作点对放大电路失真的影响。

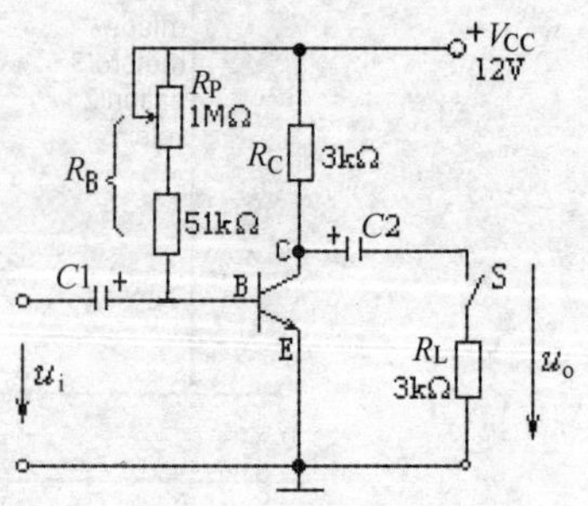

图 5-6　基本共射放大电路原理图

解　1）在 EWB 中创建出如图 5-7 所示的基本共射放大电路，在相应的位置安装测量仪表，两个直流电流

表用于测量 I_B、I_C，三个直流电压表用于测量 U_{BE}、U_{CE}、U_{RC}、，两个交流电压表用于测量 U_i、U_o。并将示波器接于电路中，以便观测输入于输出信号波形。

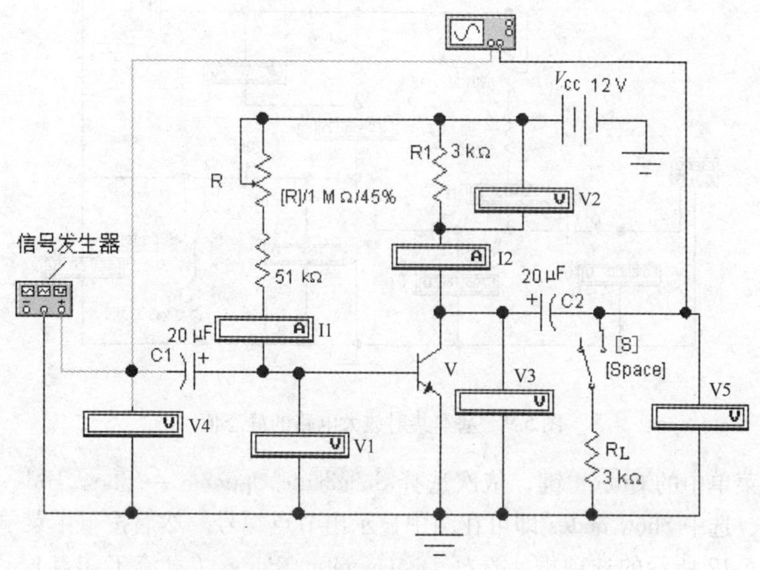

图 5-7　在 EWB 中创建的基本共射放大电路

确定静态工作点的方法是动静结合，用信号发生器给电路加正弦输入信号 $U_{im}=15\text{mV}$，$f=1000\text{Hz}$，打开仿真开关[O|I]，打开示波器（双击示波器图标），保持其他参数不变，调节 R 值（按 R 键阻值减小，按 shift + R 阻值增加，每次增减 5%），同时观测输出信号波形和 U_{CE} 读数，直至波形无失真且 $U_{CE}\approx V_{CC}/2$ 即可认为电路的静态工作点基本合适。此时观测到的输入输出波形如图 5-8 所示。

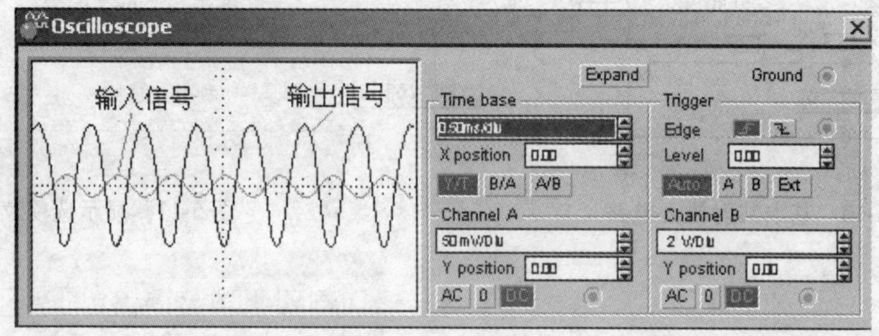

图 5-8　基本共射放大电路的输入输出波形

确定了静态工作点后，将正弦输入信号置为 0mV，仿真结果如图 5-9 所示，各静态值填入表 5-1 中。

表 5-1　基本放大电路的静态值

U_{BE}/V	U_{RC}/V	I_B/μA	I_C/mA	U_{CE}/V	R_B/kΩ
0.795	6.716	22.43	2.245	5.284	501

静态工作点还可以用如下的方法求出：创建如图 5-10 所示的电路，显示出各节点编号，

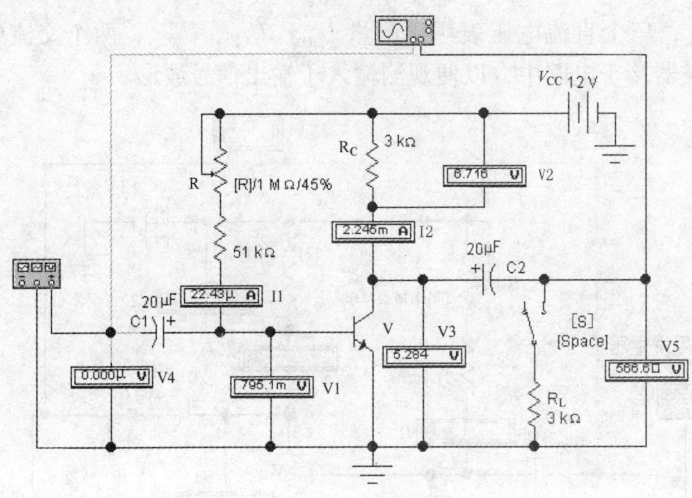

图 5-9　基本共射放大电路的静态值

方法是按下主菜单中的 Circuit 键，依次选择 Schematic Options →Show/Hide 拉出如图 5-11 所示的选项框，选中 Show nodes 即可在图中显示出节点编号。然后按下主菜单中的 Analysis 键，拉出如图 5-12 所示的选项框，选择 DC Operating Point （直流工作点），立即可以输出如图 5-13 所示的静态结果。这里节点 8 的电压 U_8 即为 $U_{CE}=5.2904\text{V}$，节点 9 的电压 U_9 即为 $U_{BE}=0.79503\text{V}$，相应可以求出 $U_{RC}=U_1-U_8=6.7096\text{V}$ 等静态值。

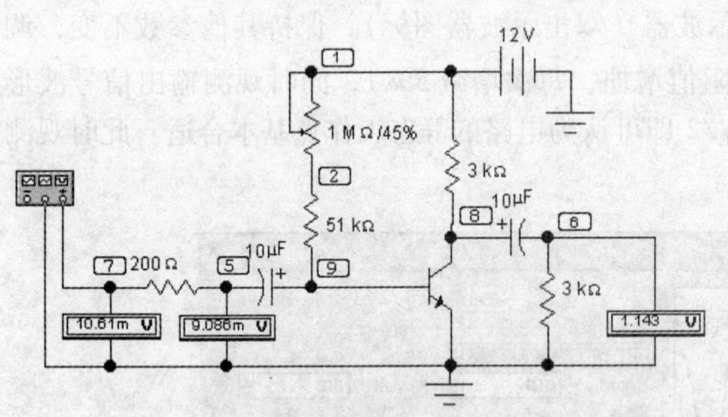

图 5-10　基本共射放大电路

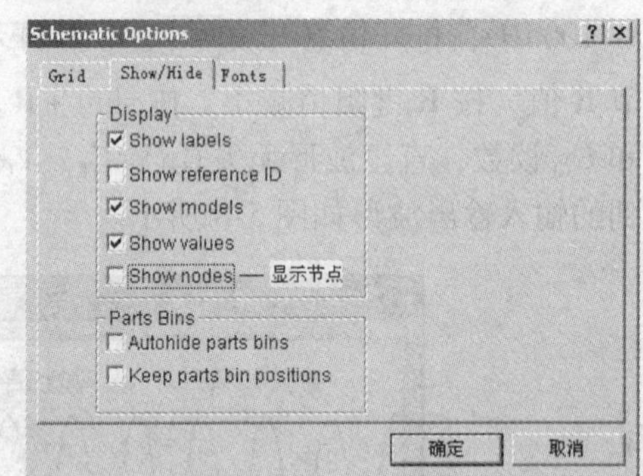

图 5-11　显示选项菜单

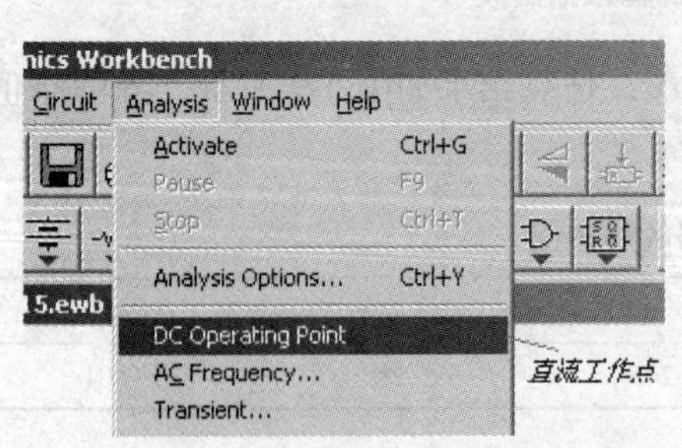

图 5-12　Analysis 选项框

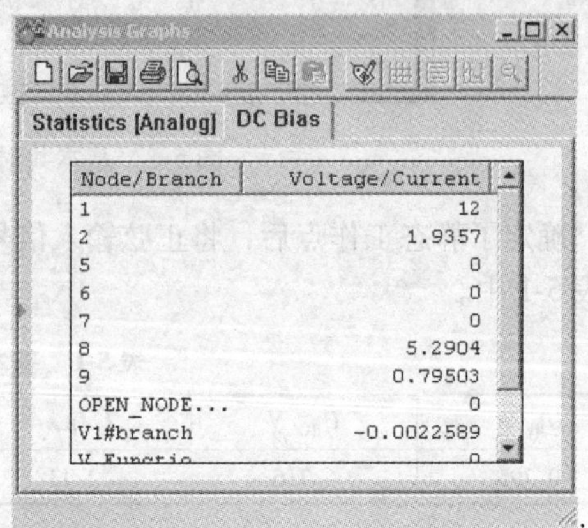

图 5-13　基本共射放大电路各静态值

2）R_L 和 R_C 的改变对电路放大倍数均有影响。保持表 5-7 中的值不变，在电路的输入端加入来自信号发生器的正弦波信号 $U_{im}=15mV$，频率 $f=1000Hz$，用示波器观察输出波形，在不失真的情况下，分别仿真测量 $R_C=3k\Omega$、$R_C=1.2k\Omega$ 以及接入 3kΩ 负载和负载开路 4 种情况下的输出值，填入表 5-2 中并理论计算出 A_u。理论上电压放大倍数为

表 5-2　R_L、R_C 不同值时仿真结果

R_L	R_C/kΩ	U_s/mV	U_i/mV	U_o/V	仿真 A_u	仿真 A_{us}	理论 A_u	理论 A_{us}
∞	3	10.61	9.085	2.290	252.1	215.8	252.1	215.8
3kΩ	3	10.61	9.085	1.145	127.0	107.9	126.1	107.9
∞	1.2	10.61	9.085	0.916	100.8	86.3	100.8	86.3
3kΩ	1.2	10.61	9.085	0.654	72.0	61.6	72.0	61.6

$$|A_u|=\frac{\beta R_C//R_L}{r_{be}}$$

式中，r_{be}根据仿真结果反推得，$r_{be}=1.19k\Omega$；$R_C=3k\Omega$。

负载开路时的仿真结果如图 5-14 所示。

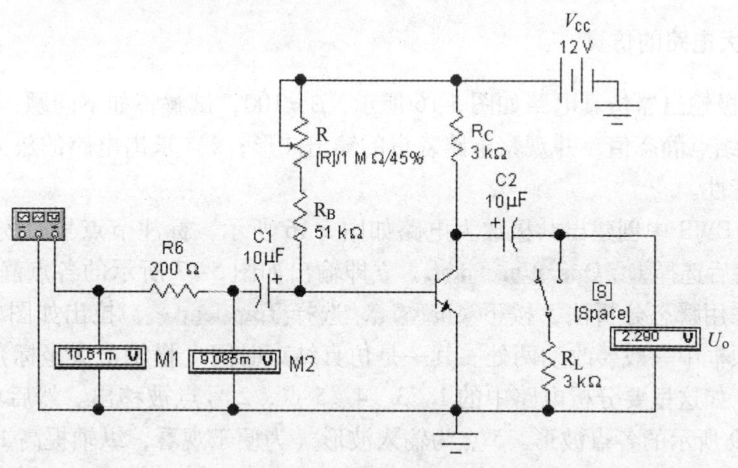

图 5-14　例 5-1 电路输入输出仿真值

3）放大电路的输入与输出电阻可以根据测量的数据按下式计算出来：

输入电阻 $r_i=\frac{U_i}{U_s-U_i}R_s$　　输出电阻 $r_o=\left(\frac{U_{oo}}{U_{oL}}-1\right)R_L$

式中，U_{oo}和 U_{oL}分别为负载开路和接上负载时的输出值。

在表 5-2 中，取 $R_C=3k\Omega$ 的两组数据，填入表 5-3 中并计算 r_i 和 r_o。

表 5-3　输入输出电阻的计算

U_s/mV	U_i/mV	U_{oL}/V	U_{oL}/V	r_i/kΩ	r_o/kΩ
10.61	9.085	2.290	1.145	1.191	3

4）观察静态工作点对放大器失真的影响。保持 U_i 不变，将电位器调节至 15%，即 $R_B=(150+51)k\Omega$，输出信号出现失真，用示波器观察到的输出波形，如图 5-15 所示。此为饱和失真。

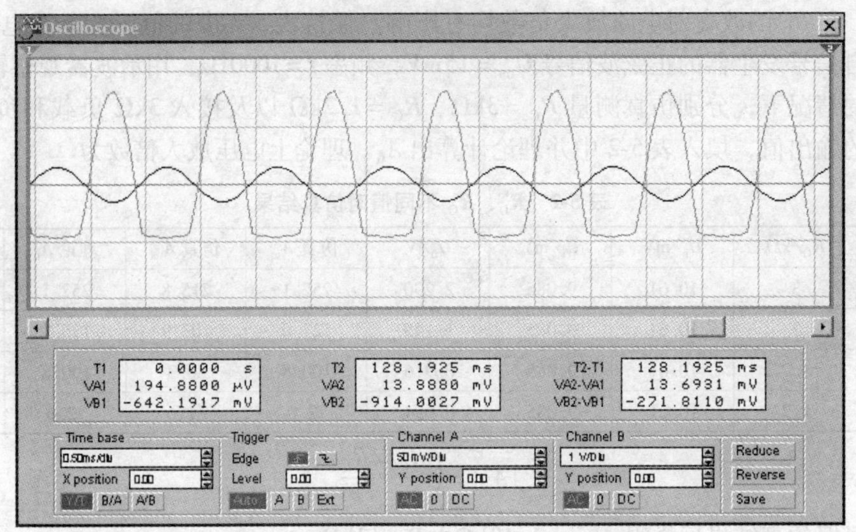

图 5-15 放大电路饱和失真时的输出波形

5.1.3 共集放大电路的仿真

例 5-2 射极输出器仿真电路如图 5-16 所示，$\beta=100$，试解答如下问题：

1）测量各结点静态值，并观察电路各点的输出波形；2）求出电路的放大倍数；3）测量电路的频率特性。

解 1）在 EWB 中创建出共极放大电路如图 5-16 所示，标注节点号。按下主菜单中的 Analysis 键，然后选择 DC Operating Point，立即输出如图 5-17 所示的各点静态值。观测各节点的波形，采用瞬态分析法，按下 Analysis，选择 Transient…，拉出如图 5-18 所示的选项框，在此选项框中一般要改动两处。其一是仿真结束时间（横轴最大坐标）；其二是确定要分析的节点，如这里要分析电路中的 1、3、4、5 点，2 号点被移出。然后单击 Simulate，便输出如图 5-19 所示的各点波形。5 点为输入波形（为便于观看，纵轴提高 1V），4 点为输出波形。

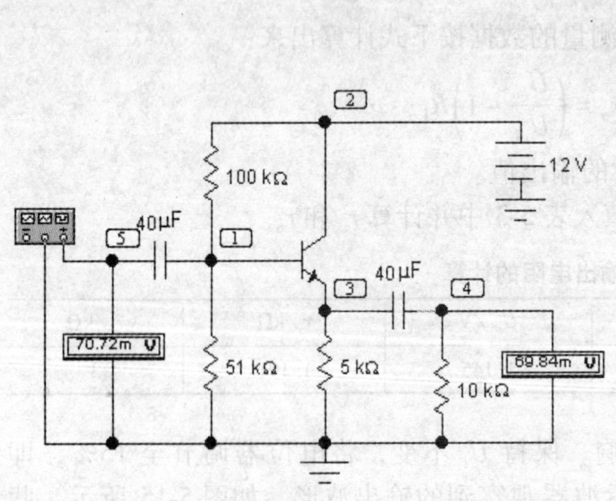

图 5-16 射极输出器仿真电路

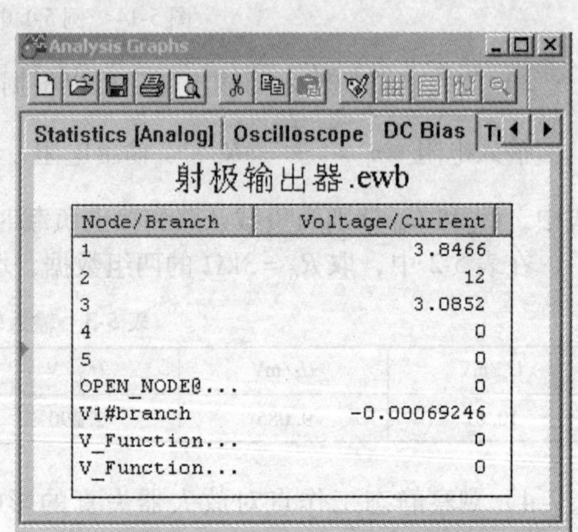

Node/Branch	Voltage/Current
1	3.8466
2	12
3	3.0852
4	0
5	0
OPEN_NODE@...	0
V1#branch	-0.00069246
V_Function...	0
V_Function...	0

图 5-17 例 5-2 静态结果

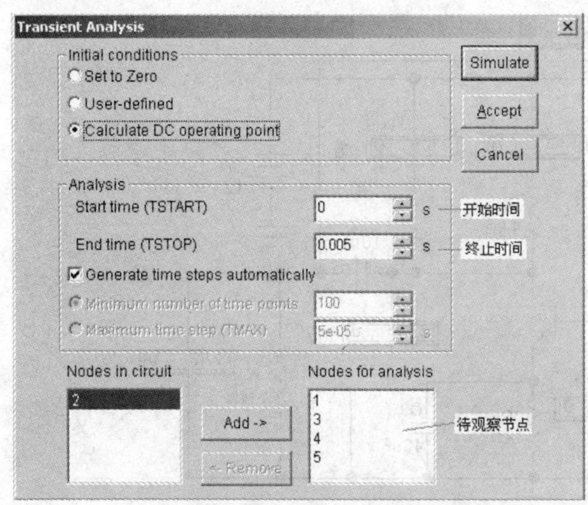

图 5-18　瞬态分析选项菜单

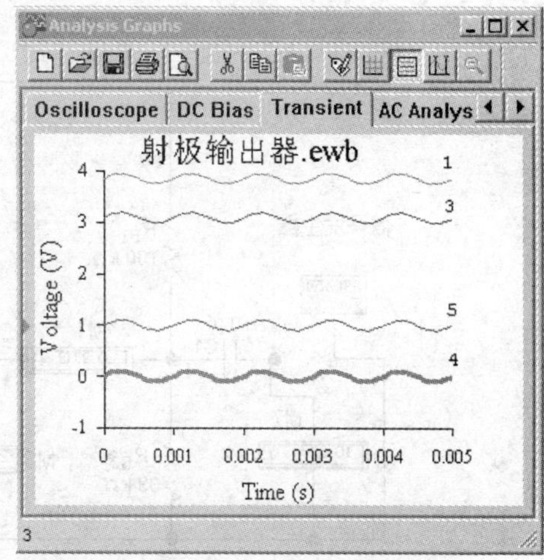

图 5-19　例 5-2 电路各点波形

2）电路的输入输出值见图 5-16，显然放大倍数为 69. 84/70. 72 = 0. 988，与实际相符。

3）EWB 可以直接绘制出电路的频率特性，方法如下：按下主菜单中的 Analysis 键，然后依次选择 AC Frequency→Simulate，即输出如图 5-20 所示的幅频特性和相频特性。

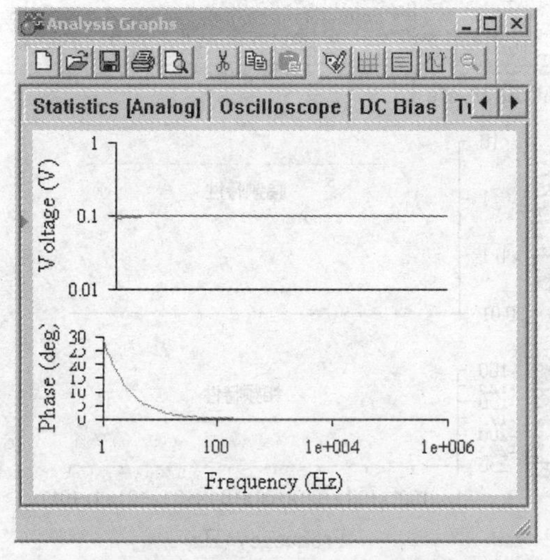

图 5-20　射极输出器的频率特性

5. 1. 4　分压式偏置放大电路的仿真

例 5-3　设计一个分压式偏置电路，仿真求解电路的静态值，电压放大倍数，测量电路的频率特性。

解　如图 5-21 所示，在 EWB 中创建分压式偏置电路，在相应的位置安装电压表和电流表，在输入端接入信号发生器，选择 1000Hz、幅值为 15mV 的正弦交流信号。按动工作台上的仿真开关 [O|I]，即可读出静态值 I_B、I_C、U_{BE}、U_{RC}、U_{CE} 和动态值 u_i、u_o，电压放大倍数为 U_o/U_i。

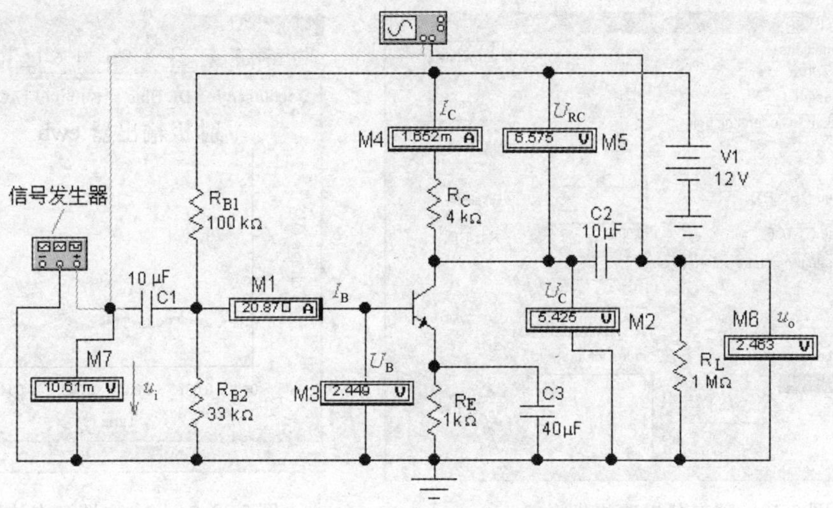

图 5-21 分压式偏置电路及仿真结果

电路频率特性的求法与例 5-2 相同，依次按下 Analysis → AC Frequency → Simulate，即输出如图 5-22 所示的分压式放大电路的幅频特性和相频特性。

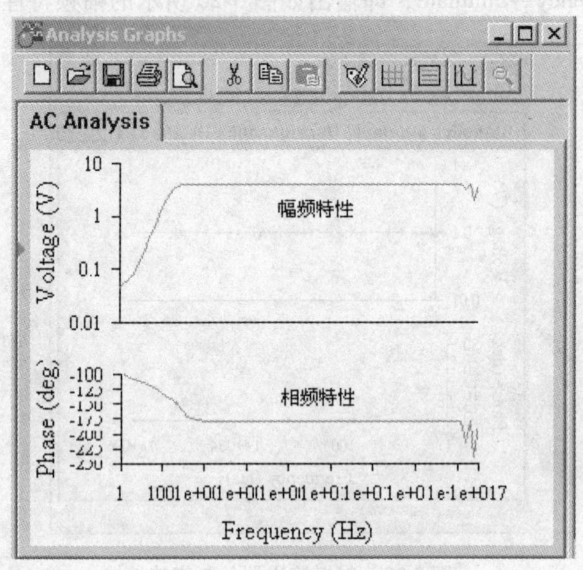

图 5-22 例 5-3 电路的频率特性

5.2 场效应晶体管放大电路

场效应晶体管是电压控制的单极性半导体器件，由它构成的放大电路有三种组态，即共源、共漏和共栅三种接法，本节将介绍共源和共漏两种电路的仿真方法。

对场效应晶体管放大电路的分析类似于双极型晶体管放大电路，也分为静态分析和动态分析两部分。

5.2.1　场效应晶体管放大电路仿真概要

场效应晶体管放大电路主要是以场效应晶体管为核心构成的放大电路，在电子工作台 EWB 上，场效应晶体管位于晶体管库中，其中备有 N 沟道和 P 沟道、耗尽型和绝缘栅型等场效应晶体管，器件在库中的图标如图 5-23 所示。

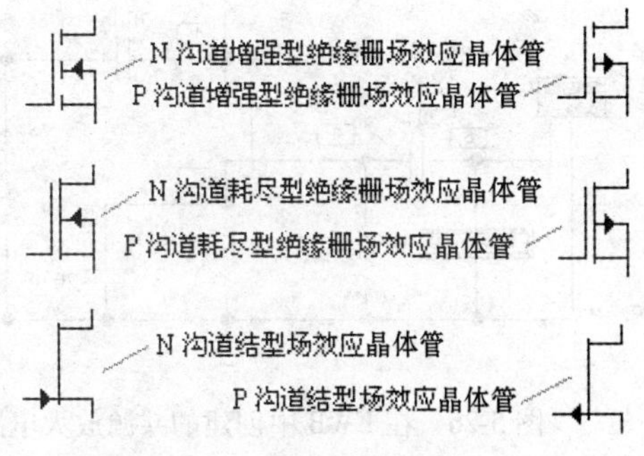

图 5-23　各类场效应晶体管图标

场效应晶体管默认设置近于理想器件。若想查询或改变其参数，可以用类似于选择晶体管参数的方法打开图 5-24 所示的对话框，经常要修改的参数是跨导系数 g_m，默认值为 0.02mA/V。

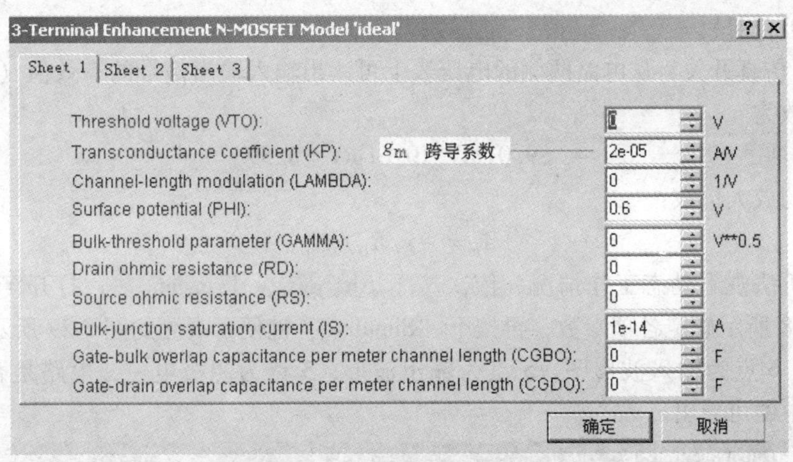

图 5-24　场效应晶体管参数对话框

5.2.2　结型场效应晶体管放大电路的仿真

例 5-4　由结型场效应晶体管构成的共源放大电路如图 5-25 所示，已知 $g_m=2\text{mA/V}$，阈值电压为 -0.9V，试在 EWB 中仿真求解：1）静态工作点值；2）动态工作情况及电压放大倍数；3）观测电路的幅频特性与相频特性。

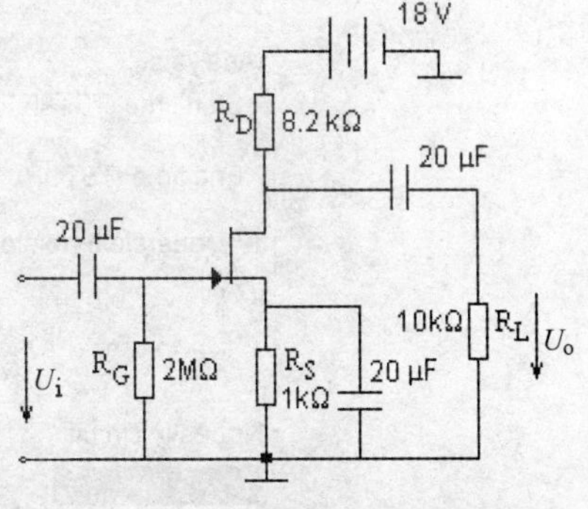

图 5-25　结型场效应晶体管构成的共源放大电路

解　1）在 EWB 中创建出如图 5-26 所示的电路，双击场效应晶体管图标，依次选择 Models → default → ideal → Edit → Sheet1，将 Transconductance Coefficient（跨导系数）修改成 2-e3A/V，将 Threshold voltage（阈值电压）修改为 -0.9V。然后先做静态分析，按下主菜单中的 Analysis 键，接着选择 DC Operating Point，可输出各点静态值，如图 5-27 所示，从图中可得到如下参数：

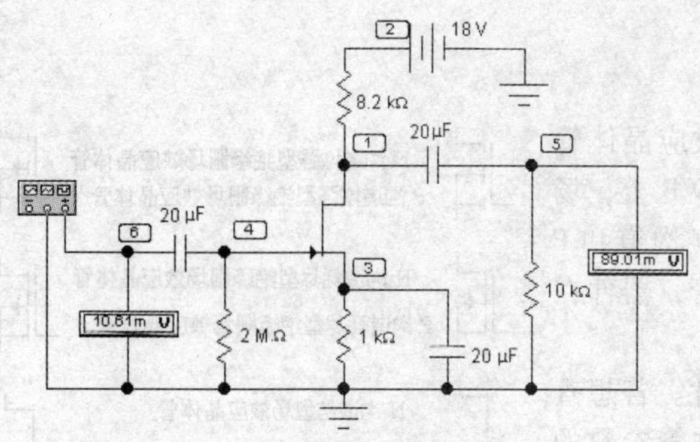

图 5-26　在 EWB 中创建的共源放大电路

Node/Branch	Voltage/Current
1	14.44
2	18
3	0.43413
4	2.9788e-005
5	0
6	0

图 5-27　例 5-4 电路静态值

$U_1 = 14.44\text{V}$，$U_3 = 0.43413\text{V}$，$U_4 = 0.029788\text{mV}$，进而得知 $U_{DS} = U_1 - U_3 = 14.01\text{V}$，$U_{GS} = U_4 - U_3 = -0.4341\text{V}$。

2）按下仿真开关，从电路两侧的电压表上可读出输入输出信号的有效值（见图 5-26），电压放大倍数为

$$89.01\text{mV}/10.61\text{mV} = 8.39$$

理论上的放大倍数：

$$A_u = -g_m R_D /\!/ R_L$$

应用瞬态分析法观看动态工作情况，依次按下 Analysis、Transient…，打开 Transient 选项框，按图 5-28 所示确定各项参数，再按下“Simulate”键便可观测到图 5-29 所示的 5、6、3 点的波形图。6 点为输入波形图，5 点为输出波形，3 点为源极电位，电路是否工作正常，从该波形图中便可看出。

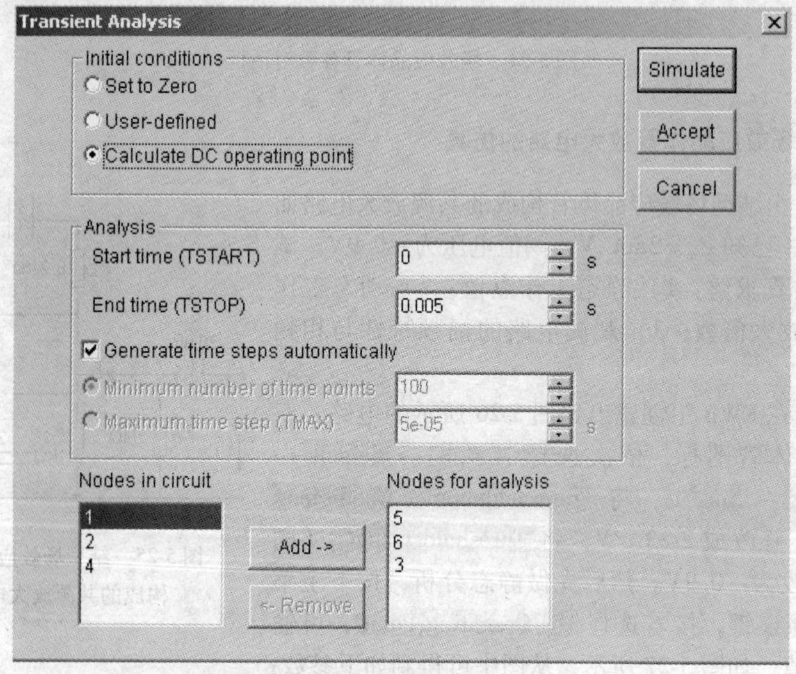

图 5-28　例 5-4 题瞬态分析选项框

3）观测频率特性的方法是依次按下 Analysis 、AC Frequency 打开频率分析选项框，确定待分析的节点、频率范围等参数，然后按下 Simulate ，会得到如图 5-30 所示的频特性曲线。上半部是幅频特性曲线，下半部是相频特性曲线，按下上面的 键，将拉出两个指针和指针数值列表，每个指针的横坐标代表信号频率，分别用 x1、x2 表示，而纵坐标代表输出电压的幅值，分别用 y1、y2 表示。在此例中，指针 1 指在下限截止频率处，测出的下限频率是 19. 307Hz（x1 读数），指针 2 指在通频带处，测出信号幅值为 125. 9465mV，与图 5-26 的仿真结果相吻合。

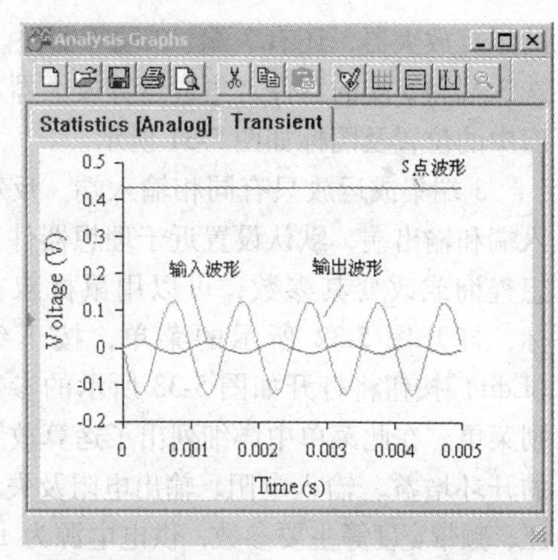

图 5-29　例 5-4 题的工作波形

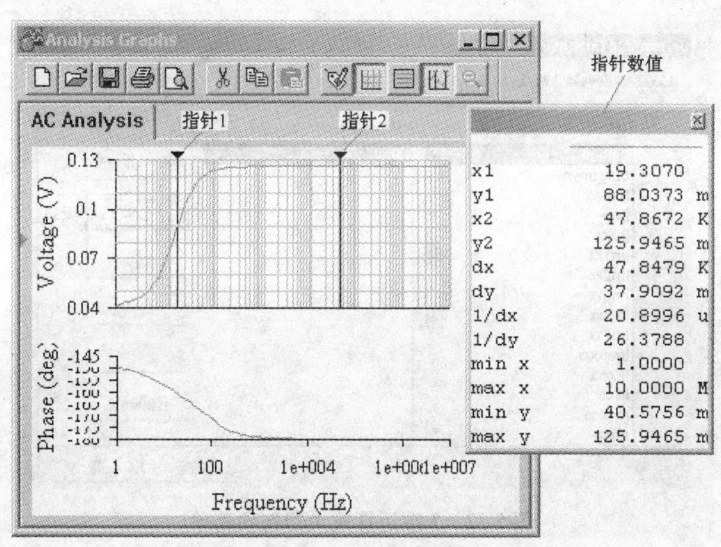

图 5-30　例 5-4 电路频率特性

这里为便于观察只测出了下限截止频率，若将横坐标频率设置得大一些，就会测出上限频率，约为 1e + 17Hz。

由各类场效应晶体管构成的放大电路一般分为共源、共漏和共栅三种形式，其仿真方法与上例类似，这里不再赘述。

5. 3　集成运算放大电路

集成运算放大器是一种高放大倍数、高输入阻抗、低输入电阻的直接耦合放大器，它可以在很宽的范围内对信号进行运算、处理。集成运算放大器在电子技术及自动控制装置等领域应用十分广泛。在 EDA 中对运算放大器的应用电路进行仿真与设计十分方便快捷。

5. 3. 1　集成运算放大器仿真概要

在电子工作台 EWB 上，集成运算放大器位于模拟集成器件库中，其中备有 3 端、5 端的运算放大器，还有7端、9端等器件。鉴于运算放大器目前的实际应用情况，仿真时应首选3端和5端的器件。集成运算放大器在图库中的位置及图标如图5-31所示。

3端集成运放只有同相输入端、反相输入端和输出端，默认设置近于理想器件。若想查询或改变其参数，可以用鼠标双击图标，打开图5-32所示的菜单，按下编辑（Edit）按钮将打开如图5-33所示的参数细则菜单。在此菜单中详细列出了运算放大器的开环增益、输入电阻、输出电阻及失调电压、频带宽度等主要参数，供电电源为±20V直流电压，这些参数均可进行更改。

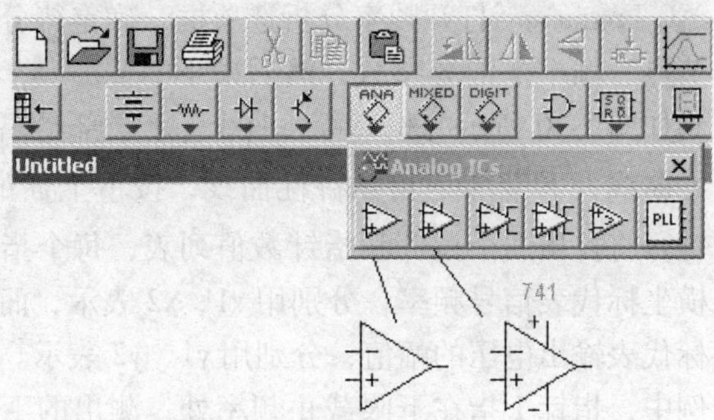

图5-31 集成运算放大器在图库中的位置及图标

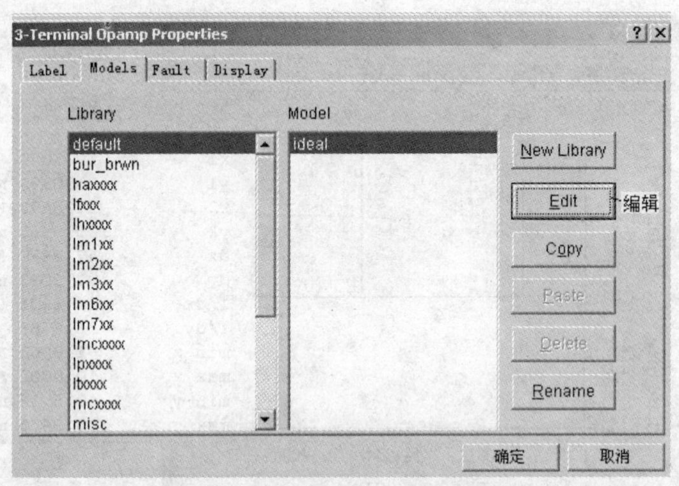

图5-32 3端运算放大器选项菜单

3-Terminal Opamp Model 'ideal'

Sheet 1 | Sheet 2

参数	值	说明
Open-loop gain (A):	1e+06	开环增益
Input resistance (RI):	1e+10	输入电阻
Output resistance (RO):	1	输出电阻
Positive voltage swing (VSW+):	20 V	正电源值
Negative voltage swing (VSW-):	-20V	负电源值
Input offset voltage (VOS):	0	失调电压
Input bias current (IBS):	0	A
Input offset current (IOS):	0	失调电流
Slew rate (SR):	1e+10	V/s
Unity-gain bandwidth (FU):	1e+12	Hz 带宽

确定 取消

图5-33 3端运算放大器参数

对于 5 端器件，其默认型号为 741，供电电源为 ±15V。值得注意的是 5 端器件的电源端不可空置，需要外接电源，否则仿真结果会出错。电源值可以在外部任意设定。另外，运算放大器的输入输出电压均指对地电位，因此若同相输入端输入信号为 0.4V，5 端运算放大器在 EWB 中的使用方法如图 5-34 所示（非完全仿真图）。

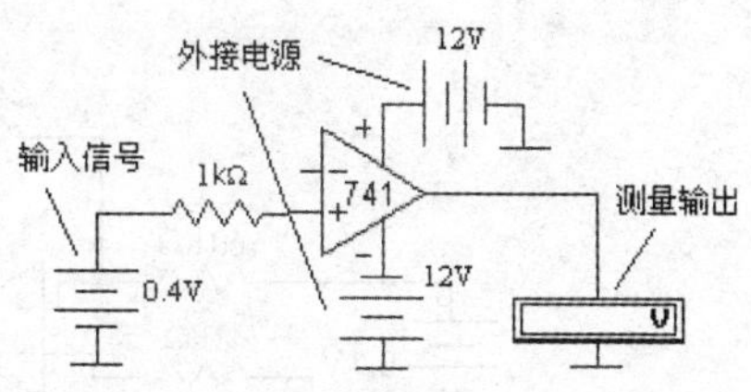

图 5-34 5 端运算放大器在 EWB 中的使用方法

一般情况下，如无特殊要求，运算放大器应用电路仿真时均可使用 3 端器件。

5.3.2 集成运算放大器的线性应用

集成运算放大器的线性应用包括基本运算电路和积分电路，基本运算电路又分为反相输入比例运算电路、同相输入比例运算电路和差动输入比例运算电路。

线性应用电路的特点是输出信号始终比例于输入信号，电路中“虚短”与“虚断”同时存在。

例 5-5 反向比例运算电路的测试和分析。在 EWB 中创建图 5-35 所示电路，仿真分析回答下列各问：1）理论上，电路的输出表达式为：u_o = ________，放大倍数表达式为：A_u ________；2）若取 $u_i = 0.5V$，仿真结果为：u_o = ______。理论结果为：u_o = ______。比较两个结果，可以得出什么结论？3）若取 $u_i = 6V$，仿真结果为：u_o = ______。理论结果为：u_o = ______。两个结果哪个是正确的？若将运算放大器的供电电源改为 ±12V，则仿真结果又为多少？解释原因；4）画出该电路的电压传输特性曲线。

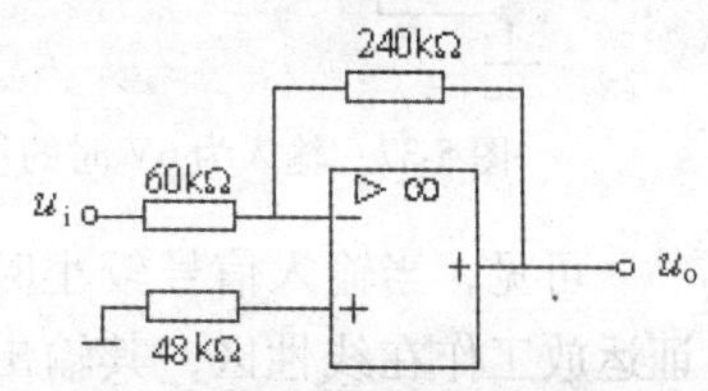

图 5-35 反向输入比例运算电路

解 1）理论上电路的输出表达式为

$$u_o = -\frac{240}{60}u_i = -4u_i$$

放大倍数表达式为

$$A_u = -\frac{240}{60} = -4$$

2）取 $u_i = 0.5V$，在 EWB 上创建电路，在输出端接入电压表，按下仿真开关，结果如图5-36a所示。仿真结果为：u_o = −2V。理论结果为：u_o = −2V。两个结果相同，是因为 3 端运算放大器的参数很接近理想运算放大器，且与实际运算放大器相差不远，所以若改用 5 端 741 运算放大器，其结果也是相同的，如图 5-36b 所示。说明 EDA 仿真结果可信度非常高。

3）取 $u_i = 6V$，仿真结果为：$u_o = -20V$，如图 5-37 所示。理论结果为：$u_o = 24V$；其中仿真结果是切合实际的，因为当输入信号为 6V 时，运算放大器已经进入非线性区，此时运算放大器的最大输出幅值会受到电源电压的限制，不会出现输出幅值高于电源值的现象。若将运放的电源值改为 ±12V，仿真结果变为 −12V（见图 5-38）。电源的修改方法如图 5-39 所示。

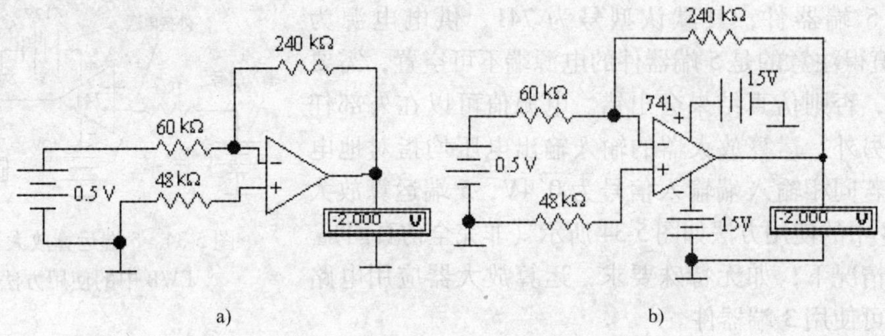

图 5-36　反相输入运算电路仿真结果

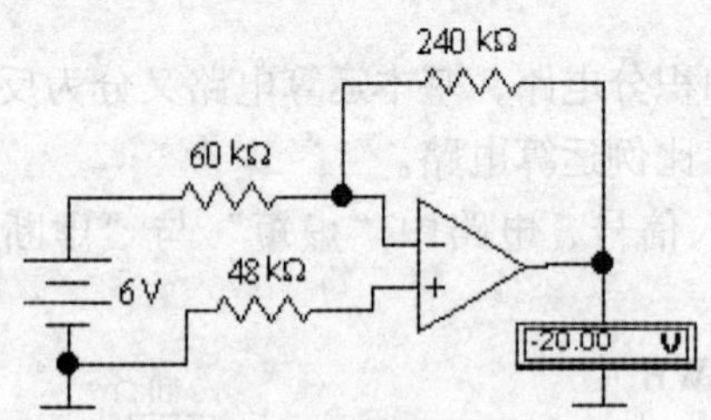

图 5-37　输入为 6V 时的仿真结果

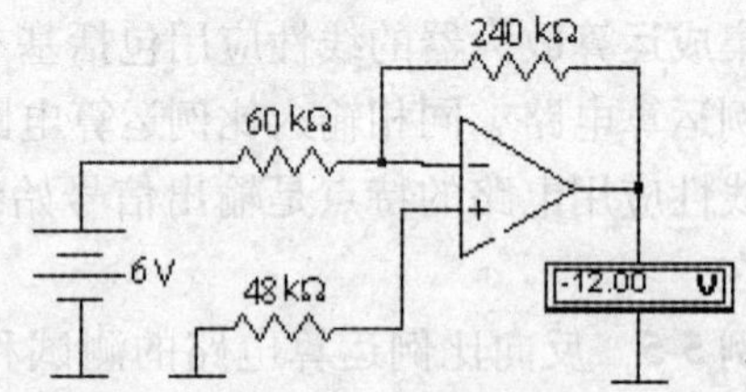

图 5-38　电源改为 ±12V 时的仿真结果

可见，当输入信号较小时，可以保证运放工作在线性区，其输出随输入线性增减；而当输入信号较大时，运放将进入非线性区，其输出值取决于工作电源的幅值。

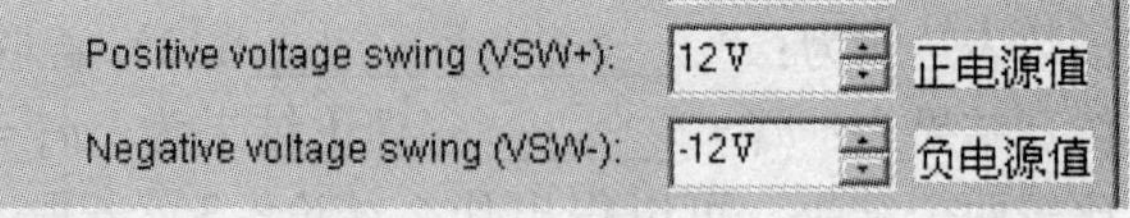

图 5-39　在运放参数菜单中将正负值电源改为 ±12V

4）反向比例运算电路的电压传输特性如图 5-40 所示，其中图 5-40a 为由理想运放构成电路的传输特性；图 5-40b 为由实际运放 741 构成电路的传输特性。二者在线性段的电压传输特性是相同的，不同点仅仅是饱和值的不同，理想运放的饱和值等于电源电压，而 741 的饱和值低于电源电压。实际上的饱和值应低于电源电压 1.5V 左右。

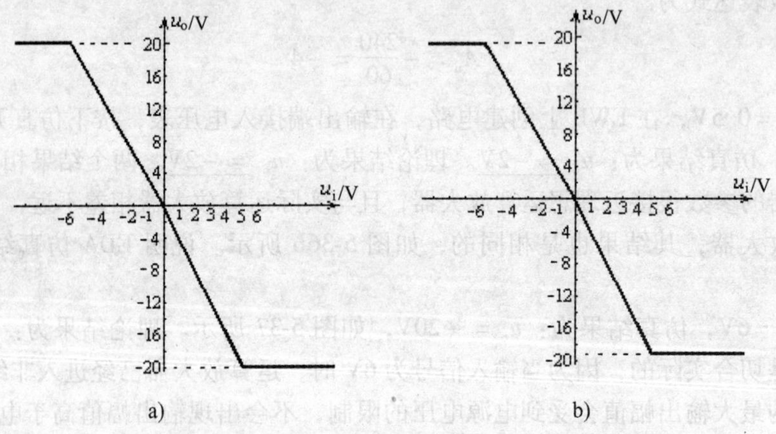

图 5-40　反向比例运算电路的电压传输特性

例 5-6　同向比例运算电路的测试和分析。在 EWB 中创建图 5-41 所示电路，仿真分析回答下列各问：1）理论上，电路的输出表达式为：u_o =＿＿＿＿＿＿＿＿，放大倍数表达式为：A_u =＿＿＿＿＿＿；2）若取 u_i = 0.5V，仿真结果为：u_o =＿＿＿＿＿＿，理论结果为：u_o =＿＿＿＿＿＿；3）若将理想运放改为通用型运放 LM324，其他参数不变，此时仿真结果为：u_o =＿＿＿＿＿＿，理论结果为：u_o =＿＿＿＿＿＿，二者是否相等？4）该电路在 u_i = 0.5V 时是否存在“虚地”，是否存在“虚短接”？5）当 u_i = 6V 时是否存在“虚地”，是否存在“虚短接”？怎样看待“虚断”？

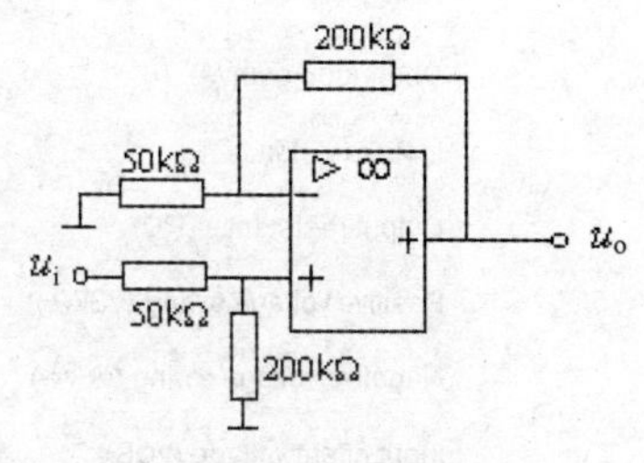

图 5-41　同向输入比例运算电路

解　1）理论上电路的输出表达式为

$$u_o = \left(1 + \frac{200}{50}\right) \times \frac{200}{200 + 50} u_i = 4u_i$$

放大倍数表达式为

$$A_u = \left(1 + \frac{200}{50}\right) \times \frac{200}{200 + 50} = 4$$

2）取 u_i = 0.5V，在 EWB 上创建电路，在输出端接入电压表，按下仿真开关，结果如图 5-42 所示。仿真结果为：u_o = 2.0V，理论结果为：u_o = 2.0V，两个结果相同。

3）若将理想运放改为通用型运放 LM324，其他参数不变，此时仿真结果为：u_o = 2.009V，如图 5-43 所示；理论结果为 u_o = 2.0V。可见两者并不相等，这是因为理想运放和通用型运放 LM324 的参数不尽相同，两种运放的参数值如图 5-44 所示。

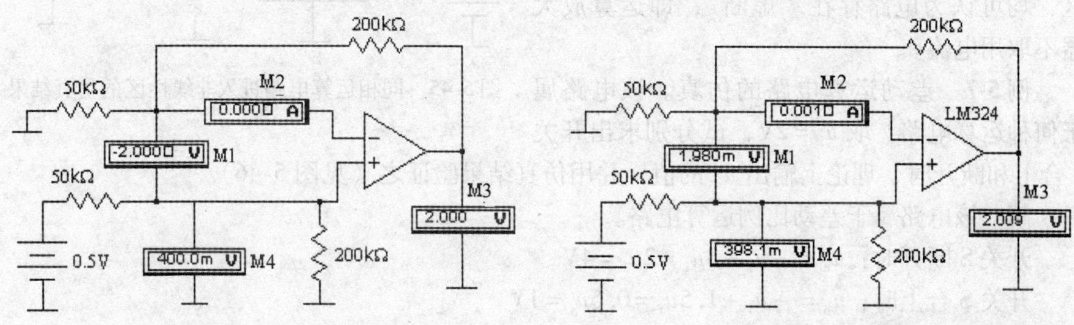

图 5-42　同相输入比例运算电路仿真结果　　图 5-43　由 LM324 构成的同相运算电路的仿真结果

4）因为该电路是属于同相比例运算电路，因此只要输入信号不为零，则不存在虚地；当 u_i = 0.5V 时，运放的同相端和反相端存在“虚短接”。如图 5-42 和图 5-43 所示，电压表 M4 的读数表明不存在虚地；而表 M1 接在同相端和反相端之间，图 5-42 的显示值是 −2μV，图 5-43 显示值是 1.98mV，可见此时电路存在“虚短接”。

5）同相比例电路无“虚地”。当 u_i = 6V 时是否存在“虚短接”主要看电路是否工作在线性区，若工作在线性区，则存在“虚短接”，若工作在非线性区，则不存在“虚短接”。该电路放大倍数为 $(1 + 200/50) \times 200/(200 + 50) = 4$，理论上电路输出为 $u_o = (4 \times 6)\text{V} = 24\text{V} >$ 电源电压（14V），因此可以肯定电路已进入非线性区，不再有“虚短接”存在，其仿真结果如图 5-45 所示。

minal Opamp Model 'ideal'			rminal Opamp Model 'LM324'		
Open-loop gain (A):	1e+06	开环增益	Open-loop gain (A):	100000	
Input resistance (RI):	1e+10	输入电阻	Input resistance (RI):	3e+06	
Output resistance (RO):	1	输出电阻	Output resistance (RO):	75	
Positive voltage swing (VSW+):	20V	正电源值	Positive voltage swing (VSW+):	14	V
Negative voltage swing (VSW-):	-20V	负电源值	Negative voltage swing (VSW-):	-14	V
Input offset voltage (VOS):	0	失调电压	Input offset voltage (VOS):	0.002	V
Input bias current (IBS):	0	A	Input bias current (IBS):	4.5e-08	A
Input offset current (IOS):	0	失调电流	Input offset current (IOS):	5e-09	A
Slew rate (SR):	1e+10	V/s	Slew rate (SR):	1e+06	V/s
Unity-gain bandwidth (FU):	1e+12	Hz 带宽	Unity-gain bandwidth (FU):	1e+06	Hz

图 5-44　LM324 与 ideal 运放参数对比

在图 5-42、图 5-43、图 5-45 中，均有一电流表 M2 接在运算放大器的入端，测量流入运算放大器的电流，图 5-42 中的读数为 0μA，图 5-43 中的读数为 0.001μA，图 5-45 中的读数为 −0.888μA，可以看出，输入信号在较大范围内变化时，不论电路在线性区还是在非线性区，均可认为电路存在“虚断”，即运算放大器不取用电流。

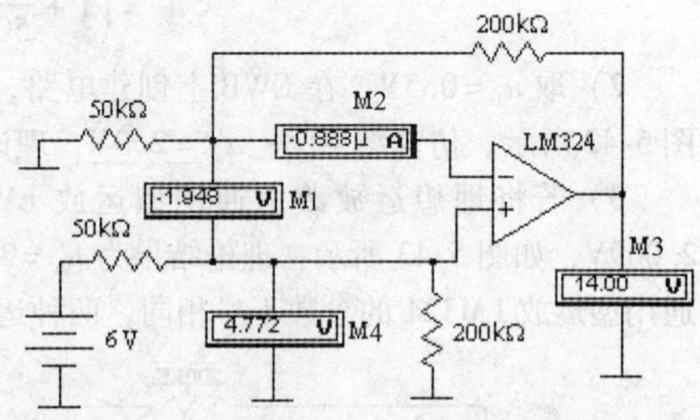

图 5-45　同相运算电路进入非线性区的仿真结果

例 5-7　差动运算电路的仿真。该电路属于何种运算电路？取 $u_i = 2V$，试分别求出开关 S 合上和断开时，理论上输出 u_o 的值，并用仿真结果验证之（见图 5-46）。

解　该电路属于差动比例运算电路。

开关 S 断开时：$u_o = -u_i + 3u_i = 2u_i = 4V$

开关 S 合上时：$u_o = -u_i + 1.5u_i = 0.5u_i = 1V$

仿真结果如图 5-47、图 5-48 所示，其结果与理论计算相同。

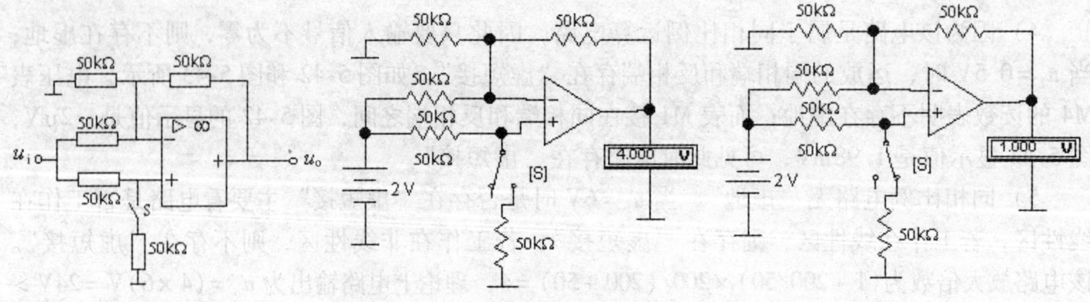

图 5-46　例 5-7 图　　图 5-47　开关 S 断开时的仿真结果　　图 5-48　开关 S 合上时的仿真结果

例 5-8　混合运算电路的仿真混合电路如图 5-49 所示，在 EWB 中创建的电路，仿真求出 u_{o1}、u_{o2}、u_{o3}之值。

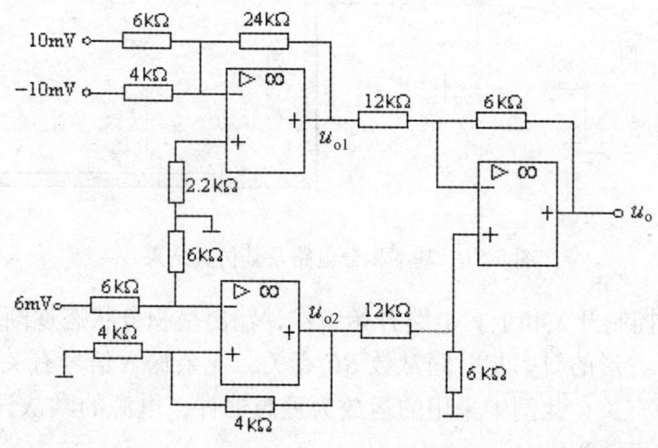

图 5-49　例 5-8 题图

在 EWB 中创建电路并仿真，其结果如图 5-50 所示，图中电压表 M_1、M_2、M_3 的示数即为 u_{o1}、u_{o2}、u_{o3}之值。通过该例应学会输入信号的接入方法和中间结果的测量方法。

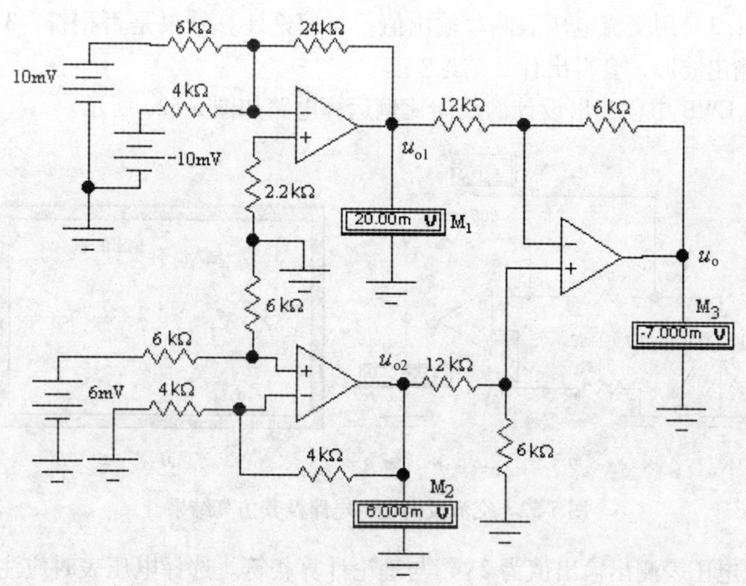

图 5-50　例 5-8 的仿真结果

例 5-9　积分电路的仿真在 EWB 中创建的基本积分电路如图 5-51a 所示，仿真分析回答下列各问：1）理论上，电路的输出表达式为：u_o = ________；2）观看开关 S 接通与断开时输出端的波形，针对输出波形解释波形的斜率与什么有关？输出的终值与什么有关？

解　1）理论上，电路的输出表达式为：$u_o = -\dfrac{1}{RC}\int_0^t u_i \mathrm{d}t = -4t\ \mathrm{V}$。

2）开关 S 接通与断开时输出端的波形如图 5-51b 所示，起始段为 S 断开时的波形，显

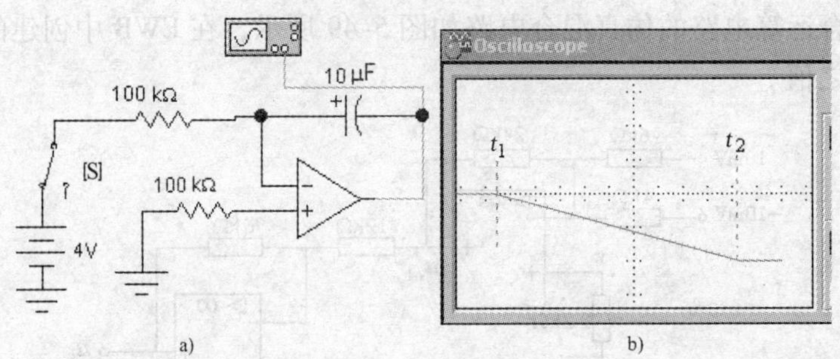

图 5-51　基本积分电路及其仿真结果

然 $u_o=0$；自 t_1 时刻控制开关和上，电路开始工作，输出呈积分状态逐渐减小，至 t_2 时刻达到电路的负饱和值。波形的斜率与时间常数 RC 有关，业余输入信号有关；输出的终值与运算放大器的供电电源有关，此例中采用的运放为理想器件，电源的默认设置为 ±20V，所以该电路的输出终值接近 -20V。

例 5-10　交流比例电路的仿真　运算放大器不但能处理直流信号，同样也能处理交流信号。

通过仿真回答下列问题：1）设计一反向比例运算电路，放大倍数设为 100，输入信号为 20mV、1000Hz；2）用交流电压表测量输出值，与理论计算结果是否相符？3）用示波器同时观看输入与输出波形，会得出什么结论？

解　1）在 EWB 中创建出设计的反向比例运算电路如图 5-52a 所示。

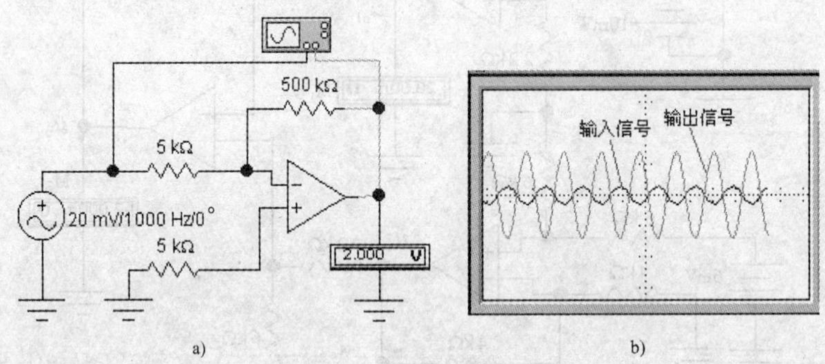

图 5-52　交流反向比例电路及其仿真结果

2）用交流电压表测出输出值为 2V，与理论计算相符。选择电压表时应注意将表的类型改为交流（AC），这样就可以测量交流信号了。

3）用示波器观测出电路的输入与输出波形如图 5-52b 所示，从波形中能够看出电路可以真实地放大中频段交流小信号，无失真问题，输入信号与输出信号反向，由此可见该电路各方面均显著优于单管交流放大电路。

例 5-11　精密半波整流电路的仿真。精密整流电路可以对微弱电信号进行整流，并兼有放大功能，是普通二极管整流电路所不能比拟的。1）设计一精密半波整流电路，放大倍数为 4，输入为 0.5V，60Hz 正弦交流信号；2）仿真观察输入与输出的波形，并与普通二极管整流电路比较，得出什么结论？

解　1）在 EWB 中创建出设计的精密半波整流电路如图 5-53 所示。

2）仿真得到的输入输出波形如图 5-54 所示，从波形中可以看出输出波形为单方向半波整流波形，在示波器中测出输出信号幅值等于 $2.823\text{V}\approx 0.5\times 4\times\sqrt{2}\text{V}$，可见输出无损耗。若是用普通的二极管整流电路（见图 5-55a），其仿真波形如图 5-55b 所示，其输出波形严重失真，且幅值很小。这是因为二极管存在正向压降，输入正半周的信号应减去该正向压降才能送到输出端，信号越小，失真越严重，甚至无输出。

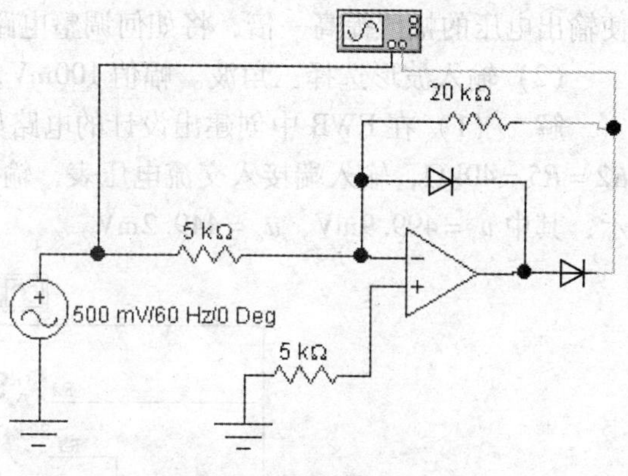

图 5-53　精密半波整流电路

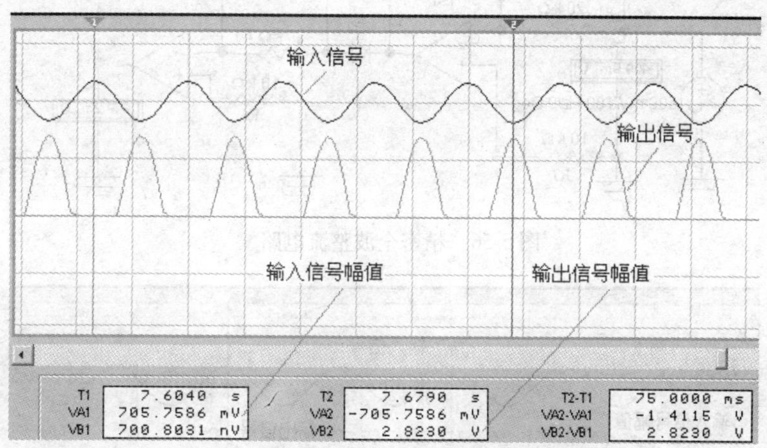

图 5-54　精密半波整流电路输入与输出波形

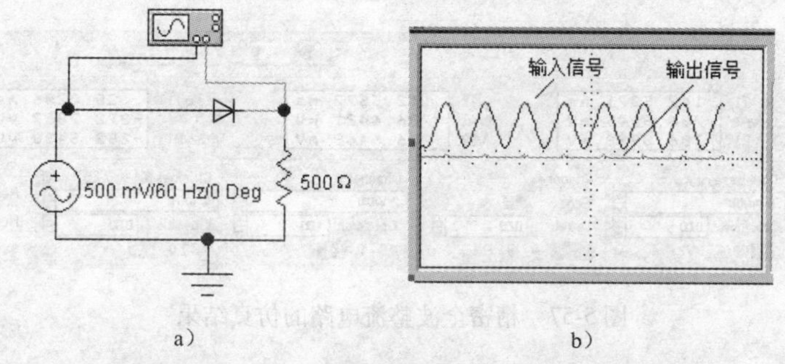

a）　　b）

图 5-55　普通半波整流电路及输入与输出波形

通过这两种电路的比较，小信号时显然应使用精密整流电路，而大信号时，二极管的正向压降可以忽略不计，宜采用二极管整流电路。另一方面从功率的角度考虑，由运算放大器构成的精密整流电路输出功率有限，仅适用于处理小信号。

例 5-12　精密全波整流电路的仿真　设计精密全波整流电路。

（1）输入波形选择正弦波　$u_i=100\text{mV}$（幅值），100Hz。

1）观察 u_i 与 u_o 的波形，用交流电压表测出 u_i，用直流电压表测出电压 u_o。u_i = ________，u_o = ________________；2）如果二极管 VD_2 断开，再观察 u_o 波形；3）若想

使输出电压的幅值提高一倍，将如何调整电路的参数？

（2）输入波形选择三角波。幅值100mV，100Hz。观察 u_i 与 u_o 的波形。

解 （1）在EWB中创建出设计的电路如图5-56所示，取 $R1 = R3 = R4 = R2/2 = 20\text{k}\Omega$，$R2 = R5 = 40\text{k}\Omega$，输入端接入交流电压表，输出端接入直流电压表，其仿真结果如图5-57所示，其中 $u_i = 499.9\text{mV}$，$u_o = 449.2\text{mV}$。

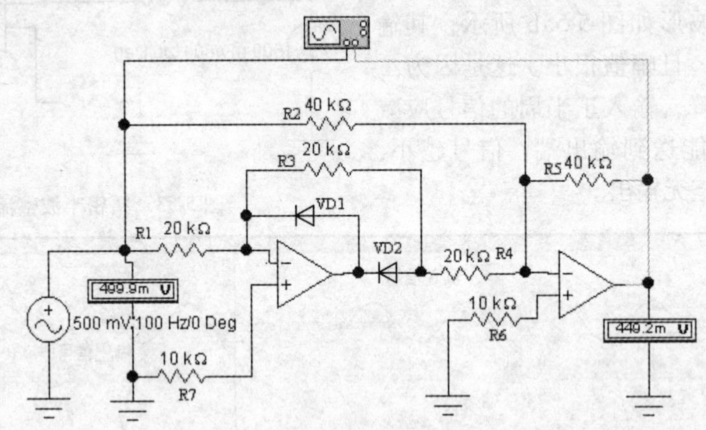

图5-56 精密全波整流电路

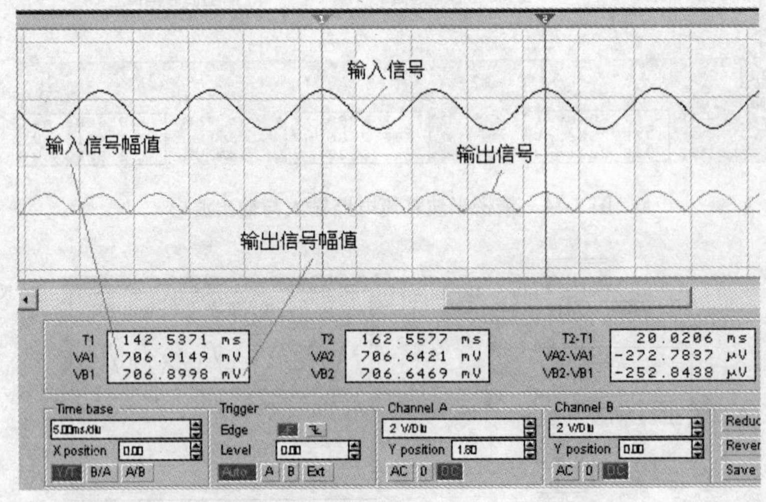

图5-57 精密全波整流电路的仿真结果

如果二极管VD2断开，则其仿真结果如图5-58所示，此时电路不再具有整流作用，波形为正负半周不对称的正弦波。

若想使输出电压的幅值提高一倍，可将 $R5$ 增大一倍，即取 $R5 = 80\text{k}\Omega$，读者可自己仿真观看波形。在其他参数保持不变的情况下，输出信号的放大倍数为：$R5/R2$。

（2）输入波形为三角波的精密整流电路如图5-59所示，输入三角波信号由信号发生器提供，双击信号发生器图标，打开如图5-60所示的信号发生器选项框，选择三角波，频率0.1kHz，幅值0.5V。而后按下仿真开关，输入为三角波的精密整流电路仿真波形如图5-61所示。

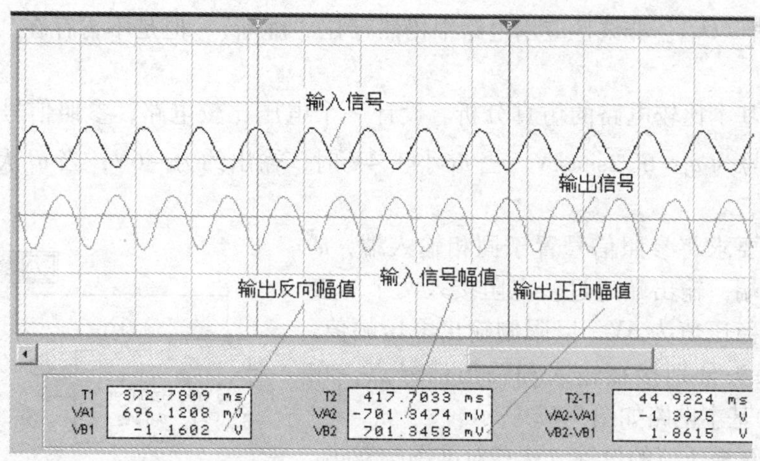

图 5-58　例 5-12 中 VD2 断开时的仿真结果

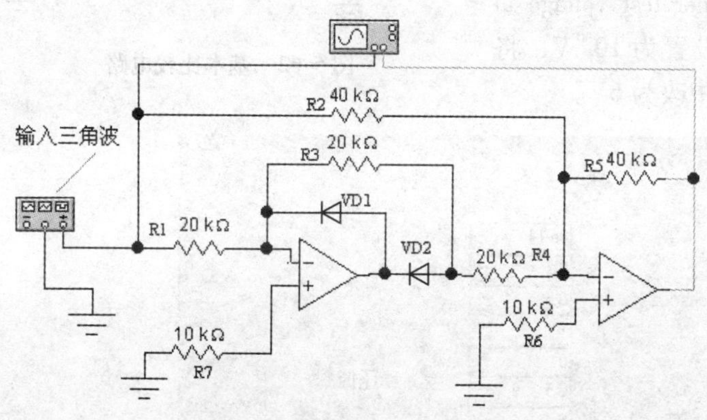

图 5-59　输入为三角波的精密整流电路

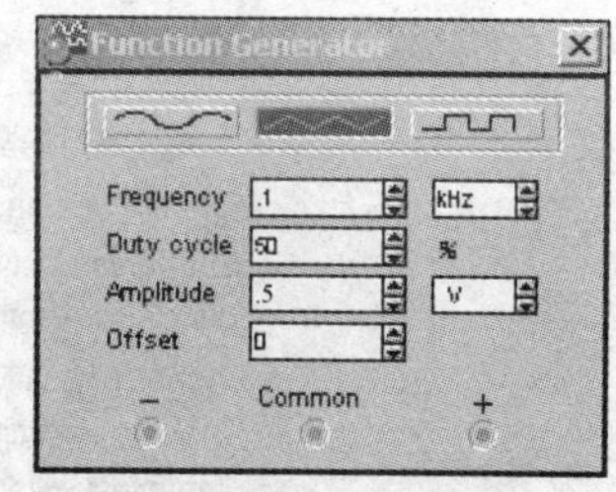

图 5-60　信号发生器选项框

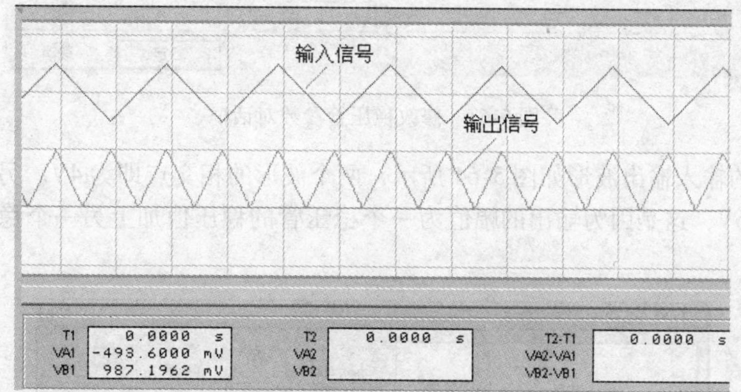

图 5-61　输入为三角波的精密整流电路仿真波形

5.3.3　集成运算放大器的非线性应用

集成运算放大器的非线性应用电路包括基本比较电路、滞回比较电路、自激振荡方波发生电路、锯齿波发生电路等。非线性应用电路的特点是输出信号只有两种状态：即正饱和值

U_{OM}和负饱和值 $-U_{OM}$。非线性应用电路中仍然存在"虚断"，但是不再存在"虚短"，分析时应加以注意。

例 5-13 基本比较电路的仿真分析。设计一个电压比较电路，参照信号为4V 直流电压，被比较信号为 $u_i=6\sqrt{2}\sin\omega t$V。当 u_i 小于 4V 时，输出约为 -6V；当 u_i 大于 4V 时，输出约为 +6V。

解 按照要求将参照信号置于同相输入端，u_i 置于反向输入端，输出端通过一电阻接入两个对接的稳压管，其稳压值为 6V，以限制输出电压幅值。示波器两个探头分别接在输入和输出信号点，在 EWB 中创建的基本电路如图 5-62 所示。

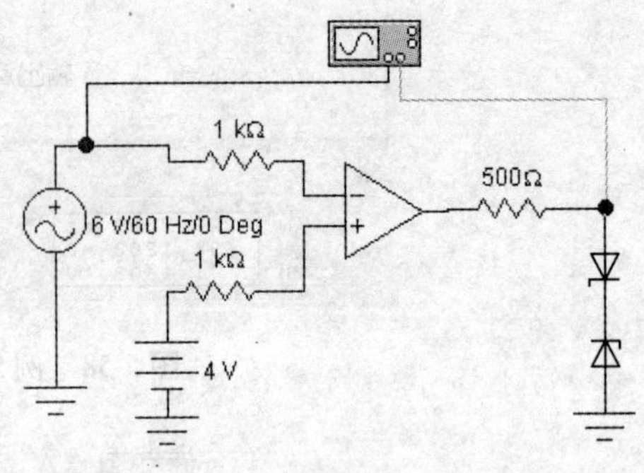

图 5-62 基本比较电路

注意稳压管稳压值的设置方法：对准图标双击，依次选择 Models → default → ideal → Edit 进入图 5-63所示的对话框，其中选项 Zener test voltage at IZT（VZT）为稳压值参数，默认设置为 10^{30} V，将其修改为所要求的数值即可，本例中改为 6V。

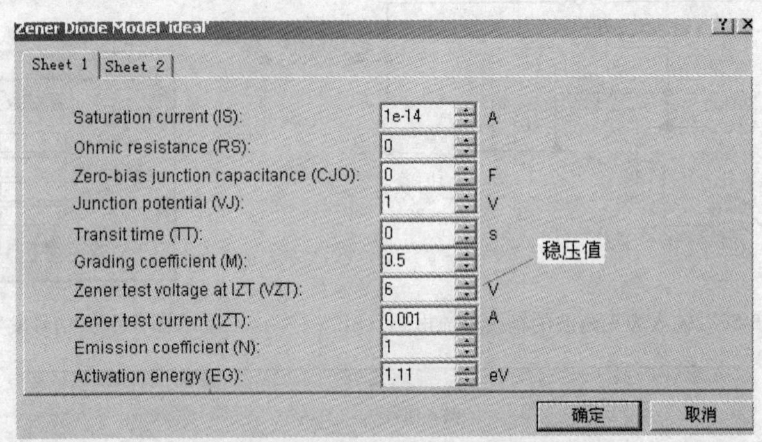

图 5-63 修改稳压管参数对话框

比较电路的输入输出波形如图 5-64 所示，两个波形的相交点即为 4V。另外，输出波形的幅值要大于 6V，这是因为输出的幅值为一个稳压管的稳压值加上另一个稳压管的正向导通压降。

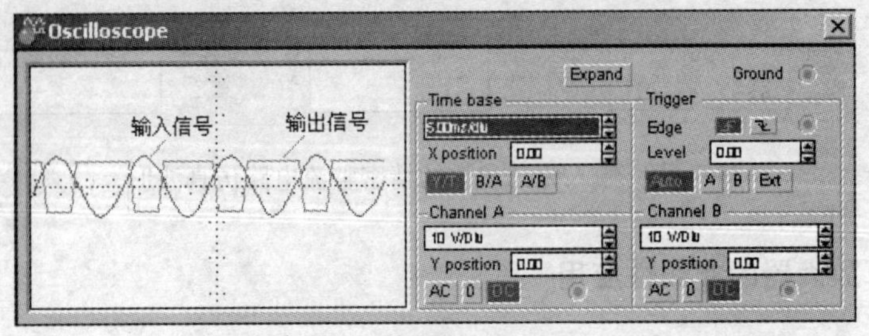

图 5-64 比较电路的输入与输出波形

例 5-14　自激振荡方波发生电路的仿真分析。在 EWB 中创建的自激振荡方波发生电路如图 5-65 所示，该电路是一个带积分环节的滞回比较电路。可以产生方波，波形的周期、频率和幅值与外电路的参数有关。试回答下列问题：1）给出理论上波形周期 T 和频率 f 的计算公式，并算出本例的 T 和 f 值；2）利用示波器测量波形的周期和幅值，与理论值比较是否存在误差？

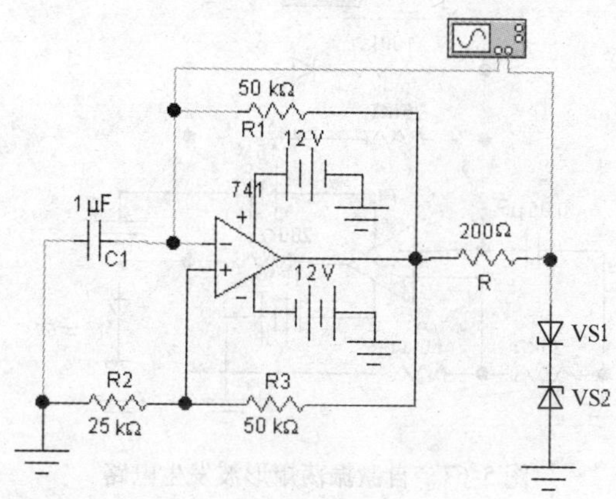

图 5-65　自激振荡方波发生电路

解　1）方波周期的计算公式为

$$T = 2R1C1\ln\left(1+\frac{2R2}{R3}\right),\quad f=\frac{1}{T}=\frac{1}{2R1C1\ln\left(1+\frac{2R2}{R3}\right)}$$

将参数值带入公式中，得 $T = 69.3\text{ms}$，　$f = 14.43\text{Hz}$。

2）打开示波器，按下仿真开关，即可得到如图 5-66 所示的波形图，其中方波为电路的输出波形，另一近似三角波的波形是电容 $C1$ 上的电压信号。拖拽两个读数指针分别至任意完整波形的起点和终点，便可测出信号的周期，进而得到信号的频率。在图中读出方波的周期为 $T = 68.7989\text{ms}$，算出 $f = 14.535\text{Hz}$，信号的幅值即是 VB1 或 VB2 的读数，这里读数为 6.8133V，是稳压管两端的电压。可以看出，测量值与理论计算值相比存在一点误差，属于正常。

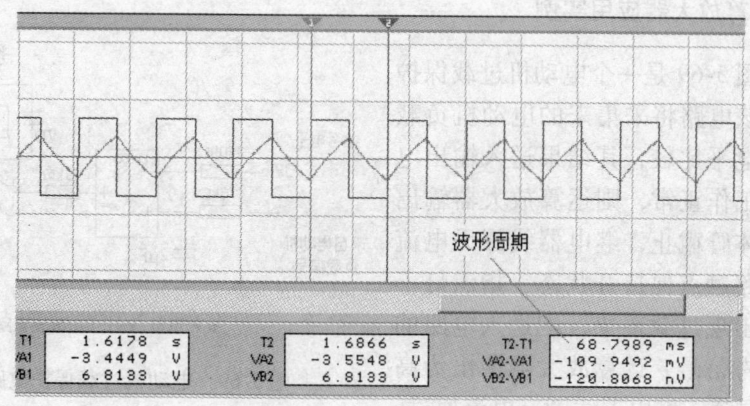

图 5-66　例 5-14 的仿真结果

例 5-15 矩形波发生电路的仿真分析。在 EWB 中创建的电路如图 5-67 所示，该电路是在方波发生电路的基础上外加两只二极管而成，使得电容上的充放电时间常数不相同，这样波形的正半周和负半周持续的时间就不会一样，于是就形成了矩形波。仿真结果如图 5-68 所示。

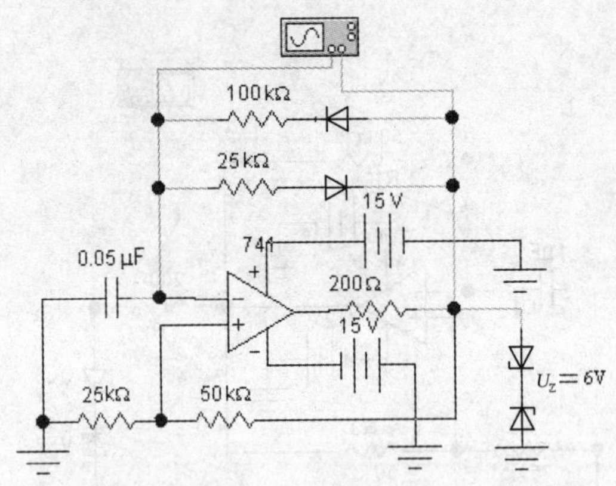

图 5-67 自激振荡矩形波发生电路

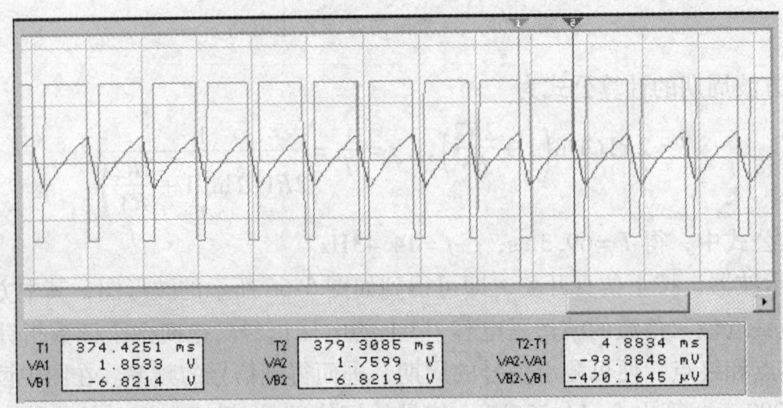

图 5-68 矩形波发生电路的输出波形

5.3.4 集成运算放大器应用实例

例 5-16 图 5-69 是一个电动机过载保护电路原理图，该电路将采集来的电动机负载电信号与参考电平比较，其结果送入输出电路。若电动机工作正常，则运算放大器输出为低电平，晶体管截止，继电器线圈无电流通过，报警电路触点保持开状态，指示灯不亮；若电动机出现过载现象，则送入电路的信号将大于参考信号，运算放大器输出为高电平，晶体管导通，继电器线圈有电流通过，报警电路触点闭合，同时断开电动机主电路，指示灯发光报警。

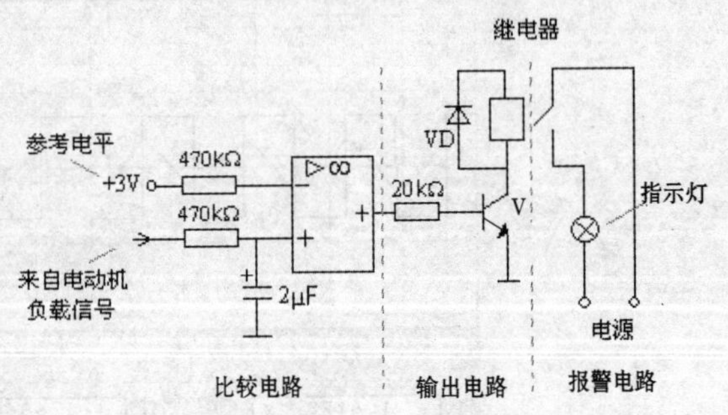

图 5-69 电动机过载保护电路原理图

现假设某一时刻电动机负载信号为 4V，试在 EWB 中创建仿真电路，观察电路各部分的工作情况，测量出经过多长时间电路发出报警信号。

解　在 EWB 中创建的仿真电路如图 5-70 所示。注意测量信号应通过开关［Space］接入，继电器和指示灯的参数需对应调整好。开关［Space］处于图示状态，则仿真后可看到各部分结果与理论分析相同。当按下［Space］键，再开始仿真时，会看到指示灯发光，继电器触点动作（仿真图略）。

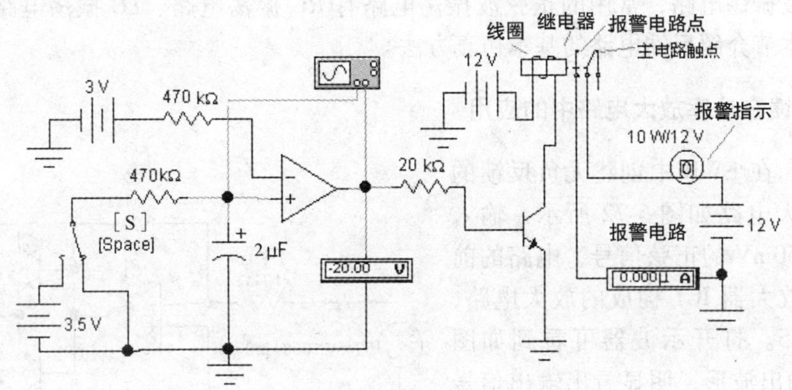

图 5-70　电动机过载保护电路仿真图

动态仿真可以测量出电路的动作时间。方法如下：按下 Analysis，选择 Transient…，确定要分析的节点，然后单击 Simulate，接着按下仿真开关，经过大约 2s 后，按下［Space］键，这时就会得到如图 5-71 所示的比较电路的动态分析图：①为电容上的电压；②为运算放大器的输出电压。按下［Space］键为 t_1 时刻，运算放大器由低电平变为高电平为 t_2 时刻，拖拽读数指针分别至 t_1、t_2 时刻，可读出时间差即 dx = 1.2946s，亦即当输入信号为 4V 时，电路将经过 1.2946s 后发出报警信号。

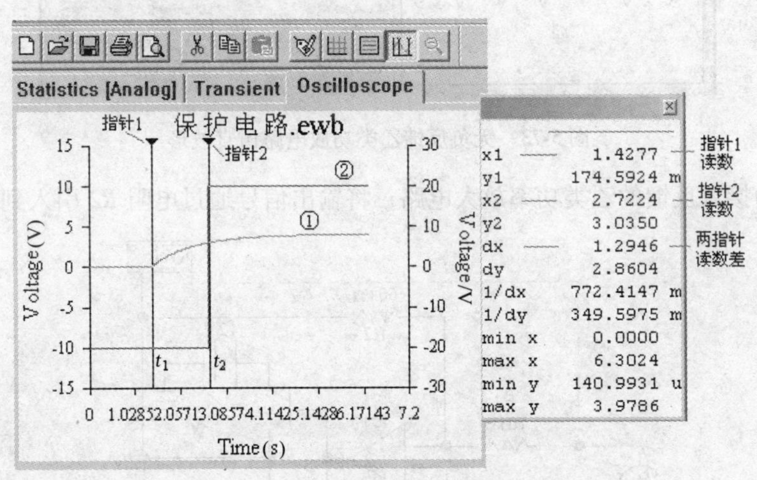

图 5-71　比较电路的动态分析图

该电路不仅仅用于电动机的保护电路，它具有很强的通用性。读者可以根据不同的需要设计出各种自动控制电路。

5.4 反馈与振荡电路

反馈在电子技术中应用十分广泛，反馈分为正反馈和负反馈。负反馈能改善放大电路的各种性能指标，因而广泛应用在模拟电子技术中；正反馈电路大部分可以构成振荡电路，振荡电路能产生一定幅度和一定频率的输出波形。振荡电路按波形的不同可分为正弦波振荡电路和非正弦波振荡电路，常用的正弦波振荡电路有 *RC* 振荡电路、*LC* 振荡电路和石英晶体振荡电路。本节介绍反馈电路的基本仿真方法。

5.4.1 负反馈在功率放大电路中的应用

例 5-17 在 EWB 中创建无负反馈的乙类功率放大电路如图 5-72 所示，输入为 1000Hz，50mV 的正弦信号，电路的前级是由运算放大器 IC1 构成的放大电路，电压增益为 5。打开示波器可看到如图 5-73所示的输出波形，明显看出输出信号存在交越失真，并且信号的幅值很小，仅有 133mV（在示波器上读出）。可见这种无反馈的功率放大电路在实际应用很难发挥作用。

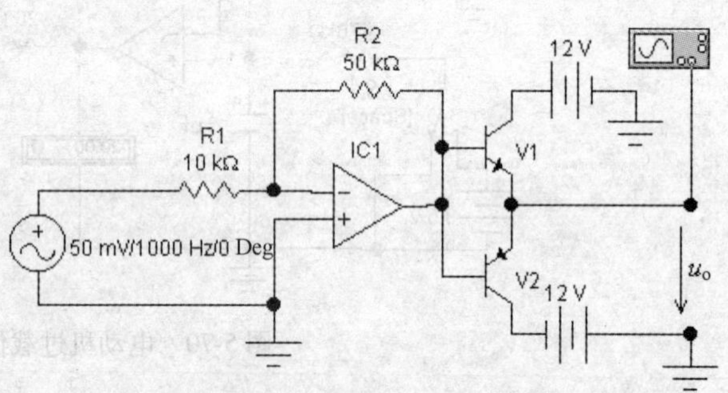

图 5-72 无负反馈乙类功率放大电路仿真图

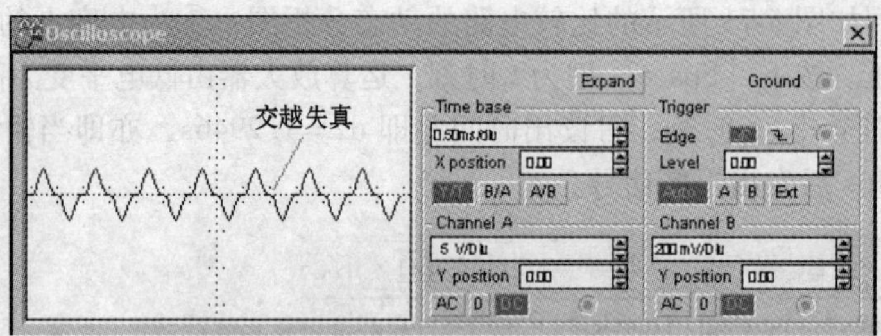

图 5-73 无负反馈乙类功放电路仿真波形

图 5-74 为接入反馈的乙类功率放大电路，将输出信号通过电阻 *R*2 引入到输入端，会使

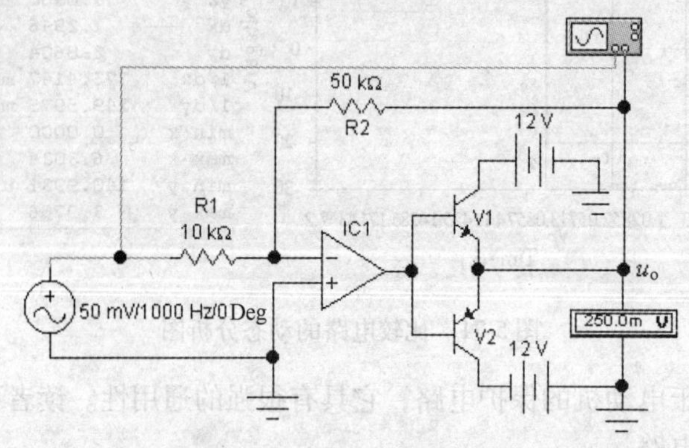

图 5-74 有负反馈的乙类功放电路

输出信号波形大大改善。图 5-75 所示即为接入反馈后的输入输出信号，电路彻底消除了交越失真，并提高了电路的放大倍数，负反馈的作用由此可见一斑。

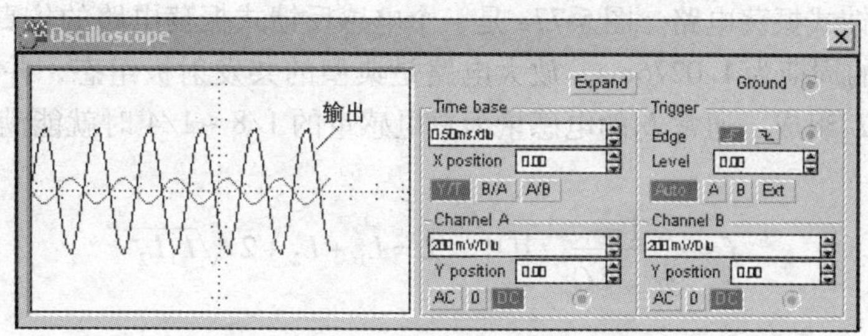

图 5-75　接入反馈后的输入输出信号

理论上，电路的放大倍数为 5，实际的仿真结果与理论相符。

5.4.2　*RC* 正弦波振荡电路

正反馈振荡电路广泛应用于信号发生装置中，图 5-76a 为仿真用 *RC* 串并联选频网络振荡电路，两个 16kΩ 电阻和两个 0.033μF 电容构成串并联选频网络，起振条件是电路放大倍数≥3，而 *RC* 的值决定输出信号的频率。理论上信号的频率按下式计算：

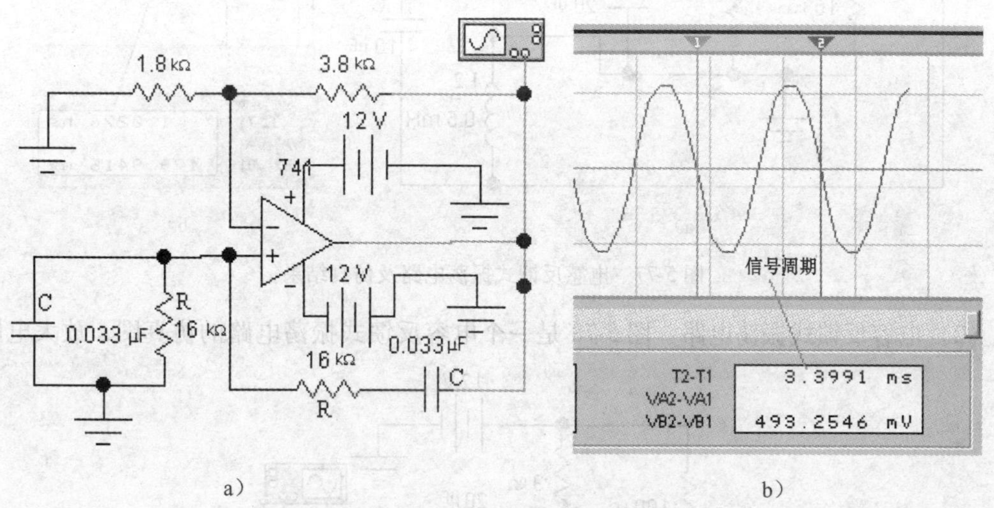

图 5-76　*RC* 串并联选频网络振荡电路及输出信号

$$f = 1/(2\pi RC)$$

此例中理论计算值

$$f = 1/[2\pi \times 16 \times 0.033 \times (1e-3)] = 301\text{Hz}$$

仿真时打开示波器，可看到图 5-76b 所示的正弦波形，拖拽两个指针，可以测量出信号的周期。示波器中的读数为 $T = 3.3991\text{ms}$，算出频率为

仿真实测　$$f = 1/(3.3991 \times 10^{-3})\text{Hz} = 294\text{Hz}$$

理论计算与仿真实测相比略有误差。注意输出信号的幅值仅与运算放大器的电源有关，若想控制信号的幅值，可在输出端加稳压管限幅。

5.4.3 *LC* 正弦波振荡电路

（1）电感反馈式振荡电路　图 5-77a 是一个电感反馈式振荡电路的仿真图，图 5-77b 是仿真结果，信号的周期为 1.0276ms。放大电路是典型的共发射极组态，并联选频网络由电容 C 和电感 L_1、L_2组成。通常 L_2的电感量为总电感量的 1/8 ~ 1/4 时就能满足起振条件，振荡频率为

$$f \approx \frac{1}{2\pi\sqrt{LC}} \quad 其中 \quad L = L_1 + L_2 + 2\sqrt{L_1 L_2}$$

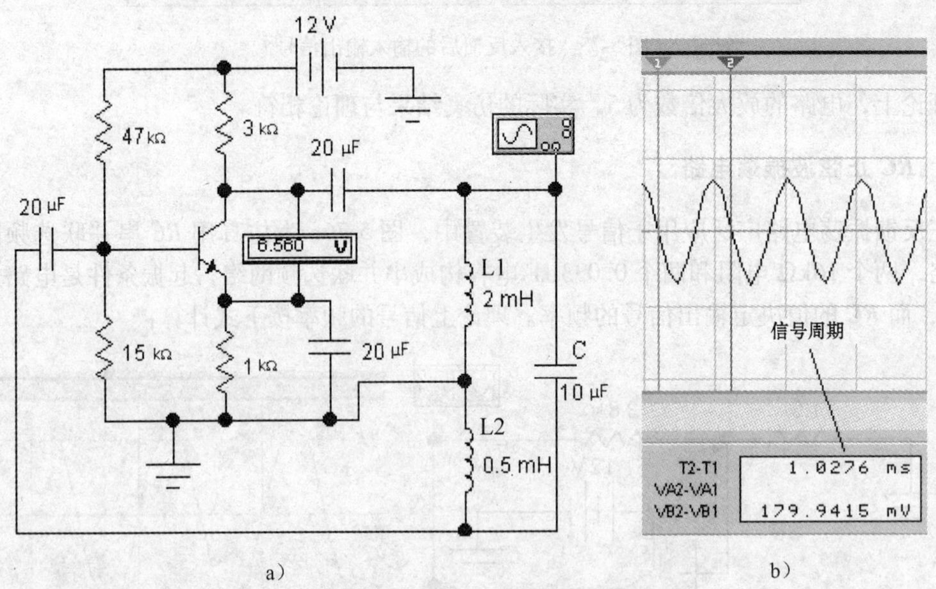

a）　　b）

图 5-77　电感反馈式振荡电路及仿真结果

（2）电容反馈式振荡电路　图 5-78 是一个电容反馈式振荡电路的仿真图，放大电路同

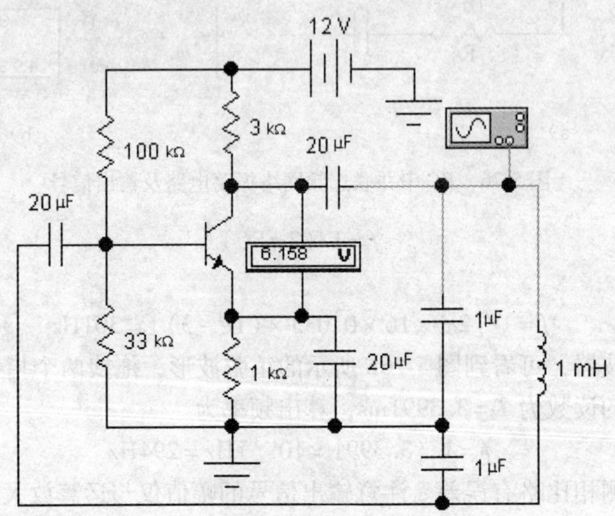

图 5-78　电容反馈式振荡电路的仿真图

样是共发射极组态，选频网络由电感和电容组成。振荡频率为

$$f \approx \frac{1}{2\pi\sqrt{LC}}, \text{其中} \quad C = \frac{C_1 C_2}{C_1 + C_2}$$

LC 正弦波振荡电路的特点是输出波形好，振荡频率高，可达 100MHz 以上。

5.5　直流稳压电源

直流稳压电源一般分为单相直流稳压电源和三相直流稳压电源，其电路一般由整流电路、滤波电路和稳压电路三部分组成。单相直流稳压电源是电子仪器、设备及控制系统中用得最多的，也是本节要仿真训练的重点。

5.5.1　直流稳压电源电路仿真概要

单相直流稳压电源是以变压器、整流器件和稳压器件为核心构成的电源电路，仿真时须首先明确以下几方面的内容：

（1）所需元器件的位置　在电子工作台 EWB 上，变压器分为普通和带抽头两种形式，位于基本元件库中，在库中的位置及图标如图 5-79 所示；二极管、稳压管和桥式整流器位于二极管库中，器件在库中的位置及图标如图 5-80 所示。

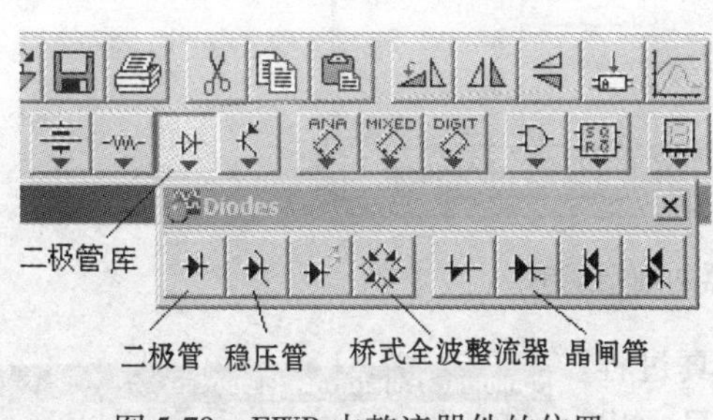

图 5-79　EWB 中整流器件的位置

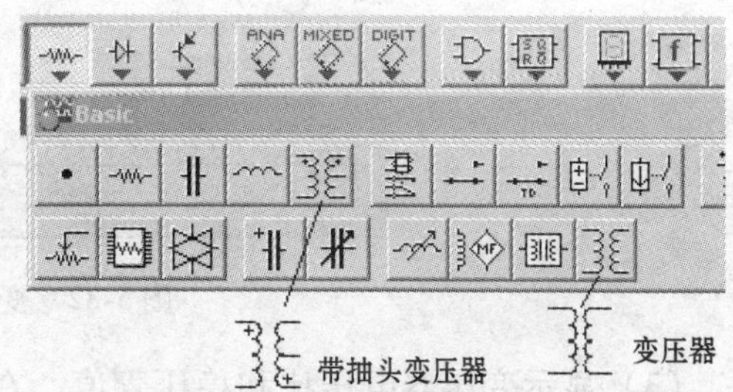

图 5-80　EWB 中变压器的位置

（2）如何修改参数　一般仿真时，常常需要查询或修改二极管的正向压降、稳压管的稳压值及变压器的电压比等项参数。查询时双击器件的图标，打开属性对话框，如二极管的属性对话框为 Diode Properties，然后选择型号：Models，一般无特殊要求可选择默认型号：default，选择理想器件：ideal，查询或修改参数直接点击编辑键 Edit，打开 Sheet1 细则菜单，可以看到 Junction potential (VJ):　正向管压降　1　V，表明正向管压降为 1V，此参数及其他参数均可任意修改。

在使用稳压管时须注意，其稳压值的默认设置为 1e+30V，所以必须根据需要修改此参数，与修改二极管的参数类似，最后打开如图 5-81 所示的细则菜单，可以重新设置管压降和稳压值等参数。

在使用变压器时，一般均选用理想变压器，其电压比的默认设置为 1∶1，一、二次线圈匝数均为1，内阻很小，如图 5-82 所示。使用时可根据实际的电压比确定线圈匝数，如电压比为 10，则应令 $N_1=2000$ 匝，$N_2=200$ 匝，而其他参数可不必修改。

Zener Diode Model 'ideal'

Sheet 1 | Sheet 2

Saturation current (IS):	1e-14	A	
Ohmic resistance (RS):	0		
Zero-bias junction capacitance (CJO):	0	F	
Junction potential (VJ):	1	V	正向管压降
Transit time (TT):	0	s	
Grading coefficient (M):	0.5		
Zener test voltage at IZT (VZT):	1e+30	V	稳压值
Zener test current (IZT):	0.001	A	
Emission coefficient (N):	1		
Activation energy (EG):	1.11	eV	

确定 取消

图 5-81 理想稳压管的细则菜单

Nonlinear Transformer Model 'ideal'

Sheet 1 | Sheet 2 | Sheet 3 | Sheet 4

Primary turns (N1):	1		一次线圈 N_1
Primary resistance (R1):	1e-06		一次电阻
Primary leakage inductance (L1):	0	H	
Secondary turns (N2):	1		二次线圈 N_2
Secondary resistance (R2):	1e-06		二次电阻
Secondary leakage inductance (L2):	0	H	
Cross-sectional area (A):	1	m	
Core length (L):	1	m	
Input smoothing domain % (ISD):	1		
Number of co-ordinates (N):	2		

确定 取消

图 5-82 变压器的细则菜单

（3）显示变压器电压比和稳压管值　在仿真过程中，希望将变压器的电压比和稳压管的稳压值显示出来。现以变压器为例介绍方法如下：

双击变压器图标，选中 Label，打开如图 5-83 所示的对话框，在 Label 滚动条处键入已设置好的电压比值，如 10∶1，然后在 EWB 中打开如图 5-84 所示的 Circuit 菜单，选中 Schematic Options...，接着选择

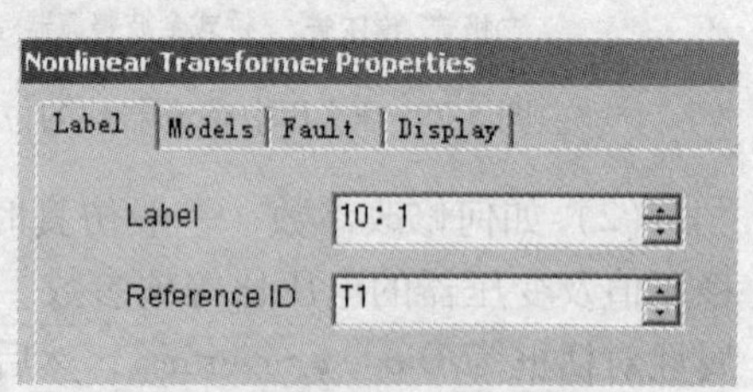

图 5-83 键入变压器的电压比

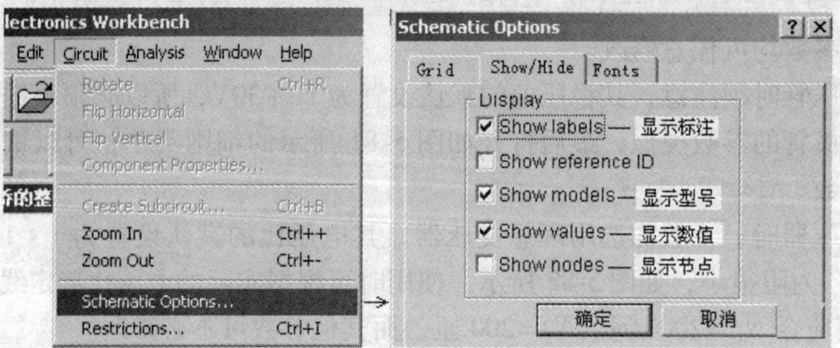

图 5-84 标注的显示设置方法

Show/Hide，内中含有多个显示选项，选中 Show labels（显示标注）后即可显示出变压器的电压比，其效果如图 5-85 所示。

（4）仿真时的接地点　由于有变压器的存在，仿真时接地点的安装位置及波形的测量方法应格外注意，接地点应接在变压器的二次侧，而示波器的接入方法参看下面的仿真实例。

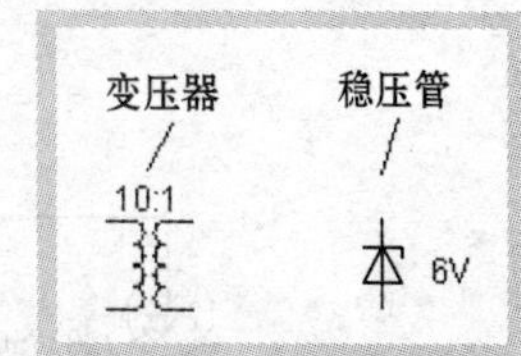

图 5-85　显示出的电压比和稳压值

5.5.2　单相半波整流电路的仿真

例 5-18　在 EWB 中设计创建一半波整流电路，交流电源电压有效值为 120V，频率为 50Hz，变压器电压比为 10∶1，负载电阻为 1kΩ，试求出输出电压平均值并观测输入输出波形。

解　在 EWB 中创建的半波整流电路及仿真结果如图 5-86 所示，其输入输出波形如图 5-87 所示。

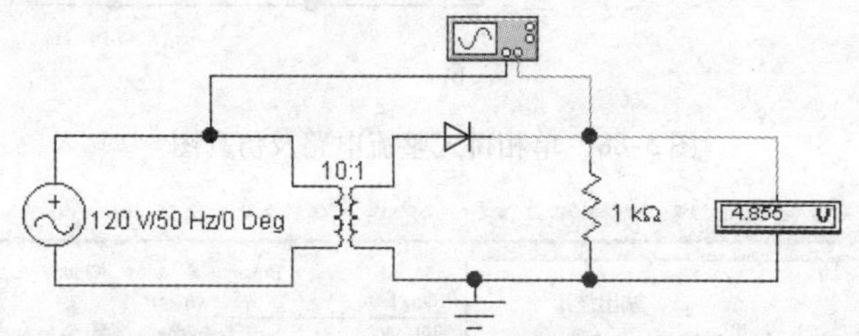

图 5-86　在 EWB 中的半波整流电路及仿真结果

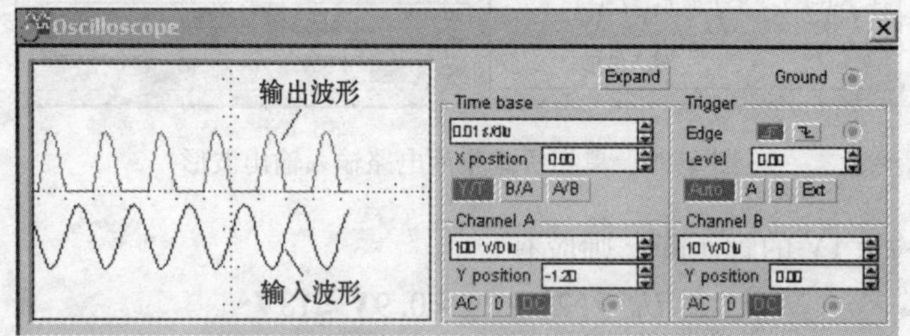

图 5-87　半波整流电路的输入输出波形

5.5.3　单相全波整流电路的仿真

例 5-19　在 EWB 中设计创建一单相桥式整流电路，交流电源电压有效值为 $U_1=220\text{V}$，频率为 50Hz，变压器电压比为 10∶1（即 $k=10$），负载电阻为 0.5kΩ，试求出输出电压平均值并观测输入输出波形，说明仿真结果与理论相比是否相符。

解　在 EWB 中创建的单相桥式整流电路及仿真图如图 5-88 所示，其中图 a 的整流桥是由 4 个二极管拼装而成，而图 5-88b 使用了 EWB 中的桥式整流器，可见效果是相同的。打开示波器可观测到如图 5-89 所示的输入输出波形。

理论上如果将二极管视为理想器件，则输出信号的平均值 U_0 应通过下列各式导出：

$$U_2=U_1/k=22\text{V},U_0=0.9U_2=19.8\text{V}$$

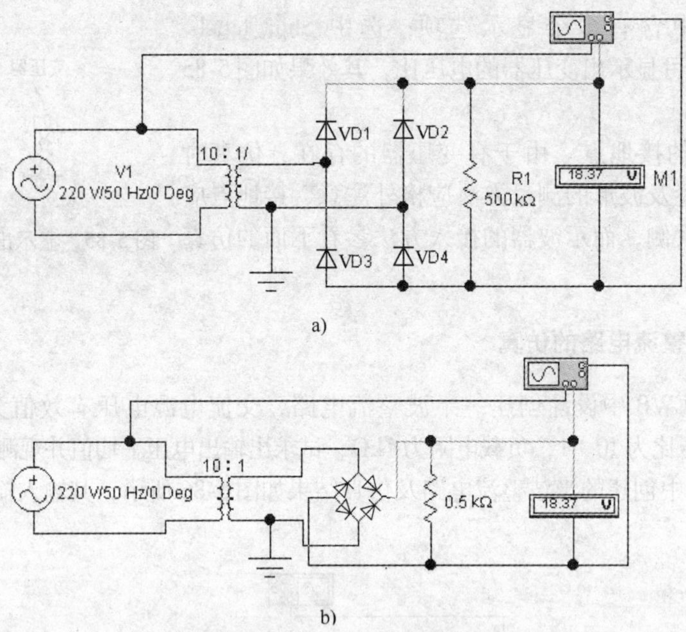

图 5-88　单相桥式整流电路及仿真图

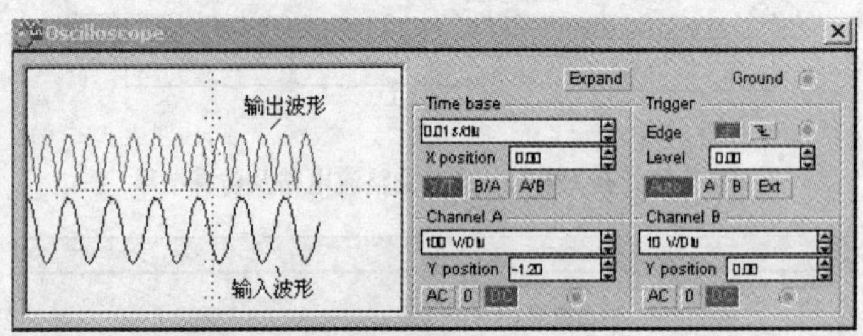

图 5-89　单相桥式整流电路输入输出波形

如果二极管约为 1V 的管压降，则应有

$$U_0 \approx (22-2)\times 0.9\text{V} = 18\text{V}$$

将上述两个输出值与仿真结果（18.37V）相比，显然仿真结果真实可靠。其输出波形也与理论波形无明显差别。

5.5.4　单相整流滤波电路的仿真

单相整流滤波电路仿真图及输出结果如图 5-90 所示，只比整流电路多加一个电容。滤

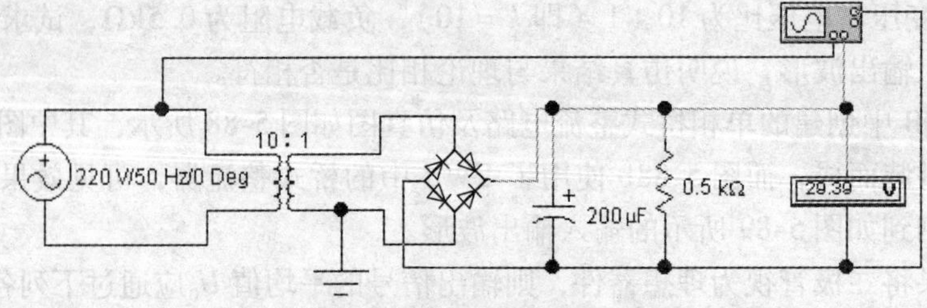

图 5-90　单相整流滤波电路仿真图

波后的信号脉动程度很小，其输入输出波形如图 5-91 所示。

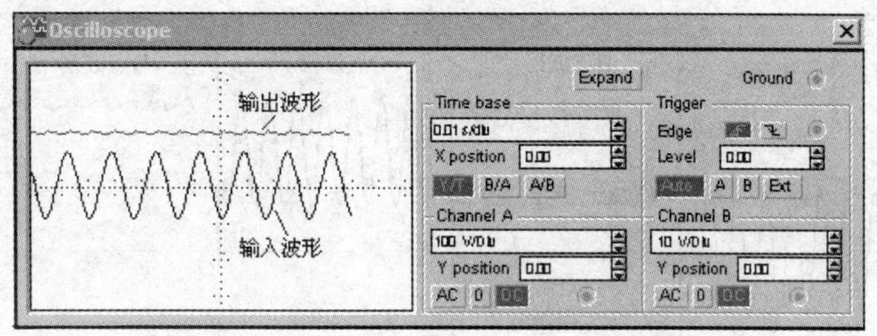

图 5-91　单相整流滤波电路输入输出波形

5.5.5　稳压管稳压电路的仿真

简单稳压管稳压电路的仿真图及仿真结果见图 5-92。

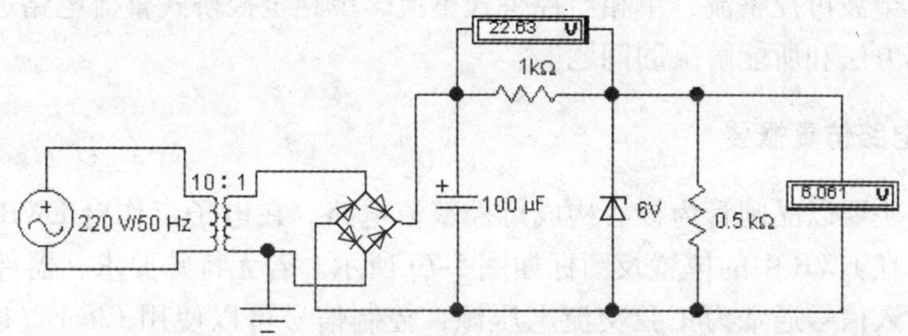

图 5-92　稳压管稳压电路的仿真图及仿真结果

5.5.6　倍压整流电路的仿真

图 5-93 为倍压整流电路的仿真图，从图中可看出，变压器二次电压有效值为 12V，而输出电压平均值为 45.52V，该电路适用于要求输出电压较高、负载电流较小（负载电阻较大）的场合。该电路的工作原理如下：

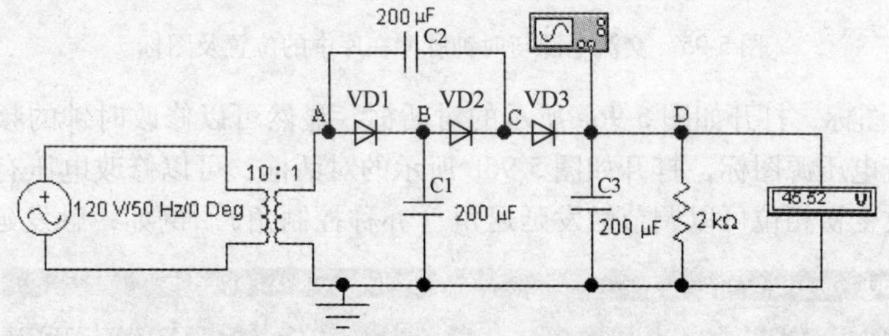

图 5-93　倍压整流电路的仿真图

当变压器二次侧的电压 u_2 为正半周时，通过二极管 VD1 向电容 $C1$ 充电，其电压 $U_B = U_{C2} \approx \sqrt{2}U_2$；当 u_2 变为负半周时，U_{C1} 与 u_2 串联经二极管 VD2 向 $C2$ 充电，电压近似为 $U_{C2} \approx 2\sqrt{2}U_2$，极性为左正右负。在 u_2 的第二个周期的正半周时，u_2 与 U_{C2} 串联经二极管 VD3 向电容 $C3$ 充电，其电压 $U_D = U_{C3} \approx 3\sqrt{2}U_2$。因此负载电阻上得到近似 3 倍压即 $3\sqrt{2}U_2$。实际仿

真得到的倍压整流电路各点的波形如图 5-94 所示。

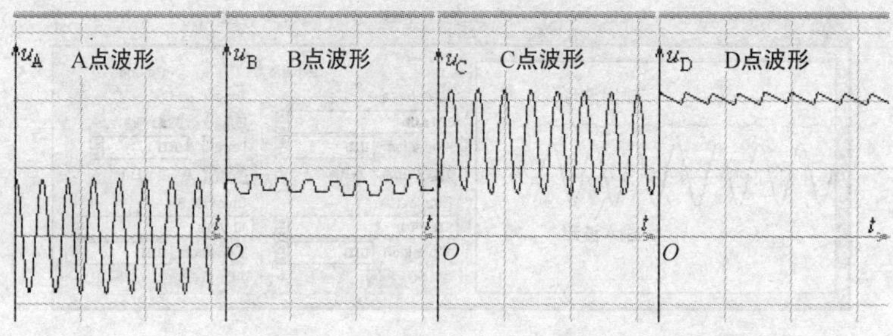

图 5-94　倍压整流电路各点的波形

5.6　晶闸管电路

本小节将对半波可控整流、单相半控桥式整流、单相全控桥式整流电路进行仿真，主要介绍电路的仿真方法和所能解决的问题。

5.6.1　晶闸管电路仿真概要

晶闸管电路主要以晶闸管为核心构成可控整流电路。在电子工作台 EWB 上，晶闸管位于二极管库中，在 EWB 中的位置及图标如图 5-79 所示。若无特殊要求，器件参数可使用默认值。电路的输入信号通常为正弦交流电压源，控制信号可以使用 Clock（时钟脉冲），交流电源与时钟脉冲在库中的位置及图标如图 5-95 所示。

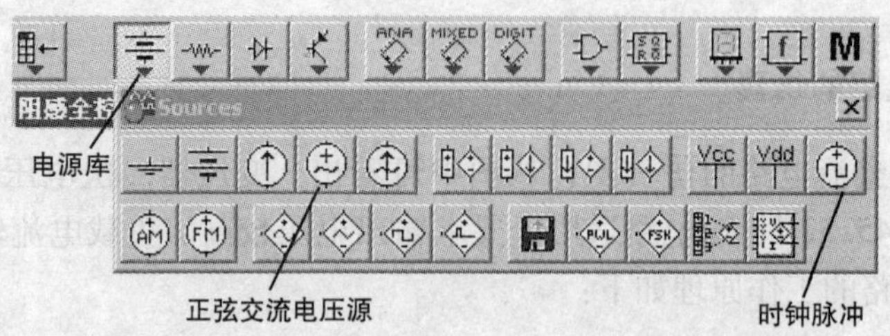

图 5-95　交流电源与时钟脉冲在库中的位置及图标

双击 Clock 图标，打开如图 5-96a 所示的对话框，显然可以修改时钟的频率、占空比和幅值，双击交流电压源图标，打开如图 5-96b 所示的对话框，可以修改电压有效值、频率和初相位，通过改变初相位可以调节触发延迟角（亦称控制角）。例如，触发延迟角 $\alpha = 30°$，

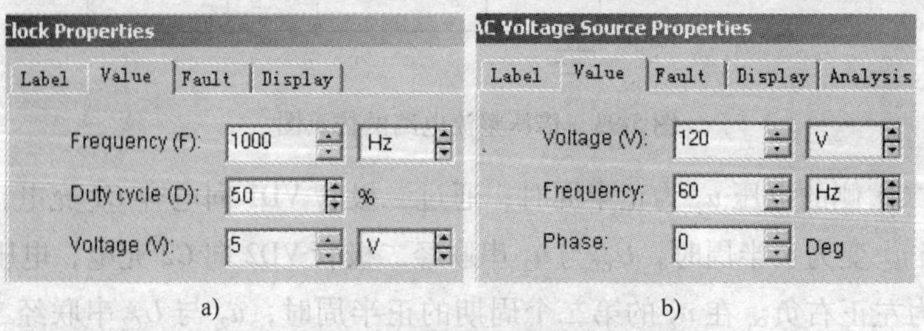

图 5-96　时钟与电压源的主要参数

则可将交流电源的初相位改为30°。

5.6.2　半波可控整流电路的仿真

在 EWB 中创建的半波整流电路（见图 5-97）。注意触发信号的接入方法，触发信号的频率应与输入信号的频率保持一致。这里输入信号 $U_2=100\text{V}$，要求触发延迟角 $\alpha=90°$，理论上根据输入与输出信号的关系可计算出输出信号平均值（不计晶闸管正向压降）：

$$U_o=0.45U_2\frac{1+\cos 90°}{2}=22.5\text{V}$$

而实际的仿真结果如图 5-97 中电压表所示，为 21.66V，与理论计算很接近，表明仿真结果真实可靠。图 5-98 是电路的仿真波形，其中图 a 为输入信号与触发信号的对照波形，从图中可以看出，触发延迟角为 90°；图 b 为输入信号与输出信号的对照波形。

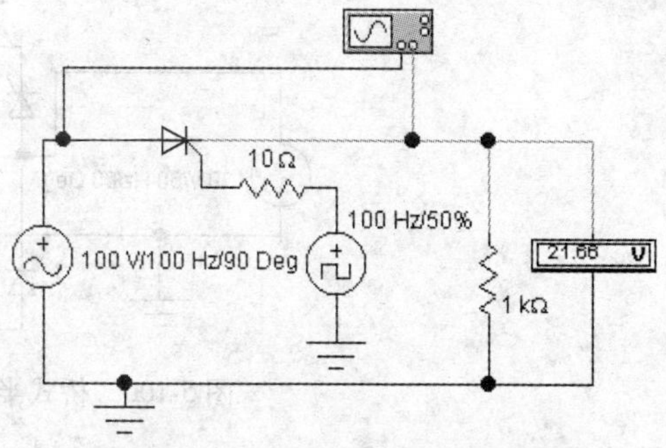

图 5-97　半波可控整流电路

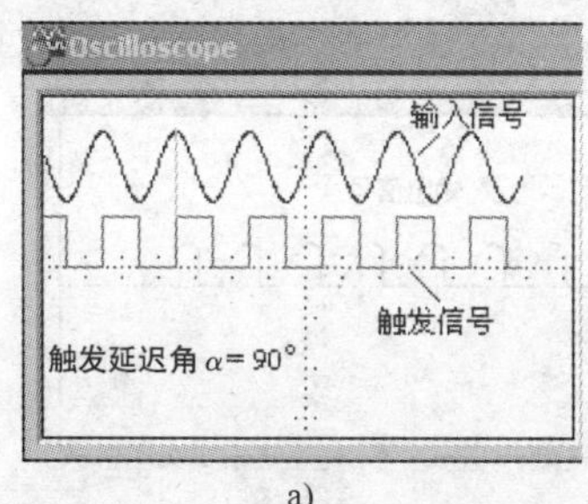

a)

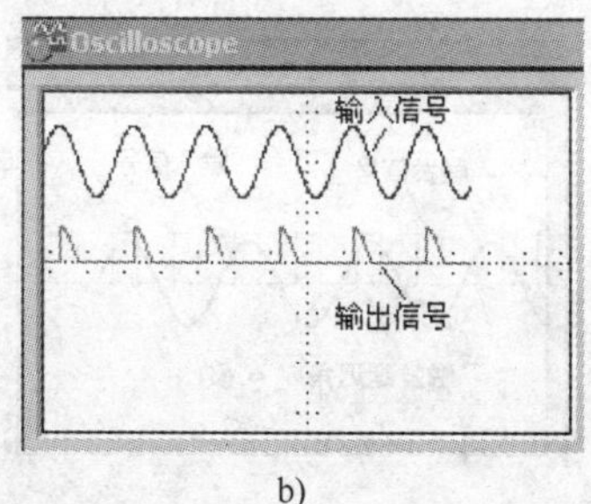

b)

图 5-98　半波可控整流电路仿真波形

若电路中含有变压器，由于 EWB 中变压器的一、二次侧信号相位相差 180°，故输入电压的初相位不再与触发延迟角相等，而是相差 180°，即：初相位 $=\alpha+180°$。如果需要 $\alpha=90°$，则应将电源电压的初相位设置为 270°，如图 5-99 所示。

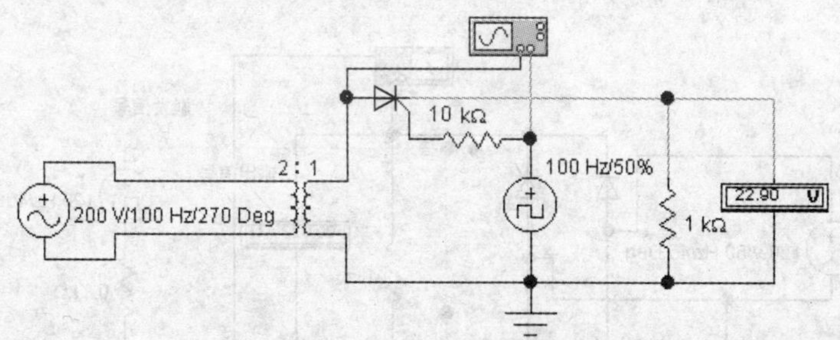

图 5-99　带变压器的半波可控整流电路

5.6.3　桥式半控整流电路的仿真

桥式半控整流电路仿真图的创建方法如图 5-100 所示，由于是桥式整流，所以触发信号的频率应是输入信号频率的 2 倍。理论上输出电压平均值按下式计算：

$$U_o = 0.9U_2(1+\cos\alpha)/2$$

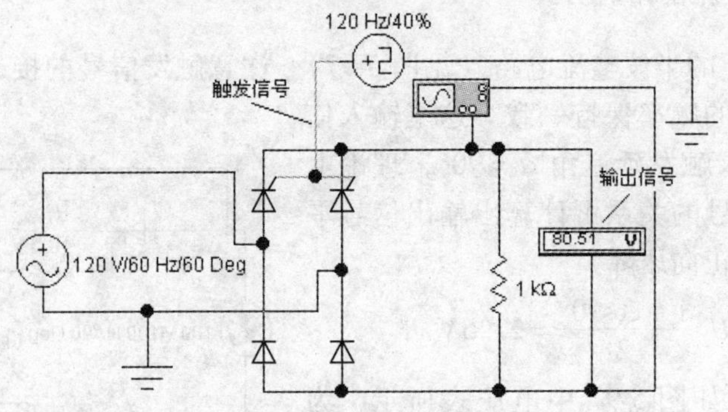

图 5-100 桥式半控整流电路仿真图的创建方法

当触发延迟角 $\alpha = 60°$、$U_2 = 120V$ 时，计算得：$U_o = 81V$，与仿真结果近似相等。用示波器还可观察到各点的仿真波形，如图 5-101 所示，其中图 a 为输入信号与控制（触发）信号的对应波形；图 b 为输出信号的波形。应注意测量输出信号时示波器的接法，见图 5-100。

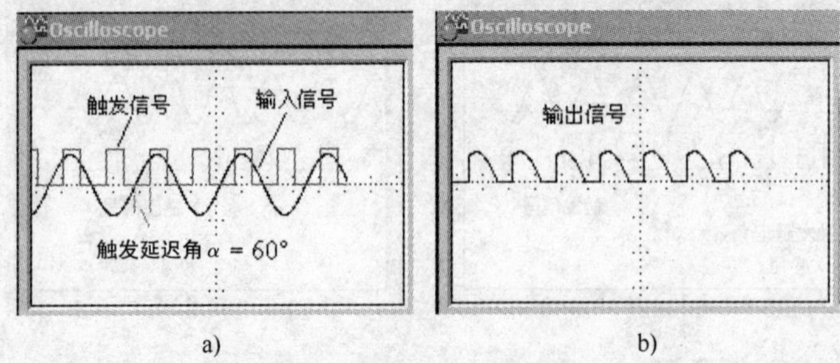

a) b)

图 5-101 桥式半控整流电路的仿真波形

5.6.4 桥式全控整流电路的仿真

桥式全控整流电路纯阻性负载仿真图的创建方法如图 5-102 所示，理论上输出电压平

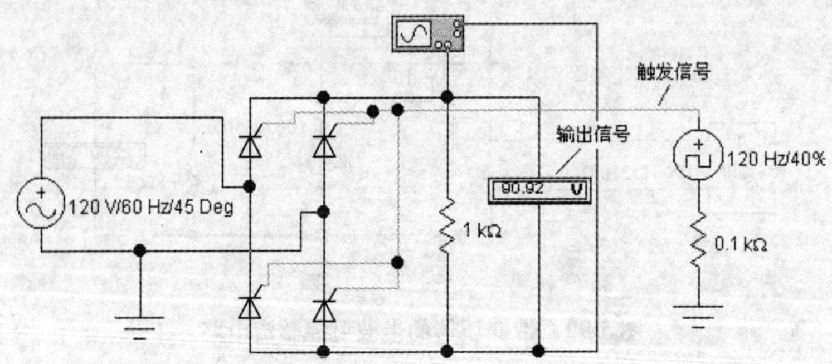

图 5-102 桥式全控整流电路纯阻性负载仿真图的创建方法

均值的计算方法与桥式半控整流电路相同，仿真结果与理论计算相符，其输出信号波形

如图 5-103 所示。可见纯阻性负载时全控和半控整流电路的输出是一样的。

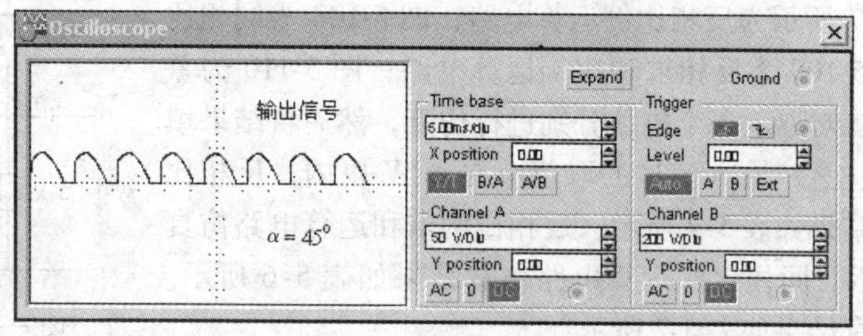

图 5-103　桥式全控整流电路纯阻性负载输出信号波形

桥式全控整流电路阻感负载仿真图的创建方法如图 5-104 所示，理论上输出电压平均值的计算方法为

不带续流二极管
$$U_o = 0.9U_2\cos\alpha$$

带续流二极管
$$U_o = 0.9U_2(1+\cos\alpha)/2$$

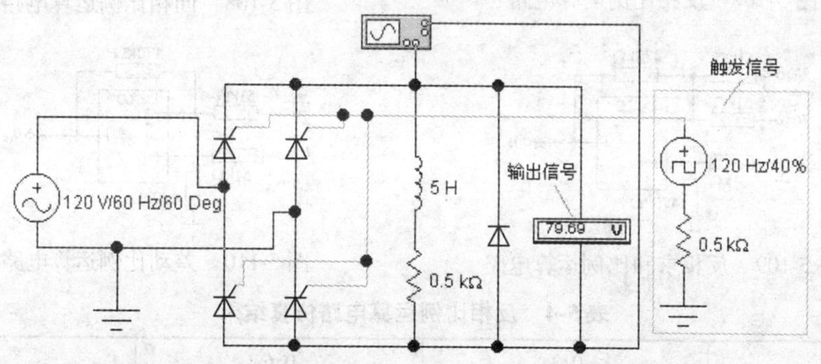

图 5-104　桥式全控整流电路阻感负载仿真图的创建方法

当触发延迟角 $\alpha=60°$、$U_2=120\text{V}$、带续流二极管时，计算值与仿真结果近似相等。用示波器可观察到不带续流二极管和带续流二极管时的波形，分别如图 5-105a、b 所示。

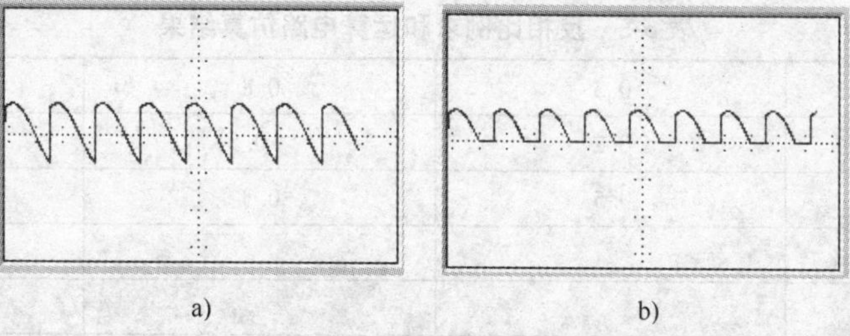

图 5-105　桥式全控整流电路阻感负载仿真波形

习　题

5-1　图 5-106 所示电路中，$\beta=100$，$U_{BE}=0.6\text{V}$，$C_1=C_2=10\mu\text{F}$，$C_E=50\mu\text{F}$，其他参数见图。试回答下列问题：1）求出电路的静态工作点；2）求电路的电压放大倍数；3）求

输入电阻和输出电阻；4）观察电路的频率特性。

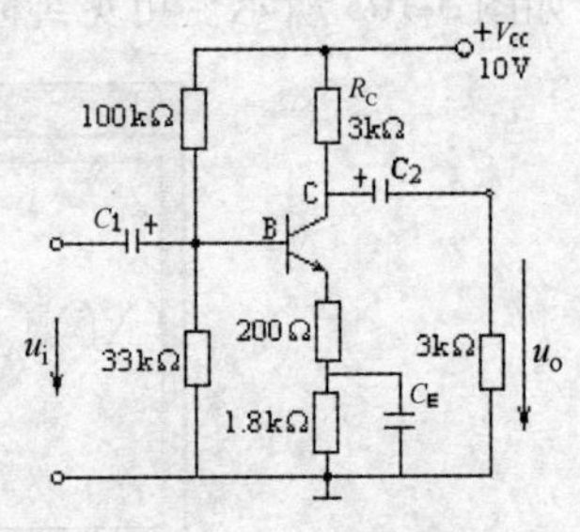

图 5-106　题 5-1 图

5-2　图 5-107 所示为反相比例运算电路；图 5-108 为同相比例运算电路；图 5-109 为反相求和比例运算电路；图 5-110 为差动比例运算电路。对以上 4 个电路分别进行仿真，然后将结果填入相应的表中。注意，输入信号的取值应在 ±1V 以内。反相比例运算电路仿真结果如表 5-4 所示。反相比例求和运算电路仿真结果如表 5-5 所示。同相比例运算电路仿真结果如表 5-6 所示。差动运算电路仿真结果如表 5-7 所示。

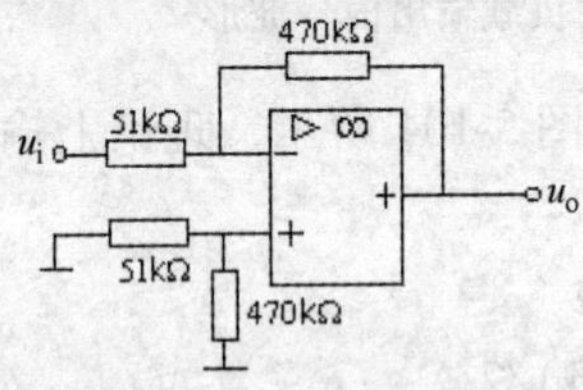

图 5-107　反相比例运算电路

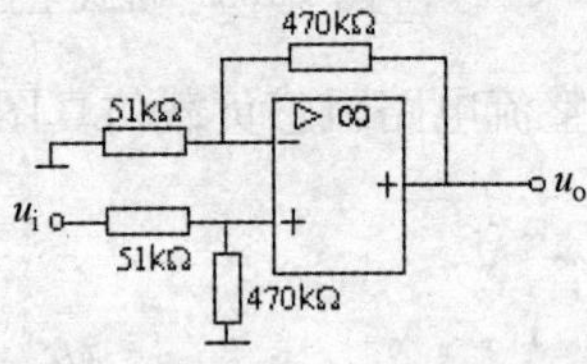

图 5-108　同相比例运算电路

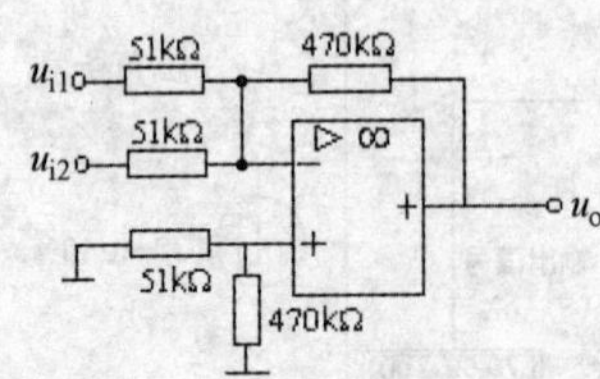

图 5-109　反相求和比例运算电路

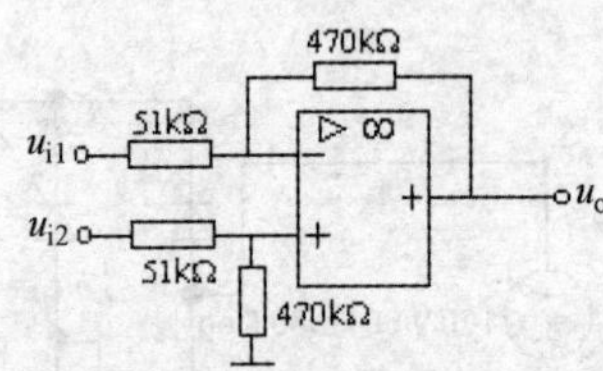

图 5-110　差动比例运算电路

表 5-4　反相比例运算电路仿真结果

u_i/V		0.3	0.6	−0.8
u_o				
A_{uf}	实测			
	理论			

表 5-5　反相比例求和运算电路仿真结果

u_{i1}/V		0.3	0.8	−0.5
u_{i2}/V		0.2	−0.5	−0.2
$(u_{i1}+u_{i2})$/V		0.5	0.3	−0.7
u_o				
A_{uf}	实测			
	理论			

表 5-6　同相比例运算电路仿真结果

u_i/V		0.3	0.6	−0.8
u_o				
A_{uf}	实测			
	理论			

表 5-7　差动运算电路仿真结果

u_{i1}/V		0.3	0.6	−0.8
u_{i2}/V		0.3	0.6	−0.8
($u_{i1}-u_{i2}$) /V				
A_{uf}	实测			
	理论			

5-3　参照图 5-76 所示电路，试设计一个能产生 1000Hz 正弦波的电路，记录所创建的仿真电路和波形。

5-4　倍压整流电路见图 5-93，已知电源电压 220V、50Hz，变压器电压比为 10。试用仿真的方法求出输出电压平均值，观测 A、B、C、D 各点波形，并讨论输出电压与哪些参数有关。

5-5　对于图 5-104 所示的桥式全控整流电路，若负载电感从 0.1H 渐渐增加到 5H，则输出波形会如何变化？试记录几点不同的波形。

第 6 章　数字电子电路设计与仿真

6.1　组合逻辑电路分析

组合逻辑电路分析，是已知逻辑电路，分析它的逻辑功能。首先创建一个组合逻辑电路，如图 6-1 所示。

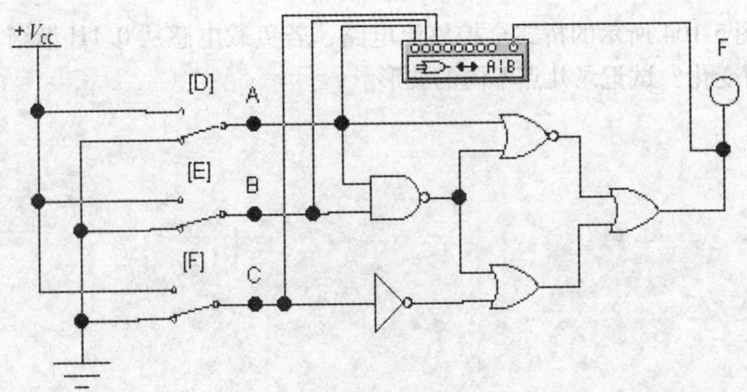

图 6-1　组合逻辑电路分析图

图中输入变量 A、B、C 分别由三只开关［D］、［E］、［F］控制接入高、低电平。输出端 F 电平由指示灯表示，指示灯亮、灭分别表示高、低电平。接入逻辑转换仪，将创建好的逻辑电路输入端连接至逻辑转换仪的输入端，将电路的输出端连接至逻辑转换仪的输出端，如图 6-1 所示。按“逻辑图→真值表”按钮，将分析结果输入到逻辑转换仪真值表区，如图 6-2 所示。

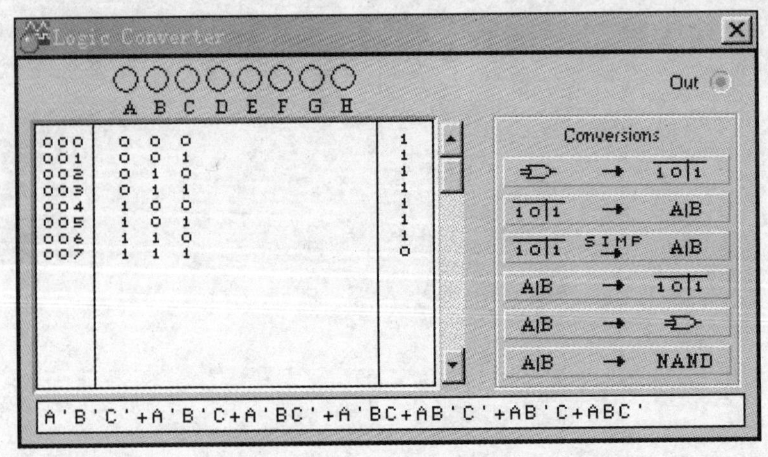

图 6-2　逻辑图→真值表

选择“真值表→最简逻辑式”转换方式，在逻辑转换仪逻辑表达式栏，得到最简逻辑表达式如图 6-3 中所示，最简逻辑表达式为

$$F=\overline{A}+\overline{B}+\overline{C}=\overline{ABC}$$

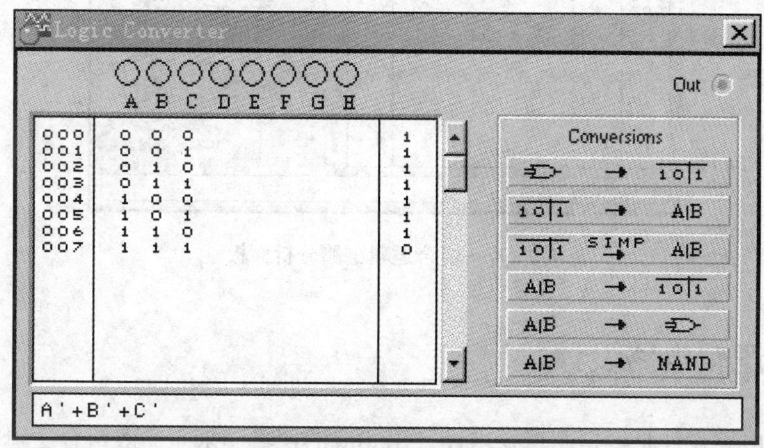

图 6-3　真值表→最简逻辑式

由真值表和最简逻辑式可知，图 6-1 所示组合逻辑电路，是具有 3 输入变量与非功能的逻辑电路。

选择逻辑转换仪上的“表达式→逻辑电路”转换方式可得到如图 6-4 所示的逻辑电路，若选择“表达式→与非逻辑电路”转换方式则可得到如图 6-5 所示全部由与非门组成的逻辑电路。

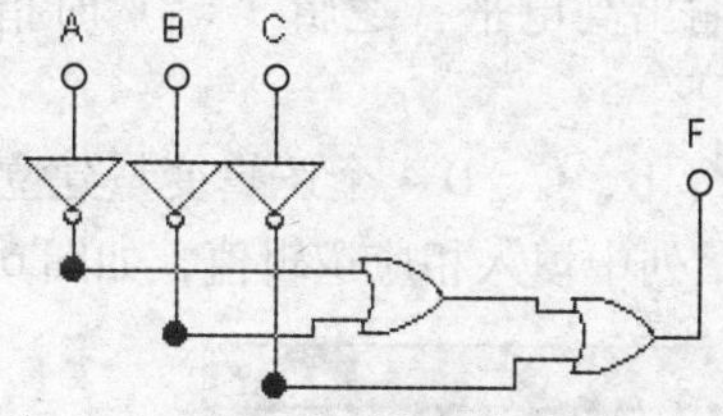

图 6-4　表达式→逻辑电路

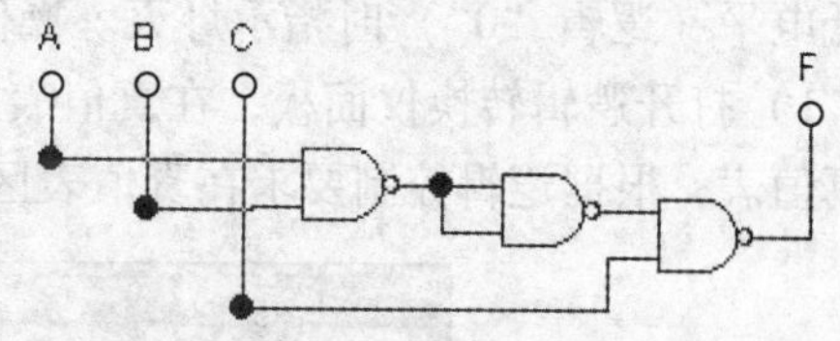

图 6-5　表达式→与非逻辑电路

除了可以用上述接入逻辑转换仪测试的方法以外，还可以直接由创建好的逻辑电路获得给定组合逻辑电路的真值表，再进行上述各种转换功能。

例 6-1　试分析图 6-6 所示组合逻辑电路的功能。

解　1）组合逻辑电路的输入端（A、B）、输出端（F）分别接入逻辑转换仪的输入、输出端，如图 6-6 所示。

2）打开逻辑转换仪面板（双击逻辑转换仪），在真值表区单击“逻辑图→真值表”按钮，将分析结果输入到逻辑转换仪真值表区，如图 6-7 所示。由真值表和最简逻辑式可知，图 6-6 所示组合逻辑电路是具有“异或”功能的逻辑电路。

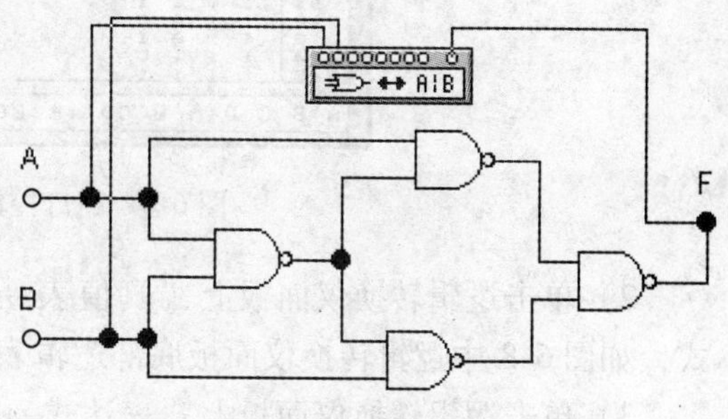

图 6-6　组合逻辑电路分析举例

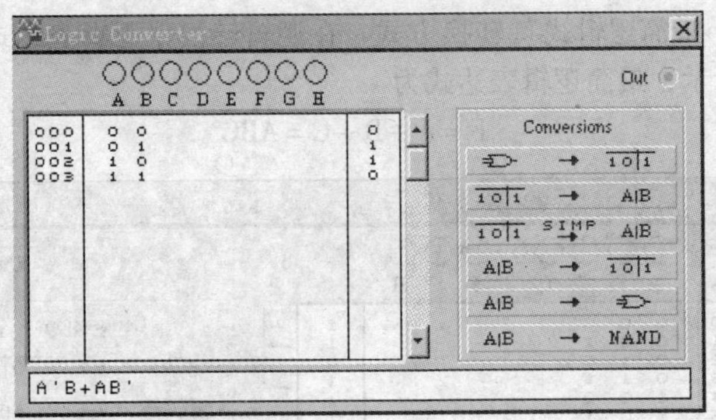

图 6-7 组合逻辑电路分析面板

6.2 组合逻辑电路设计

组合逻辑电路设计是根据逻辑要求设计出相应的逻辑图来。一般组合逻辑电路设计过程的步骤为：分析给定逻辑要求列出真值表，由真值表求得逻辑表达式，化简的逻辑表达式再根据化简的表达式画出逻辑电路。这一过程可由逻辑转换仪完成。

例 6-2 试设计一个路灯控制逻辑电路，要求在四个不同的地方都能独立的控制路灯的亮和灭。

解 设逻辑电路的 4 个输入变量为 A、B、C、D，分别由［E］、［F］、［G］、［H］4 个开关控制，接入高电平（+5V）作为逻辑“1”，接入低电平（地）作为逻辑“0”。逻辑电路输出端 F 接一个指示灯，模拟所控制的路灯，输出高电平（逻辑“1”）时指示灯亮，输出低电平（逻辑“0”）时指示灯灭。操作过程如下：

1）打开逻辑转换仪面板，在真值表区单击 A、B、C、D 4 个逻辑变量建立四输入变量的真值表，根据逻辑控制要求在真值表区输出变量列中填入相应逻辑值，如图 6-8 所示。

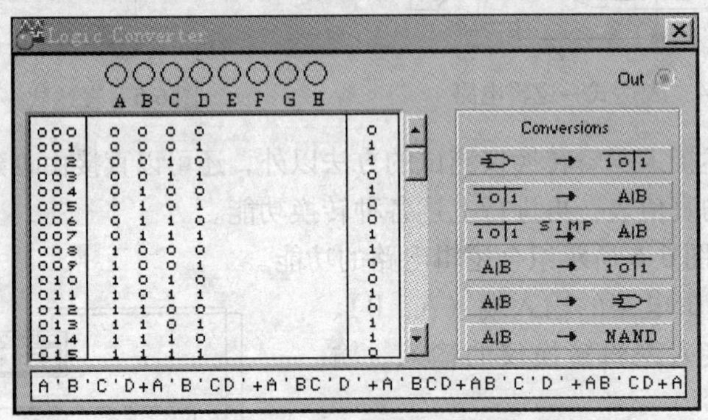

图 6-8 路灯控制电路真值表与逻辑式

2）单击逻辑转换仪面板上“真值表→简化逻辑表达式”按钮，求得简化的逻辑表达式，如图 6-8 中逻辑转换仪面板底部逻辑表达式栏内所示。

3）单击逻辑转换仪面板上“表达式→逻辑电路”按钮，获得逻辑电路如图 6-9（虚线以下部分）所示。

4）测试逻辑功能时，将通过逻辑转换仪获得的逻辑电路的 4 个输入端，接入 4 个刀开关，用来选择“+5V”或“地”，输出端 F 接指示灯，如图 6-9 虚线以上部分所示。按图 6-8 所示真值表的状态选择不同的开关状态组合，观察指示灯的工作情况，真值表的状态逐一得到验证，四地路灯控制逻辑电路符合设计要求。该逻辑电路也称为四输入变量的判奇电路，即有奇数个输入变量为 1 时，输出逻辑变量为 1，否则输出逻辑变量为 0。

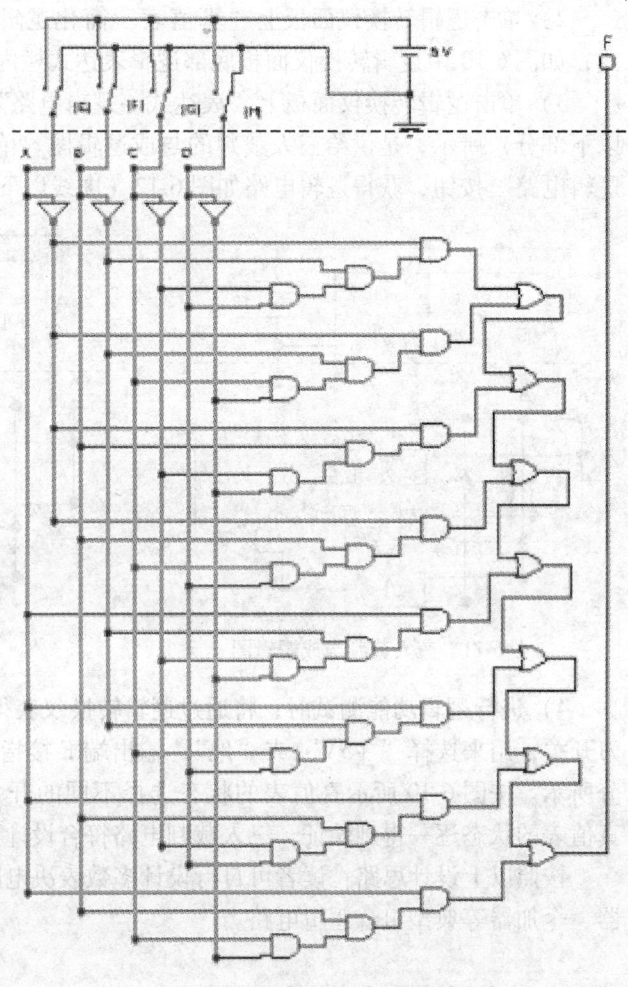

图 6-9　四地路灯控制逻辑电路

例 6-3　用逻辑转换仪设计一个可供给三人使用的裁判电路，即三人中有两人及两人以上裁定成功时，发出成功信息（声、光示意），否则发失败信息。

解　设逻辑电路的三个输入变量（三个人）为 A、B、C，分别控制[E]、[F]、[G] 三个逻辑开关，接入高电平（+5V）作为逻辑“1”，表示裁定成功；接入低电平（地）作为逻辑“0”，表示裁定失败。逻辑电路输出端 F 接一个指示灯，输出高电平（逻辑“1”）时指示灯亮，输出低电平（逻辑“0”）时指示灯灭（或使另一颜色指示灯亮）。操作过程如下：

1）打开逻辑转换仪面板，在真值表区单击 A、B、C 三个逻辑变量建立三输入变量的真值表，根据逻辑控制要求在真值表区输出变量列中填入相应逻辑值，如图 6-10 所示。

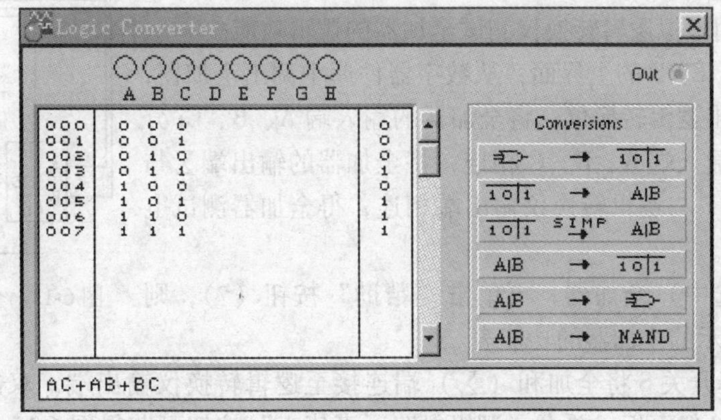

图 6-10　三人裁判电路真值表与逻辑式

2）单击逻辑转换仪面板上“真值表→简化逻辑表达式”按钮，求得简化的逻辑表达式，如图6-10中逻辑转换仪面板底部逻辑表达式栏内所示。

3）单击逻辑转换仪面板上“表达式→逻辑电路”按钮，获得逻辑电路如图6-11（虚线以下部分）所示，是供给三人裁判的与或逻辑图。单击逻辑转换仪面板上“表达式→与非逻辑电路”按钮，获得逻辑电路如图6-12（虚线以下部分）所示的三人裁判与非逻辑图。

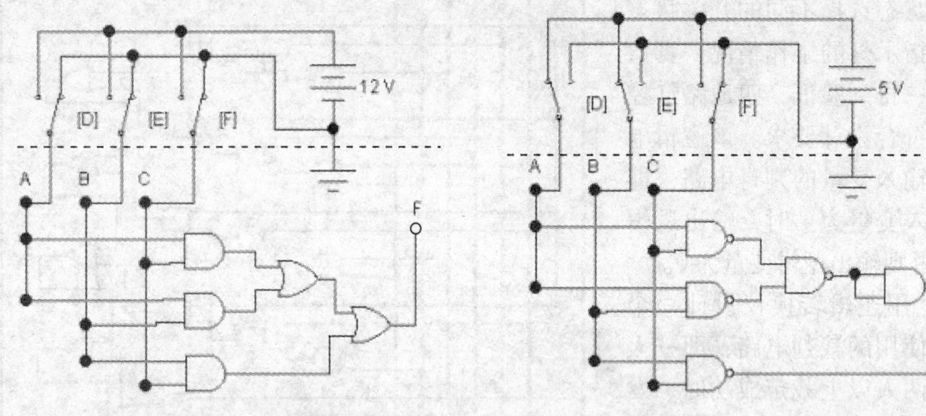

图6-11　三人裁判与或逻辑图　　图6-12　三人裁判与非逻辑图

4）进行逻辑功能测试时，将通过逻辑转换仪获得的逻辑电路的三个输入端，接入三个刀开关，用来选择“+5V”或“地”，输出端F接指示灯，如图6-11和图6-12虚线以上部分所示。按图6-10所示真值表的状态选择不同的开关状态组合，观察指示灯的工作情况，真值表的状态逐一得到验证，三人裁判电路符合设计要求。

按照以上设计思路，读者可自行设计多数表决电路、奇校验电路、偶校验电路、半加法器、全加器等典型组合逻辑电路。

6.3　逻辑部件功能测试

通过对组合逻辑部件和时序合逻辑部件功能的测试，有助于加深对部件逻辑功能的理解，为正确、熟练地应用组合逻辑部件和时序合逻辑部件打下基础，同时进一步熟悉有关测试仪器的使用方法。

例6-4　试用虚拟逻辑转换仪测试全加器的逻辑功能。

解　1）打开EWB的主界面，从数字器件库中调出全加器，再从仪器库中调出逻辑转换仪，将全加器的输入端A、B、Ci分别与逻辑转换仪输入端A、B、C相连，将全加器的输出端Σ与Co通过选择开关S与逻辑转换仪输出端相连，得全加器测试电路如图6-13所示。

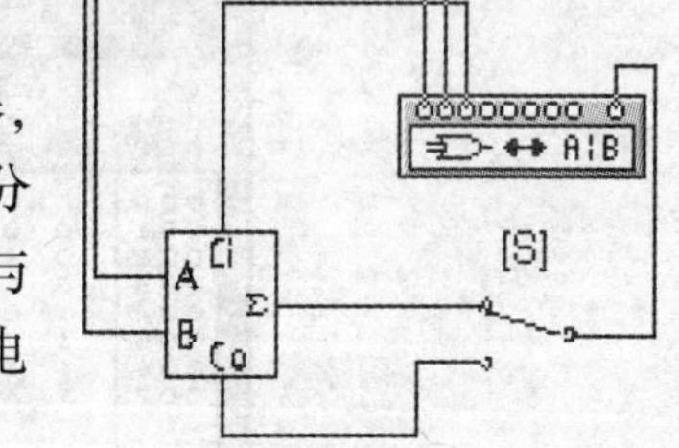

图6-13　全加器测试电路

2）单击（选中）全加器，再单击“帮助”按钮（?），则弹出如图6-14所示的全加器的功能表。

3）通过选择开关S将全加和（Σ）端连接至逻辑转换仪输出端，双击逻辑转换仪图标，展开逻辑转换仪面板，单击“逻辑电路→真值表”按钮可获得图6-15所示的全加和的真值表，单击“真值表→简化表达式”按钮可获得简化的逻辑表达式，如图6-15中逻辑转换仪表达式栏内所示。

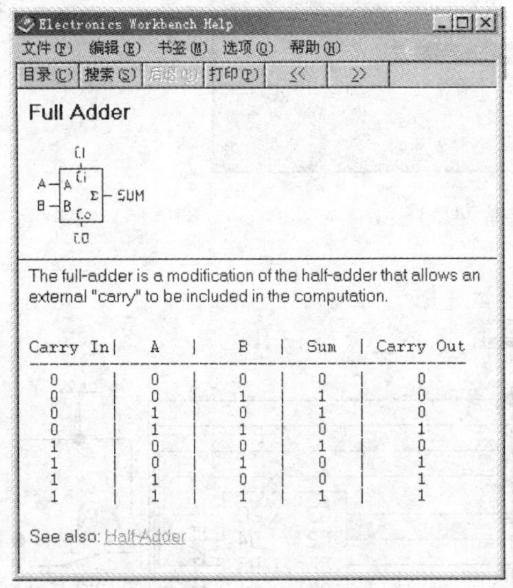
Electronics Workbench Help

文件(F)　编辑(E)　书签(M)　选项(O)　帮助(H)

目录(C)　搜索(S)　后退(B)　打印(P)　<<　>>

Full Adder

The full-adder is a modification of the half-adder that allows an external "carry" to be included in the computation.

Carry In	A	B	Sum	Carry Out
0	0	0	0	0
0	0	1	1	0
0	1	0	1	0
0	1	1	0	1
1	0	0	1	0
1	0	1	0	1
1	1	0	0	1
1	1	1	1	1

See also: Half-Adder

图6-14　全加器功能表

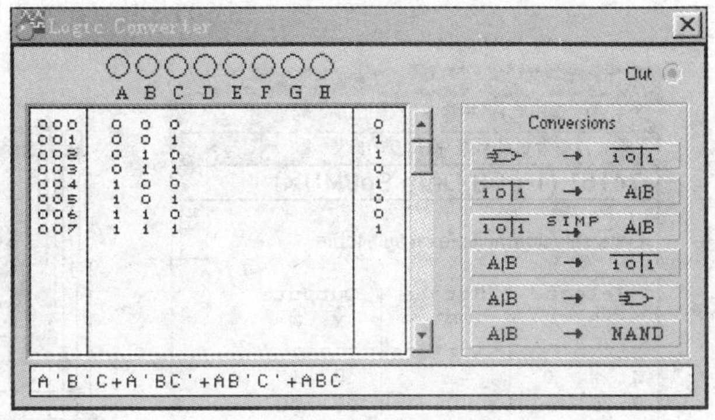

图6-15　全加和真值表与逻辑式

4）通过选择开关S将全加器进位输出端Co与逻辑转换仪输出端相连，打开逻辑转换仪面板，单击“逻辑电路→真值表”按钮可获得图6-16所示全加器进位真值表，单击“真值表→简化表达式”按钮可获得简化的全加器进位逻辑表达式，如图6-16逻辑转换仪表达式栏内所示。

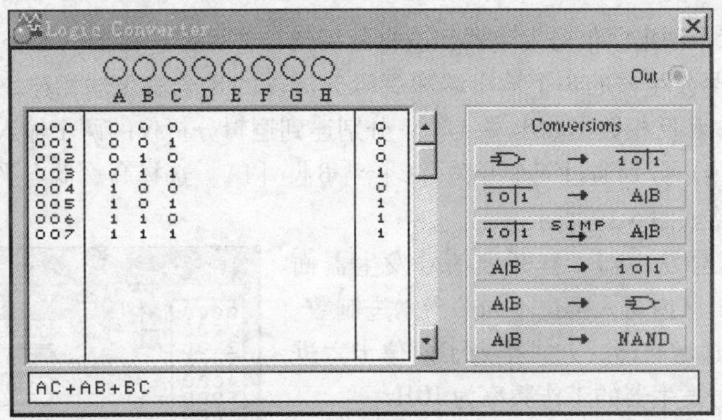

图6-16　全加器进位真值表及逻辑式

5）将测试所得真值表与图6-14所示真值表进行对比，检验测试结果。

例6-5　试用虚拟测试仪对多路数据选择器的逻辑功能进行测试。

解　1）打开EWB的主窗口，从数字器件库中调出8选1数据选择器74151，如图6-17所示。单击（选中）数据选择器74151，再单击“帮助”按钮（?），弹出数据选择器的功能表，如图6-18所示。功能表中C、B、A为通道地址码。$\overline{G}$为使能端，低电平有效。Y为数据输出端，W为反相数据输出端。数据选择器74151的逻辑符号如图6-19所示。

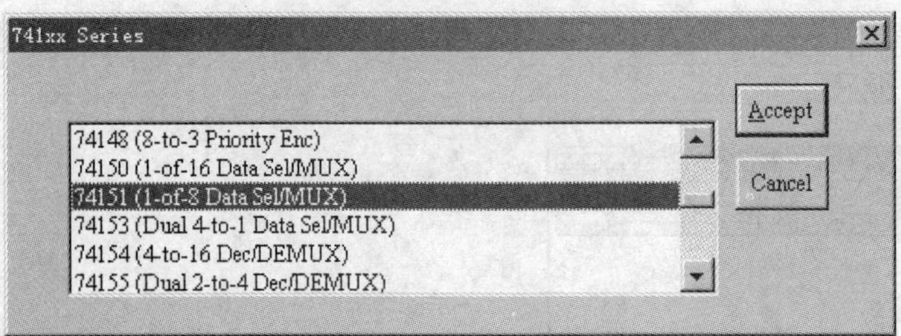

图 6-17 数字器件库选择 74151

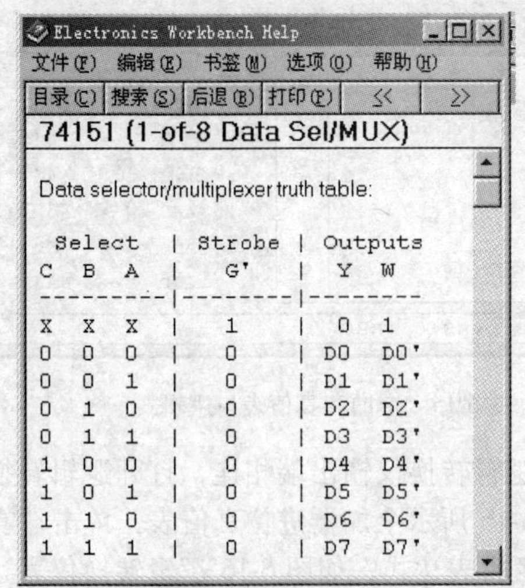

Select C	Select B	Select A	Strobe G'	Outputs Y	Outputs W
X	X	X	1	0	1
0	0	0	0	D0	D0'
0	0	1	0	D1	D1'
0	1	0	0	D2	D2'
0	1	1	0	D3	D3'
1	0	0	0	D4	D4'
1	0	1	0	D5	D5'
1	1	0	0	D6	D6'
1	1	1	0	D7	D7'

图 6-18 多路数据选择器 74151 功能表

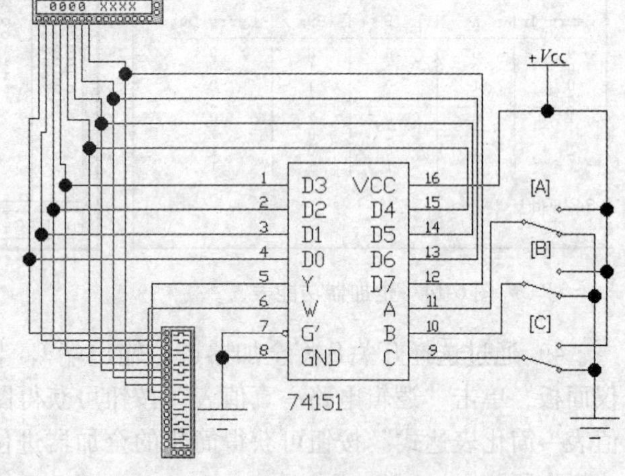

图 6-19 多路数据选择器测试电路

2）由仪器库中调出字信号发生器和逻辑分析仪，将数据选择器的 8 个输入通道（D0 ~ D7）分别与字信号发生器的 8 个输出端和逻辑分析仪的 8 个输入端相连。将数据选择器的数据输出端（Y）和反相数据输出端（W）分别连到逻辑分析仪的两个输入端。将通道地址输入端（C、B、A）分别通过三个开关［C］、［B］、［IA］选择高、低电平，实现通道地址编码。其测试电路如图 6-19 所示。

3）设置字信号发生器。打开字信号发生器面板，在字信号编辑区内写入两位不同的十六进制数。图 6-20 中分别按递增和递减方式排列了两位十六进制数。选择字信号发生器的工作频率为 10Hz。

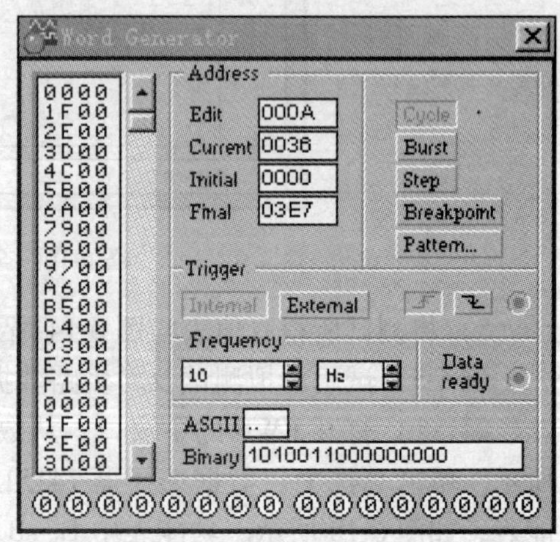

图 6-20 字信号发生器的设置

4）多路数据选择器功能测试。通过改变开关［C］、［B］、［A］的连接方式，选择多路数据选择器的一路输入通道，图 6-19 中选择了 D0 通道。打开逻辑分析仪面板，按下启动开关，逻辑分析仪面板上将展现出多路数据选择器的工作波形。按下暂停按钮，可仔细观察各路波形之间的逻辑关系。可连续改变通道地址观察输出与输入通道之间的选择关系。在图 6-19 的连接方式和图 6-20 的字信号设置情况下，观察到的工作波形如图 6-21 所示。

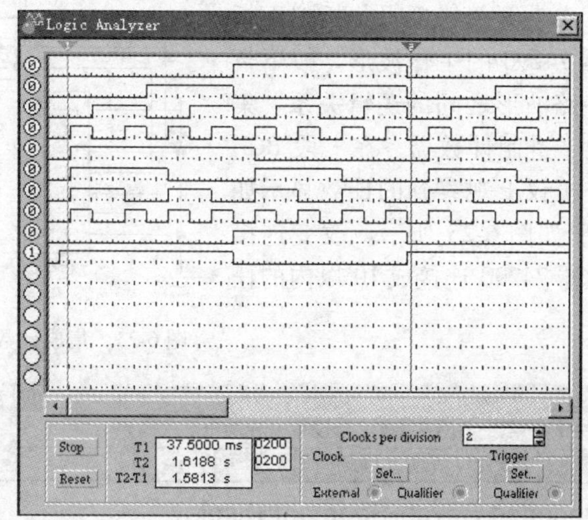

图 6-21　多路数据选择器的工作波形

例 6-6　试用虚拟测试仪对集成计数器 74290 的逻辑功能进行测试。

解　1）打开 EWB 的主窗口，从数字器件库中调出集成计数器 74290。单击（选中）集成计数器 74290，再单击“帮助”按钮（?），弹出如图 6-22 所示集成计数器 74290 的功能表。集成计数器 74290 的测试电路如图 6-23 所示。

Electronics Workbench Help

文件(F)　编辑(E)　书签(M)　选项(O)　帮助(H)

目录(C)　搜索(S)　后退(B)　打印(P)　<<　>>

74290 (Decade Counter)

Decade Counter truth table:

```
 COUNT  | QD   QC   QB   QA          R0(1)  R0(2)  R9(1)  R9(2)  | QD
QC   QB   QA
 -------|---------------
-----------------------------------|-----------------
   0    | 0    0    0    0           1      1      0      X      | 0
0    0    0
   1    | 0    0    0    1           1      1      X      0      | 0
0    0    0
   2    | 0    0    1    0           X      X      1      1      | 1
0    0    1
   3    | 0    0    1    1           X      0      X      0      |
COUNT
   4    | 0    1    0    0           0      X      0      X      |
COUNT
   5    | 0    1    0    1           0      X      X      0      |
COUNT
   6    | 0    1    1    0           X      0      0      X      |
COUNT
   7    | 0    1    1    1
   8    | 1    0    0    0
   9    | 1    0    0    1
```

图 6-22　集成计数器 74290 的功能表

2）由仪器库中调出七段 BCD 码译码显示器和逻辑分析仪，七段 BCD 码译码显示器的功能表如图 6-24 所示。将集成计数器 74290 的输出端 QD、QC、QB、QA 分别与七段 BCD 码译码显示器和逻辑分析仪的输入端相连，得到集成计数器 74290 的测试电路，如图 6-23 所示。

3）设置时钟信号发生器工作频率为5Hz。打开逻辑分析仪面板，按下启动开关，逻辑分析仪面板上将展现出集成计数器74290的工作波形。按下暂停按钮，可仔细观察各路波形之间的逻辑关系。集成计数器74290连接成十进制计数器，在七段BCD码译码显示器和逻辑分析仪上观察到的计数显示如图6-24所示，工作波形如图6-25所示。改变连接方式，可以将集成计数器74290连接成10以内的任意进制计数器。

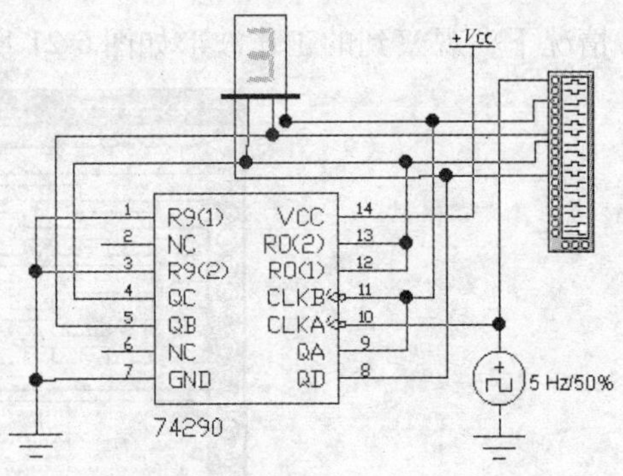

图6-23 集成计数器74290的测试电路

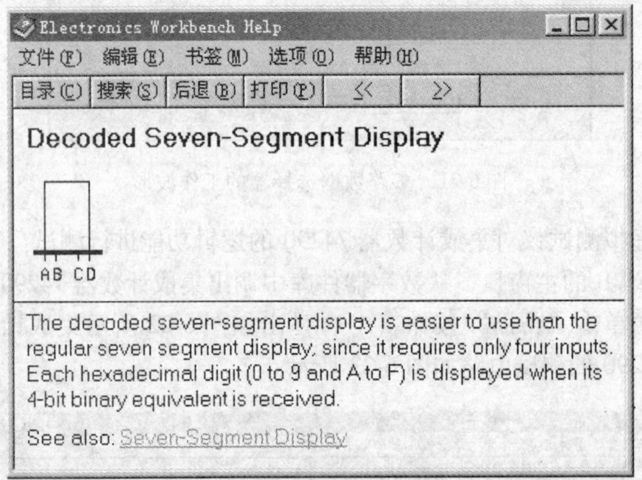

图6-24 译码显示器的功能表

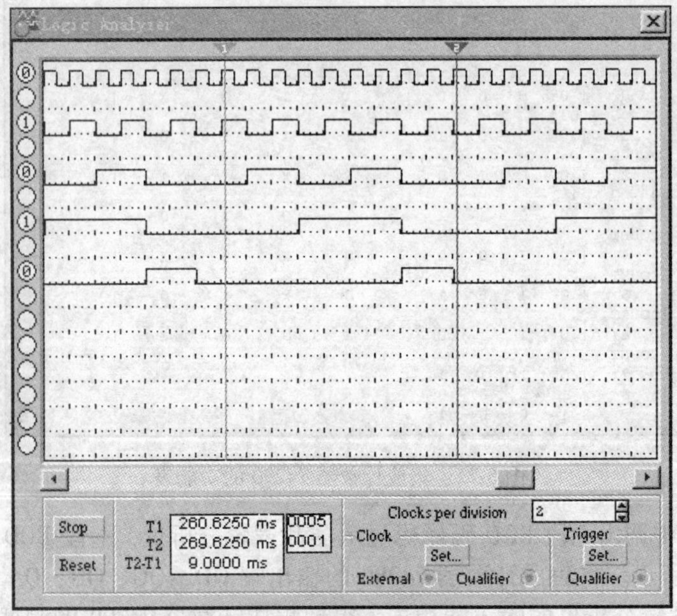

图6-25 74290的计数显示和工作波形

6.4　触发器及其应用

6.4.1　D 触发器应用

1. D 触发器功能测试　在数字器件库中取一个上升沿触发且由低电平直接置位和复位的 D 触发器组成图 6-26 所示的测试电路将 Q′与 D 触发端相连接，具有计数功能。双击逻辑分析仪图标，打开逻辑分析仪面板，选择合适的内部时钟设置，闭合仿真电源开关，得到图 6-27所示的 D 触发器工作电压波形图。波形图直观地反映了 Q 端与时钟脉冲之间的 2 分频关系，Q′与 Q 端之间的非逻辑关系，以及时钟脉冲的下降沿与 Q 和 Q′翻转的对应关系。还可以单独接入高、低电平，可观察到置位（置 1）和复位（清 0）功能。

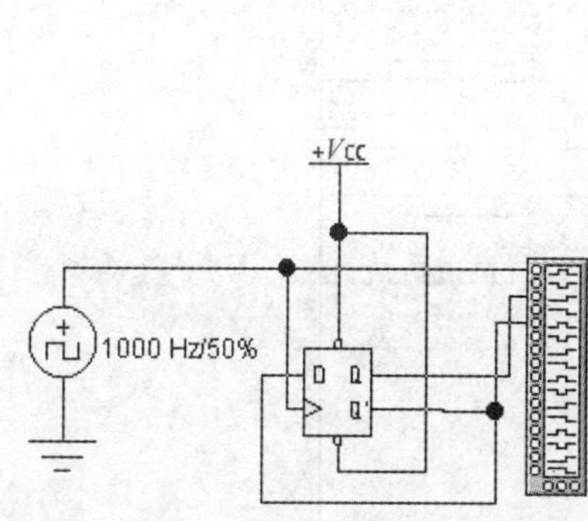

图 6-26　D 触发器功能测试电路

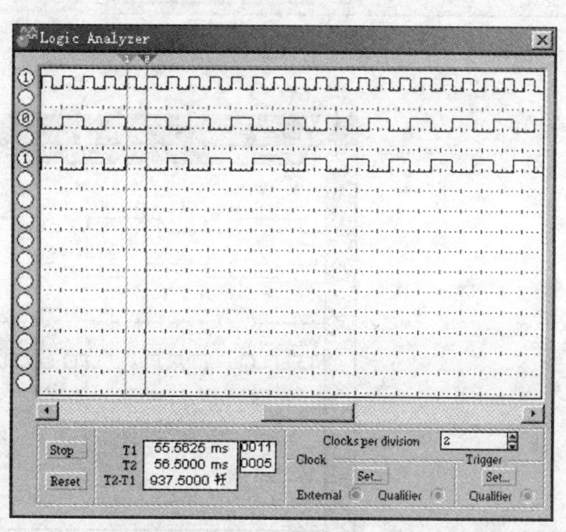

图 6-27　D 触发器电压波形图

2. 利用 D 触发器构成环形分频器　利用 3 个 D 触发器按环形分频器方式进行连接，将时钟脉冲（CLK）六分频，如图 6-28 所示。图中时钟脉冲源的频率为 1kHz，定时开关参数设置对话框如图 6-29 所示。逻辑分析仪的时钟设置对话框如图 6-30 所示，内部时钟设置为 2kHz。闭合仿真电源开关，在逻辑分析仪和示波器上观察到的环形分频器波形如图 6-31 和图 6-32 所示。

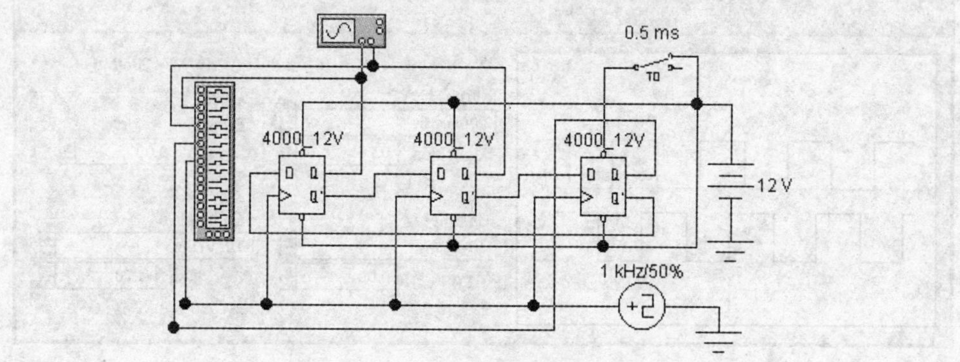

图 6-28　D 触发器构成环形分频器

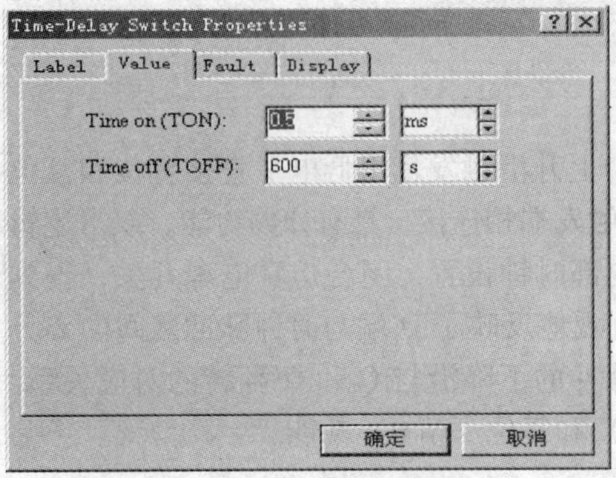

Time-Delay Switch Properties
Label Value Fault Display
Time on (TON): 0.5 ms
Time off (TOFF): 600 s
确定 取消

图 6-29 定时开关参数设置对话框

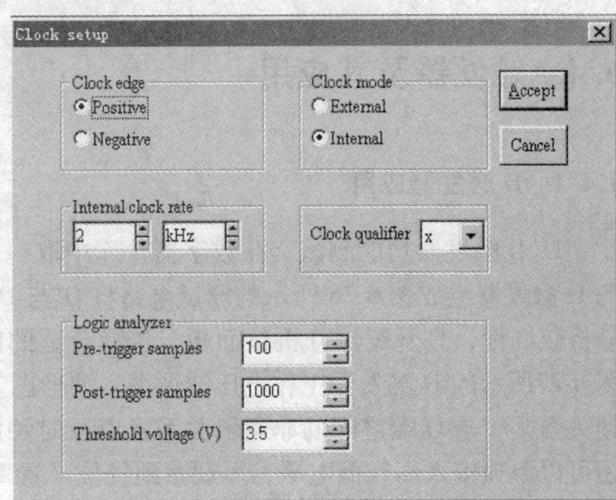

图 6-30 逻辑分析仪的时钟设置对话框

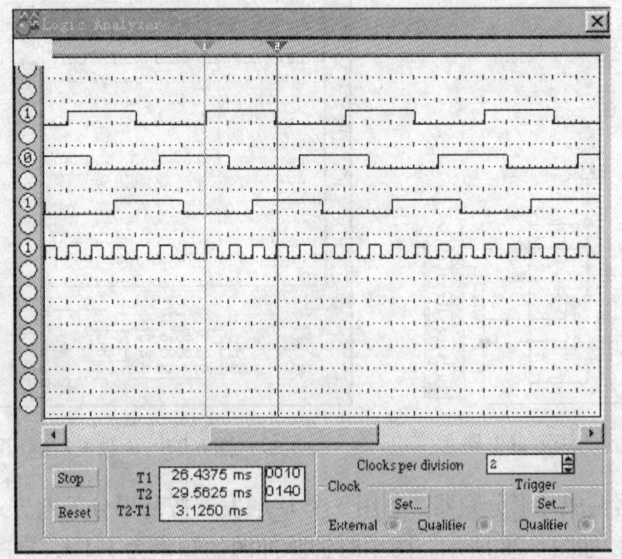

图 6-31 环形分频器波形图

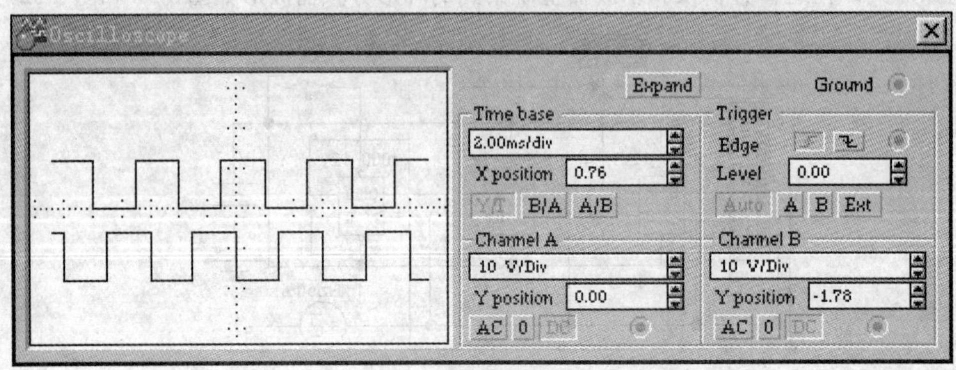

图 6-32 示波器环形分频器波形图

6.4.2　JK 触发器应用

1. JK 触发器功能测试　在数字器件库中取一个下降沿触发，低电平直接置位和复位的（TTL 型）JK 触发器组成如图 6-33 所示的测试电路。单击（选中）JK 触发器，再单击“帮助”按钮（?），弹出 JK 触发器的功能表，如图 6-34 所示。与实际器件不同，虚拟 JK 触发器的置位和复位端、J 和 K 触发端都不能悬空。双击逻辑分析仪图标，打开逻辑分析仪面板，选择合适的时钟设置，闭合仿真电源开关，观察图 6-35 所示的 JK 触发器工作电压波形图。波形图直观地反映了 Q 端与时钟脉冲之间的 2 分频关系、Q′与 Q 端之间的非逻辑关系，以及时钟脉冲下降边沿与 Q 和 Q′翻转的对应关系。还可以单独接入高、低电平，可观察到置位和复位功能。

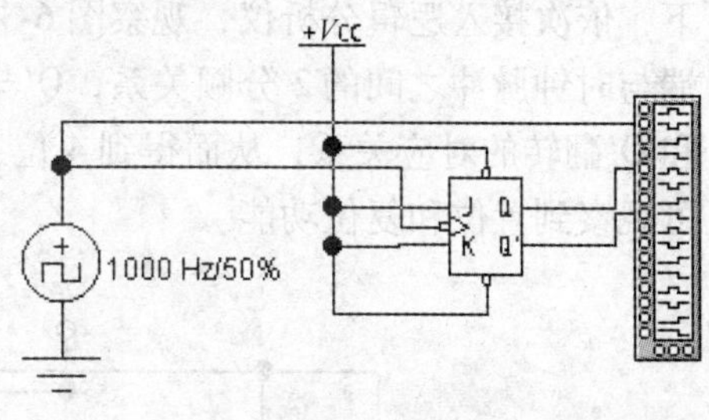

图 6-33　JK 触发器功能测试电路

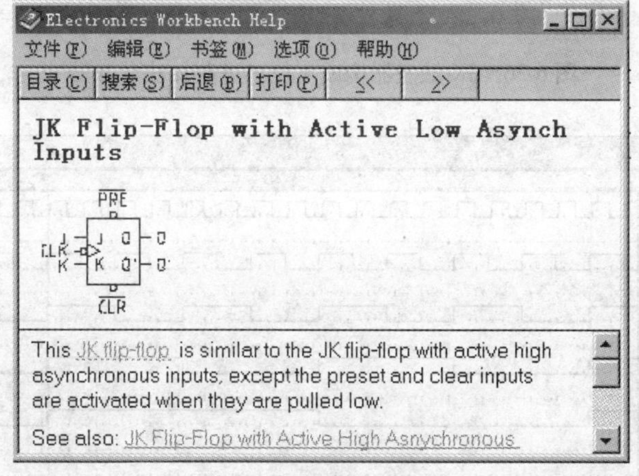

图 6-34　JK 触发器功能表

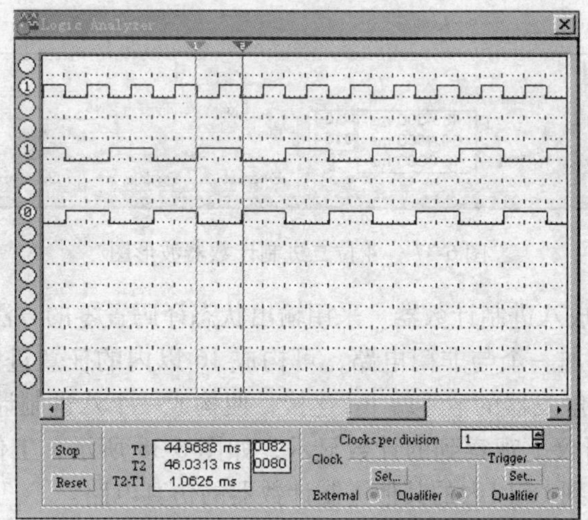

图 6-35　JK 触发器工作电压波形

2. 用JK触发器构成4位二进制计数器　将4个JK触发器的输出端Q和CP输入端依次连接，如图6-36所示的4位二进制加法计数器（16分频器）。注意：置位和复位端、J和K触发端都不能悬空。将时钟脉冲（CLK）及4个触发器的输出端QA、QB、QC、QD自上而下，依次接入逻辑分析仪，观察图6-37所示的工作（时序）波形，波形图直观的反映了Q端与时钟脉冲之间的2分频关系，Q′与Q端之间的非逻辑关系，以及时钟脉冲下降边沿与Q和Q′翻转的对应关系，从而得到4位二进制计数器的真值表。还可以单独接入高、低电平，可观察到置位和复位功能。

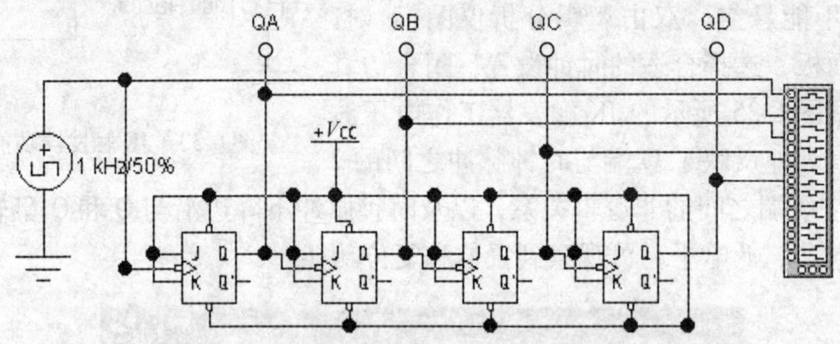

图6-36　JK触发器构成4位二进制加法计数器

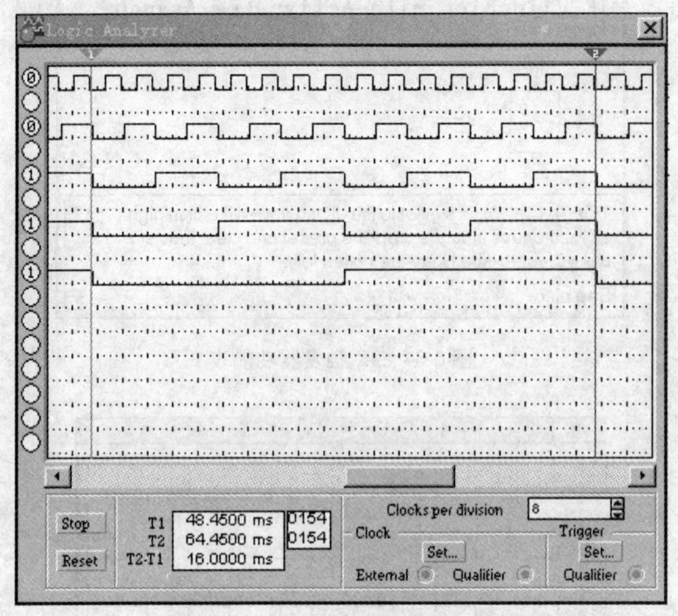

图6-37　4位二进制计数器波形图

3. 用JK触发器构成八进制计数器　采用输出状态译码置零的方法，在JK触发器构成4位二进制计数器上，增加一个与非门电路，可构成16以内的任意进制计数器。例如将QD通过一个与非门与4个触发器的清零端Rd连接，便构成一个八进制计数器。在七段BCD码译码显示器和逻辑分析仪上观察到的计数显示，如图6-38所示，工作波形如图6-39所示。改变连接方式，可以得到16以内的其他进制计数器的仿真电路。

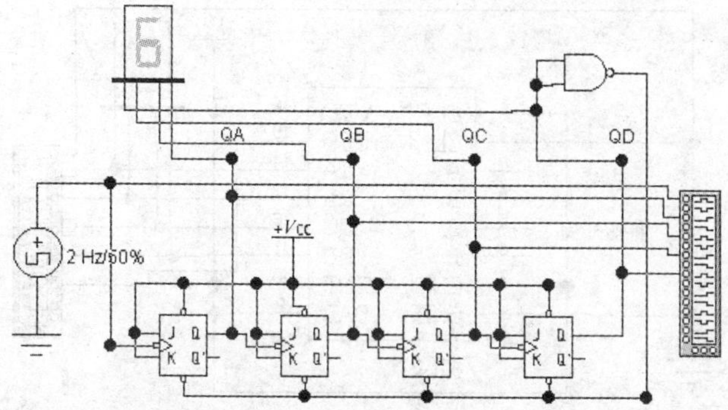

图 6-38　JK 触发器构成八进制计数器

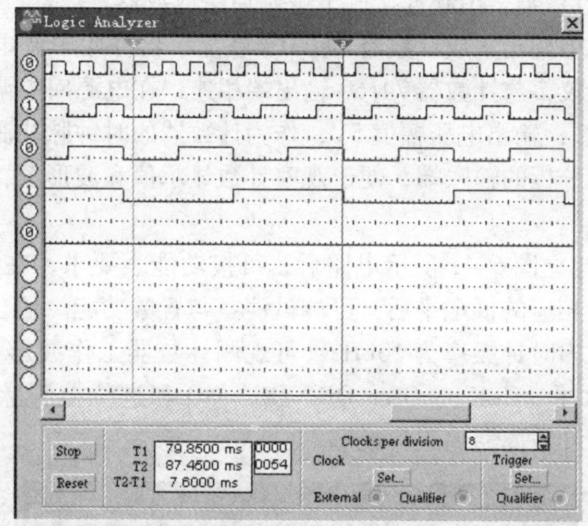

图 6-39　八进制计数器波形图

6.5　集成加法计数器设计

1. 集成加法计数器 74160　在 EWB 主窗口中打开数字器件库，选择集成计数器 74160，其功能表如图 6-40 所示。74160 是一个具有清零功能与置数功能的十进制加法计数器，电路符号如图 6-41 所示。

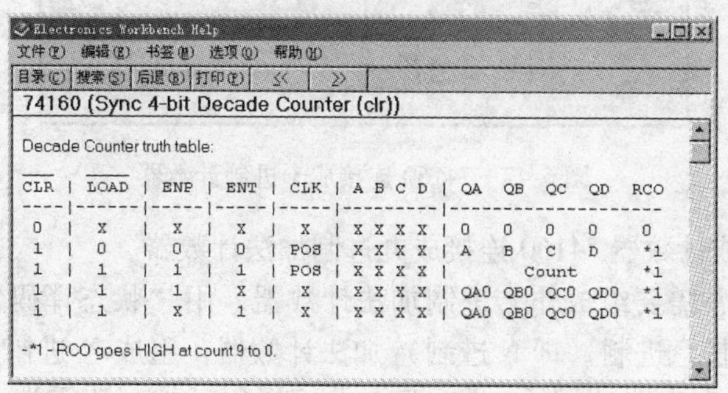

74160 (Sync 4-bit Decade Counter (clr))

Decade Counter truth table:

$\overline{CLR}$	$\overline{LOAD}$	ENP	ENT	CLK	A B C D	QA	QB	QC	QD	RCO
0	X	X	X	X	X X X X	0	0	0	0	0
1	0	0	0	POS	X X X X	A	B	C	D	*1
1	1	1	1	POS	X X X X	Count				*1
1	1	1	X	X	X X X X	QA0	QB0	QC0	QD0	*1
1	1	X	1	X	X X X X	QA0	QB0	QC0	QD0	*1

-*1 - RCO goes HIGH at count 9 to 0.

图 6-40　集成计数器 74160 功能表

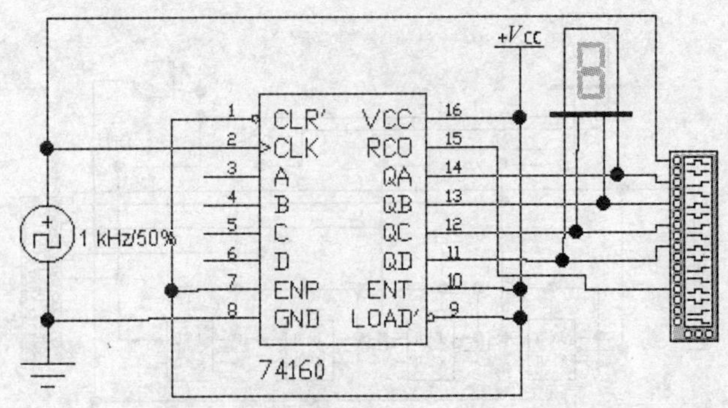

图 6-41　74160 连接成十进制计数器

例 6-7　试将集成计数器 74160 连接成十进制加法计数器。

解　在数字器件库中调出集成计数器 74160，在显示器件库中调出七段译码显示器，在仪器库中调出逻辑分析仪，与计数器 74160 输出端相连，在电源库中调出方波信号源，设置频率 1kHz，占空比 50%，输出电压幅值 5V，作为计数器的时钟脉冲源，将时钟脉冲源及计数器输出端连接至逻辑分析的输入端，便于观察计数显示值和波形图，十进制加法计数器电路如图 6-41 所示。

在 EWB 主窗口内建立图 6-41 所示电路后，可按功能表要求，在清零（CLR′）与置数端（LOAD′）分别接入相应的低电平后，可测试清零与置数功能。闭合仿真电源开关，双击逻辑分析仪图标，设置内时钟频率为 10kHz，可观测计数器工作波形如图 6-42 所示。图中由上到下依次为时钟脉冲（CLK）、QA、QB、QC、QD 和进位控制脉冲（RCO）波形。两个读数指针之间为一个计数周期的工作波形。

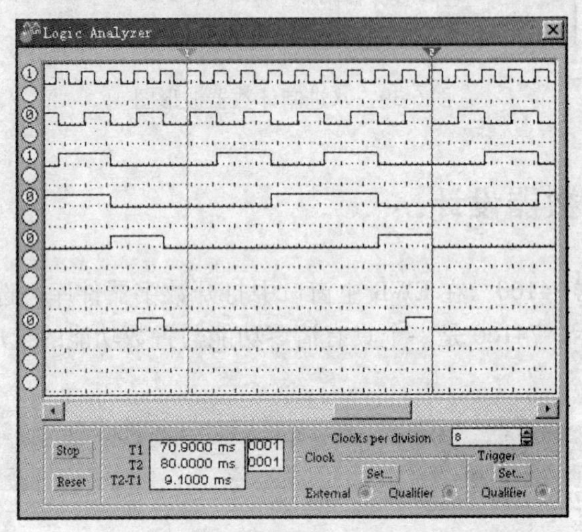

图 6-42　74160 连接成十进制计数器

例 6-8　试将集成计数器 74160 连接成九进制加法计数器。

解　实际上，经常需要组成非十进制加法计数器，用“状态译码置零”法，可将集成计数器 74160 连接成任意进制（即 N 进制）加法计数器，组成 N 进制加法计数器，只要将计数器第 N 状态中输出为“1”的 Q 端，经与非门译码后控制清零端（CLR′）即可，与非门译码输出的低电平，正是计数器 74160 清零端所要求的有效低电平。

将 74160 输出端 QD、QA 通过与非门控制计数器的清零端，即可将十进制加法计数器 74160 改接成九进制递增计数器，改接后的电路如图 6-43 所示，经逻辑分析仪观察到九进制加法计数器工作波形如图 6-44 所示。两读数指针之间是一个九进制计数周期工作波形。

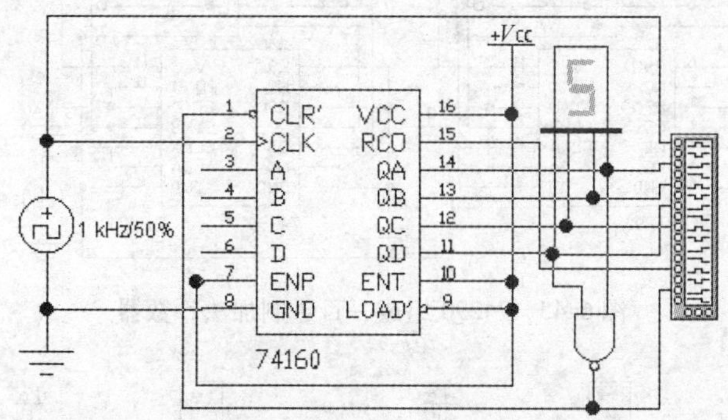

图 6-43　74160 组成九进制加法计数器

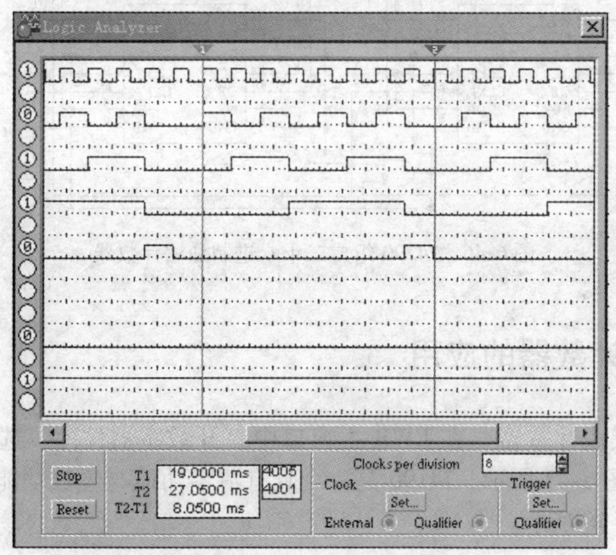

图 6-44　图 6-43 计数器工作波形图

2. 集成加法计数器 74290 的应用

例 6-9　试将集成计数器 74290 连接成 100 以内任意进制加法计数器。

解　在数字器件库中调出两片集成计数器 74290，在显示器件库中调出两块七段译码显示器，先将两片集成计数器 74290 连接成十进制加法计数器，再将它们级联成一百进制加法计数器，如图 6-45 所示。

图 6-45 中有计数时钟脉冲输入的 74290 芯片为个位，QD、QC、QB、QA 的位权为 8、4、2、1，与其级联的芯片为十位，QD、QC、QB、QA 的位权为 80、40、20、10，依此类推，接下来是百位、千位等。在一百进制加法计数器的基础上，用级联复位法可将集成计数器 74290 连接成 100 以内任意进制加法计数器，并能用 BCD 码译码显示器依次显示输入脉冲的个数。如果要设计一个二十八进制的加法计数器，仿真电路图如图 6-46 所示。时钟脉

冲源设置频率5Hz，占空比50%，输出幅值5V，闭合仿真开关，用七段译码显示器观察计数显示值。

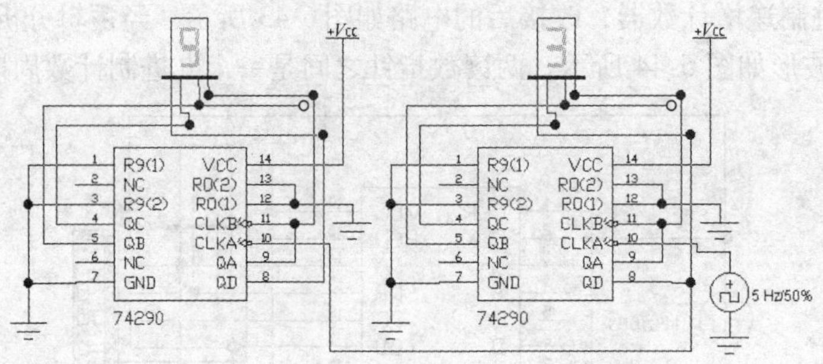

图6-45 74290组成一百进制加法计数器

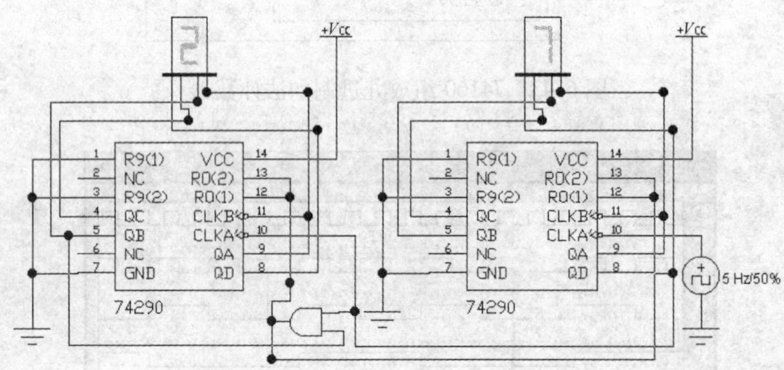

图6-46 74290组成二十八进制加法计数器

6.6 集成可逆计数器的应用

1. 十进制可逆集成计数器 在EWB主窗口中打开数字器件库，选择集成可逆计数器74190，其功能表如图6-47所示。74190是一个具有清零功能与置数功能的十进制可逆计数器，电路符号如图6-48所示。

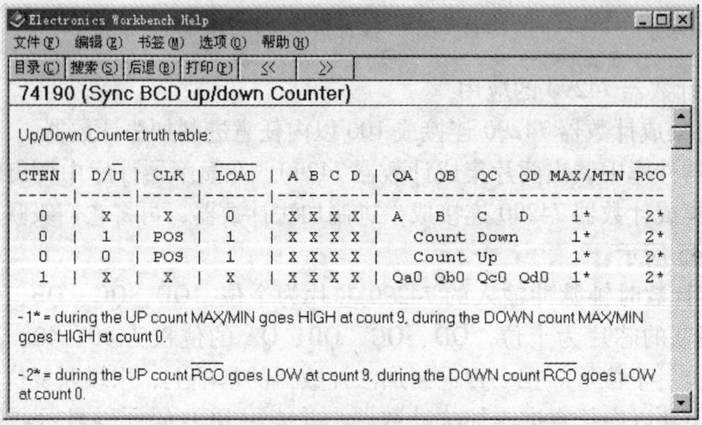

Electronics Workbench Help

文件(F) 编辑(E) 书签(M) 选项(O) 帮助(H)

目录(C) 搜索(S) 后退(B) 打印(P) << >>

74190 (Sync BCD up/down Counter)

Up/Down Counter truth table:

CTEN	D/$\overline{U}$	CLK	$\overline{LOAD}$	A B C D	QA QB QC QD	MAX/MIN	$\overline{RCO}$
0	X	X	0	X X X X	A B C D	1*	2*
0	1	POS	1	X X X X	Count Down	1*	2*
0	0	POS	1	X X X X	Count Up	1*	2*
1	X	X	X	X X X X	Qa0 Qb0 Qc0 Qd0	1*	2*

- 1* = during the UP count MAX/MIN goes HIGH at count 9, during the DOWN count MAX/MIN goes HIGH at count 0.

- 2* = during the UP count $\overline{RCO}$ goes LOW at count 9, during the DOWN count $\overline{RCO}$ goes LOW at count 0.

图6-47 74190的功能表

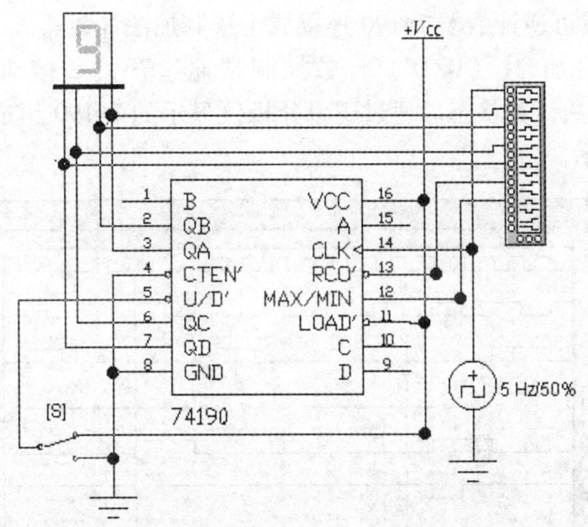

图6-48　74190组成十进制可逆计数器

例6-10　试将集成可逆计数器74190连接成十进制减法计数器。

解　在数字器件库中调出集成可逆计数器74190，在显示器件库中调出七段译码显示器，在仪器库中调出逻辑分析仪，与计数器74190输出端相连，在信号源库中选择方波电压源，设置频率5Hz，占空比50%，输出电压幅值5V，作为计数器的时钟脉冲源，将时钟脉冲源及计数器输出端连接至逻辑分析的输入端，便于观察计数显示值和波形图，

单击S键，控制开关S将加/减（U/D′）计数控制端接高电平或低电平，实现十进制减法或加法计数体制的转换。按功能表要求，可对置数、减法或加法计数进行测试。十进制减法计数器电路如图6-48所示。闭合仿真开关，经逻辑分析仪观察到十进制减法计数器波形如图6-49所示，由依次为时钟脉冲（CLK）、QA、QB、QC、QD和借位控制脉冲（RCO′）波形。读数指针之间是一个十进制减法计数周期工作波形。

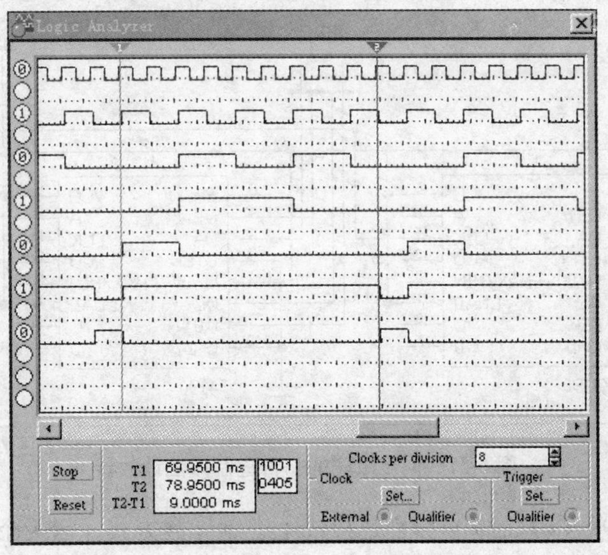

图6-49　十进制减法计数器波形图

例 6-11 试将集成可逆计数器 74190 连接成十进制加法计数器。

解 单击 S 键，将加/减（U/D′）计数控制端通过开关 S 接地，使集成可逆计数器 74190 工作在十进制加法计数状态。通过逻辑分析仪显示的 74190 组成的十进制加法计数器工作波形如图 6-50 所示。

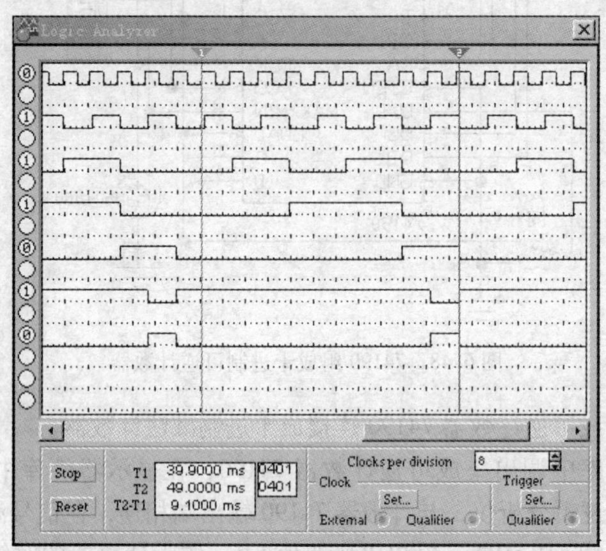

图 6-50 十进制加法计数器工作波形图

2. 可逆计数器 74190 的级联

例 6-12 试用两片 74190 采用同步级联方式构成一百进制减法计数器。

解 为了获得更大的计数值，可将集成计数器级联使用，集成可逆计数器 74190 的级联可采用同步或异步两种方式，可根据借位或进位信号以及控制端的特征而定。用两片 74190 采用同步级联方式构成的一百进制减法计数器如图 6-51 所示。

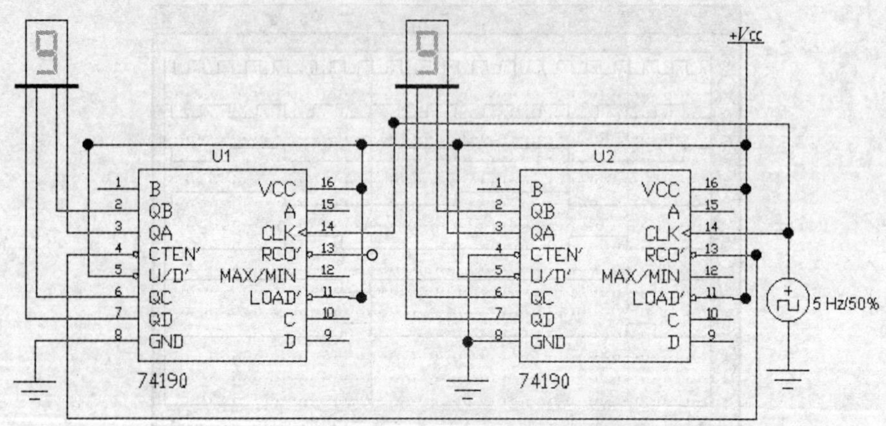

图 6-51 同步级联的一百进制减法计数器

图中，两片 74190（U1、U2）分别连接成十进制计数方式，因为个位计数器（U2）的借位信号（RCO′）只在“0”状态时输出低电平（见图 6-47 和图 6-49），将其连接到十位计数器（U1）的计数容许端（CTEN′，低电平有效），这样，只有在低位计数器输出的借位信号有效（低电平）时，才允许高位计数器计数，低、高位计数器具有相同的时钟脉冲，从而实现了同步级连。

例 6-13　试用“零状态置数法”设计异步的 100 以内任意进制减法计数器。

解　集成计数器 74190 是在时钟脉冲上升沿触发，因此，可以利用低位计数器的借位输出脉冲直接作高位计数器的触发脉冲，高低位计数器组成异步级连方式。采用异步级连方式构成的六十八进制减法计数器如图 6-52 所示。

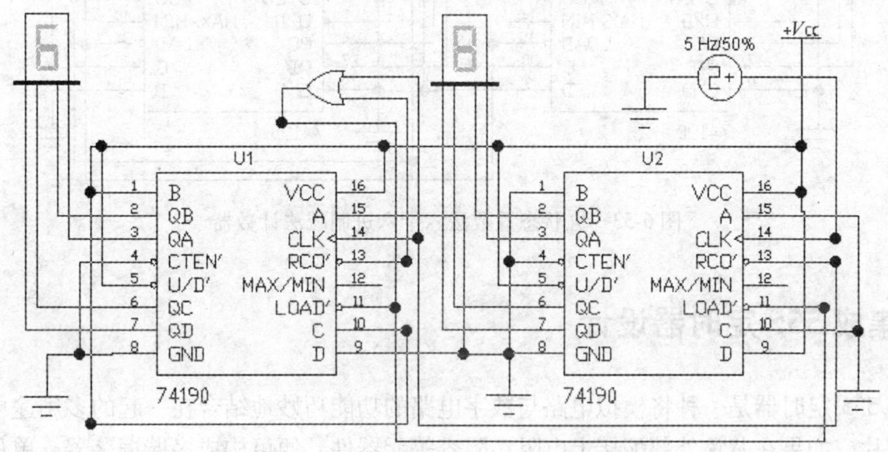

图 6-52　零状态置数法六十八进制减法计数器

先将两片 74190 分别连接成十进制减法工作方式，将个位计数器（U2）的借位信号（RCO′）连接到十位计数器（U1）的脉冲输入端（CLK）组成异步计数方式。将两片计数器（U1、U2）的（RCO′）端通过或门控制两片计数器的置数控制端（LOAD′），将两片计数器的置数输入端（D、C、B、A）按进制要求作适当连接，该减法计数器在“00”状态出现的瞬间完成置数，此时电路中或门的输为 0，使两片 74190 的置数控制端（LOAD′）同时得到有效低电平，将置数输入端（D、C、B、A）的数据置入计数器，可在 100 以内任意选择置数值。例如设 U1 的 DCBA = 0110，U2 的 DCBA = 1000，可得零状态置数法六十八进制减法计数器；若设 U1 的 DCBA = 0111，U2 的 DCBA = 1001，可得零状态置数法七十九进制减法计数器。因此，利用“零状态置数法”可将两片 74190 组成 100 以内的任意进制减法计数器。用七段译码显示器观察图 6-52 所示的六十八进制减法计数器输出状态时。输出状态从 68→67→66→…02→01→68，其中没有“00”状态，因此该计数方法也称为零无效状态置数法。

例 6-14　试用“九状态置数法”设计异步的 100 以内任意进制减法计数器。

解　对于十进制递减计数器而言，“0”状态之后，一定是状态“9”，可以利用 QD 和 QA 相“与”后，实现任意进制置数。即利用“9”状态出现的瞬间计数器输出的特征 QD = QA = 1，利用置数控制端 LOAD′和置数输入端 D、C、B、A 的预置数据，将“9”置换为任意进制数“N”，而“9”不会出现在输出状态中。用“九状态置数法”设计的异步六十六进制减法计数器如图 6-53 所示。用七段译码显示器观察他的输出状态时，输出状态从 65→64→63→…02→01→00→65，其中有“00”状态，因此该设计方法也称为零有效状态置数法。

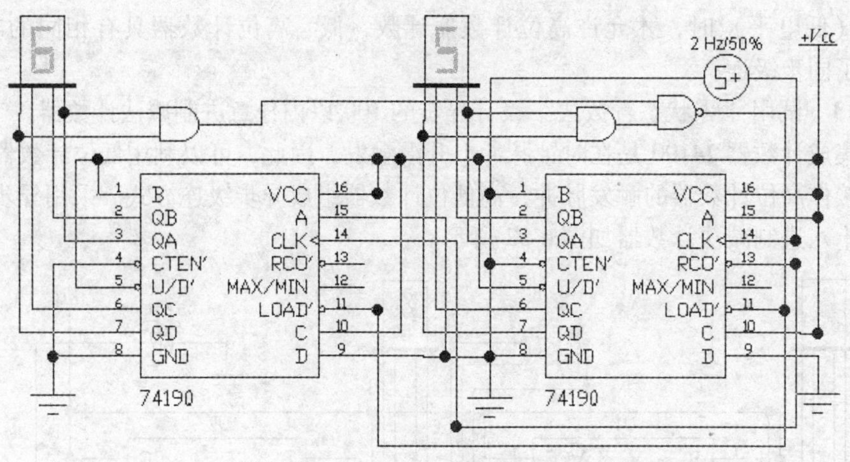

图 6-53　九状态置数法六十六进制减法计数器

6.7　集成 555 定时器设计

集成 555 定时器是一种将模拟电路与数字电路的功能巧妙地结合在一起的多用途中规模集成电路芯片。如果在芯片外部配接上电阻、阻容等元器件，便可构成多谐振荡器、单稳态触发器和施密特触发器等基本单元电路。由于其性能优良、可靠性强、使用灵活方便，因而在波形产生与变换、检测与控制、家用电器、医疗设备、报警、电子玩具等方面得到了广泛的应用。

集成定时器有双极型和 CMOS 型两种类型：双极型有 NE555、5G555 等型号；CMOS 型有 ICM7555、CC7555 等型号。但几乎所有的定时器产品型号最后 3 位数都是 555，管脚引线排列完全相同，所以将它们统称为集成 555 定时器。通常，双极型集成 555 定时器具有较大的驱动能力，而 CMOS 型集成 555 定时器具有低功耗、输入阻抗高等优点。目前国产双极型定时器的电源电压范围为 5～16V，最大负载电流可达 200mA；而 CMOS 型集成 555 定时器的电源电压范围为 3～18V，最大负载电流在 4mA 以下。

6.7.1　用 555 定时器构成脉冲的产生与变换电路

1. 555 定时器构成施密特触发器　施密特触发器具有两个稳定的输出状态。它的两个稳态的维持和转换不但与外加触发输入信号的大小有关，而且其输出信号由高电平转换为低电平，或者由低电平转换为高电平所需的触发输入电压（阈值电压）有所不同，即它有两个阈值电压：上限阈值电压和下限阈值电压，而且上限阈值电压大于下限阈值电压。当输入电压大于上限阈值电压时，输出为低电平；当输入电压低于下限阈值电压时，输出为高电平，上述两个阈值电压之差称为回差电压。由于施密特触发器具有回差特性，故它的抗干扰能力强，因此可用于脉冲波形的变换、不规则变化信号的整形或脉冲幅度鉴别等场合。

在混合器件库中取出 555 定时器，其功能表如图 6-54 所示。用 555 定时器构成的施密特触发器如图 6-55 所示。图中 555 定时器的高触发端 TH（6 引脚）和低触发端 TR（2 引脚）接在一起作为输入端，输入信号为正弦波，将输入信号和 555 定时器的输出端与虚拟示波器连接，可观察到如图 6-56 所示的波形，输入的正弦波通过施密特触发器整形为矩形波。

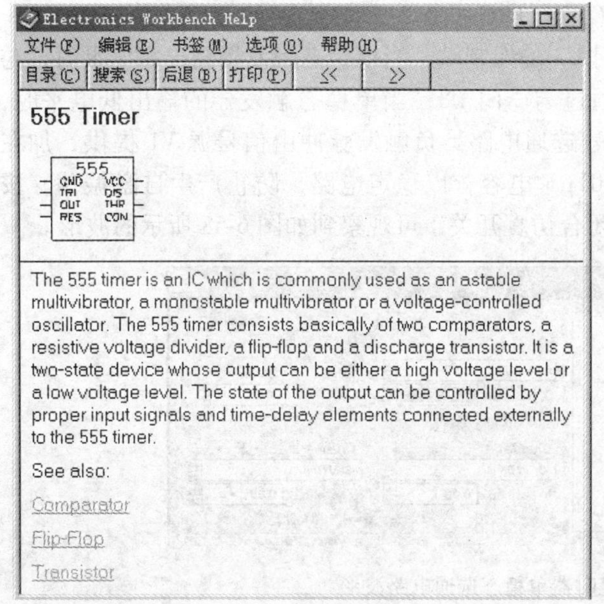

图 6-54　555 定时器功能表

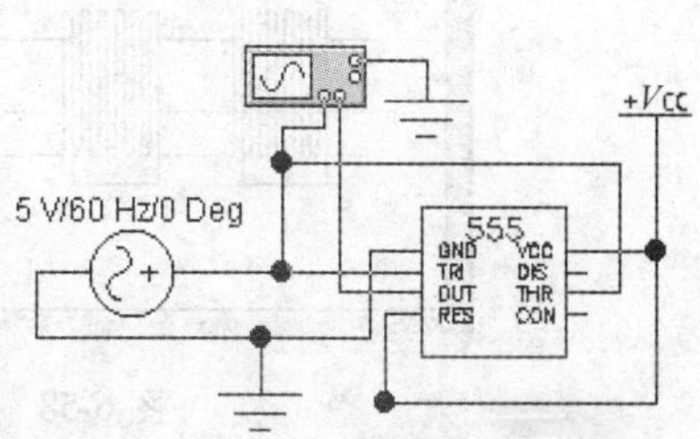

图 6-55　用 555 定时器构成的施密特触发器

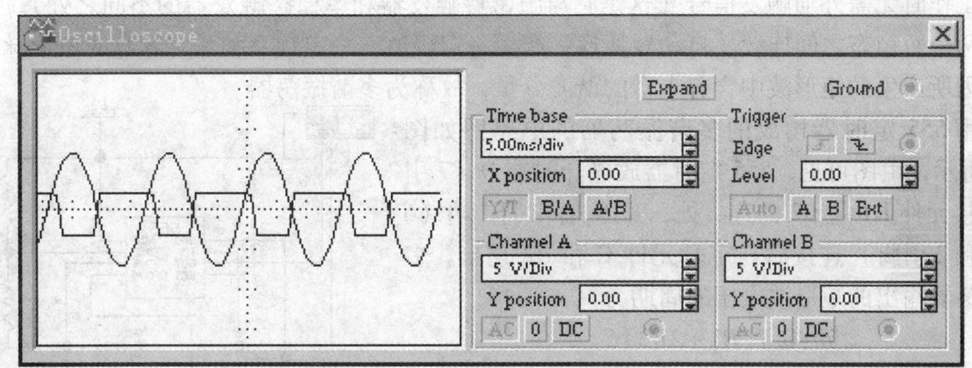

图 6-56　施密特触发器波形

2. 555 定时器构成单稳态选通器　在数字系统中，除了施密特触发器以外，单稳态触发器是另一种常用的脉冲整形和变换电路。它只有一个稳定状态，另外有一个暂稳态。在外加触发脉冲的作用下，它从稳态进入暂稳态，经过一段时间后，电路又自动返回到稳定状态，暂稳态的维持时间仅取决于电路本身的定时元器件参数。单稳态触发器可以用 555 定时器构成，也可用门电路组成。用 555 定时器构成的单稳态选通器如图 6-57 所示。放电端（7 引脚）与 TH 端（6 引脚）连接后，再与外接在电源 $+V_{CC}$ 与地之间的定时元件 R 和 C 相连，组成单稳态触发器，单稳态触发器输出高电平的时间为

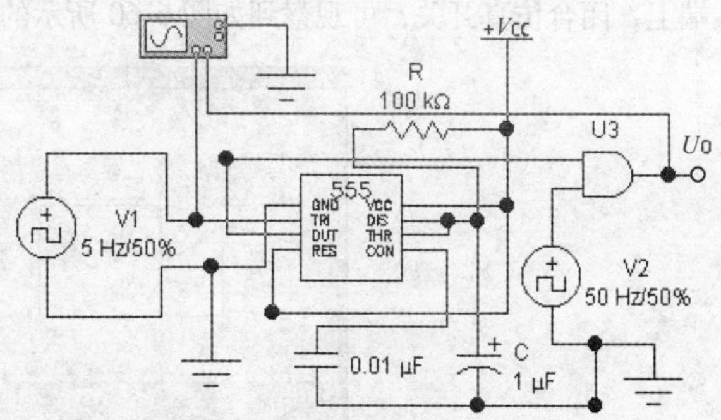

图 6-57　555 定时器构成单稳态选通器

$$T_H \approx 1.1RC$$

单稳态触发器的输出端OUT是与非门U3的控制端，当单稳态触发器输出高电平时，与非门U3开门，脉冲信号源V2的信号能通过与非门U3；当单稳态触发器的输出低电平时，与非门U3关门，信号不能通过，构成信号选通电路。负触发脉冲由信号源V1提供，加在TRI端（2引脚），Co端（5引脚）接0.01μF电容，以稳定电路，防止产生自激振荡。按图6-57中所示选择元件R和C的参数，闭合仿真开关，可观察到如图6-58所示的波形。

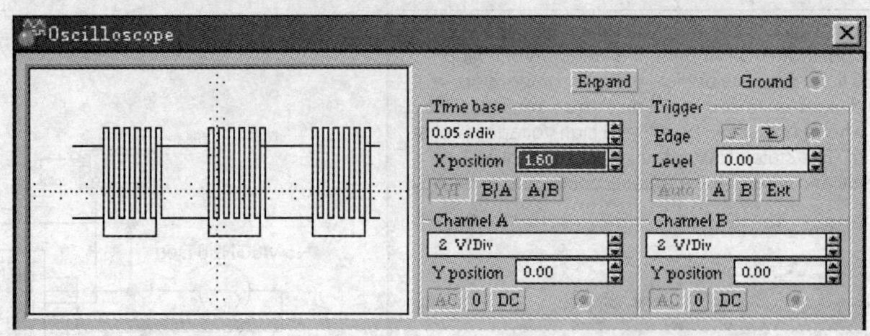

图6-58 555定时器单稳态选通电路波形

3. 555定时器构成多谐振荡器 多谐振荡器是一种脉冲信号发生器，它具有两个暂稳态，工作时无需外加触发信号（这是它与施密特触发器和单稳态触发器的不同之处），就能在这两个暂稳态之间连续、自动地切换，产生一定幅值、一定频率和一定脉宽的矩形脉冲信号。因所产生的矩形波中含有丰富的谐波分量，故称为多谐振荡器。

用555定时器构成的多谐振荡器的电路图如图6-59所示，由图可见，555定时器放电开关端D（7引脚）接元件R1与R2的连接处，THR端和TRI端（6引脚和2引脚）连接后与定时元件C和R2连接。多谐振荡器输出的矩形波电压的周期为

$$T \approx 0.7(R1 + 2R2)C$$

按图6-59中所示选择电阻元件R1、R2和电容C的参数，将虚拟示波器接在电容C和多谐振荡器输出端上，闭合仿真开关，可观察到如图6-60所示的波形。

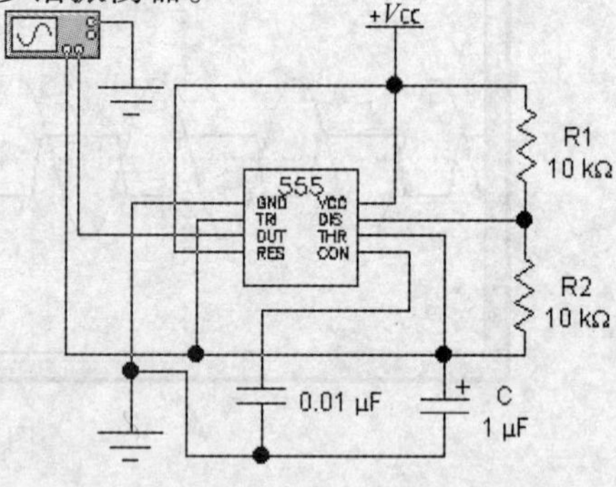

图6-59 用555定时器构成的多谐振荡器

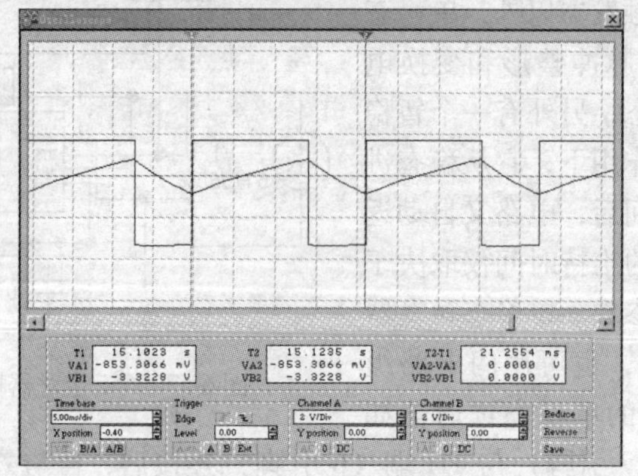

图6-60 多谐振荡器波形

从555定时器构成多谐振荡器的输出波形上观测到输出的矩形波电压的周期为 $T2-T1=21.2554\text{ms}$，而理论计算值为

$$T\approx 0.7(R1+2R2)C=0.7(10+2\times 10)\times 10^{3}\times 10^{-6}\text{s}=21\text{ms}$$

仿真测量值与理论计算值基本吻合。

6.7.2　555定时器应用电路仿真设计

例6-15　试用两片555定时器设计一个间歇式振铃电路，即要求电路按一定周期发出一定频率的铃声。

解　在EWB主窗口下打开混合集成电路库，选择两片555定时器并配以适当外部元件组成图6-61所示的间歇式振铃电路，电路中两片555定时器电路U1和U2分别构成两个振荡频率不同的多谐振荡器。定时器U1构成振荡器的充放电时间常数远大于定时器U2构成振荡器的充放电时间常数，即定时器U1构成振荡器的振荡周期远大于定时器U2构成的振荡周期。将U1构成振荡器的输出端连接到定时器U2构成振荡器的复位端，则U1振荡器输出高电平时，U2振荡器产生高频振荡；U1振荡器输出低电平时，U2振荡器停振，将U2振荡器的输出端连接一个蜂鸣器，便间歇地发出U2振荡器产生高频振荡的声音，从而构成间歇式振铃电路。

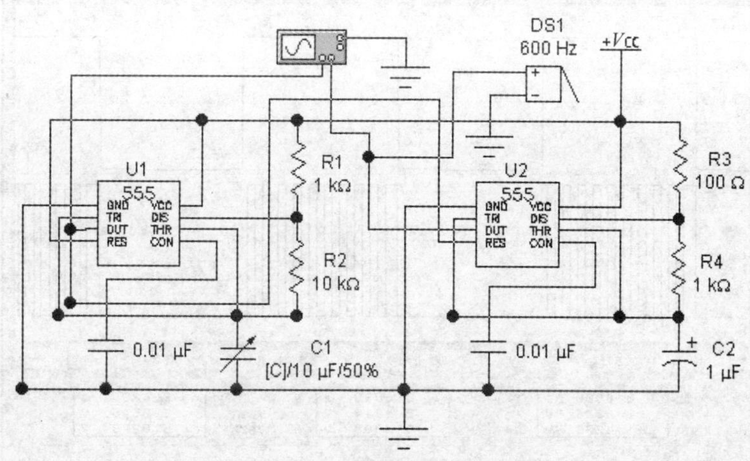

图6-61　间歇式振铃电路

调节定时器U1构成振荡器的参数，可改变铃声的间歇时间。当 $R1$ 的值确定时，铃声的间歇时间由

$$T_{\text{L}}=R2C1\lg 2\approx 0.7R2C1$$

确定，调节电路中的 $R2$ 或 $C1$，亦即改变定时器U1构成振荡器输出波形的占空比，改变铃声的间歇时间。定时器U2构成的振荡器的周期为

$$T\approx 0.7(R3+2R4)C2=0.7(100+2\times 1\times 10^{3})\times 10^{-6}\text{s}\approx 1.5\text{ms}$$

根据定时器U2构成振荡器的振荡周期和555定时器的工作电压等条件，选择蜂鸣器参数设置对话框的参数如图6-62所示。

接通仿真开关，除了可听到蜂鸣器发出的声音外，还可通过虚拟示波器观察到如图6-63所示的波形。

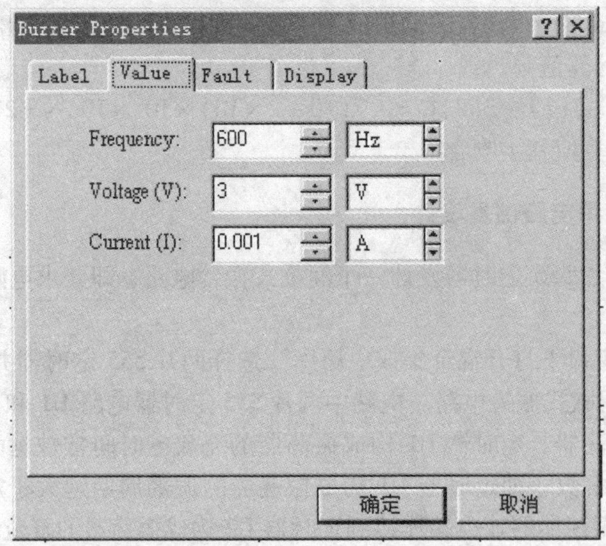

图 6-62　蜂鸣器参数设置对话框

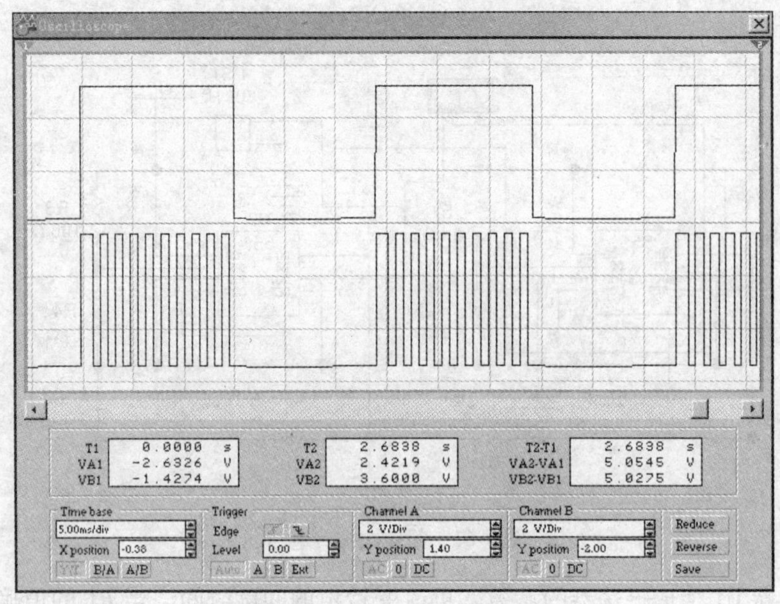

图 6-63　间歇式振铃电路工作波形

例 6-16　试用两片 555 定时器设计一个声音报警电路，要求电路按一定周期发出频率忽高忽低的铃声。

解　在 EWB 主窗口下打开混合集成器件库，选择两片 555 定时器并配以适当外部元件组成如图 6-64 所示的用 555 定时器组成的声音报警电路。

图中两片 555 定时器电路 U1 和 U2 分别构成两个振荡频率不同的多谐振荡器，并且定时器 U1 构成振荡器的振荡周期远大于定时器 U2 构成的振荡周期，U1 构成振荡器的输出端接到定时器 U2 构成振荡的控制电压输入端，利用 U1 振荡器输出的高、低电平控制 U2 振荡器产生两个不同频率的振荡，可推动蜂鸣器（或扬声器）产生报警音响效果。声音报警电路中U1和U2构成振荡器的输出电压波形如图6-65所示。定时器U1构成的振荡器是低频振荡，定时器U2构成的振荡器是高频、变频振荡。

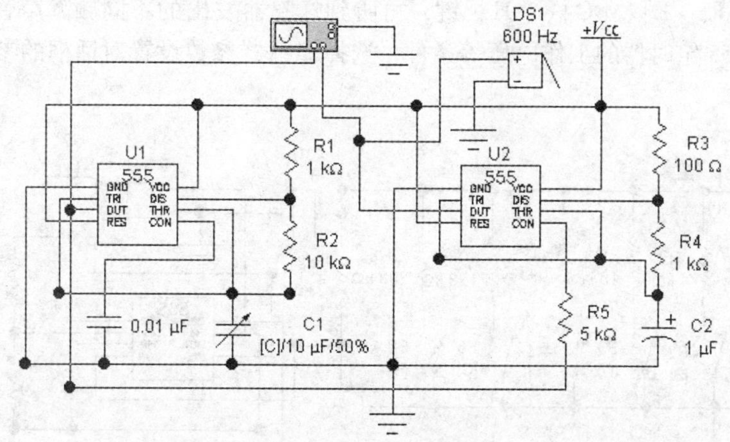

图6-64　用555定时器组成的声音报警电路

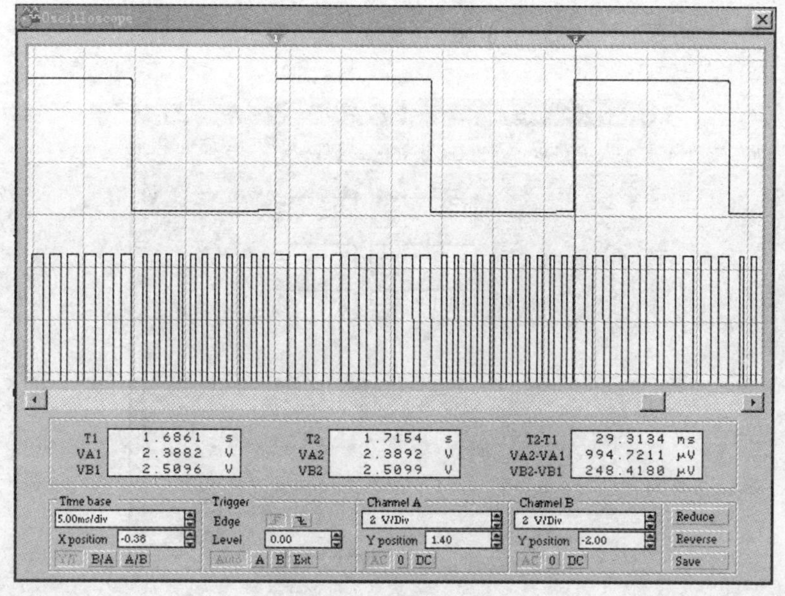

图6-65　报警器的工作波形

利用555定时器组成报警电路还有多种方案，例如：可将定时器U1构成振荡器电容上的三角波电压接至定时器U2构成的振荡的控制电压输入端，使右振荡器产生变频振荡，产生报警效果。这里不再一一赘述，读者可自行设计分析。

例6-17　试用555定时器设计一个简易电子琴电路。

解　图6-66所示为一个简易电子琴电路，主要由振荡器、晶体管放大电路和琴键开关等组成。当琴键S1～S6均未按下时，晶体管V1接近饱和导通，U_s约0.7V，使555定时器组成的振荡器停止振荡；当按下不同琴键时，因$R1$～$R6$的阻值不等，晶体管导通程度不同，加到555定时器电压控制端的电压大小就不同，振荡器的频率也就不同，因此扬声器便发出不同的声音。若 $R_b=20k\Omega$、$R1=1k\Omega$、$R_e=2k\Omega$、$C=0.1\mu F$，晶体管的电流放大系数 $\beta=100$，振荡器外接电阻、电容及其他参数如图 6-66 所示。接通仿真开关，在键盘上双击［A］、［S］、［D］、［F］、［G］、［H］键，可听到蜂鸣器发出的不同频率声音。根据振荡器的振荡频率和 555 定时器的工作电压等条件，选择蜂鸣器参数设置对话框的参数，如图 6-67 所示。

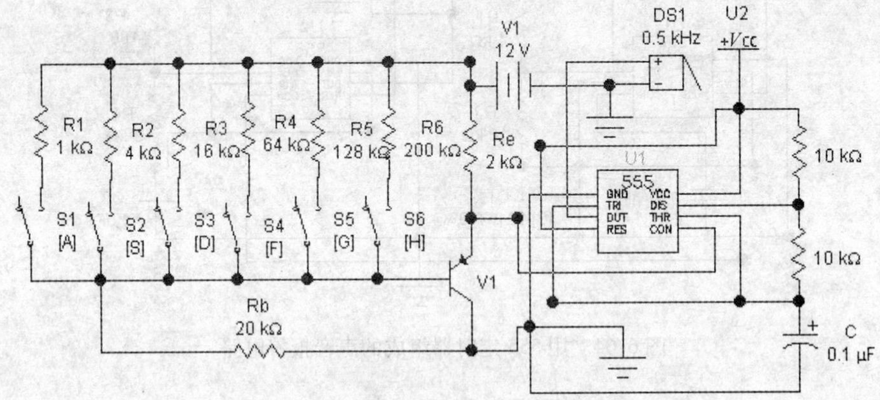

图 6-66 简易电子琴电路

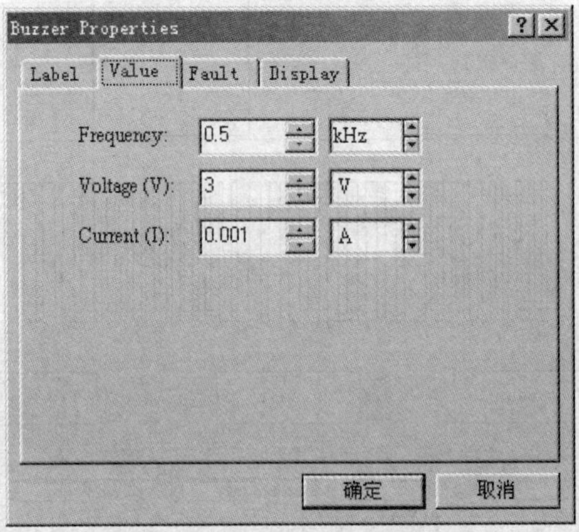

图 6-67 蜂鸣器参数设置对话框

6.8 集成数模转换器 DAC

1. 集成 DAC 的测试电路

在 EWB 主窗口下打开混合集成器件库，调出集成数模转换器 DAC，其电路符号如图 6-68 所示。集成 DAC 的测试电路如图 6-69 所示。图中：

D0 ~ D7：8 位二进制数码输入端，通过开关（控制键）［A］、［B］、［C］、［D］、［E］、［F］、［G］、［H］选择输入高电平"1"（接 $+V_{CC}$）或低电平"0"（接地）；

U_o：数模转换器 DAC 的电压输出端；

U_{ref}：输入基准电压。

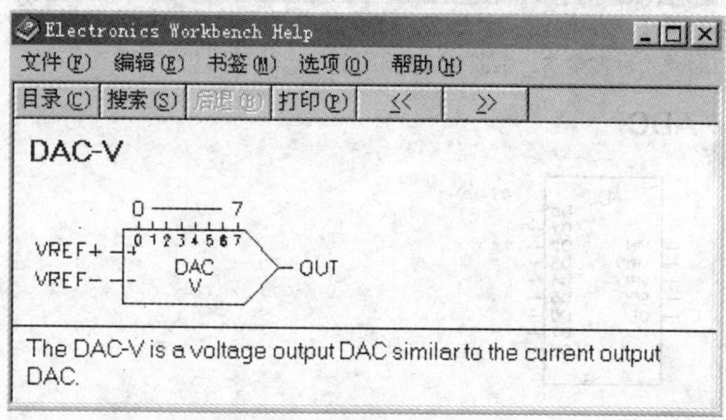

图 6-68　集成 DAC 电路符号

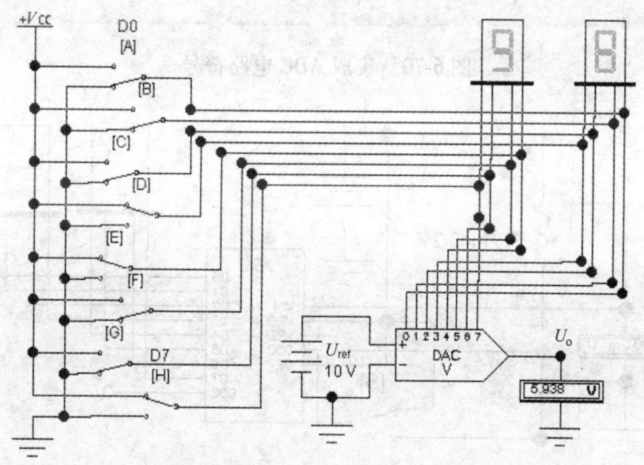

图 6-69　DAC 的测试电路

2. 测量值与计算值的比较

DAC 输出电压表达式为

$$U_o = U_{ref} \times \frac{D}{256} = 10 \times \frac{D}{256} \text{V}$$

式中的 D 为输入二进制数码所对应的十进制数。例如，图 6-69 中输入二进制码为：10011000，转换成十进制数为：$D = 2^7 + 2^4 + 2^3 = 152$。因此：$U_o = 10 \times 152/256\text{V} = 5.938\text{V}$，与图 6-69 中电压表测得结果一致。改变输入数字量，输出电压相应改变。当输入数字量 D7 ~ D0 = 00000000 时，$U_o = 0\text{V}$；当输入数字量 D7 ~ D0 = 00000001 时，$U_o = 39.06\text{mV}$；当输入数字量 D7 ~ D0 = 11111111 时，$U_o = 9.96\text{V}$；最小电压当量是 39.06mV。

6.9　集成模数转换器 ADC

1. 集成 ADC 的测试电路

在 EWB 主窗口下打开混合集成器件库，调出集成模数转换器 ADC，其电路符号如图

6-70所示。集成ADC的测试电路如图6-71所示。

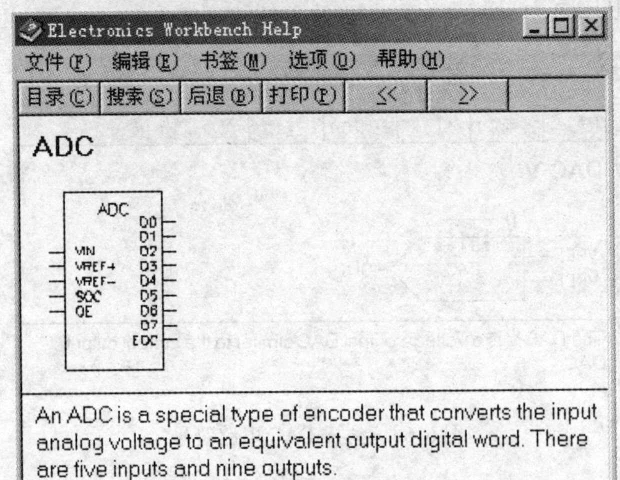

图6-70 集成ADC电路符号

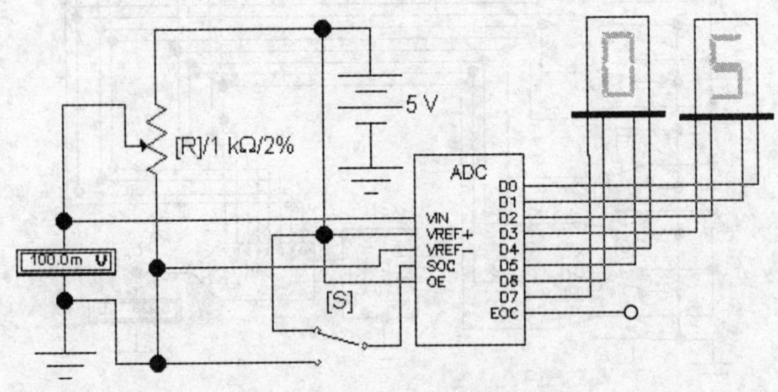

图6-71 ADC的测试电路

图中：

VIN：模拟电压输入端；

D0 ~ D7：二进制数码输出端；

VREF +：上基准电压输入端；

VREF −：下基准电压输入端；

SOC：数据转换启动端（高电平启动）；

OE：三态输出控制端；

EOC：转换周期结束指示端（输出正脉冲）。

2. 测量值与计算值的比较

在图6-71所示电路中：基准电压 $V_{REF}=5V$，输入模拟电压由 R 提供，大小由［R］键调节，由电压表指示。

输入模拟电压 V_{IN} 与输出数字量对应的十进制数 D_C 关系式为

$$V_{IN}=D_C\times\frac{V_{REF}}{256}$$

输出十进制数表示为

$$D_C = V_{IN} \times \frac{256}{V_{REF}}$$

输出二进制数以两位十六进制数形式显示，由带译码器的七段 LED 显示数码管显示出转换的结果。

当输入模拟电压为 0.1V 时，在图 6-71 所示电路中输出数字量理论计算值为

$$D_C = V_{IN} \times \frac{256}{V_{REF}} = 0.1\text{V} \times \frac{256}{5\text{V}} = 5.12$$

数码管显示实际值：$00000101 = 0 + 0 + 0 + 0 + 0 + 2^2 + 0 + 2^0 = 5$（十进制数）。两者基本相符。若调节输入模拟电压为 2V 时，七段 LED 译码显示器显示的十六进制结果为 66，对应的十进制数为 112，对应的二进制数为 01100110。

6.10　ADC 与 DAC 应用电路的设计

例 6-18　试用集成 DAC 设计一组彩灯电路。要求：1）以一定周期按正弦规律闪亮；2）以一定周期依次循环闪亮。

解　1）在 EWB 主窗口下打开混合集成器件库，调出集成模数转换器 ADC，连接成如图 6-72 所示的彩灯控制电路。图中集成 ADC 的模拟电压输入端 V_{IN} 接一个正弦信号源 V1，其参数设置如图 6-72 所示。上基准电压设为 8V，数据转换启动端（高电平启动）SOC 接一个频率为 5Hz，输出电压幅度为 5V 的方波电源，作为彩灯工作周期的启动信号，亦可利用 555 定时器产生一个占空比可调的方波信号。接通仿真开关，观察到彩灯 U0、U1、U2、U3、U4、U5、U6、U7 按正弦规律闪亮。

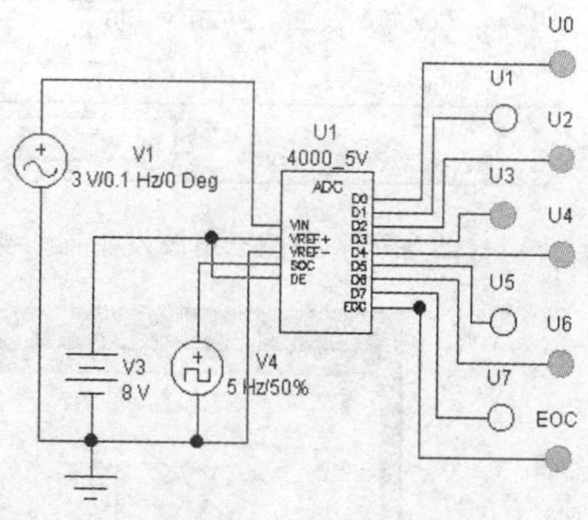

图 6-72　集成 ADC 正弦波彩灯电路

2）集成 ADC 的模拟电压输入端 V_{IN} 接一个线性扫描电压，彩灯 U0、U1、U2、U3、U4、U5、U6、U7 依次循环闪亮，彩灯控制电路如图 6-73 所示。图中集成 ADC 的模拟电压输入端 V_{IN} 接一个电压控

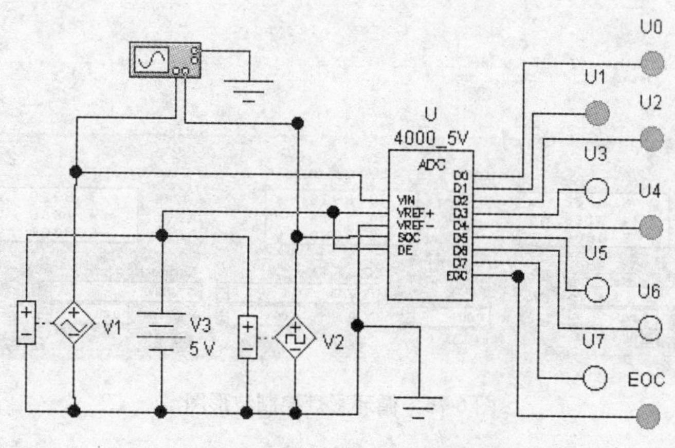

图 6-73　集成 ADC 循环彩灯电路

制三角波信号发生器 V1，其参数设置如图 6-74 所示。上基准电压设为 5V。数据转换启动端（高电平启动）SOC 接一个电压控制矩形波信号发生器 V2，作为彩灯工作的启动信号，其参数设置对话框如图 6-75 所示。电压控制三角波信号发生器 V1 和电压控制矩形波信号发生器 V2 的工作波形通过虚拟示波器观测并调节，如图 6-76 所示。接通仿真开关，观察到彩灯 U0、U1、U2、U3、U4、U5、U6、U7 按设计要求循环闪亮。

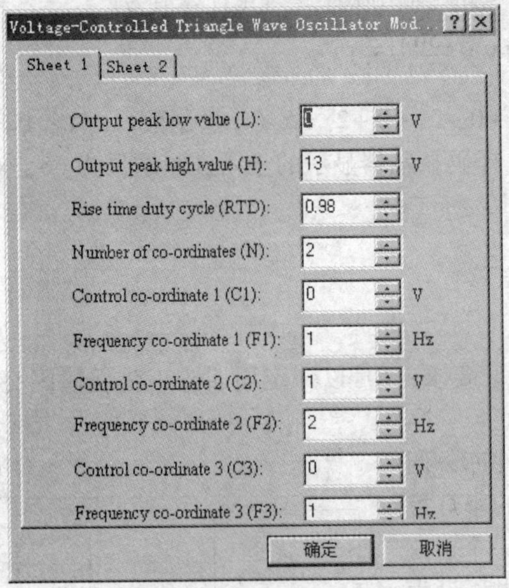

Voltage-Controlled Triangle Wave Oscillator Mod...
Sheet 1
Sheet 2
Output peak low value (L): 0 V
Output peak high value (H): 13 V
Rise time duty cycle (RTD): 0.98
Number of co-ordinates (N): 2
Control co-ordinate 1 (C1): 0 V
Frequency co-ordinate 1 (F1): 1 Hz
Control co-ordinate 2 (C2): 1 V
Frequency co-ordinate 2 (F2): 2 Hz
Control co-ordinate 3 (C3): 0 V
Frequency co-ordinate 3 (F3): 1 Hz
确定
取消

图 6-74 压控三角波发生器参数设置

Voltage-Controlled Square Wave Oscillator Model
Sheet 1
Sheet 2
Output peak low value (L): 0 V
Output peak high value (H): 5 V
Duty cycle (D): 0.8
Output rise time (TR): 1e-09 s
Output fall time (TF): 1e-09 s
Number of co-ordinates (N): 2
Control co-ordinate 1 (C1): 0 V
Frequency co-ordinate 1 (F1): 1 Hz
Control co-ordinate 2 (C2): 1 V
Frequency co-ordinate 2 (F2): 8 Hz
确定
取消

图 6-75 压控矩形波发生器参数设置

Oscilloscope
T1 0.0000 s
VA1 574.9136 mV
VB1 5.0000 V
T2 9.8928 s
VA2 4.7314 V
VB2 0.0000 V
T2-T1 9.8928 s
VA2-VA1 4.1565 V
VB2-VB1 -5.0000 V
Time base
0.05 s/div
X position -0.47
Y/T B/A A/B
Trigger
Edge
Level 0.00
Auto A B Ext
Channel A
5 V/Div
Y position 0.00
AC 0 DC
Channel B
5 V/Div
Y position -0.20
AC 0 DC
Reduce
Reverse
Save

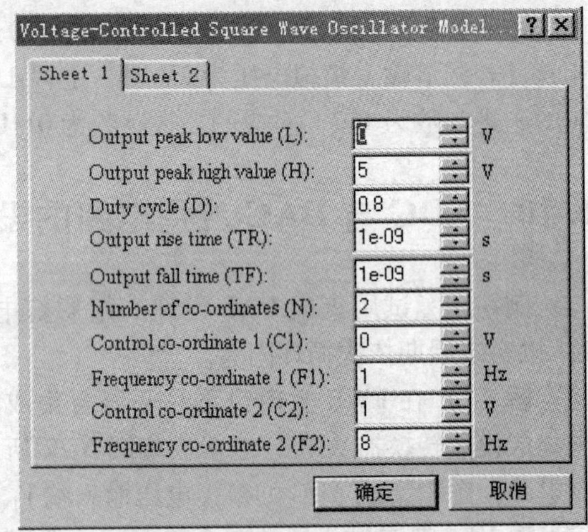

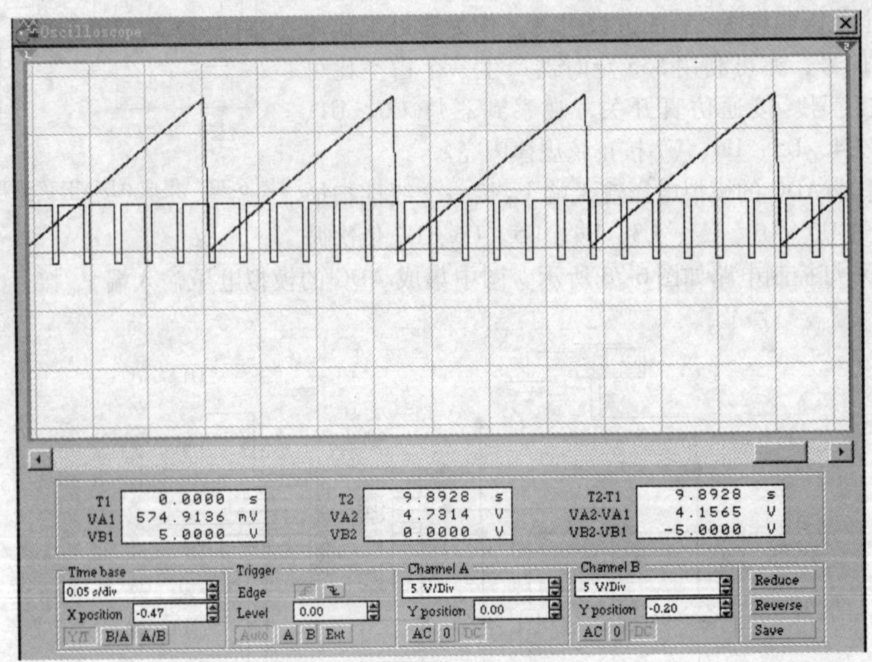

图 6-76 循环彩灯控制波形图

例 6-19 试用集成 DAC 和 ADC 设计一个将正弦波转换为数字量，又能将数字量转换为模拟量的转换电路。

解 在 EWB 主窗口下打开混合集成器件库，调出集成模数转换器 DAC 和 ADC，连接成如图 6-77 所示的电路，该电路能将正弦波转换为数字量，并将数字量转换为正弦波。转换的数字量由指示灯 U0、U1、U2、…和七段译码显示器显示的 2 位十六进制数表示。转换的模拟量由虚拟示波器观察，如图 6-78 所示。

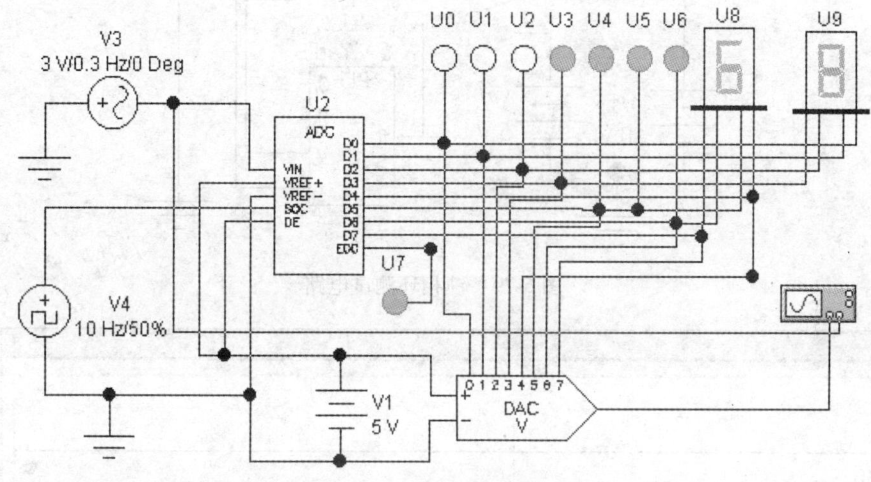

图 6-77 DAC 与 ADC 转换电路

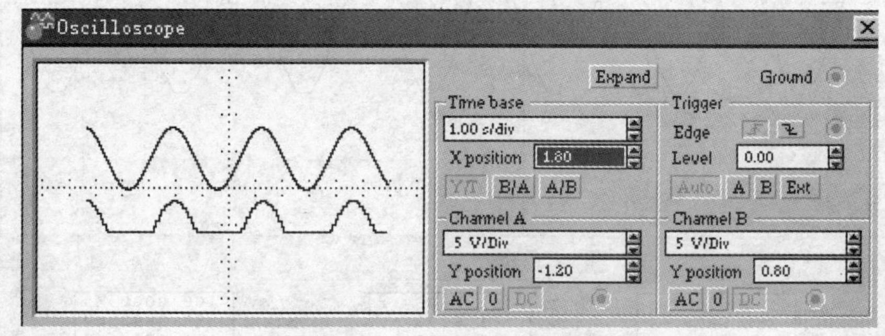

图 6-78 图 6-77 的波形图

6.11 锁相环

锁相环是数字频率合成的核心部件，锁相式频率合成器能给出长期和短期频率稳定度都比较高的输出信号，信道数目多，体积小。利用分频技术可以产生小于或等于基准频率的各种参考频率信号，通用计数器可以作为分频器，若在前面加上高速前级脉冲计数器，整个电路作为高速分频器使用，分频系数 N 越大，分频后的噪声越小。

锁相环一般由环路滤波器、电压控制振荡器、数字分频器和鉴相器构成。其主要参数包括：鉴相器转换增益、电压控制振荡器（VCO）转换增益、电压控制振荡器自由振荡频率和输出电压幅值等。

图6-79是一个锁相环简单测试电路，敲击“Space”键，使环路滤波器输入端（f_I）置于10V输入电压上，用示波器的A通道监视电压控制振荡器输出电压（V_o），B通道监视环路滤波器输出电压（f_o），在示波器上观察到如图6-80所示的波形。由图可知，环路滤波器输出直流电压为10V，电压控制振荡器输出正弦电压频率为$f = 1/(2 \times 0.05)\text{s} = 10\text{Hz}$。

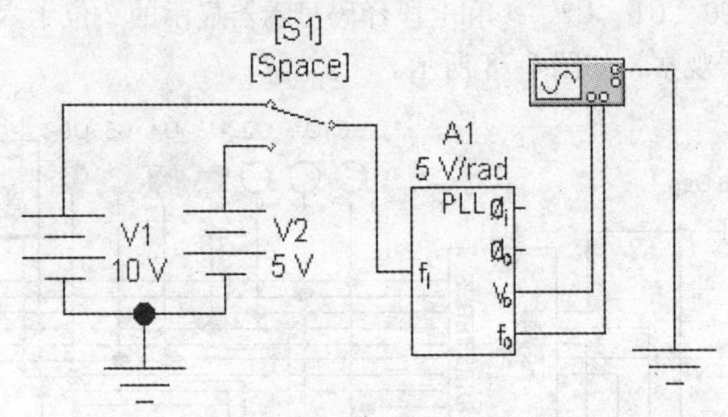

图6-79　锁相环测试电路

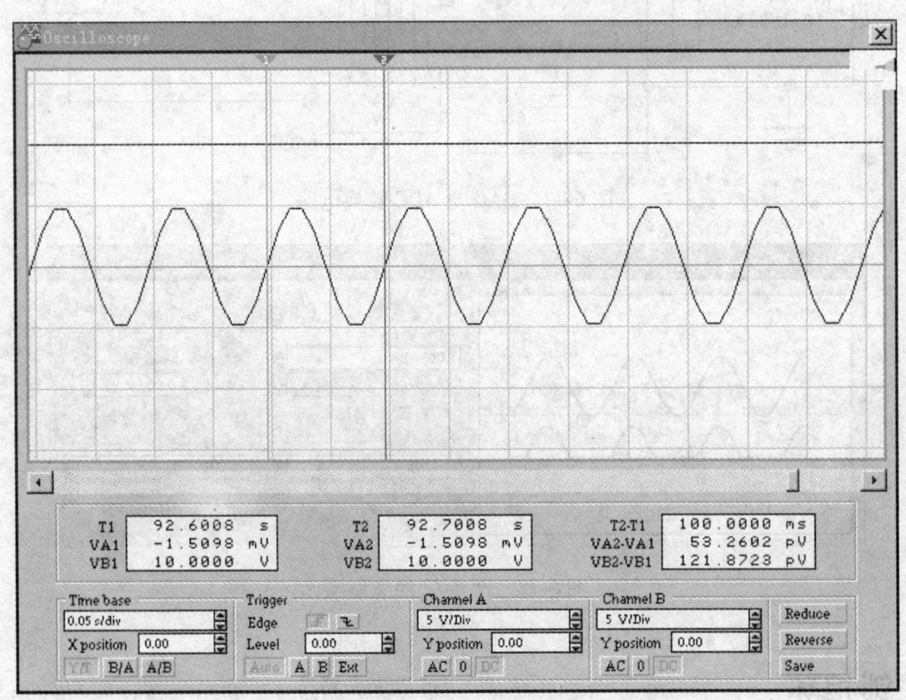

图6-80　输入电压10V时锁相环输出波形

敲击“Space”键，使环路滤波器输入端（f_I）置于5V输入电压上，用示波器的A通道监视电压控制振荡器输出电压，B通道监视环路滤波器输出电压，在示波器上观察到如图6-81所示的波形。由图可知，环路滤波器输出直流电压为5V，电压控制振荡器输出正弦电压频率为户$f = 1/(2 \times 0.1)\text{s} = 5\text{Hz}$。

若在环路滤波器输入端施加连续变化的模拟电压，则电压控制振荡器将输出连续变频电压，读者可自行设计相关测试电路。

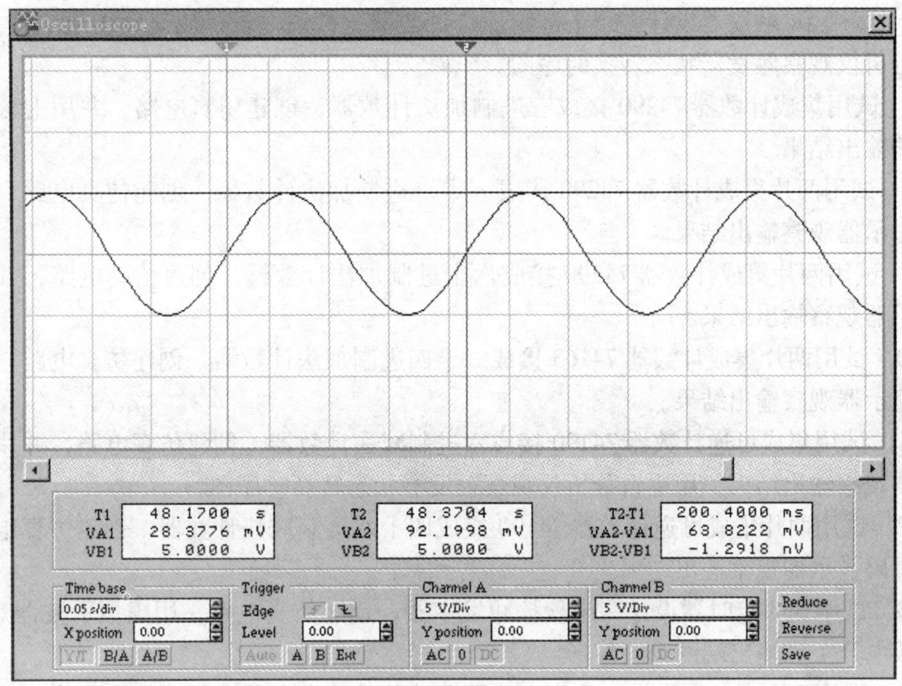

图 6-81　输入电压 5V 时锁相环输出波形

习　题

6-1　试用虚拟逻辑转换仪分析图 6-82 所示电路的逻辑功能。

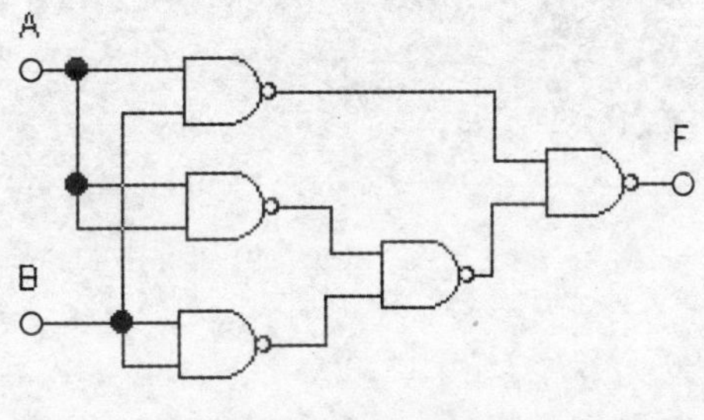

图 6-82　题 6-1 图

6-2　试用虚拟逻辑转换仪设计一个实现逻辑式 $F = A\overline{B} + \overline{A}B$ 的逻辑电路，要求全部采用与非门电路。

6-3　试用虚拟逻辑转换仪设计一个三输入变量的判偶电路，即三输入变量有偶数个 1 时，输出为 1，否则输出为 0。

6-4　试用与非门设计一个供 4 人（A、B、C、D）使用的表决电路，4 人中有一人（A）赞成为 2 票，其他人赞成为一票，有 3 票以上（包括 3 票）赞成时，结果为通过；否则结果为不通过。

6-5　试用 D 触发器组成 4 位二进制计数器，设计仿真电路，用逻辑分析仪观测 4 个触发器状态转换。

6-6 试用 JK 触发器设计一个十进制加法计数器，并用七段译码显示器显示输出结果，用逻辑分析仪观察触发器状态转换时序图。

6-7 试用集成计数器 74290 接成三进制加法计数器，创建仿真电路，并用七段译码显示器观测输出结果。

6-8 试用两片集成计数器 74290 接成五十一进制加法计数器，创建仿真电路，并用七段译码显示器观察输出结果。

6-9 试用两片集成计数器 74290 接成六十进制加法计数器，创建仿真电路，并用七段译码显示器观察输出结果。

6-10 试用两片集成计数器 74163 接成二十四进制加法计数器，创建仿真电路，并用七段译码显示器观察输出结果。

6-11 试用集成可逆计数器 74190 接成六进制减法计数器，创建仿真电路，并用七段译码显示器观察输出结果，用逻辑分析仪观察触发器状态转换时序图。

6-12 试用两片集成可逆计数器 74190 接成四十八进制减法计数器，创建仿真电路，并用七段译码显示器观察输出结果。

6-13 试用 555 定时器设计一个秒脉冲发生器，创建仿真电路，用虚拟示波器观测 555 定时器放电开关和输出端的电压波形。

6-14 试用 555 定时器设计一个占空比可调的秒脉冲发生器，创建占空比为 1/3 的仿真电路，用虚拟示波器观测 555 定时器放电开关和输出端的电压波形。

第 7 章　电子电路应用系统的设计与仿真

电子工作平台 EWB 是现代电子电路及系统分析与设计的工具。本章列举了电子电路应用系统的设计与仿真和 EWB 在电子技术课程设计中的运用实例。展示了电子工作平台 EWB 在系统设计、科学研究、课程设计、毕业设计和撰写论文等方面的价值和潜力。

7.1　概述

随着知识经济时代的到来，教育教学改革必然不断深化，以适应新世纪人才培养目标的要求。课程设计这一教学环节，在培养学生工程实践能力与创新素质方面，将发挥其特有的作用。改革课程设计的某些环节，在电子技术课程设计中引入电子工作平台 EWB 软件，进行计算机辅助设计和仿真实践，使电子技术课程设计产生了变革性的变化，对提高电子技术课程设计的质量和效率是十分必要的。

EWB 是电工、电子电路仿真软件。它具有一体化集成设计环境，创建仿真电路图、进行电路分析和输出分析结果，都可在一个集成菜单系统中完成。为使用者提供了一个庞大的元件库，包括模拟电子和数字电子等电路中所使用的元器件，还有各种常用的虚拟电工仪表和电子仪器。仿真电工电子电路，就像一个功能完备的实验室，特别适合电工技术、电子技术课程的计算机辅助教学和电子技术课程设计。

电子技术课程设计大致有如下几个环节：① 课程设计指导、选题、定设计任务和要求；② 调研、查资料、定方案；③ 利用 EWB 软件进行计算机辅助设计；④ 仿真分析与参数调整；⑤ 实验室实际安装调试；⑥ 分析结果，写出课程设计报告；⑦ 课程设计答辩等。

利用 EDA 软件，可使电子技术课程设计的中心环节进行得更充分、更快捷，从而提高课程设计的质量和效率。学生可用 EWB 软件的原理图输入工具，用鼠标抓取所需的元器件，其智能连线能力可十分容易地得到美观规范的仿真电路原理图，确定和修改元件参数非常简单，加之 EWB 软件的较强的电路分析能力，将使电子电路的设计和仿真非常方便。本章列举了 EWB 在电子技术课程设计中的运用实例。

我校机械工程学院机械设计及其自动化、工业工程、数控等专业学生，从 98 级开始开设电子技术课程设计课程，课程设计中，运用 EWB 软件把学过的知识综合应用，有所提高，有所创新。学生兴致很高，收到较满意的效果。例如：在“数字电压表”、“数字电流表”、“温度检测与控制”、“气体浓度检测器”、“应力检测仪”、“电子秤”等课题中，首先要进行模拟信号处理，即将被测模拟量或从传感器输出的模拟量，经过放大、衰减、比较和线性化等处理，得到符合测量要求的模拟量，再送到模数转换器（ADC）中，转换成相应的数字量，经译码显示电路，观察测量值。若经过模数转换后还可以方便地与微型计算机接口，构成自动、智能测量显示及控制系统。

对模拟信号的处理，常常需要用集成运算放大器组成各种功能电路，EWB 软件中提供了各种类型集成运算放大器，如通用型、高增益型、低漂移型、高输入阻抗型、高速型、低功耗型等，可满足设计课题的需要。

图 7-1 是由通用型集成运算放大 LM741 构成的仪表放大器，具有高输入阻抗特点，其电压放大倍数由式

$$A_u = \frac{U_o}{U_i} = -\frac{1}{R9} \times (R3 + R9 + R4) \times \frac{R8}{R6}$$

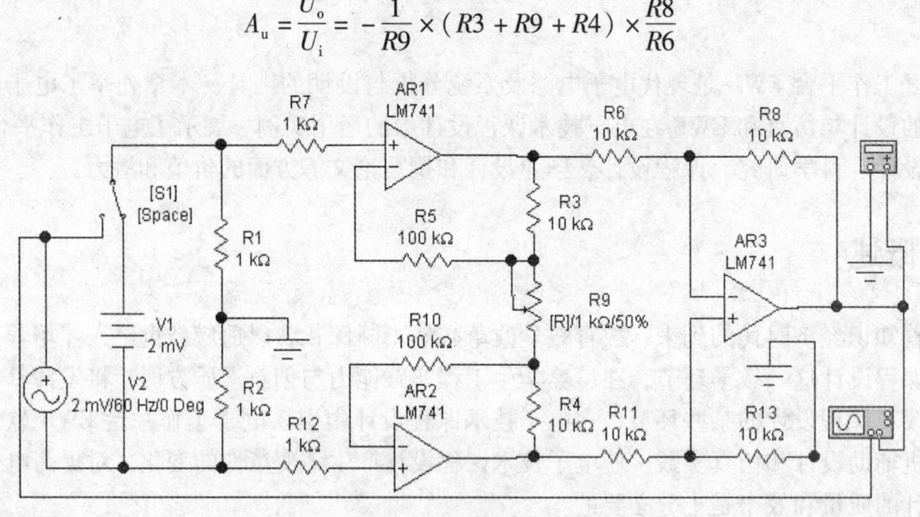

图 7-1 仪表放大器

决定，当输入电压 V1 = 2mV 时，其他电路参数为已知，如图 7-1 中所示，多用表读数为 -80.18mV，电压放大倍数为 -41 倍。可通过调节 R5 改变电压放大倍数 A_u。如果输入为微变信号，例如输入正弦波，可通过虚拟示波器观测输入和输出信号的波形，如图 7-2 所示。

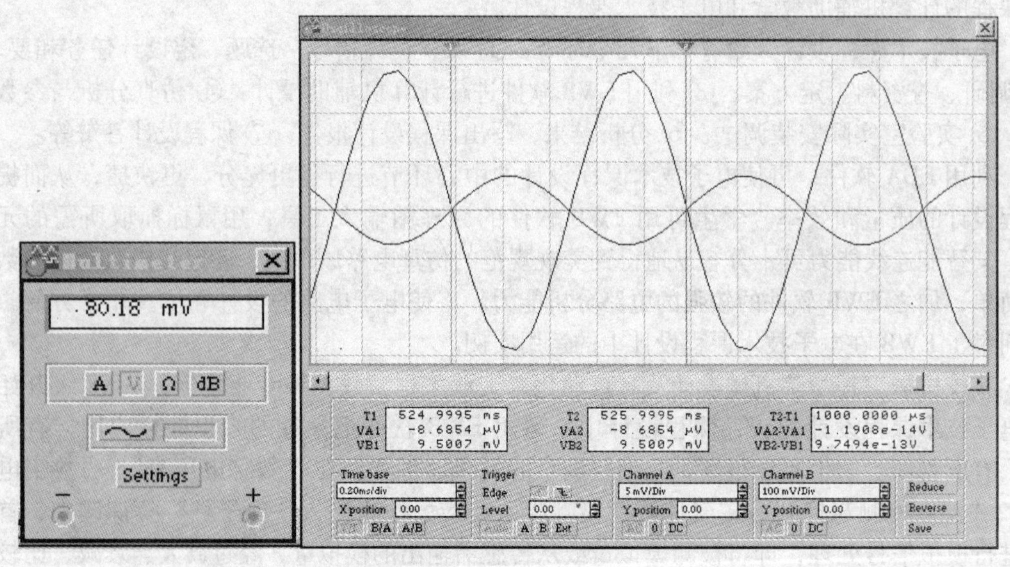

图 7-2 图 7-1 的测量值和波形图

图 7-3 所示为运算放大器组成的温度自动控制电路图，运算放大器 AR1 接成电压比较器，具有负的温度系数的热敏电阻 *R5* 作为测温元件，并以电阻 *R1*、*R2*、电位器 *R4* 构成电桥电路，*R4* 为温度值设定电位器，改变 *R4* 可改变加热器（如电炉）的设定温度，用作温度微调。当炉温低于设定温度时，电压比较器 AR1 输出低电平，VT1 管截止，VT2、VT3 管

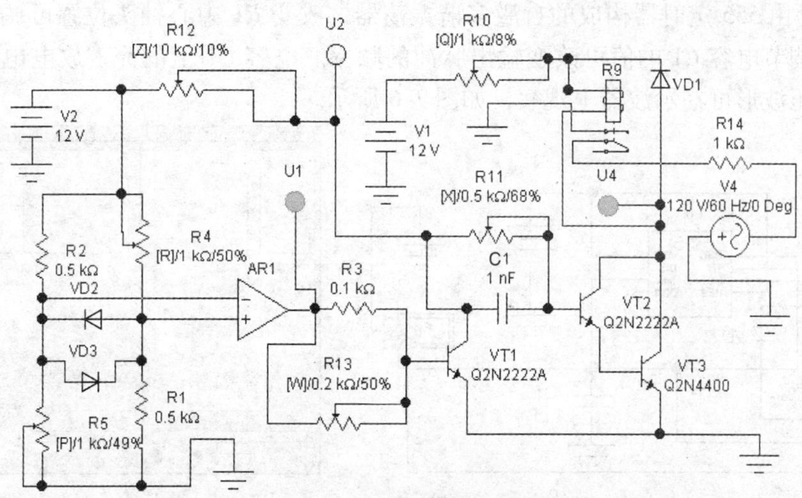

图 7-3　温度自动控制电路图

饱和导通，继电器 *R*9 吸合，电炉通电加热。当炉温高于设定温度时，电压比较器 AR1 输出为高电平，VT1 管饱和导通，VT2、VT3 管截止，继电器 *R*9 释放，电炉停止加热。炉温的控制过程可以通过改变 *R*5 的阻值在计算机上模拟运行。*R*14 表示加热器，V4 表示交流加热电源。电炉通电加热状态由指示灯 U2 指示，电炉停止加热状态由指示灯 U1 和 U4 指示。

在电子技术课程设计的许多课题中，要用到模数转换器或数模转换器。例如，电压、电流、电阻以及一些非电量的数字测量，可以利用 EWB 软件熟悉 ADC 和 DAC 的功能和应用，如图 7-4 所示。当输入模拟量 V3 变化时，输出数字量将通过译码显示器 U9U10 以两位十六进制数形式显示出来，与用指示灯 U7 ~ U0 所显示的数字量完全一致。输出数字量又可通过 DAC 转换成模拟量，并可通过虚拟示波器观察或用虚拟电压表测量。通过调节参考电压 V1、输入电压 V3 的参数得到需要的测量范围。

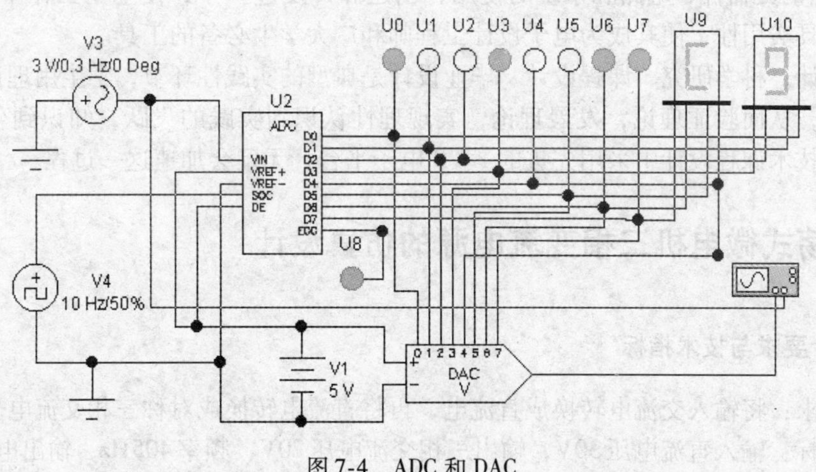

图 7-4　ADC 和 DAC

在电子钟、数字频率计、加工刀具自动进给数控装置等课题中，经常用到 555 定时器构成的施密特触发器、单稳态触发器或自激多谐振荡器，输出脉冲的占空比、持续时间、输出幅值和输出脉冲频率的选择以及电路参数的确定皆可在 EWB 的支持下在计算机上完成。例如图 7-5 即是由 555 定时器构成的自激多谐振荡器，改变 $R1$ 中心抽头位置可调节输出脉冲的占空比。调节电容 $C1$ 的值可改变输出脉冲的频率。电容 $C1$ 上的充、放电电压波形和输出矩形波电压波形可在示波器上观察，如图 7-6 所示。

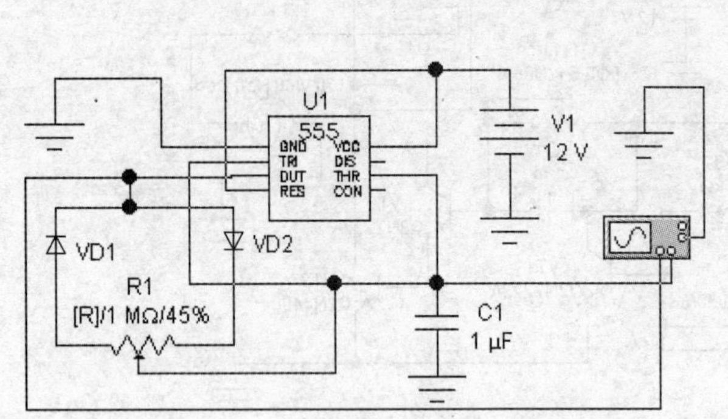

图 7-5 占空比可调的多谐振荡器

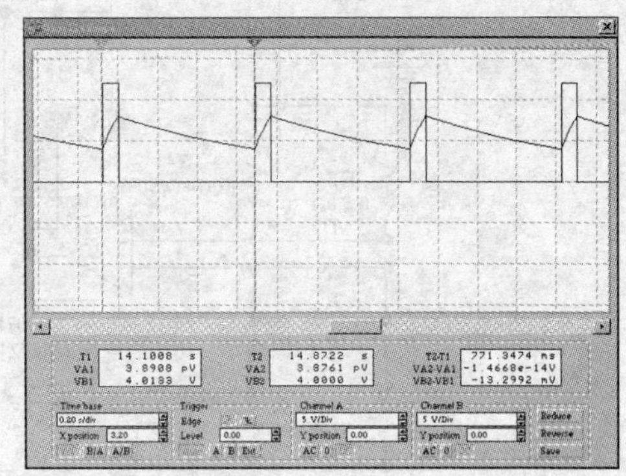

图 7-6 占空比可调多谐振荡器波形

综上所述，在系统设计、科学研究、课程设计、毕业设计和撰写论文等方面运用 EWB 软件有如下体会：

1）在确定电路参数、优化技术指标等方面可进行反复调整和实验仿真，直至达到预期目标为止，这样就加速了理论分析和实验结果达到完美统一的过程，大大提高系统设计、科学研究、课程设计、毕业设计和撰写论文等方面的质量和效率。

2）在操作 EWB 软件过程中，使用者对电路元器件的属性、电路结构、电路参数、电路变量、激励与响应等诸因素在电路系统中形成的内在规律有更深刻的认识，因而在这一阶段更易培养学生的实践能力和创新能力。

3）运用 EWB 软件进行实验仿真可不必担心元器件、实验仪器和设备的损坏问题，不会因一时错误造成经济损失。

4）在新的元器件、电路和系统的使用、创建和开发过程中，使电子工作平台 EWB 更加完善，更具实用性，使其成为电子设计工程师和广大学生必备的工具。

系统设计、科学研究、课程设计、毕业设计是典型的实践性环节，学生用理论知识能动地指导实践，从而验证理论，发展理论，实现理性认识到实践的飞跃，知识到生产力的转换。在电子技术课程设计中采用先进的 EWB 电子平台，无疑会加速这一过程。

7.2 振荡式微电机三相变流电源的仿真设计

7.2.1 设计要求与技术指标

设计要求：将输入交流电转换成直流电，再将直流电转换成对称三相交流电。

技术指标：输入直流电压 30V，输出三相交流电压 20V，频率 405Hz，输出电流 200mA，三相电压不对称度 2%，频率稳定度 $10^{-2} \sim 10^{-3}$，正弦波失真度 1%。

7.2.2 技术背景

随着现代科学技术的不断发展和学科领域的相互渗透，微电机生产制造技术已从单纯的机械电气技术向高度集成化的数字电子化的方向发展。微电机的应用迅速从军事装备、工业自动控制系统扩展到办公自动化、家庭自动化和工厂自动化领域。据国际小电机制造商统计，微、小型电机的典型应用在5000种以上。微电机的数量大、种类多、用途广，对驱动电源性能将提出更具体的要求。本文将利用具有过电流保护和过热保护等环节的集成功率放大器构成有源移相器，再由三个相同的有源移相器构成闭环电路，产生正弦波振荡，将直流电变换成对称的三相正弦交流电。并采用电子工作平台（EWB）软件进行研究。该三相变流电源的结构新颖、技术指标优良、使用方便、便于集成化。

7.2.3　原理与电路设计

微电机驱动电源的基本单元电路如图 7-7 所示，集成功率运算放大器 AR1 和外围电阻 $R1$、$R2$、$R3$ 和电容 $C1$ 构成有源移相器，其频率特性为

$$\dot{A}(j\omega)=\frac{\dot{U}_o}{\dot{U}_i}=-\frac{R2}{R1}\frac{1}{1+j\omega R2C1} \quad (7\text{-}1)$$

其幅频特性

$$A(\omega)=\frac{R2}{R1}\frac{1}{\sqrt{1+(\omega R2C1)^2}} \quad (7\text{-}2)$$

其相频特性

$$\phi(\omega)=-\pi-\arctan\omega R2C1 \quad (7\text{-}3)$$

式中，$-\pi$ 为反相输入运放的基本相移；$-\arctan\omega R2C1$ 为有源移相器的附加相移。

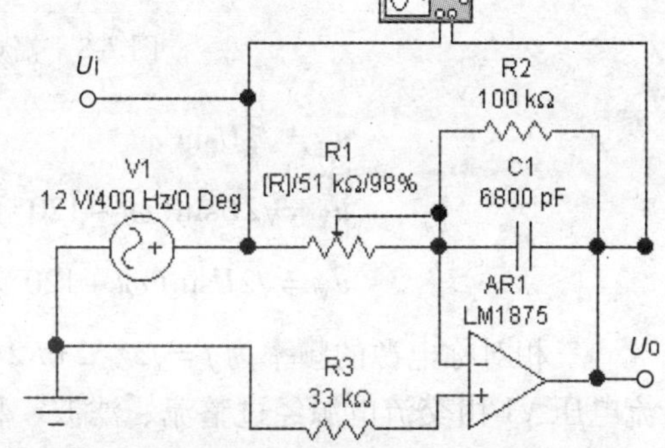

图 7-7　微电机驱动电源的基本单元电路

由式（7-2）得出有源移相器的对数幅频特性为

$$20\lg A(\omega)=20\lg\frac{R2}{R1}-20\lg\sqrt{1+(\omega R2C1)^2} \quad (7\text{-}4)$$

若取 $R2/R1=2$，$\omega=\omega_0=\sqrt{3}/(R2C1)$，并代入式（7-3）、式（7-4）可得有源移相器的增益 $A(\omega)=1$，是有源移相器构成正弦波振荡器的幅值平衡条件；相移 $\phi(\omega)=-180°-60°+360°=120°$，表明输出电压 u_o 领先输入电压 u_i 相位角 120°，是有源移相器构成正弦波振荡器的相位平衡条件。通过计算机仿真可在虚拟扫频仪上观察到有源移相器的幅频特性曲线和相频特性曲线。或者利用 EDA 软件的 AC Frequency Analysis 功能，将扫频范围调整到 1Hz ~ 2MHz，可观察到如图 7-8 所示的幅频特性曲线和相频特性曲线。图 7-9 是有源移相器输出电压 u_o 和输入电压 u_i 的波形。

根据三相变流电源的技术指标的要求，可调节并确定有源移相器的参数，当 $R1=49\text{k}\Omega$、$R2=100\text{k}\Omega$、$R3=33\text{k}\Omega$、$C1=6800\text{pF}$ 时，在虚拟频率特性图示仪上观测到有源移相器的一组数据为：$f=405\text{Hz}$，相移 $\phi=120°$，增益 $20\lg A(\omega)=0$。

将三个图 7-7 所示的有源移相器级联，并将 AR3 的输出端与 AR1 的输入端连接，形成闭环电路，构成振荡式微电机三相变流电源，如图 7-10 所示。其环路增益 $AF=1$，三个有源移相器总相移为 $120°+120°+120°=360°$，该电路将产生正弦波振荡，在 AR1、AR2、AR3 的输出端，即 W、V、U 端产生对称的三相正弦波电压，三相正弦波电压的相序是 U-V-W，即

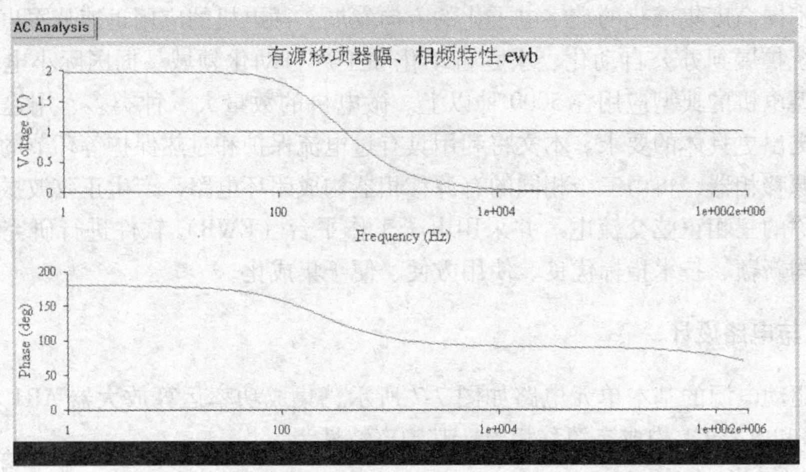

图 7-8 幅频特性和相频特性曲线

$$u_{\mathrm{U}}=\sqrt{2}U\sin\,\omega t$$

$$u_{\mathrm{V}}=\sqrt{2}U\sin(\omega t-120°)$$

$$u_{\mathrm{W}}=\sqrt{2}U\sin(\omega t+120°)$$

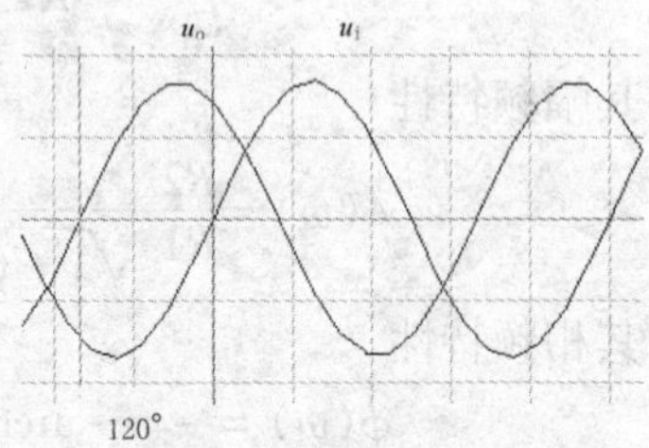

图 7-9 有源移相器的波形

三相对称电源的频率为 $f=\sqrt{3}/(2\pi R2C1)$。图 7-10 中的直流电压 V1 由交流电源经过整流、滤波、稳压电路后获得。整流、滤波、稳压电路请读者自己设计。

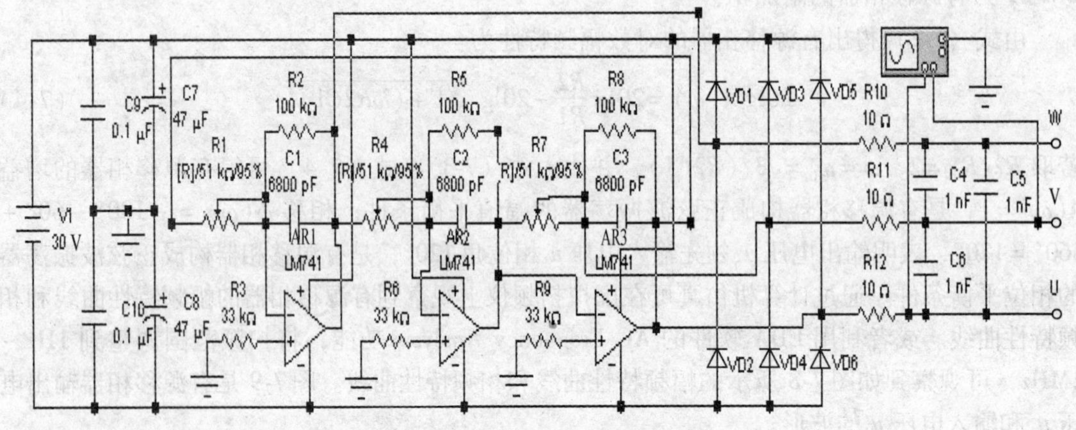

图 7-10 振荡式微电机三相变流电源

7.2.4 仿真结果与技术指标

为使三相变流电源电路较快地起振，并在电源波动和出现干扰脉冲时稳定可靠地工作，应使环路增益 AF 略大于 1，即应使移相器的静态增益 $A(\omega)=\dfrac{R2}{2R1}\geqslant 1$，即 $R2\geqslant 2R1$，可通过调节图 7-10 中的“同变（轴）电位器” $R1$ 达到这一要求。如果静态增益调得过大，受集成运算放大器非线性特性的限制，输出电压波形将出现失真。图 7-11 是在虚拟示波器上观测到的三相对称电压的波形。该变流电源可达到如下指标，输入直流电压30V，输出三相交流电压20V，频率405Hz，电流200mA，三相电压不对称度2%，频率稳定度$10^{-2} \sim 10^{-3}$，正弦波失真度1%。

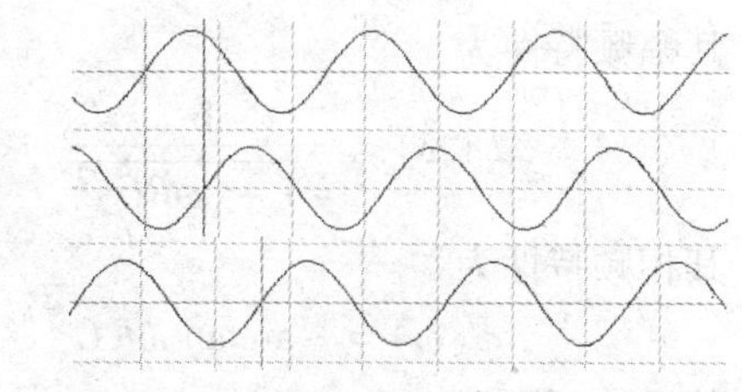

图7-11 三相对称电压的波形

微电机的功率因数较低，电流滞后角较大，整流管VD1～VD6构成续流电桥；电阻$R10$、$R11$、$R12$，和电容$C4$、$C5$、$C6$构成负载的无功功率补偿电路，电容$C4$、$C5$、$C6$的取值应根据电动机的功率因数和补偿要求进行计算。电阻$R10$、$R11$、$R12$还兼有限制输出电流的作用，避免无意中瞬间短路可能造成的电源的损坏。

7.2.5 结束语

微电机驱动电源的仿真研究给微电机驱动电源的设计提供一个快捷方法，可方便地改变电路参数，以满足电源对电压、电流、频率等指标的要求，能达到最佳仿真效果，为电路的实现提供了基本依据。在虚拟环境中进行仿真研究，可节省实验经费，缩短设计周期，适于微电机驱动装置的微型化、多样化、集成化的发展趋势。

7.3 微电机三相方波变流电源的仿真设计

电力电子装置正在向容量更大和容量更小的两个方向发展。小容量方面，正在向以家电、通信设备、办公自动化、智能机器人等领域的驱动电源为代表的方向发展。方波变流电源具有转换效率高，三相对称性好，频率稳定度高等特点，是高效节能的微电机驱动电源。

7.3.1 设计要求与技术指标

（1）设计要求　要求采用电子工作平台（EWB）软件，用下面两种方法设计三相对称方波变流电源。

1）设计模拟振荡式三相对称方波变流电源。

2）设计数字式三相对称方波变流电源。

（2）技术指标

1）模拟振荡式三相对称方波变流电源输入直流电压30V，输出方波电压15V，频率406Hz，电流200mA，三相电压不对称度2%，频率稳定度$10^{-2} \sim 10^{-3}$。

2）数字式三相对称方波变流电源输入直流电压12V，输出方波电压10V，电压稳定度1%，输出电流2A，频率400Hz，频率稳定度$10^{-4} \sim 10^{-6}$。

7.3.2 模拟振荡式三相方波电源的仿真设计

模拟振荡式三相方波变流电源将单相交流电经整流、滤波、稳压后获得的直流电转变为三相方波电压，以驱动三相微型电动机。其基本单元电路由具有过电流保护和过热保护环节的集成功率运算放大器和相位滞后的RC移相器组成。RC移相电路如图7-12所示。

其频率特性为

$$\dot{F} = \frac{\dot{U}_o}{\dot{U}_i} = \frac{1}{1 + j\omega RC} \tag{7-5}$$

其幅频特性为

$$F(\omega) = \frac{1}{\sqrt{1 + (\omega RC)^2}} \qquad (7\text{-}6)$$

其相频特性为

$$\phi(\omega) = -\arctan \omega RC \qquad (7\text{-}7)$$

其对数幅频特性为

$$20\lg F(\omega) = -20\lg \sqrt{1 + (\omega RC)^2} \qquad (7\text{-}8)$$

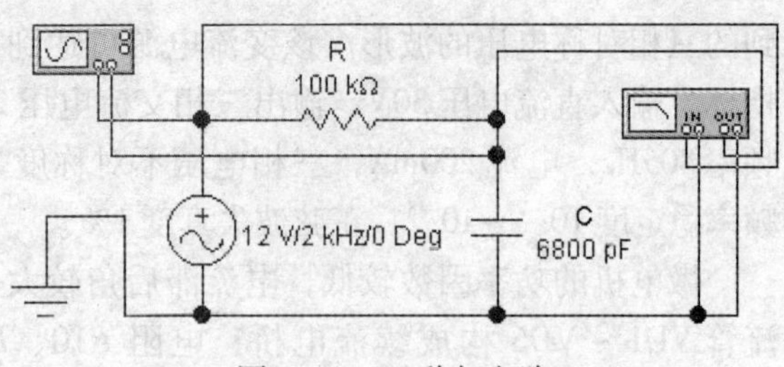

图 7-12　*RC* 移相电路

由式（7-7）可知，附加相移 $\phi = -60°$，是产生三相方波振荡的相位条件，由此，可导出该条件下的振荡角频率 $\omega = \sqrt{3}/(RC)$，频率 $f = \sqrt{3}/(2\pi RC)$，产生方波振荡的幅值条件，因集成运放开环工作而满足。输出方波的幅值受集成运放振幅的非线性特性的限制而稳定。用虚拟扫频仪观测 *RC* 移相电路的幅频特性和相频特性曲线如图 7-13 所示。用虚拟示波器观测 *RC* 移相电路的输入和输出波形如图 7-14 所示。

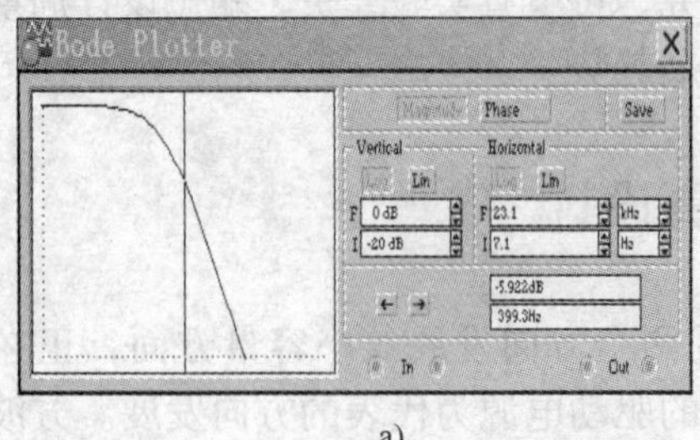

a)

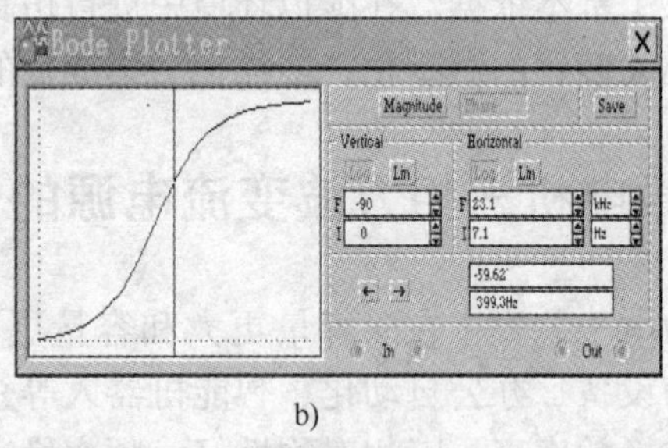

b)

图 7-13　*RC* 移相电路的幅频特性和相频特性曲线

a）幅频特性　b）相频特性

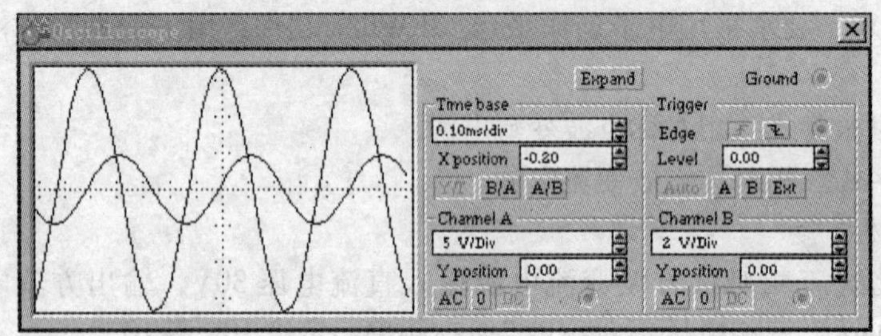

图 7-14　*RC* 移相电路的输入和输出波形

由图 7-13 可见，在设定电路参数 $R = 100\text{k}\Omega$、$C = 6800\text{pF}$ 时，从扫频仪上观测到附加相移 $\phi = -60°$，$F = -6\text{dB}$，$f = 406\text{Hz}$，所以该移相器与开环工作的集成运放相结合，能满足产生方波振荡的幅值条件和相位条件。

将三节图 7-12 所示的 *RC* 移相电路器和三个功率集成运放级联，并将 AR3 的输出端与 *R*1 连接，形成闭环电路，如图 7-15 所示，组成模拟振荡式三相方波电源，其环路增益 $AF \gg 1$，环路相移 $\phi_{AF} = -180° - 540° = -720°$。该电路产生方波振荡，在 AR1、AR2、AR3 的输出端 U、V、W 产生对称的三相方波电压 u_U、u_V、u_W。通过计算机仿真，在虚拟示波器上观测到 u_U、u_V、u_W 波形如图 7-16 所示。

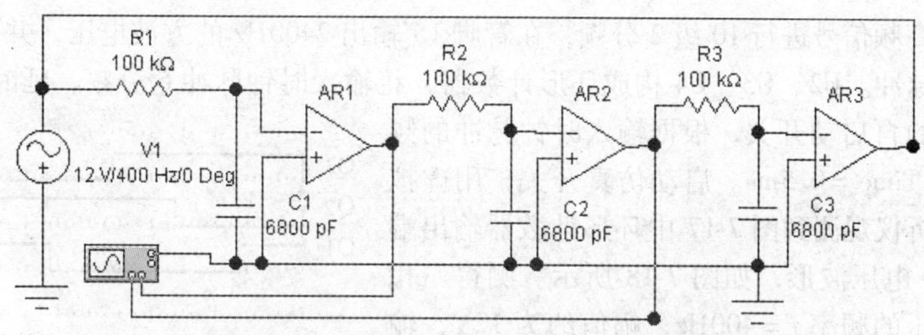

图 7-15　振荡式三相方波变流电源原理图

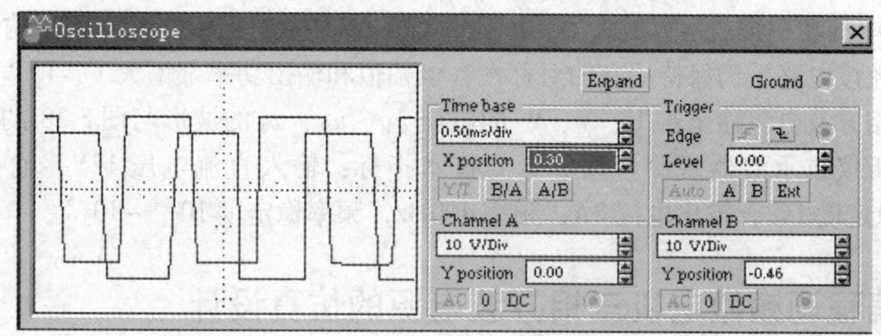

图 7-16　三相对称方波电压波形

该变流电源可达到如下指标，输入直流电压 30V，输出方波电压 15V，频率 406Hz，电流 200mA，三相电压不对称度 2%，频率稳定度 $10^{-2} \sim 10^{-3}$。

由于微电机的功率因数较低，电流滞后角较大，仍然需要加入整流管 VD1 ~ VD6，以构成续流电桥；电阻 *R*4、*R*5、*R*6，和电容 *C*6、*C*7、*C*8 构成负载的无功功率补偿电路（见图7-10），电阻 *R*4、*R*5、*R*6 兼有限制输出电流的作用，避免无意中瞬间短路可能造成的电源的损坏。

7.3.3　数字式三相方波电源的仿真设计

模拟振荡式三相对称方波驱动电源的输出频率，取决于电阻电容元件的时间常数，其频率稳定度取决于所选元件的稳定性能，一般可达 $10^{-2} \sim 10^{-3}$。当要求频率稳定度进一步提高时，应采用石英晶体谐振器。石英晶体谐振器制成高频振荡器，产生高频的方波信号，然后将高频方波信号利用数字集成电路分频，再进行环行分配，处理成所需数值和相位，最后采用功率集成运算放大器做开关功率放大，以满足输出电压、电流和功率的要求。

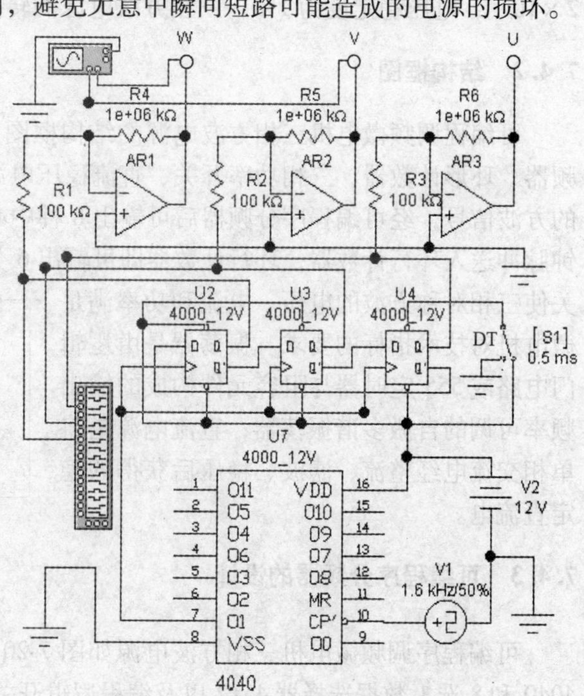

图 7-17　数字式三相方波变流电源

数字式三相方波变流电源仿真电路如图 7-17 所示。图中数字集成电路 CC4040 将石英晶体振荡器 V1（实验时可用 CC4060 与石英晶体构成振荡器与分频器）产生的

2.4576MHz 高频信号进行 10 级 2 分频，在管脚 15 输出 2400Hz 的方波电压，并作为环形计数器的时钟脉冲。U2、U3、U4 构成环形计数器，将输入时钟脉冲 6 分频。延时开关 S1 为环形计数器的自启动开关，根据输入时钟脉冲的频率设定 TON Time = 0.5ms。启动仿真开关，用虚拟数字逻辑分析仪观测到图 7-17 中环形计数器输出端 Q3、Q2、Q1 电压波形，如图 7-18 所示。测得三相对称方波电压的频率 $f = 400\text{Hz}$，幅值约为 12V，输出电流 1mA。

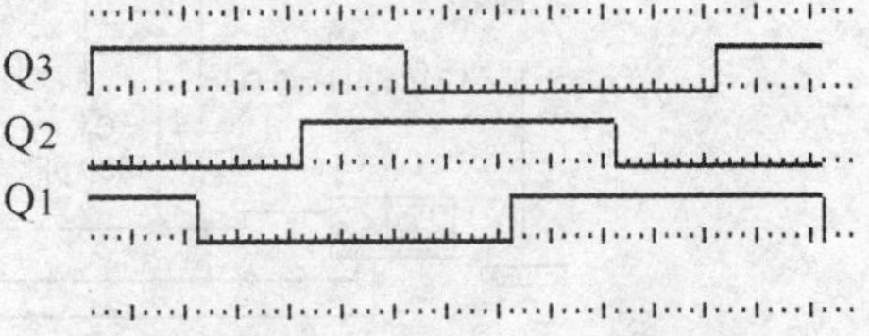

图 7-18　环形计数器输出的对称方波

图 7-17 中的功率集成运算放大器 AR1、AR2、AR3 构成三相开关电路。输入的三相对称方波电压经该电路后仍保持原有的对称性，但幅值和输出功率都增大了，可直接驱动微型电动机。三相方波电源输出端 U、V、W 的电压 u_U、u_V、u_W 的波形与图 7-18 的相似，可用虚拟逻辑分析仪或示波器观测。该电源的技术指标：输入直流电压 12V，输出方波电压 10V，电压稳定度 1%，输出电流 2A，频率 400Hz，频率稳定度 $10^{-4} \sim 10^{-6}$。

7.4　可编程调频微电机三相方波电源的仿真设计

7.4.1　设计要求与技术指标

（1）设计要求　要求采用电子工作平台（EWB）软件，设计可编程三相对称方波变流电源。频率可根据需要连续调节或分级调节。

（2）技术指标　输入直流电压 30V，输出三相方波电压 14V，电流 1A，频率稳定度为 2×10^{-3}，电压稳定度为 1%，三相方波电源的转换效率高达 85%。

7.4.2　结构框图

可编程调频微电机三相方波电源的结构框图如图 7-19 所示，它由振荡器、可编程序分频器、环形计数器、三相功率开关、直流稳压电源等 5 部分组成。振荡器应能产生频率可调的方波信号，经可编程序分频器后可输出 8 种中心频率的 2 分频信号，中心频率信号作为时钟脉冲送入环行计数器，环行计数器即可输出 6 分频的三相对称方波电压，再经三相功率开关使三相对称方波的电压、电流和功率满足微电机对技术指标的要求。振荡器是由逻辑门电路或 555 定时器与阻容元件构成的输出频率可调的自激多谐振荡器；直流电源是将单相交流电经整流、滤波、稳压后获得的稳定直流电。

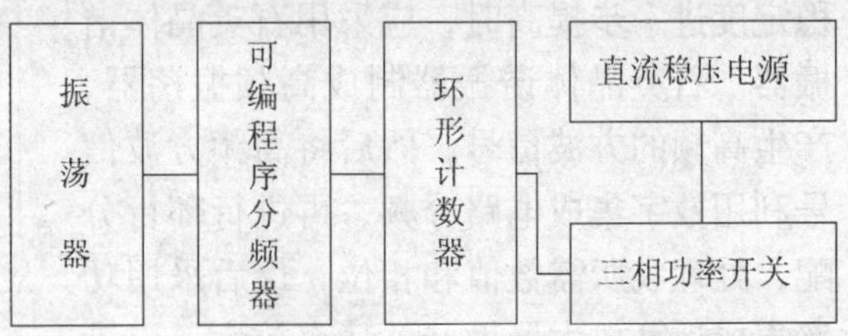

图 7-19　结构框图

7.4.3　可编程序分频器的设计

可编程序调频微电机三相方波电源如图 7-20 所示，可编程序分频器由数字集成计数器 4040 和 8 选 1 数据选择器 4512 以及编程逻辑开关 S2、S1、S0 组成，4040 是 12 级二进制计

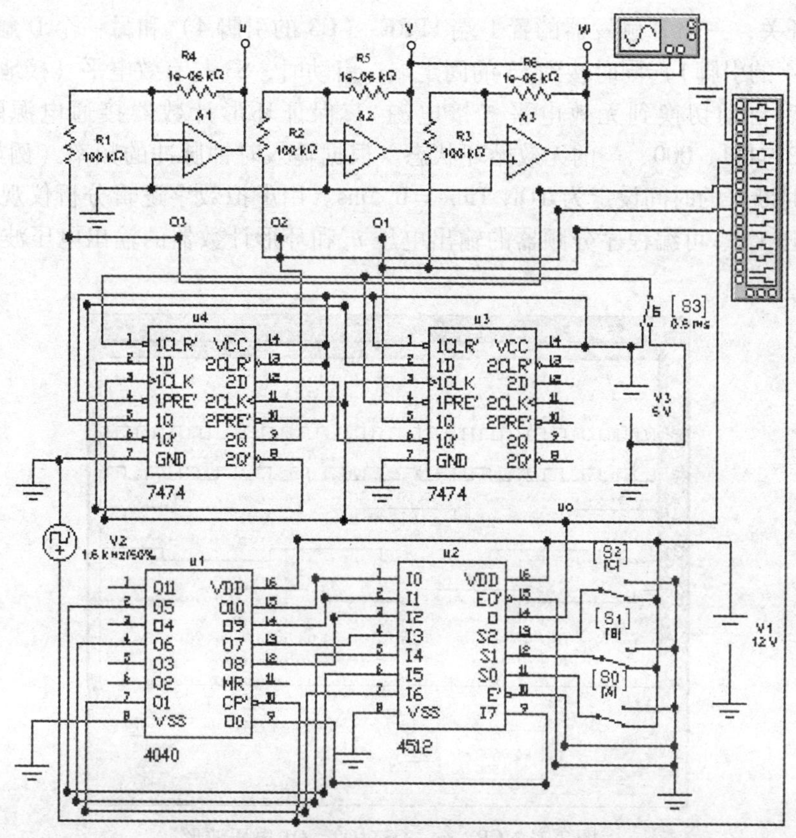

图 7-20　可编程序调频微电机三相方波电源

数器，计数器 4040 将振荡器产生的高频信号进行 8 级二分频，再传送给 8 选 1 数据选择器 4512，数据选择器的输出由编程逻辑开关 S2、S1、S0 控制。若振荡器 V2 的输出频率设定为 37. 2kHz，逻辑开关 S2、S1、S0 取值不同时，数据选择器的输出频率和相应 6 分频频率表如表 7-1 所示；当 S2S1S0 = 001 时，可编程序分频器的输出频率为 2. 4kHz。

表 7-1　分频器输出频率及相应 6 分频频率表

2 分 频 级	S2 S1 S0	分频器输出频率/kHz	6 分频/kHz
2^8	0 0 0	1. 2	0. 2
2^7	0 0 1	2. 4	0. 4
⋮	⋮	⋮	⋮
2^2	1 1 0	76. 8	12. 8
2^1	1 1 1	153. 6	25. 6

7. 4. 4　三相对称方波的产生

如图 7-20 所示，由两片上升沿触发的双 D 触发器 7474 构成环形计数器，可编程序分频器的输出端 u_o 是环形计数器的时钟脉冲输入端，工作时将输入的时钟脉冲信号 6 分频，在环形计数器的输出端 Q1、Q2、Q3 输出三相对称方波电压。图 7-20 中定时开关 S3 是环形计数器的自启动开关，一个 D 触发器的置 1 端 1PRE′（U3 的引脚 4）和另一个 D 触发器的置 0 端 1CLR′（U4 的引脚 1）同时接到 S3 的固定端，启动时，S3 与有效电平（接地）接通，经过定时时间后自动切换到无效电平（接电源），保证环形计数器接通电源瞬间不进入 Q3Q2Q1 = 000、111、000、…的无效循环状态。根据输入时钟脉冲的频率（例如 2.4kHz），S3 的通电延时断开的时间设定为 TON Time = 0.5ms。用虚拟数字逻辑分析仪观测到振荡器 V2 的输出电压 CP、可编程序分频器的输出电压 u_o 和环形计数器的输出电压波形如图 7-21 所示。

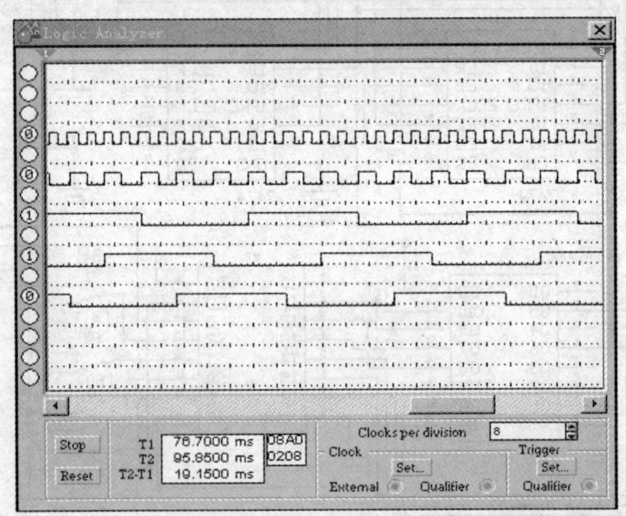

图 7-21　CP、u_o、Q3、Q2、Q1 电压波形

图 7-20 中集成功率运放 A1、A2、A3 采用具有过电流和过热保护环节的 LM12，组成三相功率开关。环形计数器输出的三相对称方波经该电路后仍保持原有的对称性，但输出电压的幅值、输出电流和输出功率都增大了，实现了由直流到三相对称方波交变电流的转换，可直接驱动微电动机。用虚拟示波器观测到功率开关的输出端 U、V、W 的输出电压波形如图 7-22 所示。

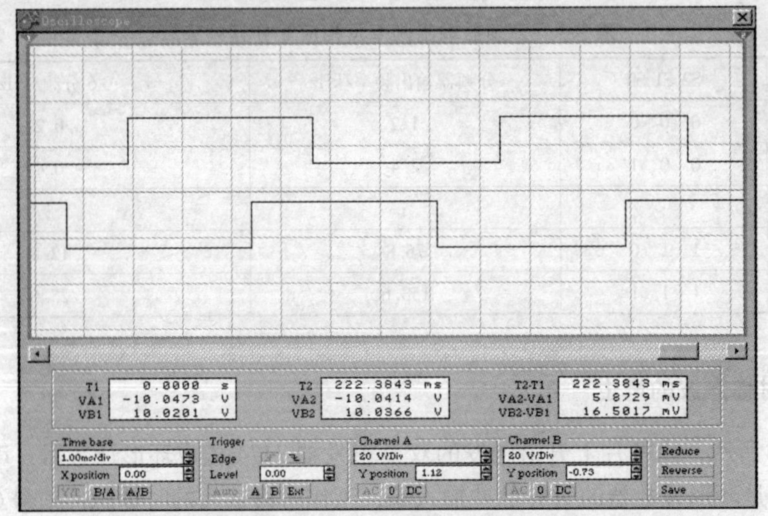

图 7-22　功率开关电路输出电压波形

7.4.5 技术指标与实验结果

经实验测得，可编程调频微电机三相方波变流电源的理论计算、电路仿真与实验结果取得一致。该电源可达到如下技术指标，输入直流电压30V，输出三相方波电压14V，电流1A，频率可根据需要连续调节，频率稳定度为2×10^{-3}，电压稳定度为1%，三相方波电源的转换效率高达85%。

微电机驱动电源的仿真研究给微电机驱动电源的设计提供一个快捷方法，可方便地改变设计方案和电路参数，以满足电源对电压、电流、频率等指标的要求。用虚拟仪器测量电压、电流，观测各点的波形，能达到最佳仿真效果。为电路的实现、调整和运行提供了基本依据。还可节省实验经费，缩短设计周期，适于微小电机驱动装置的电子化、多样化、集成化的发展趋势。

7.5 微电机三相梯形波变流电源的仿真设计

7.5.1 设计要求与技术指标

（1）设计要求 要求采用电子工作平台（EWB）软件设计：

1）移相式微电机三相梯形波变流电源。

2）积分式三相梯形波变流电源。要求输出交流电压的幅值可通过改变输入直流电压的大小来调节，输出电压的频率可通过三联同轴电位器连续调节。

（2）技术指标

1）移相式微电机三相梯形波驱动电源的输入直流电压30V，输出三相交流电压14V，频率500Hz，电流200mA，三相电压不对称度2%，频率稳定度$10^{-2}\sim10^{-3}$，正弦波失真度1%。

2）积分式三相梯形波变流电源的输入直流电压为30V时，输出电压为14V，频率为500Hz，电流为1A，频率稳定度为2×10^{-3}，电压稳定度为1%。三相梯形波电源的转换效率高达85%。

7.5.2 原理与电路设计

与正弦波驱动电源相比，梯形波驱动电源具有转换效率高、对称度好、波形失真度小等特点。利用具有过电流保护和过热保护等环节的集成功率放大器构成有源移相器和积分器，再由三个相同的有源移相器和积分器分别构成闭环电路，产生梯形波振荡，将直流电变换成对称的三相梯形波交流电，并采用EWB软件进行研究。

1. 移相式三相梯形波电源 移相式微电机三相梯形波驱动电源的基本单元电路如图7-23所示，集成功率运算放大器AR1

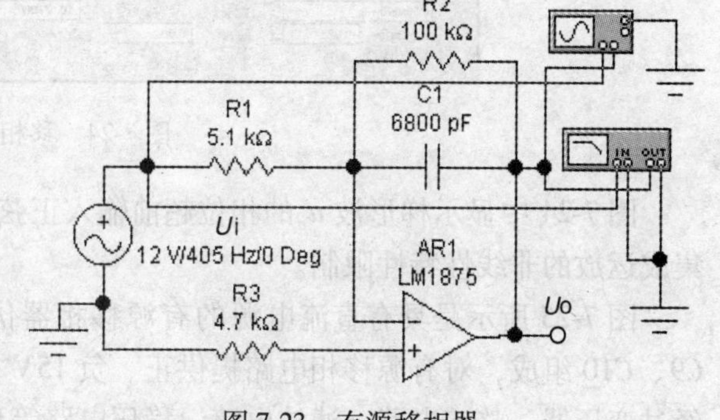

图7-23 有源移相器

和外围电阻 $R1$、$R2$、$R3$ 和电容 $C1$ 构成有源移相器，其频率特性为

$$\dot{A}(j\omega) = -\frac{R2}{R1}\frac{1}{1 + j\omega R2C1} \tag{7-9}$$

其幅频特性

$$A(\omega) = \frac{R2}{R1}\frac{1}{\sqrt{1 + (\omega R2C1)^2}} \tag{7-10}$$

其相频特性

$$\phi(\omega) = -\pi - \arctan \omega R2C1 \tag{7-11}$$

式中，$-\pi$ 为反相输入运放的基本相移；$-\arctan \omega R2C1$ 为移相电路的附加相移。其对数幅频特性为

$$20\lg A(\omega) = 20\lg \frac{R2}{R1} - 20\lg \sqrt{1 + (\omega R2C1)^2} \tag{7-12}$$

若取 $R2/R1 = 2, \omega = \omega_0 = \sqrt{3}/(R2C1)$，并代入式（7-11）、式（7-12）可得移相器的增益 $A(\omega) = 1$，是移相器构成正弦波振荡器的幅值平衡条件；相移 $\phi(\omega) = -180° - 60° = 120°$，是移相器构成正弦波振荡器的相位平衡条件。为产生梯形波振荡。须使 $R2/R1 \gg 2$，并保证相位平衡条件，利用集成运放的非线性限幅特性，产生梯形波输出。根据该条件选 $R1 = 5.1\text{k}\Omega$，$R2 = 100\text{k}\Omega$，$R3 = 4.7\text{k}\Omega$，$C1 = 6800\text{pF}$，如图 7-23 所示，这时集成运放的静态增益 $A(\omega) = (100/5.1) = 19.6 \gg 2$。通过计算机仿真可在虚拟扫频仪上观察到有源滤波器的幅频特性曲线和相频特性曲线（图略）。当输入正弦波时，输出的梯形波如图 7-24 所示。

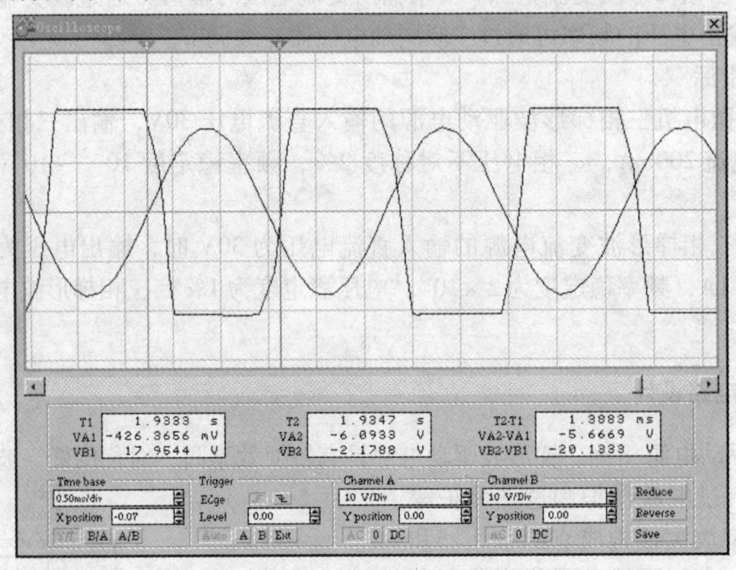

图 7-24 移相器波形

图 7-24 中显示梯形波 u_o 的相位超前输入正弦波 u_i 相位角 $\phi = 120°$，频率 405Hz，幅值受集成运放的非线性特性限制。

图 7-25 所示是具有直流电源的有源移相器仿真电路，由直流电源 V1 和电容 $C7$、$C8$、$C9$、$C10$ 组成，对有源移相电路提供正、负 15V 电压。直流电源 V1，通常由单相交流电源经过变压器、整流电路、滤波电路、稳压电路等环节后取得。读者可自己创建该电路。具有

直流电源的有源移相器的输入和输出波形图如图 7-26 所示。

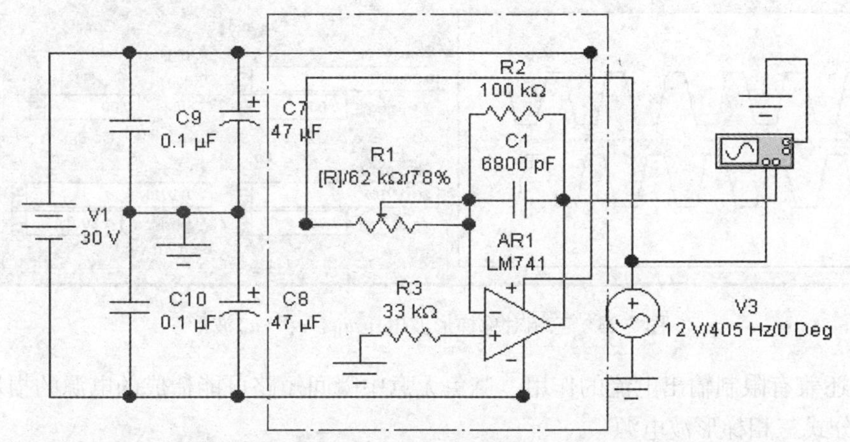

图 7-25　具有直流电源的有源移相器

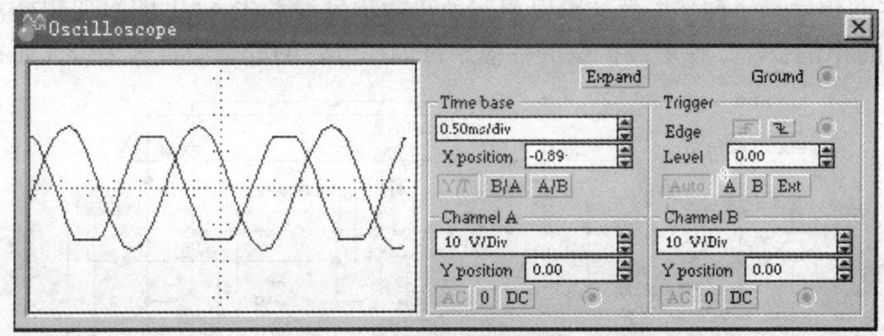

图 7-26　有直流电源的有源移相器波形图

将三个图 7-23 所示的有源移相器级联，并将 AR3 的输出端与 AR1 的输入端连接，形成闭环电路，如图 7-27 所示，其环路增益 $AF \gg 1$，环路相移 $\phi = 0$，该电路将产生梯形波振荡，在 AR1、AR2、AR3 的输出端 U、V、W 产生对称的三相梯形波电压 u_U、u_V、u_W 通过计算机仿真，在虚拟示波器上观测到三相对称梯形波电压 u_U、u_V、(u_W) 的波形如图 7-28 所示。

微电机的功率因数较低，电流滞后角较大，图 7-27 中整流管 VD1 ~ VD6，构成续流电桥；电阻 $R10$、$R11$、$R12$ 和电容 $C4$、$C5$、$C6$ 构成负载的无功功率补偿电路，电阻 $R10$、

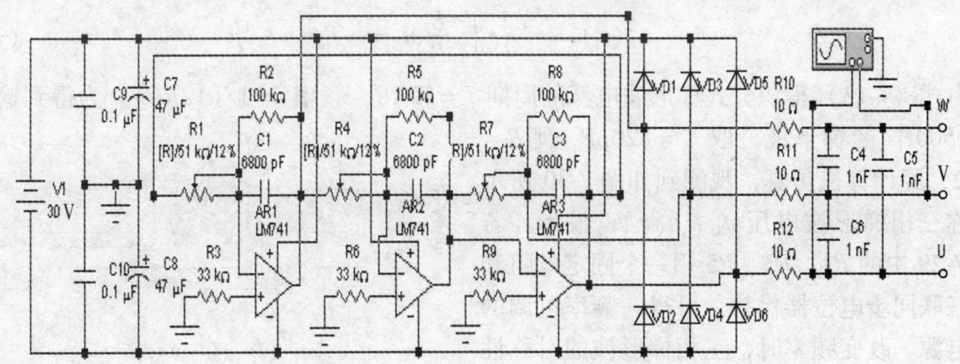

图 7-27　移相式三相梯形波变流电源

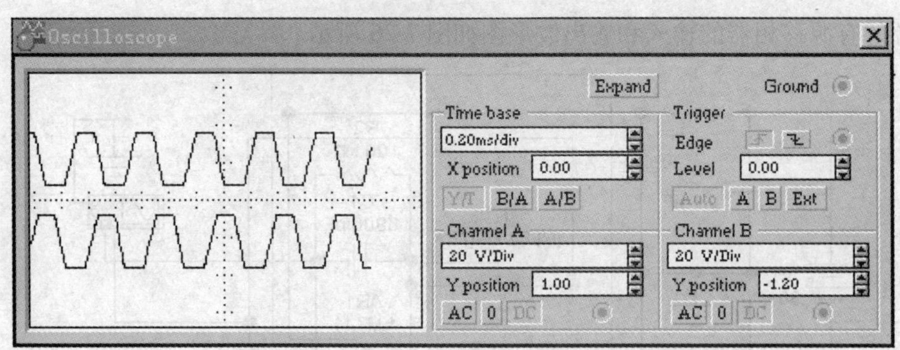

图 7-28 三相对称梯形波电压 u_U、u_V、u_W 波形

$R11$、$R12$ 还兼有限制输出电流的作用，避免无意中瞬间短路可能造成的电源的损坏。

2. 积分式三相梯形波电源

若将图 7-27 中的 $R2$、$R5$、$R8$ 去掉，三个运算放大器变为三个对称的积分电路，得到图 7-29 所示的积分式三相梯形波变流电源。当每级积分器产生 $-60°$ 的附加相移，即可满足梯形波振荡的相位条件，梯形波振荡的幅值条件因积分器的静态增益为无穷大而自动满足。

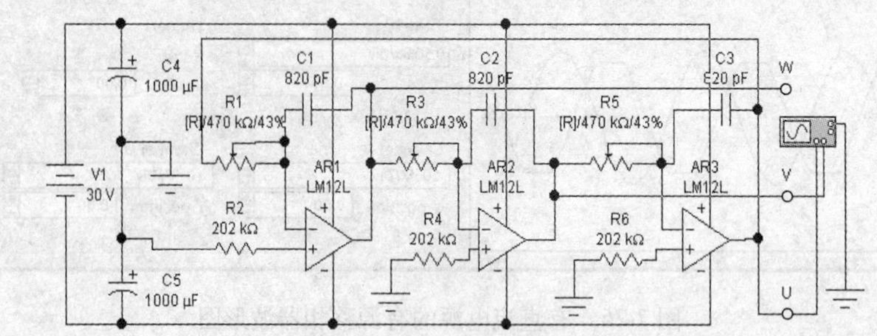

图 7-29 积分式三相梯形波变流电源原理图

若集成运放的工作电压值为 $\pm E$，由 $C4$ 和 $C5$ 分压取得。电阻 $R1=R3=R5=R$，电容 $C1=C2=C3=C$，由反相输入积分电路的原理可知，流入积分电容器的电流 I 在积分过程中恒定不变，即 $I=E/R$，因而梯形波的前、后沿是线性变化的。若设集成运算放大器在梯形波的半个周期 $T/2$ 内有 $2\pi/3$ 工作在开关状态，梯形波的前后沿占 $\pi/3$。电路的积分时间常数 $\tau=RC$，当 $t=\tau=RC=T/12$ 时，电容器上的电压由 0 线性变化到 $-E$，表示为

$$u_C(\tau) = -\frac{1}{C}\int_0^t \frac{E}{R}\mathrm{d}t = -E \tag{7-13}$$

由式（7-13）得积分式梯形波电源的周期 $T=12RC$，频率 $f=1/(12RC)$。为得到输出频率 $f=500\text{Hz}$ 的梯形波，取 $C=820\text{pF}$，则 $R=203\text{k}\Omega$，经计算机仿真，观测到如图 7-30 所示的对称三相梯形波电压 u_U、u_V、u_W 波形。若将图 7-29 中的 $R1$、$R3$、$R5$ 用一个固定电阻和一个三联同步电位器代替，可得一频率可调的变频电源。改变频率时，三相梯形波的对称性和平衡度不会改变。

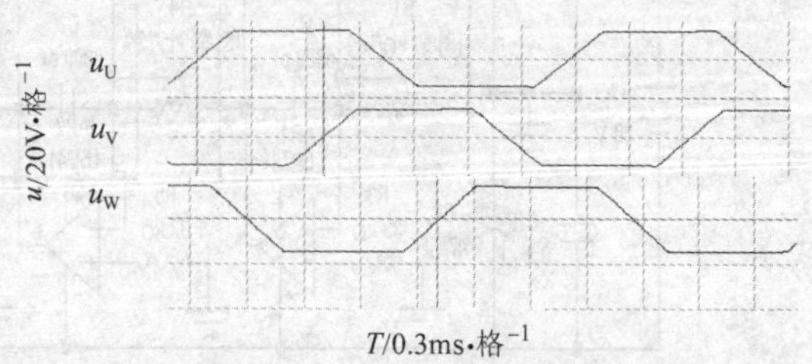

图 7-30 图 7-29 输出三相对称梯形波电压

3. 具有子电路形式的三相梯形波变流电源

若将图 7-25 所示的点画线框内的有源移相器创建为子电路，如图 7-31 所示，并用 APU 表示，可得如图 7-32 所示的具有子电路形式的三相梯形波变流电源。当双击子电路符号 APU 时，子电路被打开，可根据需要修改或调节子电路中的电路参数。在虚拟示波器上仍可观测到三相对称梯形波电压 u_U、u_V、(u_W) 的波形，见图 7-28。由于振荡的产生和建立需要一定时间，所以仿真输出的梯形波是逐步建立起来的。另外，还要注意有源移相器子电路 APU 中的电位器 R15（见图7-31）的电阻值应调节到 12%，才能得到对称性好的三相梯形波。

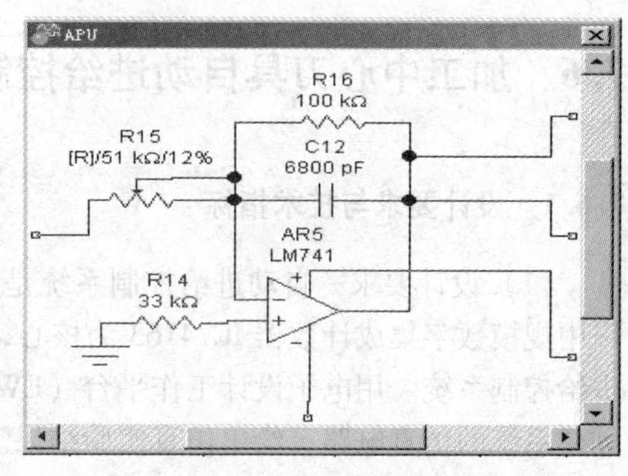

图 7-31　创建有源移相器子电路

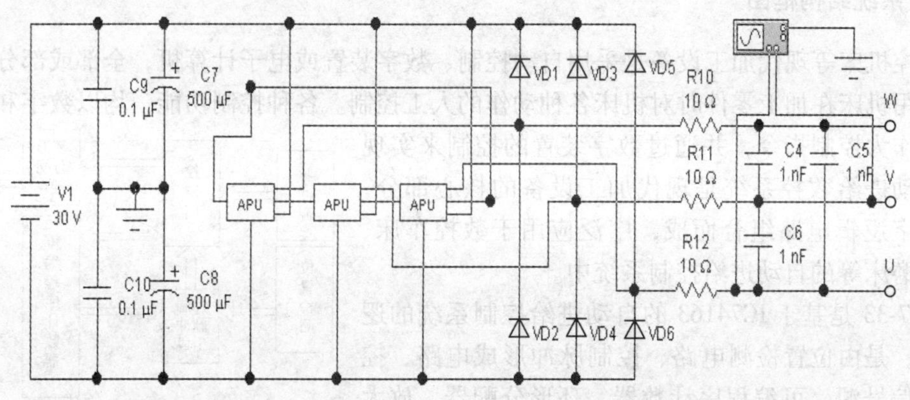

图 7-32　具有子电路形式的三相梯形波变流电源

7.5.3　技术指标与实验结果

经实验测得，三相梯形波变流电源的理论计算、电路仿真与实验结果基本一致。图7-27所示移相式三相梯形波变流电源可达到如下指标：输入直流电压 30V，输出三相交流电压 14V，频率 500Hz，电流 200mA，三相电压不对称度 2%，频率稳定度 $10^{-2} \sim 10^{-3}$，正弦波失真度 1%。图 7-29 所示积分式三相梯形波变流电源可达到如下指标：当输入直流电压为 30V 时，输出电压为 14V，频率为 500Hz，电流为 1A，频率稳定度为 2×10^{-3}，电压稳定度为 1%。三相梯形波电源的转换效率高达 85%。输出交流电压的大小可通过改变输入直流电压的大小来调节，输出电压的频率可通过三联同轴电位器连续调节。

利用 EWB 软件，对微电机三相梯形波变流电源的研究，可在虚拟环境下方便地改变设计方案和电路参数，以满足微电机驱动电源对电压、电流和频率等指标的要求。用虚拟仪器测量各点电压、电流，观测频率特性和波形，能达到最佳仿真效果，为电路的实现、调整和运行提供了基本依据。还可节省实验经费，缩短设计周期，适于微小电机驱动装置的电子化、多样化、集成化的发展趋势。

另外，在频率稳定度要求较高的场合，可采用石英晶体振荡器和数字技术达到更高的稳频效果。

7.6 加工中心刀具自动进给控制系统的设计

7.6.1 设计要求与技术指标

（1）设计要求　自动进给控制系统是数控机床等现代加工设备的重要组成部分。要求以中规模数字集成计数器 IC74163 为核心，以步进电动机为执行元件，设计一个数字化自动进给控制系统。用电子设计工作平台（EWB）软件，进行自动进给控制系统的研究和设计，创建系统的仿真电路，给出仿真实验结果。

（2）技术指标　刀具进给速度为 2～5 次/s；用虚拟数字逻辑分析仪和示波器观测各点的波形；进给脉冲的个数可由七段译码显示器 LED 显示。

7.6.2 系统结构框图

数控机床等现代加工设备是采用自动控制、数字装置或电子计算机，全部或部分地取代一般通用机床在加工零件时对机床各种动作的人工控制。各种控制功能，均以数字和文字代码方式作为控制指令，并通过数字装置的控制来实现的。自动进给数控系统是现代加工设备的核心部分，它由数字逻辑电路组合而成，广泛应用于数控车床、刨床、磨床等的自动进给控制系统中。

图 7-33 是基于 IC74163 的自动进给控制系统的逻辑框图，是由位置检测电路、控制脉冲形成电路、控制门、信号源、可编程序计数器、环形分配器、放大驱动电路和执行元件等组成。

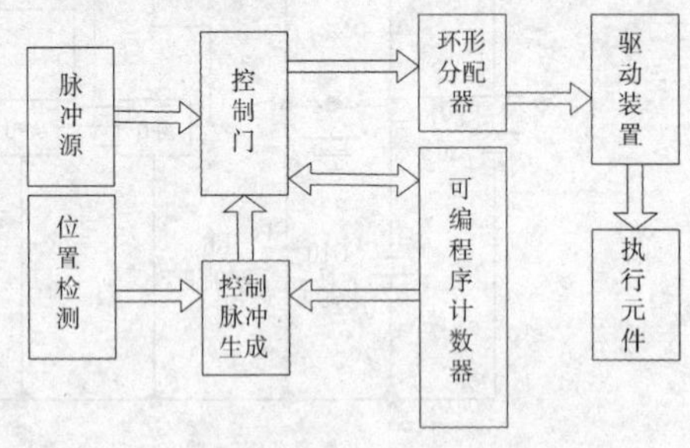

图 7-33　自动进给控制系统的逻辑框图

7.6.3 自动进给控制系统的设计

自动进给系统中的可编程序计数器是控制机床进给量的装置，进给量的大小由进给脉冲的多少来决定，脉冲数目由计数器提供。因此计数器应具有可变进制计数的功能，接通电源时，计数器应自动置数或置零；当刀具运动到预定位置时，位置检测电路通过控制脉冲形成电路和控制门发出进给启动信号，启动计数器按设定值计数，达到预定进给量后输出一个进给停止脉冲信号，使计数器和执行元件停止工作，完成一个自动进给周期。

图 7-34 是状态译码置数可编程序计数器，[A][B][C][D][E][F][G][H][I]是状态译码可编程序计数器的置数开关，通过 10 线-4 线编码器 74147 和 6 反相器 7404 将预置数代码送至 IC74163 的置数输入端 DCBA；IC74163 的输出端 QD、QA 经与非门 G1 接至预置数端 LOAD′，当计数器输出状态 QD QC QB QA = 1001 时，LOAD′ = 0，此时无论使能端 ENP、ENT 为何值，计数器执行并行送数，当 CLK 脉冲上升沿到来时，预置数据置入各相应触发器，即 QD QC QB QA = DCBA。根据输入预置数据不同，IC74163 形成不同进制计数器，即循环模数 M 由置数开关的取值而定，成为 M 可编程序计数器。表 7-2 是计数器的编程状态表。

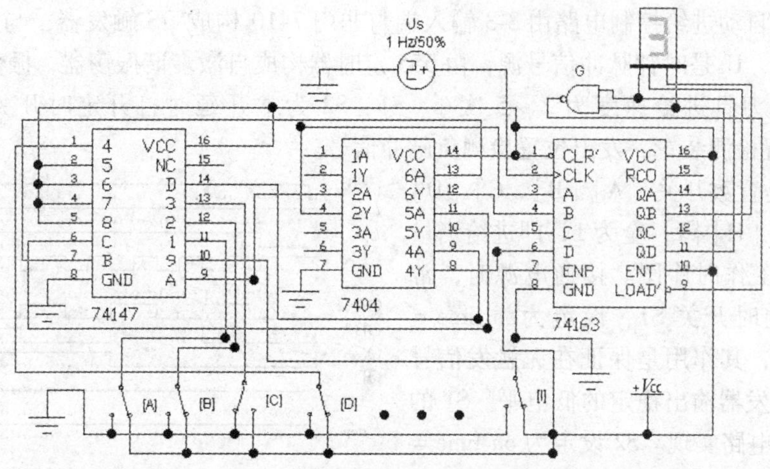

图 7-34　状态译码置数可编程序计数器

表 7-2　自动进给计数器的编程状态表

编程开关状态									预 置 数 值	循 环 模 数
A	B	C	D	E	F	G	H	I	DCBA	M
×	×	×	×	×	×	×	×	0	1001	1
×	×	×	×	×	×	×	0	1	1000	2
×	×	×	×	×	×	0	1	1	0111	3
…	…	…	…	…	…	…	…	…	…	…
×	0	1	1	1	1	1	1	1	0010	8
0	1	1	1	1	1	1	1	1	0001	9
1	1	1	1	1	1	1	1	1	0000	10

图 7-35 是自动进给控制系统仿真电路，由状态译码置数可编程序计数器和自动进给控

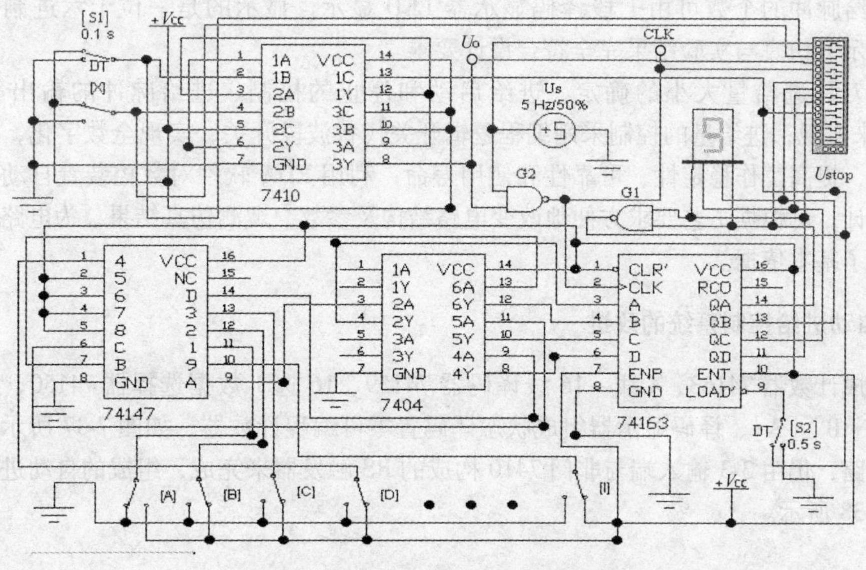

图 7-35　自动进给控制系统仿真电路

制电路组成。自动进给控制电路由3-3输入端与非门7410构成RS触发器，与非门G2是自动进给控制门，U_S是时钟脉冲信号源，由555定时器构成自激多谐振荡器，振荡频率设计为2～5Hz，适于刀具进给速度为2～5次/s。S1、S2为常开延时打开定时开关，转换开关［X］代替位置检测装置，发出位置检测负脉冲信号。

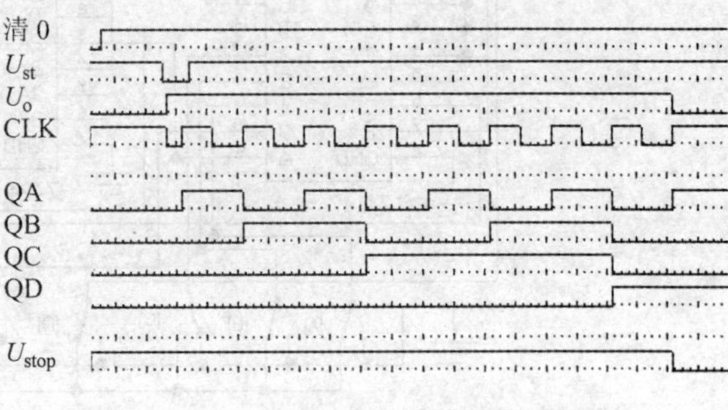

图7-36 CLK＝9时的自动进给时序图

图7-36是置数开关［A］［B］［C］［D］［E］［F］［G］［H］［I］全为1，即进给当量CLK＝9时的工作时序图。接通电源时，常开延时打开定时开关S1，设定为on time＝0.1s然后打开，其作用是保证在无触发信号或开机时，触发器输出稳定的低电平。S1的功能可由积分电路实现。S2设定为on time＝0.5s然后打开，对可编程序计数器通电清零。当刀具运动到预定位置时，位置检测电路便会发出进给启动负脉冲信号U_{st}，该信号通过7410构成的RS触发器在7410的管脚8输出高电平U_o，将控制门G2打开，使时钟脉冲CLK通过G2门达到IC74163的时钟输入端，开始进行进给计数；同时该时钟脉冲经过环形分配器、功率放大电路，驱动自动进给执行元件（步进电动机）；当刀具达到预置进给量时，利用IC74163的LOAD′端出现的下跳信号U_{stop}，作用在RS触发器上，并在7410的管脚8输出低电平，关闭控制门G2，时钟脉冲被禁止，完成一个自动进给工作周期。

7.6.4 仿真与实验结果

用EDA软件对图7-35所示的数控进行仿真和实验，接通电源后，通过编程开关设定进给量，调整好定时开关S1、S2的定时时间，然后设定虚拟（或实际）数字逻辑分析仪和示波器的内时钟频率，可观测到如图7-36所示各点的波形。图7-35中的U_o是系统输出的进给脉冲，进给脉冲的个数可由七段译码显示器LED显示，显示的是一位十六进制数码，如图7-35所示。仿真与实验结果完全符合设计要求。

加工刀具进给量大小的确定、进给启动和停止的控制、进给脉冲的输出等都通过IC74163来实现；进给量的控制采用编程逻辑开关代替波段开关，实现全数字化，便于联机联网运行，提高工作稳定性、可靠性和使用寿命；利用EDA软件对数控装置自动进给系统研究和设计，可根据工艺要求方便地改变电路结构及参数，观测仿真结果，为电路的设计与实现提供了基本依据。

7.6.5 自动进给控制系统的改进

将集成计数器74163、4线－16线译码器74159、16选1数据选择器74150、编程开关［D］［C］［B］［A］、译码显示器组成状态译码置零可编程计数器，如图7-37所示。自动进给控制电路，仍由3-3输入端与非门7410构成的RS触发器来完成，组成的自动进给控制系统如图7-38所示。

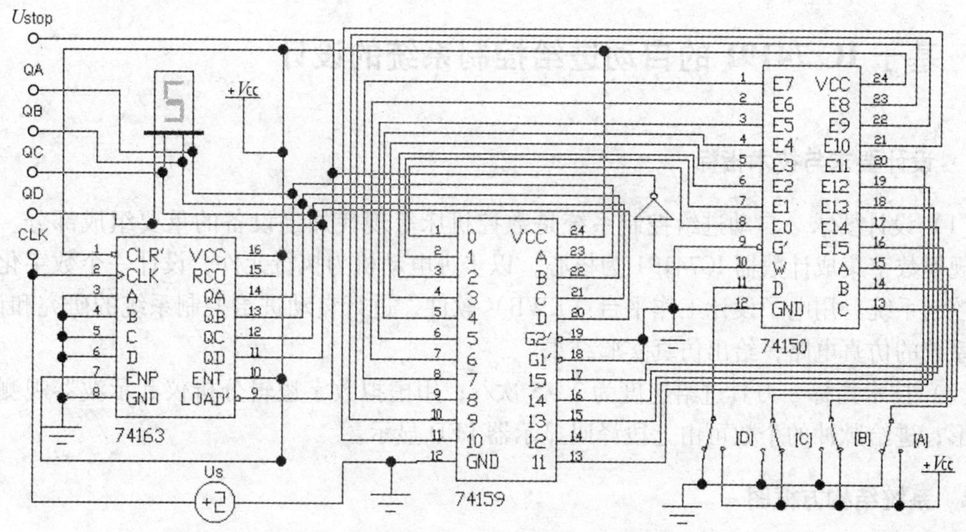

图 7-37　状态译码置零可编程序计数器

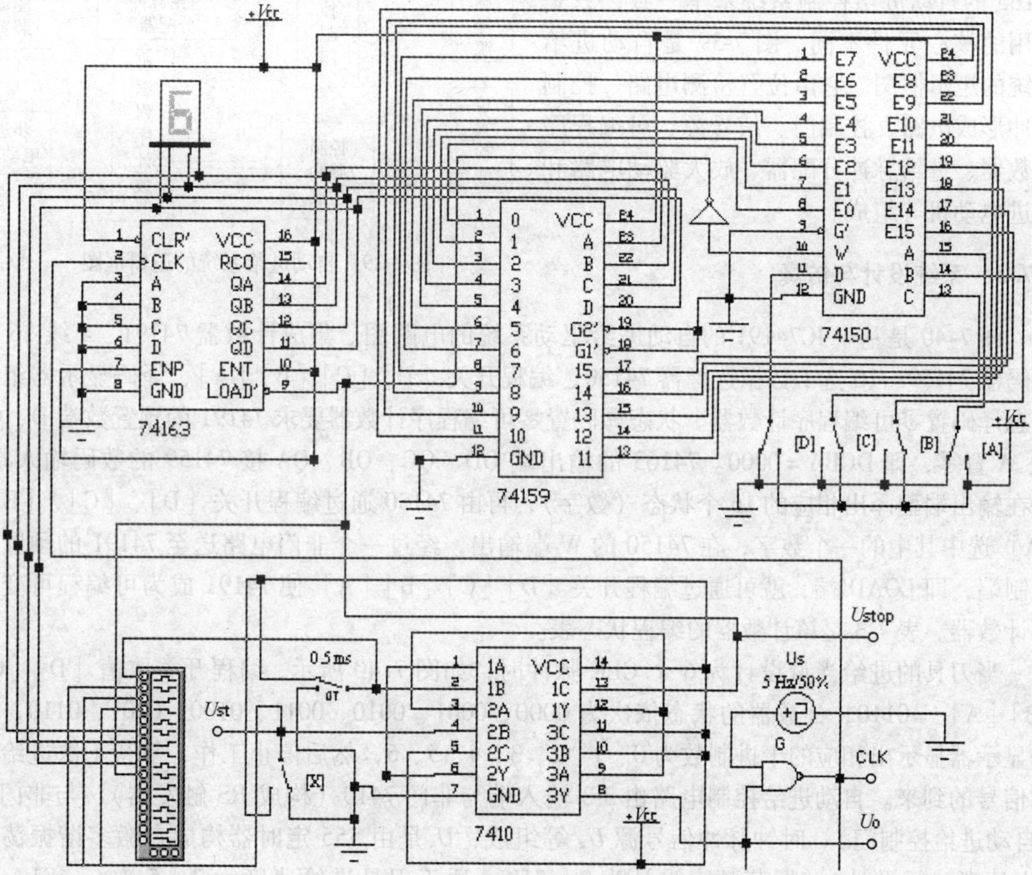

图 7-38　改进的自动进给控制系统仿真电路

7.7 基于 IC 74191 的自动进给控制系统的设计

7.7.1 设计要求与技术指标

（1）设计要求　自动进给控制系统是数控机床等现代加工设备的重要组成部分。要求以中规模数字集成计数器 IC74191 为核心，以步进电动机为执行元件，设计一个数字化自动进给控制系统。用电子设计工作平台（EWB）软件，进行自动进给控制系统的研究和设计，创建系统的仿真电路，给出仿真实验结果。

（2）技术指标　刀具进给速度为 2 ~ 5 次/s；用虚拟数字逻辑分析仪和示波器观测各点的波形；进给脉冲的个数可由七段译码显示器 LED 显示。

7.7.2 系统结构方框图

基于 IC 74191 的自动进给控制系统的设计要求与技术指标，与 7.7 节所叙述的基于 IC 74163 的自动进给控制系统基本一致，只是使用的核心元件不同。图 7-39 是自动进给系统的逻辑框图。它由位置检测电路、控制脉冲形成电路、控制门、信号源、可编程序计数器、进给脉冲分配器、放大驱动电路和步进电动机等组成。

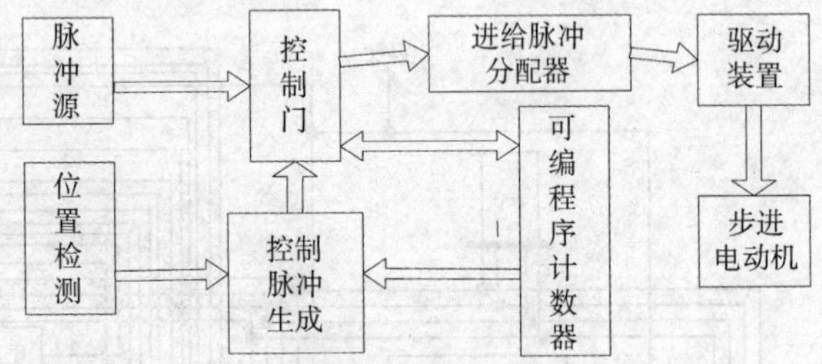

图 7-39　自动进给系统的逻辑框图

7.7.3 系统设计与仿真

图 7-40 是基于 IC74191 的自动进给驱动系统的电路图。集成计数器 74191、4 线-16 线译码器 74159、16 选 1 数据选择器 74150、编程开关［D］［C］［B］［A］、译码显示器组成状态译码置零可编程序计数器。状态译码置零可编程序计数器要求 74191 的预置数端 D、C、B、A 置零，即 DCBA = 0000。74163 的输出端 QD、QC、QB、QA 接 74159 的数码输入端，并在输出端翻译出相应的 16 个状态（数字），再由 74150 通过编程开关［D］、［C］、［B］、［A］选中其中的一个数字，在 74150 的 W 端输出，经过一个非门电路送至 74191 的预置数控制端，即 LOAD′端，就可通过编程开关［D］［C］［B］［A］使 74191 成为可编程可变进制计数器。表 7-3 是该计数器的编程状态表。

当刀具的进给当量设计为 6 个 CLK 脉冲时，如图 7-40 所示，编程开关取值［D］［C］［B］［A］ =0110，计数器的状态依次为 0000、0001、0010、0011、0100、0101、0110，译码显示器显示出相应的十进制数为 0、1、2、3、4、5、6，然后停止工作，等待下次进给启动信号的到来。自动进给控制电路由 3-3 输入端与非门 7410（构成 RS 触发器）、与非门 G（自动进给控制门）、时钟脉冲信号源 U_S 等组成，U_S是由 555 定时器构成自激多谐振荡器（由读者自行设计），振荡频率设计为 2 ~ 5Hz，适于刀具进给速度为 2 ~ 5 次/s。S1、S2 为常开延时打开定时开关，转换开关［X］代替位置检测装置，发出位置检测负脉冲信号。

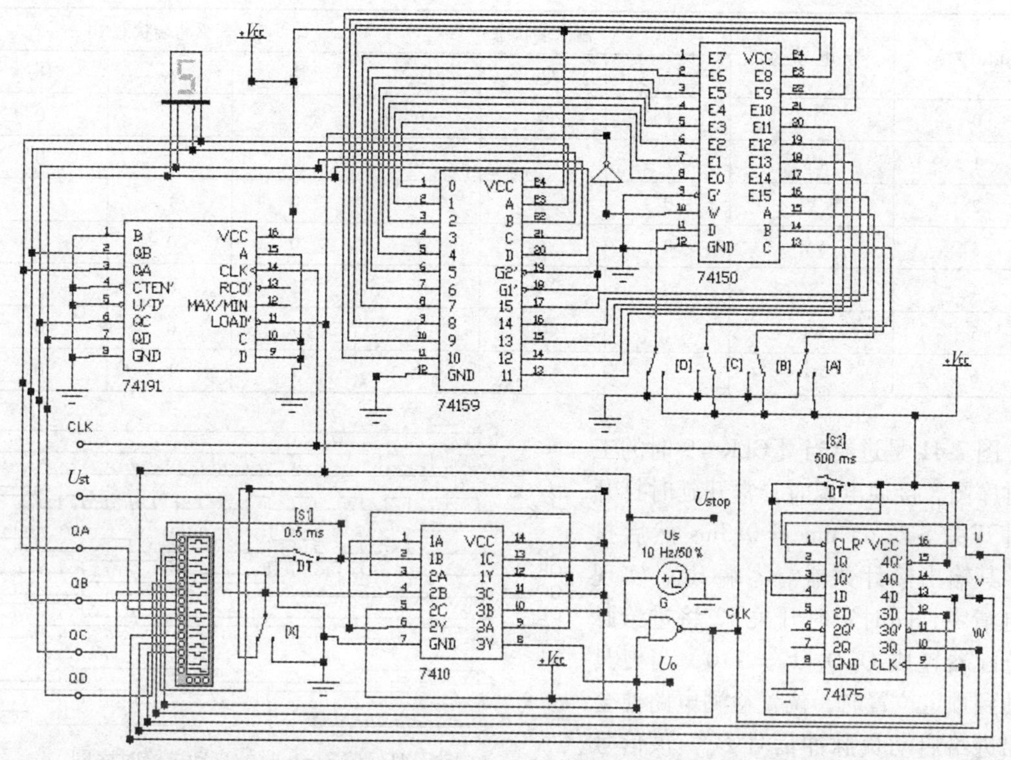

图 7-40　基于 IC74191 自动进给驱动系统图

表 7-3　可编程序计数器的编程状态表

编程开关	74191 最大值状态	循环模数
[D] [C] [B] [A]	Q_D Q_C Q_B Q_A	M
0 0 0 0	0 0 0 0	1
0 0 0 1	0 0 0 1	2
0 0 1 0	0 0 1 0	3
…	…	…
1 1 1 1	1 1 1 1	16

图 7-40 中的 4D 触发器 74175 中的前 3 个 D 触发器构成进给脉冲分配器，即环形分配器，进给脉冲分配器是将进给脉冲按照一定顺序轮流分配给步进电动机各绕组的电路，其电路的形式和步进电动机的结构、型号及控制方式有关。该系统的步进电动机采用三相六拍励磁方式，三相绕组的导电次序为 U→UV→V→VW→W→WU→U→。进给脉冲 CLK 到来之前，进给脉冲分配器先复位，再通过定时开关 S2 将其置成 $Q_UQ_VQ_W=100$，即 $D_U=1$　$D_V=1$　$D_W=0$，第一个 CLK 脉冲过后，环形分配器输出为 $Q_UQ_VQ_W=110$，由此可列出进给脉冲分配器各输出端和驱动端状态表如表 7-4 所示。各触发器驱动端的驱动方程式分别为

$$D_U=Q'_V,\ D_V=Q'_W,\ D_W=Q'_U$$

表 7-4 进给脉冲分配器各输出端和驱动端状态表

CLK 序号	导电绕组	输出端状态			驱动端状态		
		Q_U	Q_V	Q_W	D_U	D_V	D_W
0	U	1	0	0	1	1	0
1	UV	1	1	0	0	1	0
2	V	0	1	0	0	1	1
3	VW	0	1	1	0	0	1
4	W	0	0	1	1	0	1
5	WU	1	0	1	1	0	0
6	U	1	0	0	1	1	0

图 7-41 是进给当量 CLK = 9 时的工作时序图。接通电源时，常开延时打开定时开关 S1，on time = 0.5ms 然后打开，其输出接计数器清零端 R_D，实现通电清零，同时定时开关 S2 将进给脉冲分配器置成 $Q_U Q_V Q_W$ = 110，当刀具运动到预定位置时，位置检测电路便会发出进给启动负脉冲信号 U_{st}，该信号通过 7410 构成的 RS 触发器在 7410 的管脚 8 输出高电平 *Uo*，将控制门 G 打开，使时钟脉冲 CLK 通过 G 门达到 74163 的时钟输入端，开始进行进给计数；同时该时钟脉冲经过进给脉冲分配器、功率放大电路，驱动自动进给执行元件步进电动机；当刀具达到预置进给位置时，利用 74163 的 LOAD′端出现的下跳信号 *U*stop，作用在 RS 触发器上，并在 7410 的管脚 8 输出低电平，关闭控制门 G，时钟脉冲被禁止，步进电动机停止转动，完成一个自动进给工作周期。

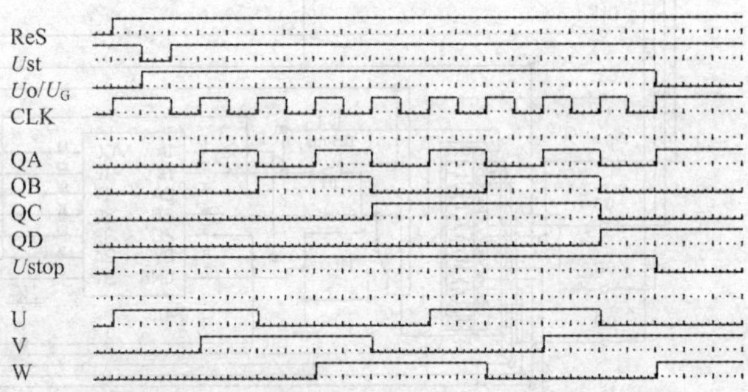

图 7-41 CLK = 9 时的自动进给时序图

对图 7-40 所示的数控机床自动进给驱动系统，进行计算机仿真实验，双击虚拟数字逻辑分析仪图标，打开 Clock setup 对话框，调节内部时钟设置，如图 7-42 所示，使 Internal clock rate = 2Hz；通过编程开关设定进给量，接通电源后，按转换开关［X］键，发出位置检测负脉冲信号，自动进给驱动系统开始工作，虚拟数字逻辑分析仪得到图 7-41 所示各点的波形。进给脉冲的个数可由七段译码显示器 LED 显示（见图 7-40），当编程开关取值［D］［C］［B］［A］ = 1111 时，输出 15 个进给脉冲。仿真与实验结果完全符合设计要求。

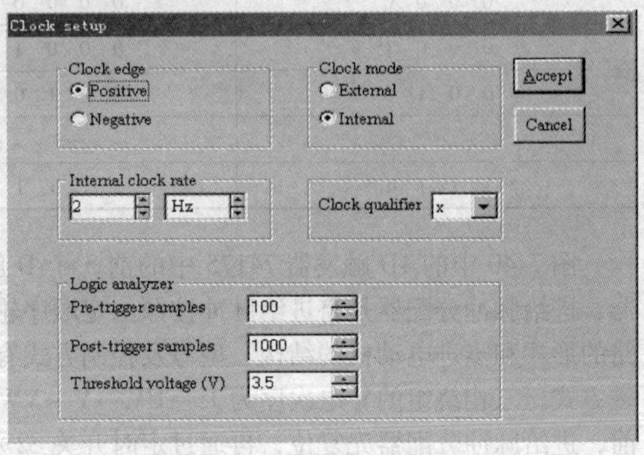

图 7-42 逻辑分析仪内时钟设置框

步进电动机自动进给驱动系统是数控机床的核心部件，进给量的控制采用可编程可变进制计数器，编程逻辑开关代替机械波段开关，便于联机联网运行，提高工作稳定性、可靠性和使用寿命。利用 EDA 软件对数控机床自动进给系统研究和设计，可根据工艺要求方便地改变电路及参数，缩短了设计周期，为电路的设计与实现提供了基本依据。

7.8　三相混合式步进电动机驱动系统的设计

7.8.1　设计要求与技术指标

（1）设计要求　在研究了三相混合式步进电动机多相驱动时转矩矢量与逻辑通电状态的基础上，以三相混合式步进电动机为执行元件，设计一个数字化自动进给驱动系统。用电子设计工作平台（EWB）软件，进行自动进给驱动系统的研究和设计，创建系统的仿真电路，给出仿真实验结果。

（2）技术指标　三相混合式步进电动机驱动方式采用 H 形联结方式；设计一个六拍 2-2 通电方式的驱动电路；用虚拟数字逻辑分析仪观测各点的波形。

7.8.2　概述

混合式步进电动机在原理和结构上综合了磁组式和永磁式步进电动机的优点，因此，混合式步进电动机具有诸多优异性能，例如，混合式步进电动机的定子绕组通电极性不同时，便可产生不同方向的转矩；可以让所有的定子绕组同时通电，使输出转矩大增，并提高了绕组的利用率；改变绕组的通电方式，就可在很大程度上改变步距角，获得较高的分辨率等。三相混合式步进电动机与五相混合式步进电动机相比，技术难度小，易于控制，具有优良的性能价格比，有推广的潜力和价值。本节将利用电子设计工作平台（EWB）软件对三相混合式步进电动机驱动系统进行研究和设计。

7.8.3　转矩矢量分析与逻辑通电状态

根据三相混合式步进电动机的转动原理，可在平面上表示出三相混合式步进电动机各相绕组单独通电时，静转矩的矢量图，如图 7-43a 所示。

在图 7-43a 中，T_{U} 表示 U 相绕组正向通电时产生的电磁转矩。当 U 相绕组反向通电时，产生的转矩与上述情况相反，用 $T_{\overline{\mathrm{U}}}$表示。则 T_{V}、$T_{\overline{\mathrm{V}}}$和 T_{W}、$T_{\overline{\mathrm{W}}}$分别表示 V 相和 W 相绕组正、反向通电时所产生的电磁转矩。T_{U}、T_{V}、T_{W} 三个转矩矢量之间相互差 120°电角度。即 T_{U}、$T_{\overline{\mathrm{W}}}$、$T_{\mathrm{V}}$、$T_{\overline{\mathrm{U}}}$、$T_{\mathrm{W}}$、$T_{\overline{\mathrm{V}}}$这 6 个转矩矢量之间相互差 60°电角度。

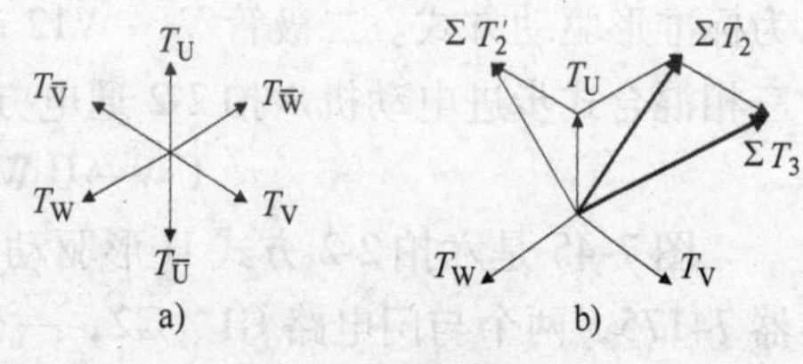

图 7-43　转矩矢量图

为了使三相混合式步进电动机输出较大的转矩，需采用多相通电的工作方式。多相通电时，电动机的合成转矩通常近似地用矢量相加的方法求得。当 U 相绕组通正向电流，W 相绕组通反向电流时，产生合成转矩为 ΣT_2，如图 7-43b 所示，其大小表示为

$$\Sigma T_2 = \sqrt{T_{\mathrm{U}}^2 + T_{\overline{\mathrm{W}}}^2 - 2T_{\mathrm{U}}T_{\overline{\mathrm{W}}}\cos 120^\circ} = 1.732T_{\mathrm{U}}$$

合成转矩是 U 相通电时的 1.732 倍。由图 7-43b 可见合成转矩的方向 ΣT_2 对于 T_U 是顺时针的。当 U 相绕组通正向电流，V 相绕组通反向电流时，产生的合成转矩 $\Sigma T_2'$ 对于 T_U 是逆时针的。三相同时通电时的合成转矩 ΣT_3，如图 7-42b 所示，ΣT_3 由 ΣT_2 与 V 相绕组通正向电流产生的转矩 T_V 求和产生，其大小为

$$\Sigma T_3 = \sqrt{\Sigma T_2^2 + T_V^2} = 2T_U$$

三相混合式步进电动机有 4 种基本的逻辑通电方式：① 三拍通电方式，三拍通电方式又分为 2-2 通电和 3-3 通电两种方式通电方式；② 四拍通电方式，四拍通电方式有 2-3 通电四拍工作方式；③ 六拍通电方式，六拍通电方式有 2-2 通电和 3-3 通电两种运行方式；④ 十二拍通电方式，十二拍通电方式有 2-3 通电运行方式。

7.8.4 六拍 2-2 方式驱动电源的设计

混合式步进电动机的驱动电源有三角形、星形和 H 形三种联结方式。其中 H 形驱动方式如图 7-44 所示。

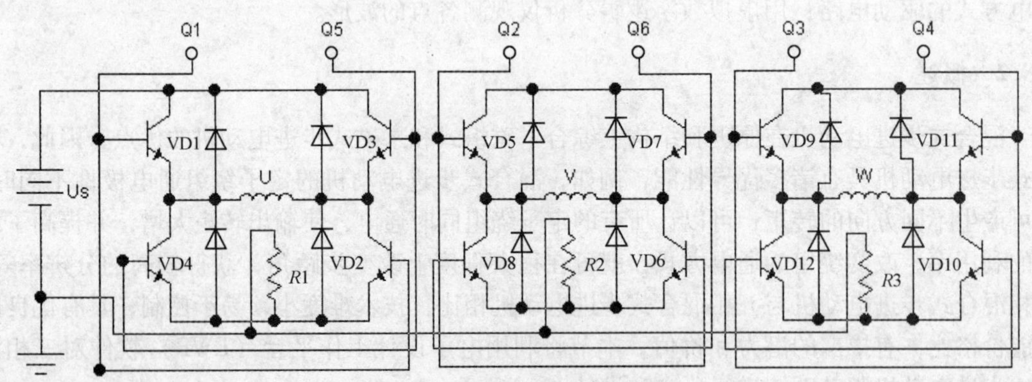

图 7-44 H 形驱动电路原理图

图 7-44 在中，U、V、W 是三相混合式步进电动机的绕组，每相绕组和 4 个功率晶体管（或功率集成模块）组成独立的 H 形桥式供电电路。每相绕组的通电方式可由控制电路独立控制，其运行状态总可按要求调整到最佳，获得最佳的电动机运行性能。H 形驱动方式被称为标准形驱动方式。二极管 V1 ~ V12 起保护作用，防止绕组断电时产生的高压击穿晶体管。三相混合式步进电动机六拍 2-2 通电方式是

$$U\,\overline{V} \rightarrow U\,\overline{W} \rightarrow V\,\overline{W} \rightarrow V\,\overline{U} \rightarrow W\,\overline{U} \rightarrow W\,\overline{V}$$

图 7-45 是六拍 2-2 方式 H 形驱动电源的控制电路，由两片（DF1、DF2）4D 集成触发器 74175，两个与门电路 G1、G2，一个非门电路 G3，启动清零定时开关 DT 和时钟脉冲信号源 CP1 等组成。DF1 和 DF2 分别接成三位环形计数器型脉冲分配器。DF1 的时钟 CP1 经反相器 G3 后作为 DF2 的时钟脉冲 CP2，则 CP2 滞后 CP1 半个周期，DF1 构成的脉冲分配器输出端 Q1、Q2、Q3 输出的顺序脉冲相应地超前 DF2 构成的脉冲分配器输出端 Q4、Q5、Q6 半个周期，波形图如图 7-47 所示。这正是三相混合式步进电动机六拍 2-2 工作方式所需要的驱动信号。由于环形计数器型脉冲分配器的触发器的输出端就是顺序脉冲，不需要译码电路，因而输出端不存在产生干扰脉冲的问题。

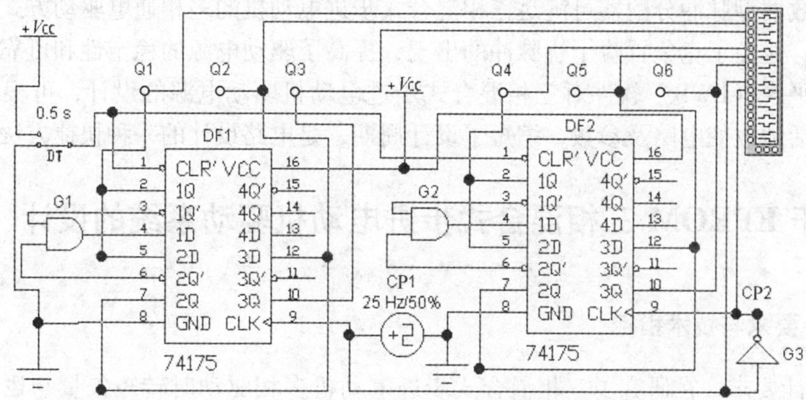

图7-45　六拍2-2方式H形驱动电源控制电路

7.8.5　仿真实验结果

将图7-45所示的环形计数器型脉冲分配器的输出脉冲与图7-44所示的三相混合式步进电动机H形驱动电路相连接，构成完整的驱动电路。脉冲信号源的频率调至25Hz，启动置零的通电闭合延时打开定时开关调至Time on time =0.5ms，其参数设置对话框如图7-46所示。用虚拟数字逻辑分析仪（内时钟设置Internal clock rate =2Hz）和实验室实测均可得到图7-47所示的一组波形。仿真与实验结果符合设计要求。

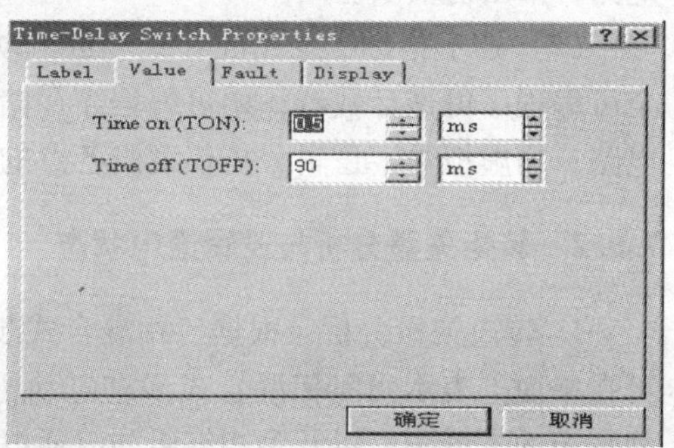

图7-46　定时开关参数设置对话框

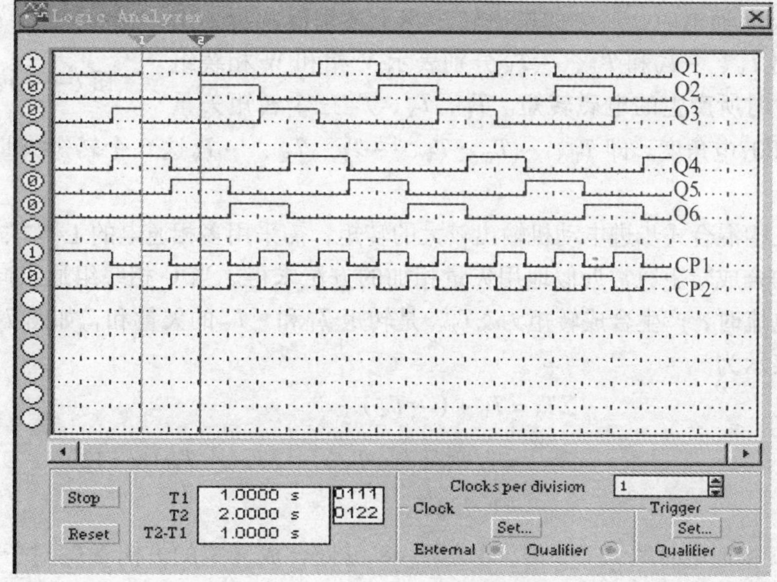

图7-47　驱动电路波形图

环形计数器型脉冲分配器可满足三相混合式步进电动机的多相通电驱动方式，并且不需要译码电路，避免了竞争冒险干扰脉冲的出现，提高了驱动电源的稳定性和可靠性。利用电子设计工作平台（EWB）软件对三相混合式步进电动机驱动电源的设计，可根据驱动方式的不同，灵活地改变电路及参数，缩短了设计周期，是电路设计的一种快捷方法。

7.9 基于 EPROM 三相混合式步进电动机驱动系统的设计

7.9.1 设计要求与技术指标

（1）设计要求 在研究了三相混合式步进电动机多相驱动时转矩矢量与逻辑通电状态的基础上，现以三相混合式步进电动机为执行元件，设计一个数字化自动进给驱动系统。用电子设计工作平台（EWB）软件，进行自动进给驱动系统的研究和设计，创建系统的仿真电路，给出仿真实验结果。

（2）技术指标 三相混合式步进电动机驱动方式采用 H 形联结方式；用 74191 设计一个可编程序可逆计数器；用可编程序存储器 EPROM 设计出多功能，即多种通电方式的驱动电路；用虚拟数字逻辑分析仪观测各点的波形。

7.9.2 转矩矢量分析与逻辑通电状态

1. 转矩矢量分析 根据三相混合式步进电动机的转动原理，可在平面上表示出三相混合式步进电动机各相绕组单独通电时，静转矩的矢量图，以及多相绕组同时通电时，合成转矩的矢量图如图 7-48 所示。

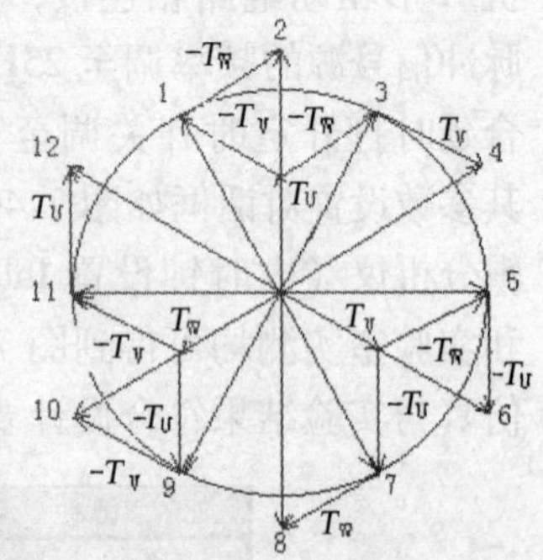

图 7-48 转矩矢量图

在图 7-48 中，T_U表示 U 相绕组正向通电时产生的电磁转矩。当 U 相绕组反向通电时，产生的电磁转矩与上述情况相反，用 $-T_U$表示。则 T_V、$-T_V$和 T_W、$-T_W$分别表示 V 相和 W 相绕组正、反向通电时所产生的电磁转矩。T_U、T_V、T_W三个转矩矢量之间相互差 120°电角度。即 T_U、$-T_W$、T_V、$-T_U$、T_W、$-T_V$这 6 个转矩矢量之间相互差 60°电角度。

为了使三相混合式步进电动机输出较大的转矩，需采用多相通电的工作方式。多相通电时，电动机的合成转矩通常近似地用矢量相加的方法求得。当 U 相绕组通正向电流、W 相绕组通反向电流时，产生合成转矩为 ΣT_2，是转矩 T_U和 $-T_W$的矢量和，如图 7-48 中点 3 所示，其大小表示为

$$\begin{aligned}\Sigma T_2 &= T_U + (-T_W)\\ &= \sqrt{T_U^2 + (-T_W)^2 - 2T_U(-T_W)\cos 120°}\\ &= 1.732T_U\end{aligned}$$

合成转矩是 U 相通电时的 1.732 倍。由图 7-48 可见合成转矩的方向 ΣT_2 对于 T_U 是顺时针的。当 U 相绕组通正向电流，V 相绕组通反向电流时，产生的合成转矩 $\Sigma T_2'$对于 T_U 是逆时针的，如图 7-48 中点 1 所示。三相同时通电时的合成转矩 ΣT_3，如图 7-48 中点 4 所示，ΣT_3

由 ΣT_2 与 V 相绕组通正向电流产生的转矩 T_V 求和产生，其大小为

$$\begin{aligned}\Sigma T_3 &= T_U + (-T_W) + T_V \\ &= \sqrt{(\Sigma T_2)^2 + T_V^2} = 2T_U\end{aligned}$$

此时，合成转矩是 U 相通电时的 2 倍。

改变绕组的通电方式，就可在很大程度上改变步距角，并获得较高的分辨率。在图7-48中，当三相混合式步进电动机采用六拍 2-2 通电工作方式时，若转子齿数 $z_r = 50$，步距角是 $\theta = 360° / (mz_r) = 1.2°$；当三相混合式步进电动机采用三拍通电工作方式时，步距角是 $\theta = 2.4°$；采用四拍通电工作方式时，步距角是 $\theta = 1.8°$；采用十二拍通电工作方式时，步距角是 $\theta = 0.6°$。

2. 逻辑通电状态　三相混合式步进电动机有 4 种基本的逻辑通电方式：① 三拍通电方式，三拍通电方式又分为 2-2 通电和 3-3 通电两种通电方式；② 四拍通电方式，四拍通电方式有 2-3 通电四拍工作方式；③ 六拍通电方式，六拍通电方式有 2-2 通电和 3-3 通电两种运行方式；④ 十二拍通电方式，十二拍通电方式有 2-3 通电运行方式。上述 4 种基本的逻辑通电方式，与图 7-47 所示的转矩矢量图是一致的。逻辑通电状态表如表 7-5 所示，表中的“-”号表示该相绕组通过反向电流，“M”表示通电方式。

表 7-5　三相混合式步进电动机逻辑通电状态表

拍　序	三　拍		四　拍	六　拍		十　二　拍
	2-2M	3-3M	2-3M	2-2M	3-3M	2-3M
1	$U\overline{V}$	$U\overline{VW}$	$U\overline{V}$	$U\overline{V}$	$U\overline{VW}$	$U\overline{V}$
2	$V\overline{W}$	$V\overline{UW}$	$UV\overline{W}$	$U\overline{W}$	$UV\overline{W}$	$U\overline{VW}$
3	$W\overline{U}$	$W\overline{UV}$	$V\overline{U}$	$V\overline{W}$	$V\overline{WU}$	$U\overline{W}$
4	$U\overline{V}$	$U\overline{VW}$	$W\overline{UV}$	$V\overline{U}$	$VW\overline{U}$	$UV\overline{W}$
5	$V\overline{W}$	$V\overline{UW}$	$U\overline{V}$	$W\overline{U}$	$W\overline{UV}$	$V\overline{W}$
6	$W\overline{U}$	$W\overline{UV}$	$UV\overline{W}$	$W\overline{V}$	$WU\overline{V}$	$V\overline{WU}$
7	$U\overline{V}$	$U\overline{VW}$	$V\overline{U}$	$U\overline{V}$	$U\overline{VW}$	$V\overline{U}$
8	$V\overline{W}$	$V\overline{UW}$	$W\overline{UV}$	$U\overline{W}$	$UV\overline{W}$	$VW\overline{U}$
9	$W\overline{U}$	$W\overline{UV}$	$U\overline{V}$	$V\overline{W}$	$V\overline{WU}$	$W\overline{U}$
10	$U\overline{V}$	$U\overline{VW}$	$UV\overline{W}$	$V\overline{U}$	$V\overline{WU}$	$W\overline{UV}$
11	$V\overline{W}$	$V\overline{UW}$	$V\overline{U}$	$W\overline{U}$	$W\overline{UV}$	$W\overline{V}$
12	$W\overline{U}$	$W\overline{UV}$	$W\overline{UV}$	$W\overline{V}$	$WU\overline{V}$	$WU\overline{V}$

7.9.3　多功能驱动电源的设计

1. 74191 可编程序可逆计数器的设计　图 7-49 是由中规模集成计数器 74191、可编程序计数长度选定电路及电动机工作方式选择电路等组成的可编程序可逆计数器。可编程序计数长度选定电路由 4 个异或门、一个 4 输入端或非门 7425 和 4 个计数长度选择开关［5］［6］［7］［8］组成。电动机工作方式选择电路由地址选择开关［1］［2］［3］［4］组成。

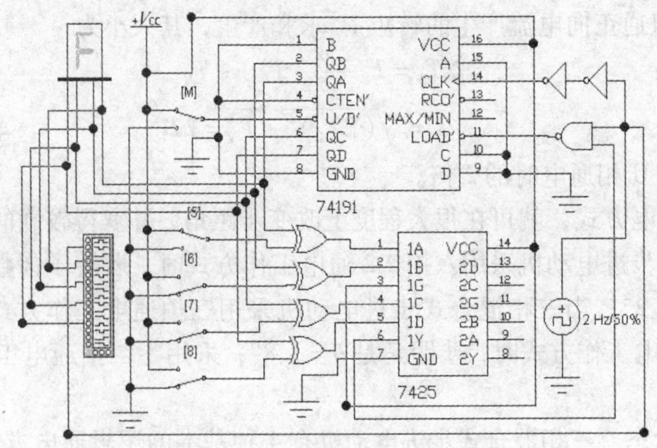

图 7-49　74191 可编程序可逆计数器

工作原理如下：电路中的 4 个异或门分别用一个输入端与 74LS191 的数据输出端 QA、QB、QC、QD 相连，另一个输入端分别通过开关［5］［6］［7］［8］接“1”或“0”。当 QA、QB、QC、QD 的数值分别与选择开关［5］［6］［7］［8］设定的数值相同时，计数器复位（加法计数时）。编成开关［M］是加计数与减计数的转换开关，当开关［M］接低电平时，74191 执行加法计数；当开关［M］接高电平时，74191 执行减法计数。图 7-49 已经接成减法计数器，由于编成开关的设定数值［5］［6］［7］［8］=1000，所以组成十五进制减法计数器，在输入时钟脉冲作用下，七段译码显示器依次递减显示一组一位十六进制数码，即：F、E、D、C、B、A、9、8、7、6、5、4、3、2、0、F。改变编成开关的设定数值，可实现 16 以内的任意计数长度的设置。用示波器观察到十五进制减法计数器波形图如图 7-50 所示。

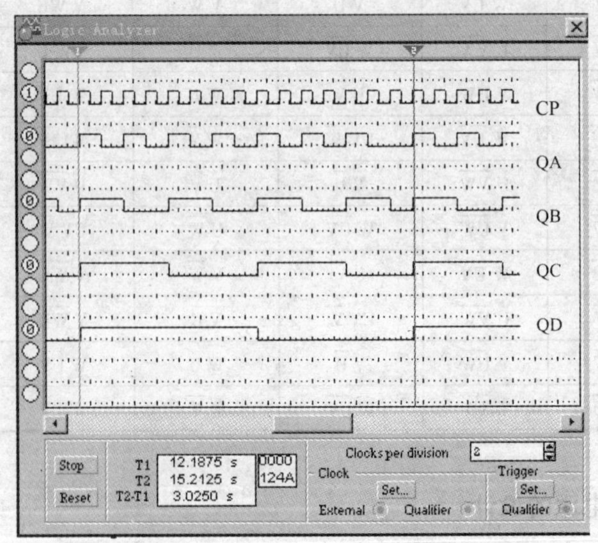

图 7-50　74191 可编程序可逆计数器波形图

2. 多功能步进电动机驱动电源的设计　多功能步进电动机控制电路由存储器 EPROM、可编程序可逆计数器和步进电动机工作方式选择电路组成。电动机工作方式选择电路由地址选择开关［1］、［2］、［3］、［4］组成，如图 7-51 所示。

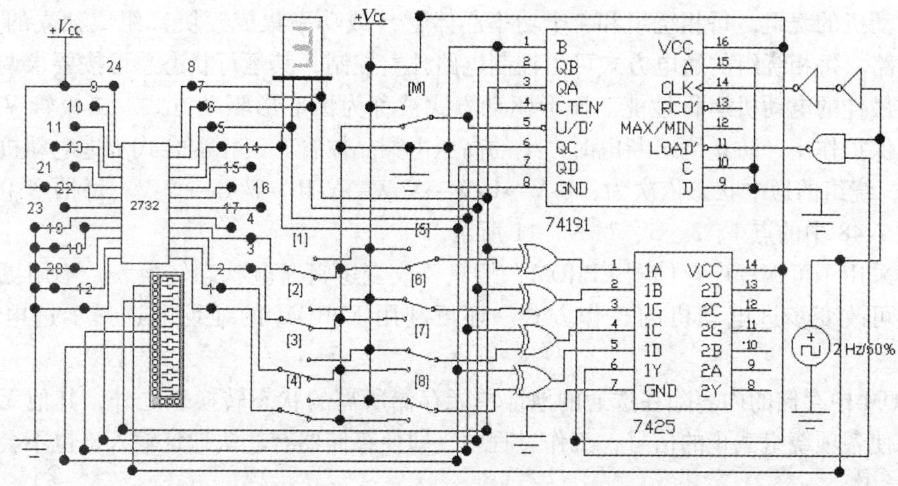

图 7-51　多功能步进电动机控制电路原理图

由于三相混合式步进电动机有多种励磁方式，状态转换表的字节长度也不一样，为了实现连续运转，可编程序计数器的计数长度应与状态转换表的字节长度一致。74LS191 可逆计数器与可编程序计数长度选定电路实现了这一功能。将三相混合式步进电动机在不同工作方式下的逻辑通电状态按顺序分别存入指定的 EPROM 地址区域内。用低位地址 A0、A1、A2、A3 作为每一个逻辑通电状态的偏移地址，用高位地址 A4、A5、A6、A7 来决定三相混合式步进电动机不同工作方式。EPROM 的数据输出端作为步进电动机绕组的控制信号。将可逆计数器 74LS191 的 4 位并行数据输出端与 EPROM2732 的低 4 位地址 A0、A1、A2、A3 相连，EPROM2732 的地址增减顺序就决定了步进电动机的运行方向，因此，由开关［M］控制计数器的 U/D′计数，也就实现了步进电动机的转动方向控制。在 EPROM2732 的数据输出端 D0、D1、D2、D3、D4、D5，得到六拍 2-2方式控制电路波形图，如图 7-52 所示。仿真与实验结果符合设计要求。

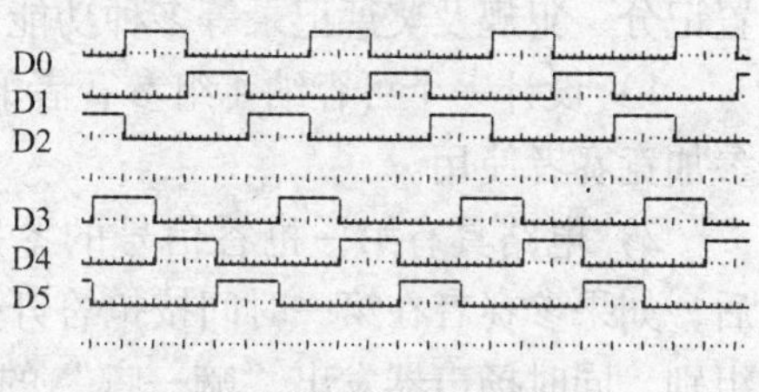

图 7-52　控制电路波形图

图 7-53 是 H 形联结方式的三相混合式步进电动机驱动电源的原理图。EPROM2732 的数据输出端 D0、D1、D2、D3、D4、D5 需与图 7-53 的对于端相连接。U、V、W 是三相混合

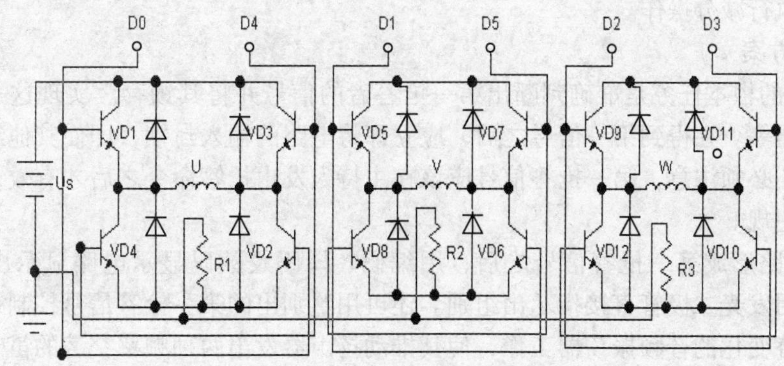

图 7-53　H 形驱动电路原理图

式步进电动机的绕组，每相绕组和4个功率晶体管（或功率集成模块）组成独立的H形桥式供电电路。每相绕组的通电方式可由控制电路独立控制，其运行状态总可按要求调整到最佳，获得最佳的电动机运行性能。H形驱动方式被称为标准形驱动方式。二极管V1～V12起过电压保护作用，防止绕组断电时产生的高压击穿晶体管。三相混合式步进电动机六拍2-2工作时，绕组的通电状态依次为，U-V→U-W→V-W→V-U→W-U→W-V。每拍产生的合成转矩如图7-48中的点1、3、5、7、9、11所示。

由于采用了可编程序存储器EPROM，故只要改变逻辑通电状态转换表，不用更改硬件电路，即可改变步进电动机的工作方式。还可利用EPROM的地址端选择步进电动机的类型。

EPROM中存储的内容除在选通的地址单元存储所需的状态转换表之外，其他无用的地址都存储使各项绕组截止的信号，工作过程中，即使存储器有非法地址输入，也不会损坏驱动器。

7.10 智力竞赛抢答器的设计

7.10.1 设计要求与总体方案

1. 任务与要求　有许多比赛活动中，为了准确、公正、直观地判断出第一抢答者，通常设置一台抢答器，通过数显、灯光及音响等多种手段指示出第一抢答者。同时，还可以设置记分、犯规及奖惩记录等多种功能。本设计题目的要求是：

1）设计一个可容纳4组参赛者的数字式抢答器的仿真电路，每组设置一个抢答按钮供参加竞赛者使用。

2）电路具有第一抢答信号的鉴别和锁存功能。在主持人将系统复位并发出抢答指令后，如果参赛者在第一时间按抢答开关，则该组指示灯亮并用组别显示电路显示出抢答者的组别，同时扬声器发出“嘀—嘟”的双音声响持续2～3s。此时，电路应具备自锁功能，使其他组的抢答开关不起作用。

另外，读者还可自行设置记分电路和犯规电路。设置记分电路要求：每组在开始时预置成100分，抢答后由主持人记分，答对一次加10分，答错一次则减10分。

设置犯规电路要求：对提前抢答和超时答题的组别鸣扬声器示警，并由组别电路显示出犯规组别，执行减分操作。

2. 总体方案

1）本题的根本任务是准确判断出第一抢答者的信号并将其锁存。实现这一功能可用触发器或锁存器等。在得到第一信号之后，应立即将电路的输入封锁，即使其他组的抢答信号无效。同时还必须注意，第一抢答信号应该在主持人发出抢答命令之后才有效，否则应视为提前抢答而犯规。

2）当电路形成第一抢答信号之后，用编码、译码及数码显示电路显示出抢答者的组别，也可以用发光二极管直接指示出组别。还可用鉴别出的第一抢答信号控制一个具有两种工作频率交替变化的音频振荡器工作，使其推动扬声器发出两种频率交替的笛音音响，表示抢答有效。

3）计分电路可采用 2 位七段数码管显示，由于每次都是加或减 10 分，故个位总保持为零，只要 10 位和 100 位作加/减计数即可，可采用两级十进加/减计数器完成。

7.10.2　智力竞赛抢答器的设计

1. 工作原理与仿真电路的创建　设参赛者分为 A、B、C、D 四组，每一组有一个抢答按钮，主持人有一个清零按钮和一个字符显示器。抢答时，哪一组先按按钮，将显示哪一组的字符，后按按钮者不显示。抢答前，主持人按清零按钮后，显示器显示 0 字符。图 7-54 为智力竞赛抢答器原理图。

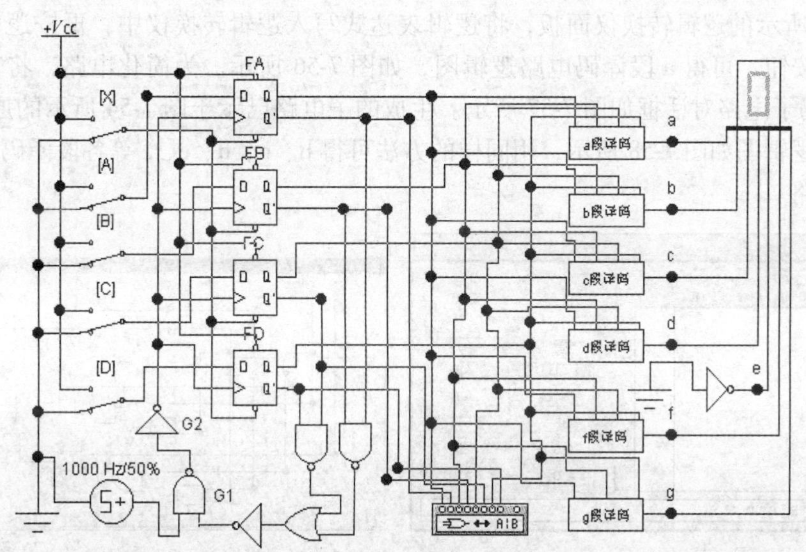

图 7-54　智力竞赛抢答器原理图

图 7-54 中 4 个 D 触发器的 D 端作为抢答操作状态输入，与 4 个 D 触发器的 Q′端相连接的两个与非门、一个或门、和一个非门以及门 G1、G2 组成自锁电路。设 A 组先按住按钮，A 组的 D = 1，在 CP 作用下，QA = 1，QA′ = 0，由于 QA′ = 0，使门 G1 输出为 1，门 G2 输出为 0，封锁了时钟脉冲 CP，使其他后按的 D 触发器输出状态传不到 Q 端。当触发器 FA 输出为 1 时，其他触发器输出为 0，通过译码电路，使七段数码管显示 A 字符。字符显示译码器的译码表如表 7-6 所示。LED 七段数码显示器为共阴极连接，各字段为高电平时发光。

表 7-6　字符显示译码器的译码表

QA	QB	QC	QD	a	b	c	d	e	f	g
0	0	0	0	1	1	1	1	1	1	1
1	0	0	0	1	1	1	0	1	1	1
0	1	0	0	0	0	1	1	1	1	1
0	0	1	0	1	0	0	1	1	1	0
0	0	0	1	0	1	1	1	1	0	1

由表 7-6 可写出各段字符逻辑表达式为

$$\bar{a} = \overline{QA}QB\overline{QC}\,\overline{QD} + \overline{QA}\,\overline{QB}\,\overline{QC}QD$$
$$\bar{b} = \overline{QA}QB\overline{QC}\,\overline{QD} + \overline{QA}\,\overline{QB}QC\overline{QD}$$
$$\bar{c} = \overline{QA}\,\overline{QB}QC\overline{QD}$$
$$\bar{d} = QA\overline{QB}\,\overline{QC}\,\overline{QD}$$
$$\bar{e} = 0$$
$$\bar{f} = \overline{QA}\,\overline{QB}\,\overline{QC}QD$$
$$\bar{g} = \overline{QA}\,\overline{QB}\,\overline{QC}\,\overline{QD} + \overline{QA}\,\overline{QB}QC\overline{QD} = \overline{QA}\,\overline{QB}\,\overline{QD}$$

根据逻辑表达式，用逻辑转换器仪设计译码电路，双击图7-54中的逻辑转换器仪，弹出如图7-55所示的逻辑转换仪面板，将逻辑表达式写入逻辑转换仪中，再按逻辑表达式转换到逻辑图按钮，可得a段译码电路逻辑图，如图7-56所示。为简化电路，将其化为子电路，a段译码子电路对话框如图7-57所示。生成的子电路已示于图7-54所示的原理图中。g段译码电路逻辑图如图7-58所示，用同样的方法可得b、c、d、e、f等各段译码电路逻辑图并生成子电路。

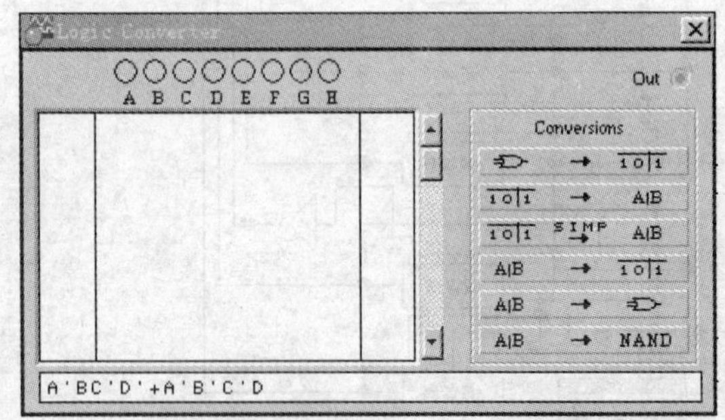

图7-55 用逻辑转换器设计译码电路

图7-56 a段译码电路逻辑图

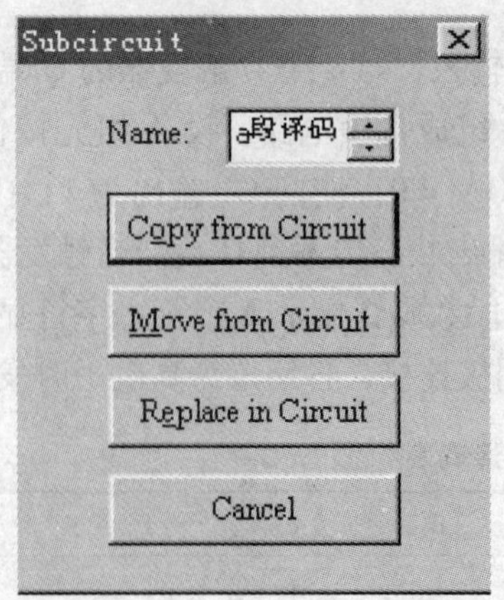

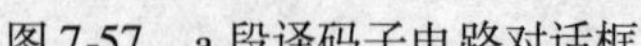

图7-57 a段译码子电路对话框

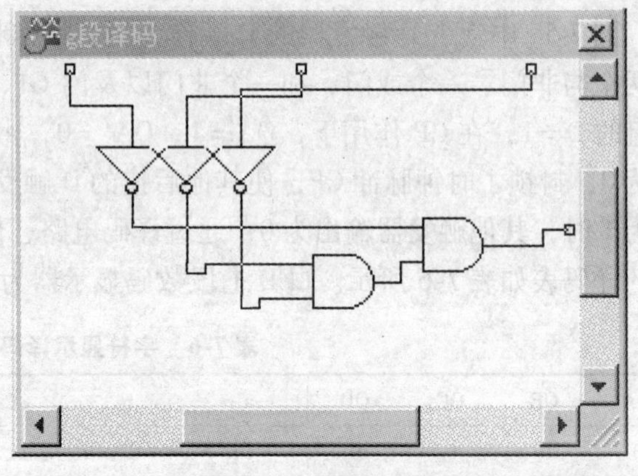

图7-58 g段译码电路逻辑图

2. 智力抢答器仿真实验 智力抢答器仿真实验电路如图7-59所示。工作时，接通仿真开关，主持人将抢答器的清零开关［X］接地后再接高电平，同时发出“开始抢答”的口令，如果C组第一个按抢答按钮（实际带弹簧），七段数码显示器将显示“C”字符，如图7-59所示。如果在a、b、c、d、e、f、g段译码电路的输出端接一个8输入端或门，或门的输出端驱动一个具有两种工作频率交替变化的音频振荡器，使其推动扬声器发出两种频率交替的笛音音响，表示该题抢答有效。例如，可采用本书 6.7 节设计的间歇式振铃电路，能按一定周期发出一定频率的铃声。

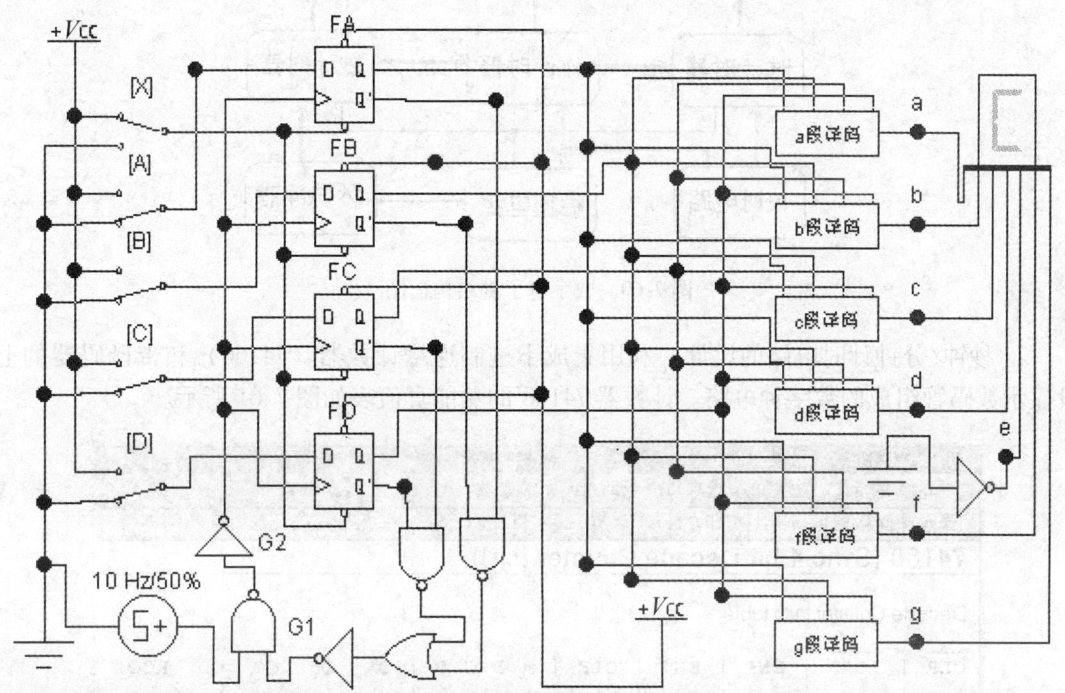

图 7-59　智力抢答器仿真实验电路

7.11　数字电子钟的设计

7.11.1　设计任务与要求

1）画出数字电子钟的结构框图。

2）设计一个输出电压为 5V 的直流稳压电源。

3）用 555 定时器设计一个秒钟脉冲发生器。

4）用同步十进制集成计数器 74160 设计一个秒钟计数器和分钟计数器，即六十进制计数器。

5）用同步十进制集成计数器 74160 设计一个 24/12h 计数器，通过转换开关可实现二十四与十二进制计数值的转换。

6）数字电子钟具有小时校时和分钟校时的功能。

7.11.2　数字电子钟结构与电路设计

1. 数字电子钟结构框图　数字电子钟电路是一个典型的数字电路系统，其由直流稳压电源，秒脉冲发生器，时、分、秒计数器以及校时和显示电路组成。结构框图如图 7-60 所示。

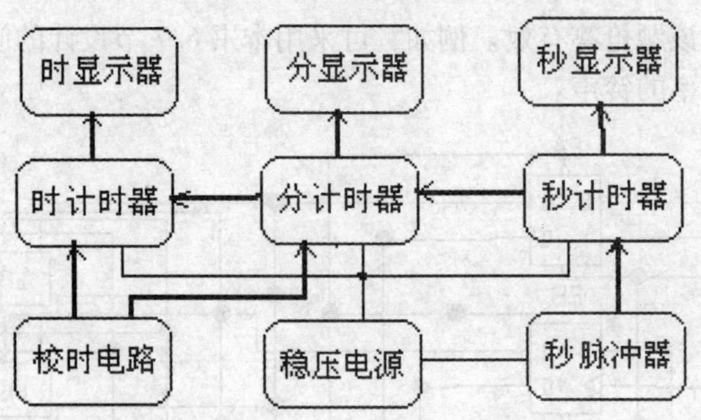

图 7-60 数字电子钟结构框图

2. 秒钟/分钟计时电路的设计 利用集成十进制递增计数器（74160）和带译码器的七段显示数码管组成的数字钟电路。计数器 74160 的功能真值表如图 7-61 所示。

Electronics Workbench Help

文件(F) 编辑(E) 书签(M) 选项(O) 帮助(H)

目录(C) 搜索(S) 后退(B) 打印(P) << >>

74160 (Sync 4-bit Decade Counter (clr))

Decade Counter truth table:

$\overline{CLR}$	$\overline{LOAD}$	ENP	ENT	CLK	A B C D	QA	QB	QC	QD	RCO
0	X	X	X	X	X X X X	0	0	0	0	0
1	0	0	0	POS	X X X X	A	B	C	D	*1
1	1	1	1	POS	X X X X			Count		*1
1	1	1	X	X	X X X X	QA0	QB0	QC0	QD0	*1
1	1	X	1	X	X X X X	QA0	QB0	QC0	QD0	*1

-*1 - RCO goes HIGH at count 9 to 0.

图 7-61 同步十进制计数器 74160 真值表

根据计数器 74160 的功能真值表，利用两片 74160 组成的同步六十进制递增计数器如图 7-62 所示，其中个位计数器（C1）接成十进制形式。十位计数器（C2）选择 QC 与 QB 做反馈端，经与非门（NEND）输出控制清零端（CLR′），接成六进制计数形式。个位与十位计数器之间采用同步级连复位方式，将个位计数器的进位输出控制端（RCO）接至十位计数器的计数容许端（ENT），完成个位对十位计数器的进位控制。将个位计数器的 RCO 端和十位计数器的 QC、QA 端经过与门 AND1 和 AND2 由 Co 端输出，作为六十进制的进位输出脉冲信号。当计数器计数状态为 59 时，Co 端输出高电平，在同步级联方式下，容许高位计数器计数。电路创建完成后，进行仿真实验时，利用信号源库中的 1Hz 方波信号作为计数器的时钟脉冲源。

因为秒钟与分钟计数均由六十进制递增计数器来完成，为在构成数字钟系统时使电路得到简化，图 7-62 虚线框内的电路创建为子电路表示。具体操作过程如下：在 EWB 主界面内建立图 7-62 所示的六十进制计数器，闭合仿真电源开关，经过计数器功能测试，确定计数器工作正常。选中虚线框内所示部分电路后，再选择电路（Circuit）菜单中的创建子电路

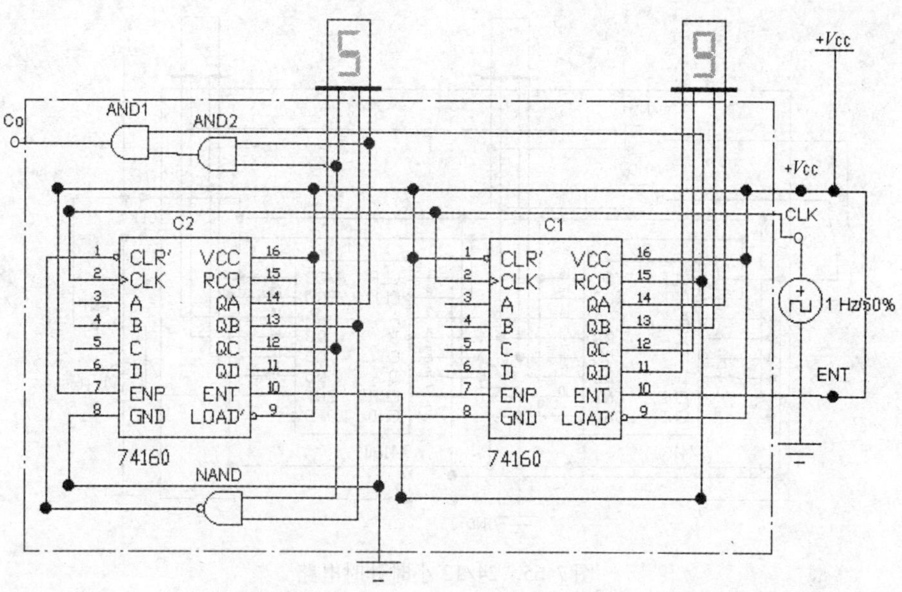

图 7-62　秒钟/分钟计时电路

（Create Sub Circuit...）选项，则主界面内弹出子电路设置对话框，如图 7-63 所示，在对话框内添入子电路名称（分计时）后，选择在电路中置换（Replace in Circuit）选项，得到用子电路表示的六十进制递增计数器，即秒钟/分钟计时子电路，如图 7-64 所示。

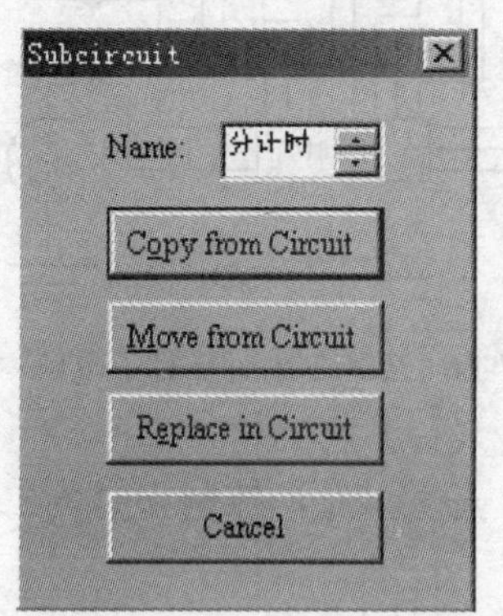

图 7-63　分计时子电路对话框

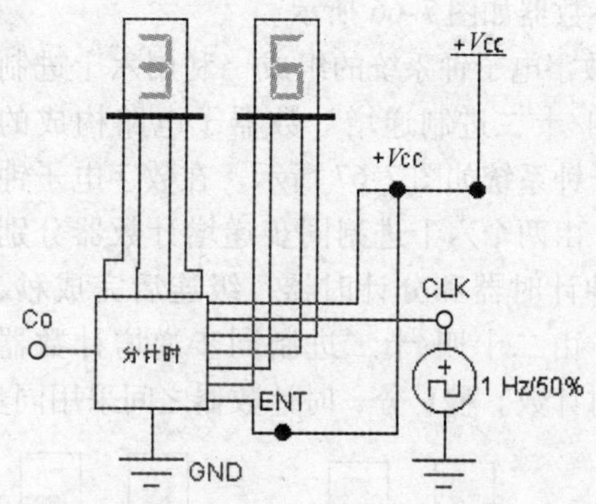

图 7-64　秒钟/分钟计时子电路

3. 二十四/十二进制递增计数器的设计　由两片 74160 组成的能实现十二和二十四进制转换的同步递增计数器，如图 7-65 所示图。图中个位与十位计数器均接成十进制计数形式，采用同步级联复位方式。选择十位计数器的输出端 QB 和个位计数器的输出端 QC 通过与非门 NAND2 控制两片计数器的清零端（CLR′），当计数器的输出状态为 00100100 时，立即译码反馈清零，实现二十四进制递增计数；若选择十位计数器的输出端 QA 与个位计数器的输出端 QB 经与非门 NANDI 控制两片计数器的清零端（CLR′），当计数器的输出状态为 00010010 时，立即译码反馈清零，实现十二进制递增计数。敲击［Q］键，使开关 Q 选择与非门 NAND2 输出或 NANDI 输出，可实现二十四和十二进制递增计数器的转换。该计数器用作数字钟的时计数器。

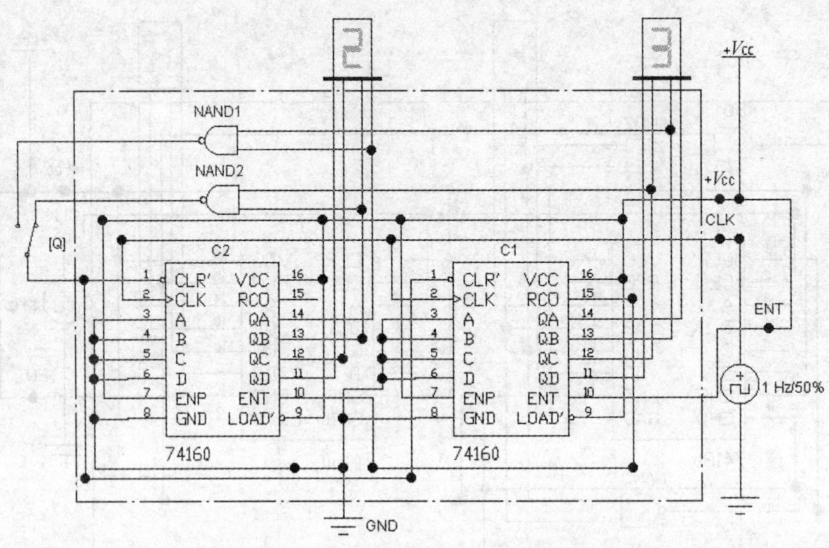

图 7-65　24/12 小时计时电路

为简化数字电子钟电路，需要将图 7-65 所示的二十四/十二进制计数器虚线框内电路转换为子电路，转换方法与上述六十进制的分钟计数器相同。用子电路表示的二十四/十二进制同步计数器如图 7-66 所示。

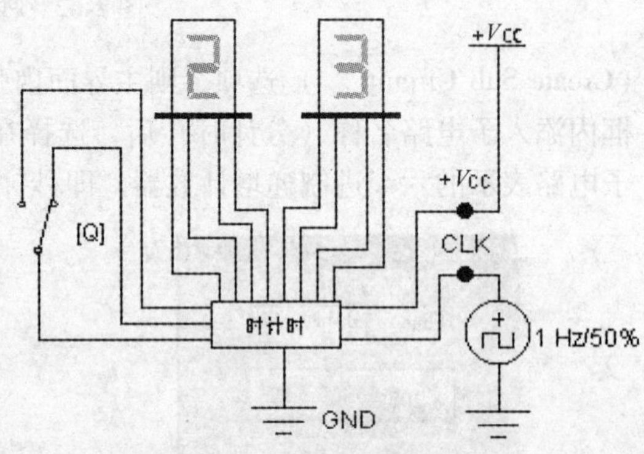

图 7-66　24/12 小时计时子电路

4. 数字电子钟系统的组成　利用六十进制和二十四/十二进制递增计数器子电路构成的数字电子钟系统如图 7-67 所示。在数字电子钟电路中，由两个六十进制同步递增计数器分别构成秒钟计时器和分计时器，级连后完成秒、分计时，由二十四/十二进制同步递增计数器实现小时计数。秒、分、时计数器之间采用同步级连方式。开关［Q］控制小时的二十四进

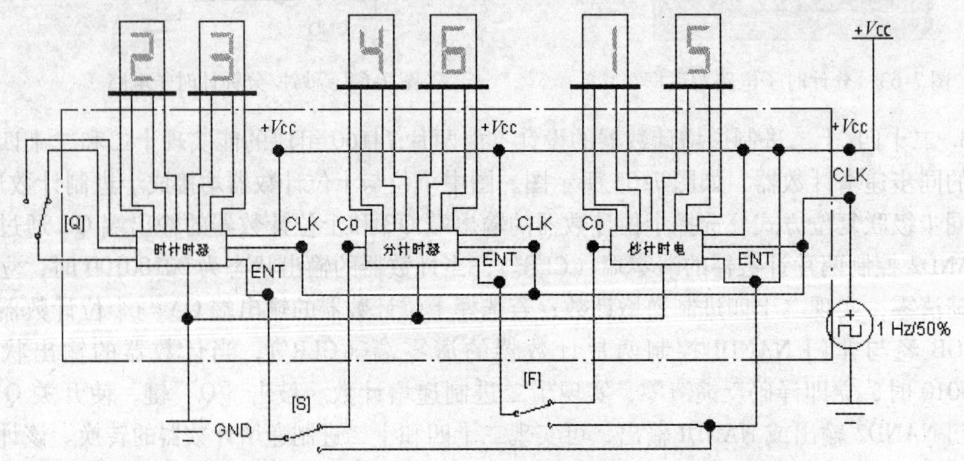

图 7-67　数字电子钟

制和十二进制计数方式选择。敲击［S］和［F］键，可控制开关［S］和［F］将秒脉冲直接引入时、分计数器，实现时计数器和分计数器的校时。

对于图7-67所示数字电子钟电路，为了进一步简化电路，还可以利用子电路嵌套功能，将虚线框内电路转换为更高一级的子电路，成为子电路数字电子钟，用嵌套子电路表示的数字电子钟电路如图7-68所示。

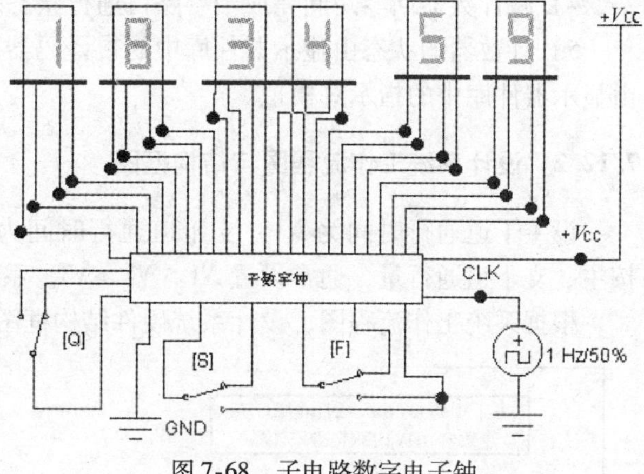

图7-68　子电路数字电子钟

以上创建的各种子电路都已经存入自定义元器件库中，在其他电子系统设计中需要时，可以直接调用这些子电路，使系统的设计更方便、更快捷。

仿真实验时，可直接选用信号源库中的方波秒脉冲做数字钟的秒脉冲信号。作为一个设计内容，读者可自行设计独立的秒脉冲信号源，可利用本书第6.7.1中所述的555定时器组成多谐振荡器产生秒钟脉冲信号；或者采用石英晶体振荡器经分频器产生秒钟脉冲，脉冲频率更稳定，计时误差会更小；还可以在小时显示的基础上，增加上、下午或日期显示、整点报时电路以及作息时间提示（铃声）电路等，这里不再赘述。

7.12　交通信号灯自动指挥系统的设计

交通信号灯自动指挥系统是典型的数字电路控制系统。通过该系统的设计和仿真实验，学生可得到数字电路及系统的综合训练。设系统工作的十字路口由通行量较大的主干道和通行量较小的支干道组成。4个路口均设有红、黄、绿三色信号灯和两位8421BCD码的计数、译码显示器，其示意图如图7-69所示。

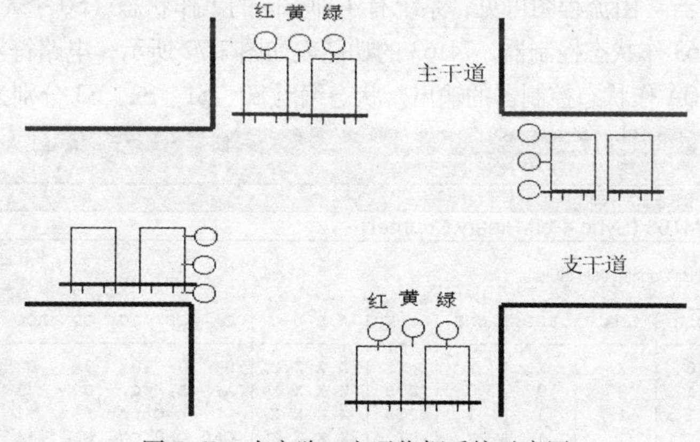

图7-69　十字路口交通指挥系统示意图

7.12.1　设计任务与要求

1）主、支干道交替通行，通行时间均可在0～99s内任意设定。

2）每次绿灯换红灯前，黄灯先亮较短时间（也可在 0～99s 内任意设定），用以等待十字路口内留车辆通过。

3）主、支干道通行时间和黄灯亮的时间均由同一 2 位一百进制减法计数器（按零状态为无效态计数方式计数）顺序定时控制。

4）减计数器回零瞬间完成十字路口通行状态的转换（换灯）。

5）计数器的状态由显示器件库中的带译码器七段数码管显示，红、黄、绿三色信号灯由显示器件库中的指示灯模拟。

7.12.2 设计系统工作流程图与结构框图

设主干道通行时间为 $N1$，支干道通行时间为 $N2$，主、支干道黄灯亮的时间均为 $N3$，按主、支干道通行量，通常设置 $N1 > N2 \gg N3$。系统工作流程图如图 7-70 所示。

根据系统工作流程图，设计系统硬件结构框图如图 7-71 所示。

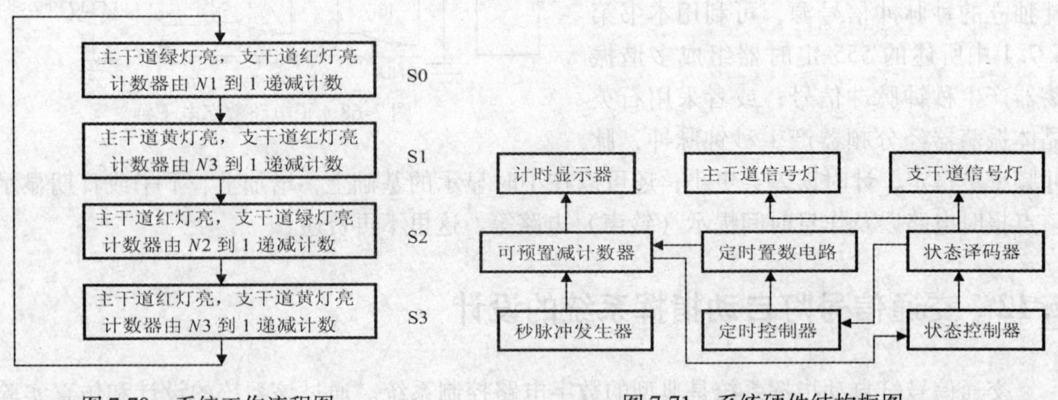

图 7-70 系统工作流程图　　　　图 7-71 系统硬件结构框图

7.12.3 系统单元电路设计

（1）状态控制器　由流程图可见，系统有 4 种不同的工作状态（S0～S3），选用 4 位二进制递增集成计数器 74163 作状态控制器，74163 的功能表如图 7-72 所示，电路符号在图 7-73 中可见，取低两位输出 QB、QA 作状态控制器的输出。状态编码 S0、S1、S2、S3 分别为 00、01、10、11。

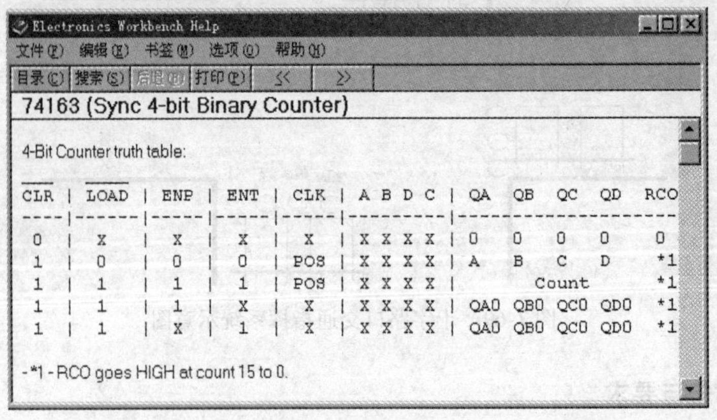
Electronics Workbench Help

文件(F) 编辑(E) 书签(M) 选项(O) 帮助(H)

目录(C) 搜索(S) 后退(B) 打印(P) << >>

74163 (Sync 4-bit Binary Counter)

4-Bit Counter truth table:

CLR	LOAD	ENP	ENT	CLK	A B D C	QA	QB	QC	QD	RCO
0	X	X	X	X	X X X X	0	0	0	0	0
1	0	0	0	POS	X X X X	A	B	C	D	*1
1	1	1	1	POS	X X X X	Count				*1
1	1	1	X	X	X X X X	QA0	QB0	QC0	QD0	*1
1	1	X	1	X	X X X X	QA0	QB0	QC0	QD0	*1

-*1 - RCO goes HIGH at count 15 to 0.

图 7-72 74163 功能表

（2）状态译码器　以状态控制器输出（QB、QA）作译码器的输入变量，根据 4 个不同通行状态对主、支干道三色信号灯的控制要求，列出灯控函数真值表，如表 7-7 所示。

表 7-7　灯控函数真值表

控制器状态	主　干　道			支　干　道		
QB　QA	R（红）	Y（黄）	G（绿）	r（红）	y（黄）	g（绿）
0 0	0	0	1	1	0	0
0 1	0	1	0	1	0	0
1 0	1	0	0	0	0	1
1 1	1	0	0	0	1	0

由灯控函数真值表可写出 6 盏灯的逻辑式，经化简获得 6 盏灯的逻辑式为

R = QB　　　　r = Q′B

Y = Q′BQA　　　　y = QBQA

G = Q′BQ′A　　　　g = QBQ′A

根据灯控函数逻辑表达式，可画出由与门和非门组成的状态译码器电路。将状态控制器、状态译码器以及模拟三色信号灯相连接，构成三色信号灯逻辑控制电路，如图 7-73 所示。

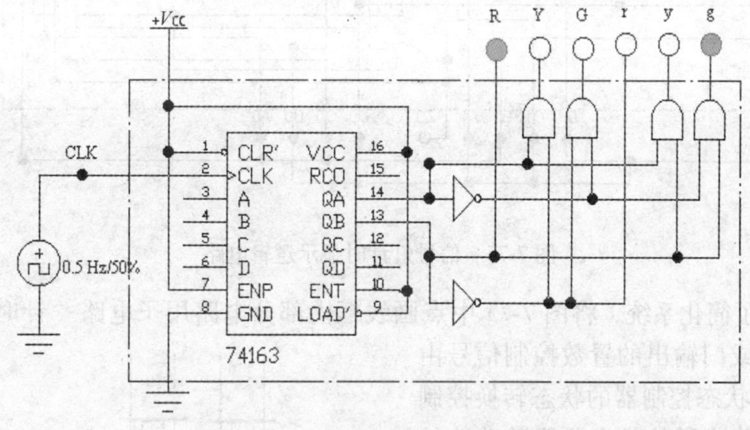

图 7-73　三色信号灯逻辑控制电路

需要特别指出的是，上述获得状态译码电路的过程完全可以借助 EWB 自动进行，在 EWB 主界面下，打开仪器库，调出逻辑转换仪。在逻辑转换仪面板上的真值表内填入某灯的输入变量和输出函数值，按下“真值表→简化逻辑函数”按钮，即可得到简化的灯控逻辑函数。再按下“简化逻辑函数→逻辑图”按钮，即可得到某灯的逻辑图。

为了便于调试和系统总图简洁明了，将图 7-73 中点画线框内电路用子电路“灯控逻辑”表示。用子电路表示的三色信号灯逻辑控制子电路如图 7-74 所示。

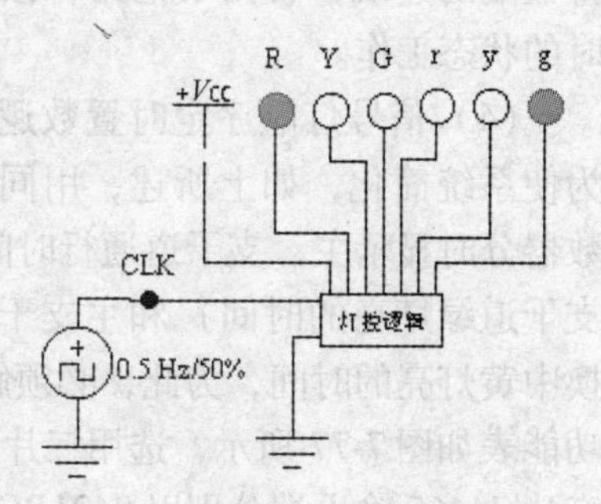

图 7-74　三色信号灯逻辑控制子电路

（3）信号灯计时显示逻辑电路　选用两片 74190 十进制可逆计数器构成 2 位十进制可预置数的减法计数器，如图 7-75 所示。两片计数器之间采用异步级联方式，利

用个位计数器的借位输出脉冲（RCO′）直接作为十位计数器的计数脉冲（CLK），个位计数器输入秒脉冲作为计数脉冲。选用两只带译码功能的七段显示数码管实现2位十进制数显示。D1、C1、B1、A1和D0、C0、B0、A0是十位和个位计数器的8421码置数输入端。由74190功能表（双击74190图标后按在线求助按钮）可知，该计数器在零状态时RCO′端输出低电平。将个位与十位计数器的RCO′端通过或门控制两片计数器的置数控制端LOAD′（低电平有效），从而实现了计数器减计数至“00”状态瞬间完成置数的要求。将数据输入端的8421BCD码置入计数器。可以选择100以内的预置数值，实现0~100s内的计时显示要求。

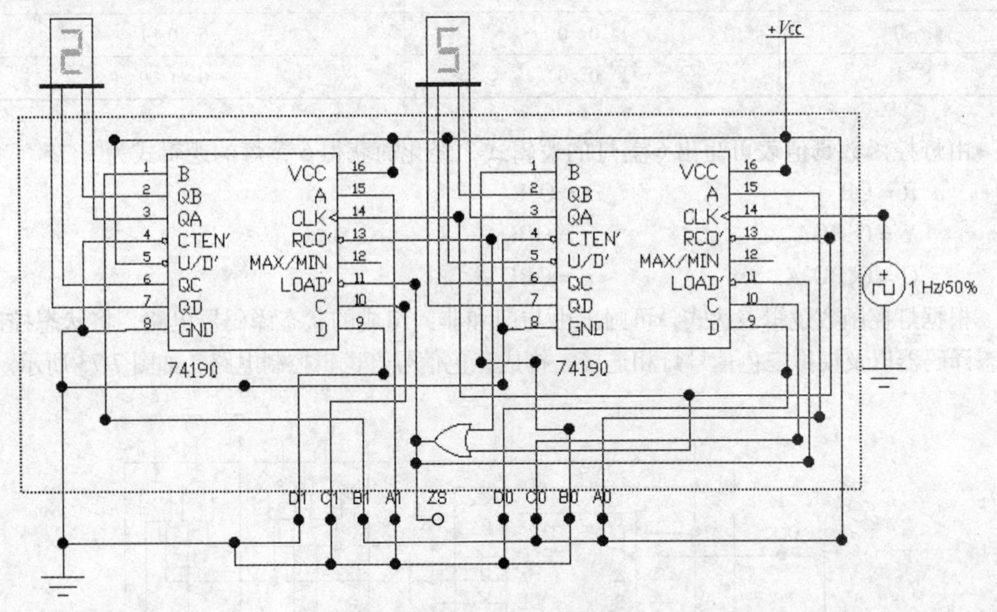

图7-75　信号灯计时显示逻辑电路

同样，为了简化系统，将图7-75中点画线框内部分电路用子电路“计时显示”替代，将减计数器中或门输出的置数控制信号由ZS端引出作为状态控制器的状态转换控制脉冲。用子电路表示的具有预置数功能的减计数器如图7-76所示。注意，在创建子电路之前，要拆掉仿真测试时计时器的预置数端的连线，否则子电路将按仿真测试时的状态工作。

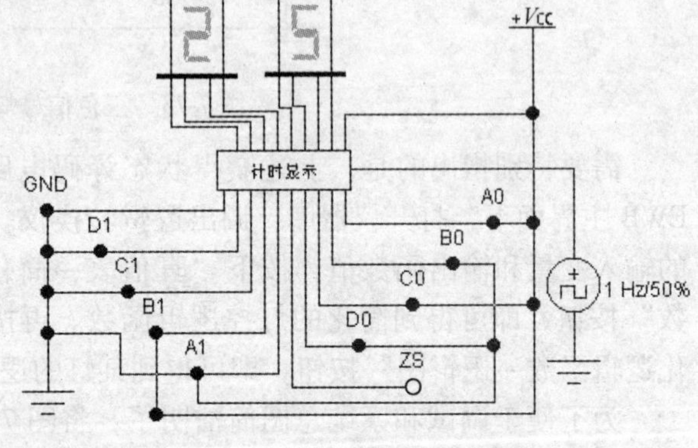

图7-76　信号灯计时显示子电路

（4）信号灯顺序定时置数逻辑电路

为使系统简化，如上所述，用同一减法计数器分时显示主、支干道通行时间（即主、支干道绿灯亮的时间）和主支干道通行转换中黄灯亮的时间，为此，必须解决好按顺序定时置数问题。8路单向三态传输门74465的功能表如图7-77所示，选用三片74465可组成按顺序定时置数的控制电路，如图7-78所示。三片74465输入端分别以8421BCD码形式设定主、支干道通行时间和黄灯亮的时间，输出端分别按高、低位对应关系并联后按D7~D0由高位到低位排列后，接到递减计数器的置数输入端。三片 74465 的选通控制端 G2′分别命名为 AG′、Ag′和 AY′，分别表示主干道的绿灯、支干道的绿灯和黄灯选通（低电平有效），并完成对递减计数器的预置数。三片 74465 任何时刻只能有一片选通，其他两片输出端均处于高阻态。

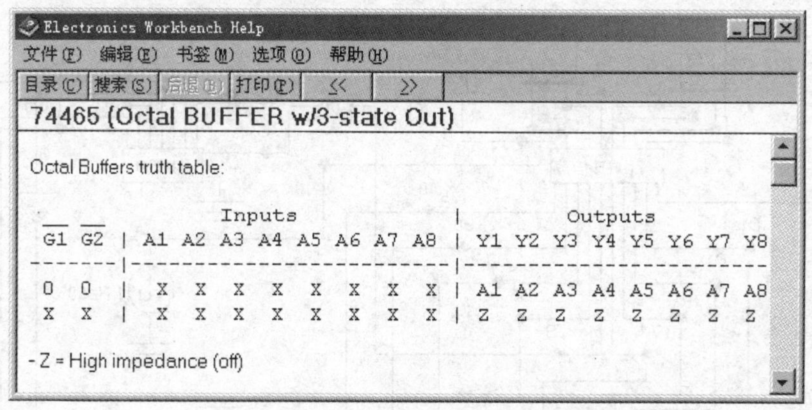
Electronics Workbench Help

文件(F)　编辑(E)　书签(M)　选项(O)　帮助(H)

目录(C)　搜索(S)　后退(B)　打印(P)　<<　>>

74465 (Octal BUFFER w/3-state Out)

Octal Buffers truth table:

G1	G2	A1	A2	A3	A4	A5	A6	A7	A8	Y1	Y2	Y3	Y4	Y5	Y6	Y7	Y8
0	0	X	X	X	X	X	X	X	X	A1	A2	A3	A4	A5	A6	A7	A8
X	X	X	X	X	X	X	X	X	X	Z	Z	Z	Z	Z	Z	Z	Z

- Z = High impedance (off)

图 7-77　8 路单向三态传输门 74465 功能表

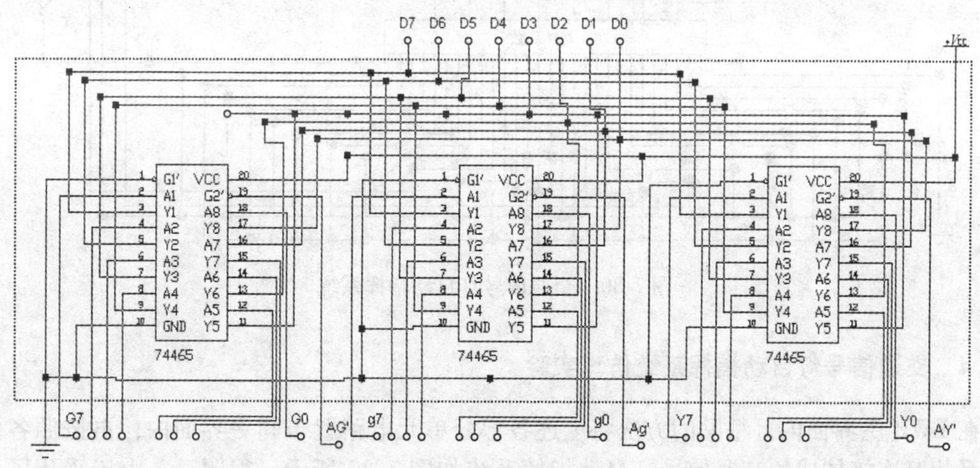

图 7-78　信号灯定时置数逻辑电路

在图 7-78 所示减法计数器顺序定时置数逻辑电路中，将点画线框内的电路用子电路“定时置数”表示，得到简化的顺序定时置数逻辑电路如图 7-79 所示。

（5）秒脉冲发生器　秒脉冲发生器可由 555 多谐振荡器构成，读者可自行设计或直接选用 EWB 仪器库中的秒脉冲信号源代替秒脉冲发生器。

（6）顺序定时置数控制电路　为了使顺序定时置数逻辑电路中的三片 74465 依次顺序工作，并保证三片

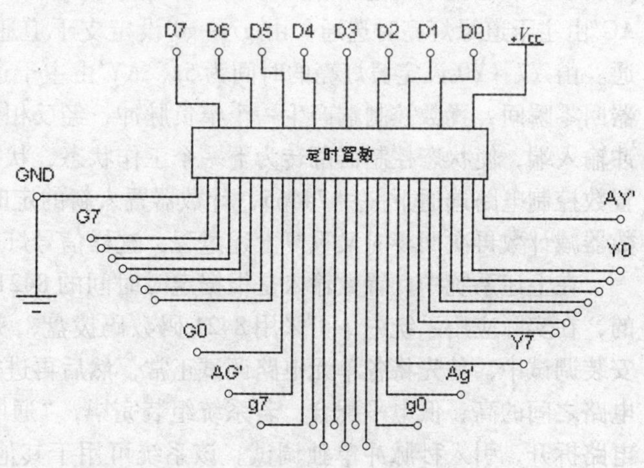

图 7-79　信号灯定时置数子电路

74465 任何时刻只能有一片选通，其他两片输出端均处于高阻态。需要设计顺序定时置数控制电路，图 7-80 交通信号灯自动指挥系统中与子电路“灯控逻辑”相连接的两个非门、一个或非门可实现这一功能。

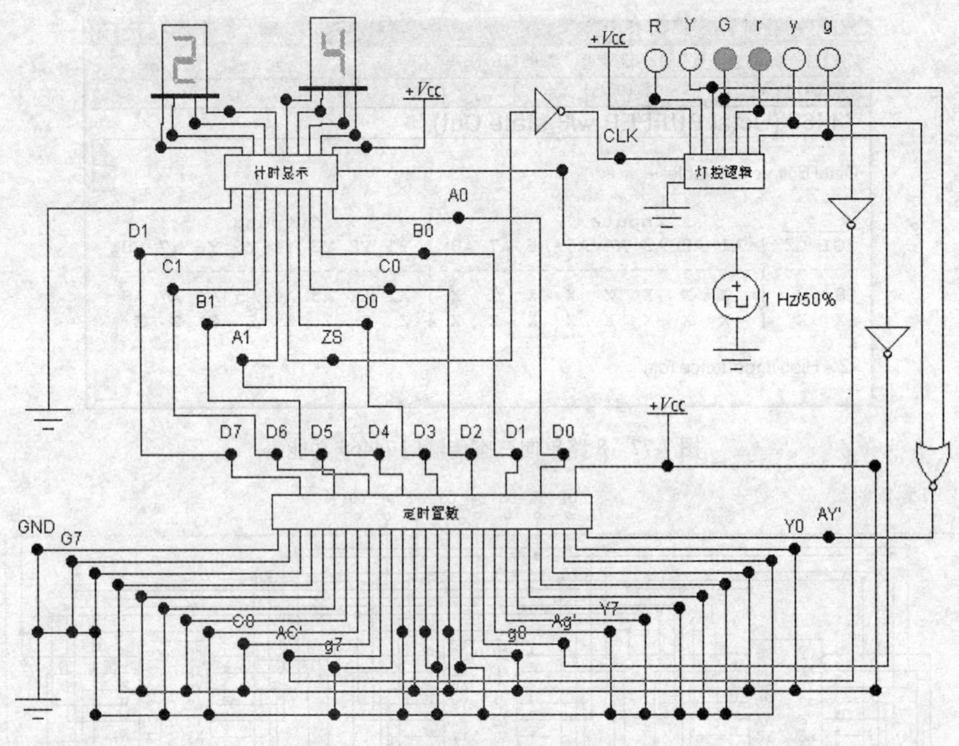

图 7-80 交通信号灯自动指挥系统

7.12.4 交通信号灯自动指挥系统仿真实验

在 EWB 主界面内，粘贴的方法将上述各部分单元电路置于同一界面内，再按照各自对应关系相互连接构成的交通信号灯自动指挥系统如图 7-80 所示。很明显，由于采用了子电路表示方法，使系统电路大大简化。在该系统中，由 G7 ~ G0 设定主干道通行时间为 35s，AG′由主干道绿灯亮时选通。由 g7 ~ g0 设定支干道通行时间 25s，Ag′由支干道绿灯亮时选通。由 Y7 ~ Y0 设定黄灯亮的时间为 5s，AY′由主干道或支干道黄灯亮时选通。当减法计数器回零瞬间，置数控制端产生一个窄负脉冲，经反相器变为正脉冲，送至状态控制器时钟脉冲输入端，使状态控制器翻转为下一个工作状态，状态译码器完成换灯的同时，由顺序定时置数控制电路选通下一片 74465，计数器置入新的定时值并开始新状态下的减法计数，当计数器减计数再次回零时又重复上述过程，这样信号灯就自动按设定时间顺序交替转换。

在上述系统中，置数输入是根据定时时间的 8421 编码将相应输入端接高、低电平实现的，在实际应用系统中，可采用 8421 码数码拨盘，实现减法计数器的预置数控制。在系统安装调试中，首先将各单元电路调试正常，然后再进行各单元电路之间的连接，要特别注意电路之间的高、低电平配合。若系统组装完毕，“通电”测试，工作不正常，仍可将各单元电路拆开，引入秒脉冲单独调试。该系统可用于其他控制与显示场合，例如篮球比赛中的 24s 违例的计时与显示。

第 8 章　EWB 电子技术课程设计指导

“电子技术课程设计”是电子技术课程的实践性教学环节，是对学生学习电子技术的综合性训练，这种训练是通过学生独立进行某一课题的设计、仿真、安装和调试来完成的。要完成一个课题将涉及到许多方面的知识，既要涉及到许多理论知识（设计原理与方法），还要涉及到许多实际知识与技能（安装、调试与测量技术）。对于“电子技术课程设计”只有一周时间的高等理工科非电类各专业学生，使用先进的电子工作平台（EWB），在虚拟环境下完成电子技术课程设计的选择元件、创建电路、计算与调整参数以及观测仿真结果等中心环节，收效甚佳。

8.1　课程设计的目的与要求

实验课、课程设计和毕业设计是大学阶段既相互联系又互有区别的三大实践性教学环节。实验课着眼于通过实验验证课程的基本理论，并培养学生的初步实验技能。而课程设计则是针对某一门课程的要求，对学生进行综合性训练，培养学生运用课程中所学到的理论与实践紧密结合，独立地解决实际问题。毕业设计虽然也是一种综合性训练，但它不是针对某一门课程，而是针对本专业的要求所进行的更为全面的综合训练。三者有机结合，共同完成培养学生工程实践能力和科学研究能力的目标。

8.1.1　电子技术课程设计基本要求

1）综合运用电工技术、电子技术课程中所学到的理论知识去独立完成一个设计课题。

2）通过查阅手册和文献资料，确定课程设计的题目和总体方案，并要求一人一题，以培养学生独立分析和解决实际问题的能力。

3）把系统要完成的任务分配给若干个单元电路，并画出一个能表示各单元功能的整机原理框图。方案选择的重要任务是根据掌握的知识和资料，针对系统提出的任务、要求和条件，完成系统的功能设计。在这个过程中要敢于探索，勇于创新，争取方案的设计合理、可靠、经济、功能齐全、技术先进，并且对方案要进行可行性和优缺点的分析，最后设计出一个完整框图。框图应能正确反映系统应完成的任务和各组成部分的功能，清楚表示系统的基本组成和相互关系。

4）课程设计的题目应当用电子工作平台（EWB）完成，充分利用 EWB 中的元器件库，熟悉常用电子元器件的类型和特性，并掌握合理选用的原则。库中没有的元器件可自行创建。

5）学会在虚拟环境下创建电路、计算与调整参数、用虚拟电子仪器仪表观测仿真结果，并将在 EWB 上获得的这些结果以位图（Copy as Bitmap）的方式复制到 Windows 剪切板中，以便进一步分析和论证，形成完整的课程设计报告。打印后上交，或通过互联网流转。

6）通过课程设计培养严肃认真的工作作风和严谨的科学态度。

8.1.2 单元电路的设计、参数计算和器件选择

根据系统的功能、技术指标和系统框图，明确各部分任务，进行各单元电路的设计、参数计算和元器件选择。单元电路设计完成后，在计算机上进行仿真实验、调整参数，保证达到设计要求。

1. 单元电路设计　单元电路是整机的一部分，只有把各单元电路设计好才能提高整体设计水平，实现整机设计的成功。每个单元电路设计之前都需明确本单元电路的任务，详细拟定出单元电路的性能指标，与前后级之间的关系，分析电路的组成形式。具体设计时，可以模仿成熟的先进的电路，也可以进行创新或改进，EWB 为电路的创新或改进提供了方便条件，但设计的电路都必须保证性能要求。而且，不仅单元电路本身要求设计合理，各单元电路之间也要互相配合，注意各部分的输入信号、输出信号和控制信号的关系。

2. 参数计算　为保证单元电路达到功能指标要求，就需要用电子技术知识对参数进行计算，例如放大电路中各电阻值、放大倍数，振荡器中电阻、电容、振荡频率等参数。只有很好地理解电路的工作原理，正确利用计算公式，计算的参数才能满足设计要求。

参数计算时，同一个电路可能有几组数据，注意选择一组能完成电路设计功能、在实践中能真正可行的参数。否则可能导致仿真失败。

计算电路参数时应注意下列问题：

1）元器件的工作电流、电压、频率和功耗等参数应能满足电路指标的要求。

2）元器件的极限参数必须留有足够裕量，一般应大于额定值的 1.5 倍。

3）电阻和电容的参数应选计算值附近的标称值。

3. 元器件的选择

（1）阻容元件的选择　电阻和电容种类很多，正确选择电阻和电容是很重要的。不同的电路对电阻和电容性能要求也不同，有些电路对电容的漏电要求很严，还有些电路对电阻、电容的性能和容量要求很高，例如滤波电路中常用大容量（100 ~ 3000μF）铝电解电容，为滤掉高频，通常还需并联小容量（0.01 ~ 0.1μF）瓷片电容。设计时要根据电路的要求选择性能和参数合适的阻容元件，并要注意功耗、容量、频率和耐压范围是否满足要求。

（2）分立元件的选择　分立元件包括二极管、晶体管、场效应晶体管、光敏二极管、晶闸管等，应根据其用途分别进行选择。选择的元器件种类不同，其注意事项也不同。例如选择晶体管时，首先注意是 NPN 型管还是 PNP 型管，是高频管还是低频管，是大功率管还是小功率管，并注意管子的参数是否满足电路设计指标的要求，在 EWB 元器件库中选择的元器件，可通过其属性对话框确定元器件的参数和工作条件。

（3）集成电路的选择　由于集成电路可以实现很多单元电路甚至整机电路的功能，所以选用集成电路设计单元电路和总体电路既方便又灵活，它不仅使系统体积缩小，而且性能可靠，便于调试及运用。在 EWB 元器件库中选择的集成电路，可通过其性能表或功能真值表了解集成电路的参数和工作条件。集成电路有模拟集成电路和数字集成电路，国内外已生产出大量集成电路，器件的型号、原理、功能、特性可查阅 EWB 元器件库和有关手册。

8.1.3 电路图的绘制

为详细表示设计的整机电路及各单元电路的连接关系，设计时需绘制完整电路图。电路

图通常是在系统框图、单元电路设计、参数计算和器件选择的基础上绘制的，它是组装、调试和维修的依据。绘制电路图时要注意以下几点：

1）应布局合理、排列均匀、图中的文字要清晰、便于看图、有利于对图的理解和阅读。有时一个总电路由几部分组成，绘图时应尽量把总电路画在一张图样上。如果电路比较复杂，需绘制几张图，则应把主电路画在同一张图样上，而把一些比较独立或次要的部分画在另外的图样上，并在图的断口两端做上标记，标出信号从一张图到另一张图的引出点和引入点，以此说明各图样在电路连线之间的关系。将比较复杂的单元电路用子电路表示，能使电路的条理更清晰。

有时为了强调并便于看清各单元电路的功能关系，每一个功能单元电路的元件应集中布置在一起，并尽可能按工作顺序排列。

2）注意信号的流向，一般从输入端或信号源画起，由左至右或由下至上按信号的流向依次画出各单元电路，而反馈通路的信号流向则与此相反。

3）图形符号要标准，图中应加入适当的标注。图形符号可通过元器件属性对话框设置。电路图中的中、大规模集成电路器件，一般用框表示，在方框中标出它的型号，在方框的边线两侧标出每根线功能名称和管脚引线号。除中、大规模器件外，其余元器件符号应当标准化。

4）连接线应为直线，并且交叉和折弯应最少。通常连接线可以水平布置或垂直布置，一般不画斜线。互相连通的交叉线，应在交叉处用圆点表示。根据需要，可以在连接线上加注信号名或其他标记，表示其功能或其去向。有的连线可用符号表示，例如器件的电源一般标电源电压的数值，地线用接地符号表示。由于 EWB 具有智能连线功能，这一点很容易做到。

设计的电路是否能满足设计要求，首先在计算机上进行仿真实验，再通过组装、调试进行验证。

8.1.4　电子电路的组装与调试

在学习电子技术课程设计的第二周，对设计好并通过仿真实验的电路，进行实物组装、调试并取得满意结果。

1. 电子电路的组装　电子技术课程设计中组装电路通常采用焊接和在电子实验箱上插接两种方式。焊接组装可提高学生焊接技术，但器件可重复利用率低。在电子实验箱上元器件组装便于插接且电路便于调试，并可提高器件重复利用率。下面介绍在电子实验箱上用插接方式组装电路的方法。

（1）集成电路的装插　插接集成电路时首先应认清方向，不要倒插，所有集成电路的插入方向要保持一致，注意管脚不能弯曲。

（2）元器件的位置　根据电路图的各部分功能确定元器件在电子实验箱上的位置，并按信号的流向将元器件顺序地连接，以易于调试。

（3）导线的选用和连接　导线与插孔要保持清洁。为检查电路的方便，根据不同用途，导线可以选用不同的颜色。一般习惯是正电源用红线，负电源用蓝线，地线用黑线，信号线用其他颜色的线等。连线不允许跨接在集成电路上，一般从集成电路周围通过，尽量做到横平竖直，这样便于查线和更换器件。

组装电路时注意，电路之间要有公共接地端。避免输出线和输入线之间的交叉并行在一起。正确的组装方法和合理的布局，不仅使电路整齐美观，而且能提高电路工作的可靠性，便于检查和排除故障。

2. 电子电路的调试　通常有以下两种调试电路的方法：

第一种方法是采用边安装边调试的方法。首先把一个总电路按框图上的功能分成若干单元电路分别进行安装和调试，然后在完成各单元电路调试的基础上，扩大安装和调试的范围，最后完成整机调试。对于新设计的电路，此方法既便于调试，又可及时发现和解决问题。该方法适于课程设计中采用。

第二种方法是整个电路安装完毕后，实行一次性调试。这种方法适于定型产品。调试时应注意做好调试记录，准确记录电路各部分的测试数据和波形，以便于分析和运行时参考。

一般调试步骤如下：

（1）通电前检查　电路安装完毕，首先直观检查电路各部分接线是否正确，检查电源、地线、信号线、元器件管脚之间有无短路，器件有无接错。

（2）通电检查　接入电路所要求的电源电压，观察电路中各部分器件有无异常现象。如果出现异常现象，则应立即关断电源，待排除故障后方可重新通电。

（3）单元电路调试　在调试单元电路时应明确本部分的调试要求，按调试要求测试性能指标和观察波形。调试顺序按信号的流向进行，这样可以把前面调试过的输出信号作为后一级的输入信号，为最后的整机联调创造条件。电路调试包括静态和动态调试，通过调试掌握必要的数据、波形、现象，然后对电路进行分析、判断、排除故障，完成调试要求。

（4）整机联调　各单元电路调试完成后就为整机调试打下了基础。整机联调时应观察各单元电路连接后各级之间的信号关系，主要观察动态结果，检查电路的性能和参数，分析测量的数据和波形是否符合设计要求，对发现的故障和问题应当及时采取处理措施。

3. 电路故障的排除　电路故障的排除可以按下述 8 种方法进行：

（1）信号寻迹法　寻找电路故障时，一般可以按信号的流程逐级进行。从电路的输入端加入适当的信号，用示波器或电压表等仪器逐级检查信号在电路内各部分传输的情况，根据电路的工作原理分析电路的功能是否正常，如果有问题，应及时处理。调试电路时也可从输出级向输入级倒推进行，信号从最后一级电路的输入端加入，观察输出端是否正常，然后逐级将适当信号加入前面一级电路输入端，继续进行检查。这里所指的“适当信号”是指频率、电压幅值等参数应满足电路要求，这样才能使调试顺利进行。

（2）对分法　把有故障的电路分为两部分，先检测这两部分中究竟是哪部分有故障，然后再对有故障的部分对分检测，一直到找出故障为止。采用“对分法”可减少调试工作量。

（3）分割测试法　对于一些有反馈的环形电路，如振荡器、稳压器等电路，它们各级的工作情况互相有牵连，这时可采取分割环路的方法，将反馈环去掉，然后逐级检查，可更快地查出故障部分。对自激振荡现象也可以用此法检查。

（4）电容器旁路法　如遇电路发生自激振荡或寄生调幅等故障，检测时可用一只容量较大的电容器并联到故障电路的输入或输出端，观察对故障现象的影响，据此分析故障的部位。在放大电路中，旁路电容失效或开路，使负反馈加强，输出量下降，此时用适当的电容并联在旁路电容两端，就可以看到输出幅度恢复正常，也就可断定旁路电容的问题。这种检查可能要多处试验才有结果，这时要细心分析可能引起故障的原因。这种方法也用来检查电源滤波和去耦电路的故障。

（5）对比法　将有问题的电路的状态、参数与相同的正常电路进行逐项对比。此方法可以较快地从异常的参数中分析出故障。

（6）替代法　把已调试好的单元电路代替有故障或有疑问的相同的单元电路（注意共地），这样可以很快判断故障部位。有时元器件的故障不很明显，如电容漏电、电阻变质、晶体管和集成电路性能下降等，这时用相同规格的优质元器件逐一替代实验，就可以具体地判断故障点，加快查找故障点的速度，提高调试效率。

（7）静态测试法　故障部位找到后，要确定是哪一个或哪几个元件有问题，最常用的就是静态测试法和动态测试法。静态测试是用万用表测试电阻值、电容漏电、电路是否断路或短路，晶体管和集成电路的各引脚电压是否正常等。这种测试是在电路不加信号时进行的，所以叫静态测试。通过这种测试可发现元器件的故障。

（8）动态测试法　当静态测试还不能发现故障原因时，可以采用动态测试法。测试时在电路输入端加上适当信号再测试元器件的工作情况，观察电路的工作状况，分析、判别故障原因。

组装电路要认真细心，要有严谨的科学作风。安装电路要注意布局合理。调试电路要注意正确使用测量仪器，电路各部分和各测量仪器、仪表之间要有公共接地端，这一点必须保证。调试过程中不断跟踪和记录观察的现象、测量的数据和波形。通过组装调试电路，发现问题、解决问题，提高设计水平，圆满地完成设计任务。

8.1.5　电子技术课程设计报告要求

课程设计报告是对学生写作科学论文和科研总结报告的能力训练。通过撰写课程设计报告，不仅把设计、计算、仿真、组装、调试的内容进行全面总结，而且把实践内容上升到理论高度。电子技术课程设计报告应包括以下各点内容：

1）课题名称。

2）内容摘要。

3）设计内容及要求。

4）比较和选定设计的系统方案，画出系统框图。

5）单元电路设计、参数计算和器件选择。

6）画出完整的电路图，并说明电路的工作原理。

7）熟悉使用的主要仪器和仪表的工作原理和使用方法。

8）仿真调试时要注意激励源、被测电路和测量仪器三者的参数必须匹配合理，要讲究调试电路的方法和技巧。

9）研究测试与观察的数据和波形，并用图形、表格等形式与计算结果比较，分析是否达到设计要求。

10）仔细研究调试中出现的故障，找出原因，提出解决方法，总结经验。

11）总结设计电路的特点和方案的优缺点，指出课题的核心及实用价值，提出改进意见和展望。

12）列出系统需要的元器件清单。

13）写出电子技术课程设计的收获、体会和建议等。

14）列出参考文献。

15）课程设计报告应形成打印件或者网上流转。

8.2 电子技术课程设计课题范例

8.2.1 振荡式微电机三相变流电源的仿真设计

设计要求、技术指标与设计内容如下：

（1）设计要求　设计一个三相异步电动机的驱动电源，将输入交流电转换成直流电，再将直流电转换成对称三相正弦交流电。可以驱动几瓦到几十瓦的电动机。

（2）技术指标　输入直流电压30V，输出三相交流电压20V，频率405Hz，输出电流200mA，三相电压不对称度2%，频率稳定度$10^{-2}\sim10^{-3}$，正弦波失真度1%。

（3）设计内容

1）设计一个直流稳压电源，要求输入交流电压为220V，输出直流电压为30V。

2）设计微电机驱动电源的基本单元电路，可参考本书第7.2节。

3）设计振荡式微电机三相变流电源。

4）仿真实验，观测三相变流电源的输出波形。

5）按上述要求完成课程设计报告，交激光打印报告或者网上流转。

8.2.2 模拟振荡式微电机三相方波变流电源的设计

设计要求、技术指标与设计内容如下：

（1）设计要求　要求使用电子工作平台（EWB）软件，用三节相位滞后的RC移相器和三个集成功率运算放大器设计三相对称方波变流电源。利用运算放大器的非线性限幅特性使正弦波振荡转变为方波振荡。

（2）技术指标　模拟振荡式三相对称方波变流电源输入直流电压30V，输出方波电压15V，频率406Hz，电流200mA，三相电压不对称度2%，频率稳定度$10^{-2}\sim10^{-3}$。

（3）设计内容

1）设计一个直流稳压电源，要求输入交流电压为220V，输出直流电压为10~30V可调。

2）设计模拟振荡式三相方波变流电源的基本单元电路，基本单元电路由具有过电流保护和过热保护环节的集成功率运算放大器和相位滞后的RC移相器组成。可参考本书第7.3节。

3）设计振荡式微电机三相变流电源。

4）仿真实验，观测三相方波变流电源的输出波形。

5）按要求完成课程设计报告，交激光打印报告或者网上流转。

8.2.3 数字式微电机三相方波变流电源的设计

设计要求、技术指标与设计内容如下：

（1）设计要求　使用电子工作平台（EWB）软件，数字集成电路CC4040将石英晶体振荡器产生的2.4576MHz高频信号进行10级二分频，输出2400Hz的方波电压，再通过环形计数器将输入时钟脉冲6分频，得到频率400Hz的三相对称方波电压。

（2）技术指标　数字式三相对称方波变流电源输入直流电压12V，输出方波电压10V，电压稳定度1%，输出电流2A，频率400Hz，频率稳定度$10^{-4}\sim10^{-6}$。

(3) 设计内容

1) 设计一个直流稳压电源，要求输入交流电压为 220V，输出直流电压为 12V。或选择元器件库中的直流电源。

2) 设计石英晶体振荡器，振荡频率为 2.4576MHz。

3) 用 D 触发器设计环形计数器。可参考本书第 7.3 节。

4) 用集成功率运算放大器，设计功率输出级。

5) 仿真实验，观测三相方波变流电源的输出波形。

6) 按要求完成课程设计报告，交激光打印报告或者网上流转。

8.2.4　可编程调频微电机三相方波电源的设计

设计要求、技术指标与设计内容如下：

(1) 设计要求　要求采用电子工作平台（EWB）软件，设计可编程三相对称方波变流电源。频率可根据需要连续调节或分级调节。

(2) 技术指标　输入直流电压 30V，输出三相方波电压 14V，电流 1A，频率稳定度为 2×10^{-3}，电压稳定度为 1%，三相方波电源的转换效率高达 85%。

(3) 设计内容

1) 设计电源系统框图。

2) 设计一个直流稳压电源，要求输入交流电压为 220V，输出直流电压为 12V。或选择元器件库中的直流电源。

3) 设计石英晶体振荡器，按表 8-1 确定振荡器的输出频率。可参考本书第 7.4 节。

表 8-1　分频器输出频率及 6 分频表

2 分频级	S2 S1 S0	分频器输出频率/kHz	6 分频/kHz
2^8	0 0 0	1.2	0.2
2^7	0 0 1	2.4	0.4
⋮	⋮	⋮	⋮
2^2	1 1 0	76.8	12.8
2^1	1 1 1	153.6	25.6

4) 按表 8-1 设计可编程分频器。

5) 设计 6 分频环形计数器。

6) 设计三相功率开关。

7) 仿真实验，观测三相方波变流电源的输出波形。

8) 按要求完成课程设计报告，交激光打印报告或者网上流转。

8.2.5　微电机三相梯形波变流电源的仿真设计

设计要求、技术指标与设计内容如下：

(1) 设计要求　采用电子工作平台（EWB）软件，设计下面两种不同类型的三相梯形波变流电源。

1) 移相式微电机三相梯形波变流电源。

2）积分式三相梯形波变流电源。要求输出交流电压的幅值可通过改变输入直流电压的大小来调节，输出电压的频率可通过三联同轴电位器连续调节。

（2）技术指标

1）移相式微电机三相梯形波驱动电源的输入直流电压30V，输出三相交流电压14V，频率500Hz，电流200mA，三相电压不对称度2%，频率稳定度10^{-2}~10^{-3}，正弦波失真度1%。

2）积分式三相梯形波变流电源的输入直流电压为30V时，输出电压为14V，频率为500Hz，电流为1A，频率稳定度为2×10^{-3}，电压稳定度为1%。三相梯形波电源的转换效率高达85%。

（3）设计内容

1）设计移相式微电机三相梯形波变流电源。

2）设计积分式三相梯形波变流电源。

3）设计具有子电路形式的三相梯形波变流电源。

4）仿真实验，观测三相对称梯形波变流电源的输出波形。

5）按要求完成课程设计报告，交激光打印报告或者网上流转。

8.2.6 加工中心刀具自动进给控制系统的设计

设计要求、技术指标与设计内容如下：

（1）设计要求　自动进给控制系统是数控机床等现代加工设备的重要组成部分。要求以中规模数字集成计数器IC74163为核心，以步进电动机为执行元件，设计一个数字化自动进给控制系统。用电子设计工作平台（EWB）软件，进行自动进给控制系统的研究和设计，创建系统的仿真电路，给出仿真实验结果。

（2）技术指标　刀具进给速度为2~5次/s；用虚拟数字逻辑分析仪和示波器观测各点的波形；进给脉冲的个数可由七段译码显示器LED显示。

（3）设计内容

1）设计系统结构框图。

2）设计脉冲信号源、可编程序计数器、环形分配器、放大驱动电路和执行元件等。

3）设计控制脉冲形成电路、控制门。

4）设计可编程序计数器，观测并记录仿真结果。

5）设计环形分配器，观测并记录仿真结果。

6）设计放大驱动电路，观测并记录仿真结果。

7）联机仿真实验，观测三相对称电源的输出波形。

8）按要求完成课程设计报告，交激光打印报告或者网上流转。

8.2.7 基于IC 74191的自动进给控制系统的设计

设计要求、技术指标与设计内容如下：

（1）设计要求　自动进给控制系统是数控机床等现代加工设备的重要组成部分。要求以中规模数字集成计数器IC74191为核心，以步进电动机为执行元件，设计一个数字化自动进给控制系统。用电子设计工作平台（EWB）软件，进行自动进给控制系统的研究和设计，创建系统的仿真电路，给出仿真实验结果。

(2) 技术指标　刀具进给速度为 2 ~5 次/s；用虚拟数字逻辑分析仪和示波器观测各点的波形；进给脉冲的个数可由 7 段译码显示器 LED 显示。

(3) 设计内容　基于 IC74191 的自动进给控制系统的设计内容与本书 8. 2. 5 中所叙述的加工中心刀具自动进给控制系统的设计基本一致，只是使用的核心元件不同。

8. 2. 8　三相混合式步进电动机驱动系统的设计

设计要求、技术指标与设计内容如下：

(1) 设计要求　在研究了三相混合式步进电动动机多相驱动时转矩矢量与逻辑通电状态的基础上，以三相混合式步进电机为执行元件，设计一个数字化自动进给驱动系统。用电子设计工作平台（EWB）软件，进行自动进给驱动系统的研究和设计，创建系统的仿真电路，给出仿真实验结果。

(2) 技术指标　三相混合式步进电动机驱动方式采用 H 形联结方式；设计一个六拍 2-2 通电方式的驱动电路；用虚拟数字逻辑分析仪观测各点的波形。

(3) 设计内容

1) 熟悉三相混合式步进电动机的转动原理，画出转矩矢量分析图。

2) 在转矩矢量分析的基础上，列出 H 形联结六拍 2-2 通电方式的逻辑通电状态表。

3) 由两片 4D 集成触发器 74175 和两个与门电路、一个非门电路，设计六拍 2-2 方式 H 形驱动电源的控制电路，可参考本书第 7. 8 节。

4) 用虚拟数字逻辑分析仪观测三相混合式步进电动机驱动系统的输出波形。

5) 按要求完成课程设计报告，交激光打印报告或者网上流转。

8. 2. 9　基于 EPROM 三相混合式步进电动机驱动系统

设计要求、技术指标与设计内容如下：

(1) 设计要求　在研究了三相混合式步进电动机多相驱动时转矩矢量与逻辑通电状态的基础上，以三相混合式步进电动机为执行元件，设计一个数字化自动进给驱动系统。用电子设计工作平台（EWB）软件，进行自动进给驱动系统的研究和设计，创建系统的仿真电路，给出仿真实验结果。

(2) 技术指标　三相混合式步进电机驱动方式采用 H 型联结方式；用 74191 设计一个可编程可逆计数器；用可编程存储器 EPROM 设计出多功能，即多种通电方式的驱动电路；用虚拟数字逻辑分析仪观测各点的波形。

(3) 设计内容

1) 设计系统结构框图。

2) 熟悉三相混合式步进电动机的转动原理，画出转矩矢量分析图，列出 3 拍、4 拍、6 拍和 12 拍的逻辑通电状态表。

3) 用 74191 设计一个可编程可逆计数器，用逻辑分析仪观察计时器的状态转换时序图，用七段译码显示器观察可编程可逆计数器的仿真结果。

4) 用逻辑门设计三相混合式步进电动机多种通电方式的选择电路。

5) 设计六拍 2-2 方式（或其他通电方式的）H 形驱动电源的控制电路。

6) 用虚拟数字逻辑分析仪观测三相混合式步进电动机驱动系统的输出波形。

7）按要求完成课程设计报告，交激光打印报告或者网上流转。

8.2.10 智力竞赛抢答器的设计

设计任务与要求如下：

在许多比赛活动中，为了准确、公正、直观地判断出第一抢答者，通常设置一台抢答器，通过数显、灯光及音响等多种手段指示出第一抢答者。同时，还可以设置记分、犯规及奖惩记录等多种功能。本设计题目的要求是：

1）设计一个可容纳4组参赛者的数字式抢答器的仿真电路，每组设置一个抢答按钮供参加竞赛者使用。

2）电路具有第一抢答信号的鉴别和锁存功能。在主持人将系统复位并发出抢答指令后，如果参赛者在第一时间按抢答开关，则该组指示灯亮并用组别显示电路显示出抢答者的组别，同时扬声器发出“嘀—嘟”的双音声响持续2~3s。此时，电路应具备自锁功能，使其他组的抢答开关不起作用。

3）设计记分电路。记分电路要求：每组在开始时预置成100分，抢答后由主持人记分，答对一次加10分，答错一次则减10分。

4）设计犯规电路。犯规电路要求：对提前抢答和超时答题的组别，鸣扬声器示警，并由组别电路显示出犯规组别，执行减分操作。

5）设计双音声响发声器，在发声信号控制下持续2~3s后，自动停止工作。

6）用七段译码显示器和音响发声器观察仿真实验结果。

7）按要求完成课程设计报告，交激光打印报告或者网上流转。

8.2.11 基于14175的智力竞赛抢答器的设计

在课题8.2.10中的智力竞赛抢答器使用分立D触发器，优点是逻辑关系清楚，便于连线。本课题是使用集成4D触发器14175设计一个智力竞赛抢答器，其他要求同课题8.2.10。触发器14175的逻辑图和功能表如图8-1所示。

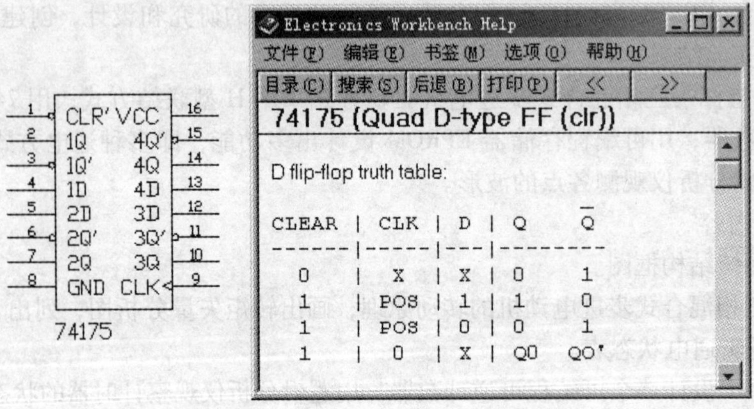

图8-1 14175的逻辑图和功能表

8.2.12 数字电子钟的设计

设计任务与要求如下：

用同步十进制集成计数器 74160 设计一个数字电子钟，能显示小时、分钟和秒钟；能进行 24h 与 12h 的计时转换；具有小时和分钟的校时功能。设计要求如下：

1）画出数字电子钟的结构框图。

2）设计一个输出电压为 5V 的直流稳压电源。

3）用 555 定时器设计一个秒钟脉冲发生器。

4）用同步十进制集成计数器 74160 设计一个秒钟计数器和分钟计数器，即六十进制计数器。

5）将秒钟计数器创建为子电路。

6）用同步十进制集成计数器 74160 设计一个 24/12h 计数器，通过转换开关可实现二十四与十二进制计数值的转换。

7）将 24/12h 计数器创建为子电路。

8）数字电子钟具有小时校时和分钟校时的功能。

9）用七段译码显示器观察各单元电路和连机后数字电子钟的仿真实验结果。

10）按要求完成课程设计报告，交激光打印报告或者网上流转。

8.2.13　用 74LS290 设计自动报时装置

设计任务与要求如下：

用二-五-十进制集成计数器 74290 设计一个数字电子钟，能显示小时、分钟和秒钟；能进行 24h 与 12h 的计时转换；能在 24h 显示的基础上增加日期显示电路；具有整点报时的功能。设计要求如下：

1）用二-五-十进制集成计数器 74290 设计一个六十进制计数器。

2）用二-五-十进制集成计数器 74290 设计一个 24/12h 计数器，通过转换开关可实现二十四与十二进制计数器的转换。

3）将秒钟计数器和 24/12h 计数器创建为子电路。

4）设计具有小时和分钟的校时功能数字电子钟。

5）设计日期显示电路。

6）设计整点报时电路。

7）进行仿真实验，观察系统是否满足设计要求。

8）按要求完成课程设计报告，交激光打印报告或者网上流转。

8.2.14　温度测量与控制系统的设计

设计任务与要求如下：

在工农业生产或科学研究中，经常需要对某一系统的温度进行测量，并能自动地控制、调节该系统的温度。本设计课题是利用电子工作平台设计温度测量与控制系统。系统包括：加热装置、温度测量、温度控制和温度显示电路等。首先必须将温度值（非电量）转换成电量，然后采用电子电路实现课题要求。可采用温度传感器，将温度变化转换成相应的电信号，并通过放大、滤波后送 A/D 转换器变成数字信号，然后进行译码显示。可参考本书第 7.1 节中有关自动温度控制和 ADC 部分。设计要求如下：

1）利用电子工作平台（EWB）设计自动温度控制系统。

2）被控制（实际）温度和给定温度均可数字显示。

3）测量温度范围0～120℃，精度±0.5℃。

4）控制温度连续可调，精度±1℃。

5）温度超过额定值时，产生声、光报警信号。设定被控制温度的最大允许值，当系统实际温度达到此值时，发生报警信号。温度显示部分采用转换开关控制，可分别显示系统温度、给定温度和报警温度对应值。

6）进行仿真实验，观察系统是否满足设计要求。

7）按要求完成课程设计报告，交激光打印报告或者网上流转。

8.2.15 可预置的定时显示报警系统设计

1. 设计任务与要求　可预置的定时显示报警系统可用于任意定时系统，例如，篮球比赛规则中，一方队员持球时间不能超过30s，设计电路时预置30s，到时报警，这给运动员和裁判员以准确信号。可预置定时显示报警系统中的石英晶体振荡器产生稳定的高频，经分频器分频后得到标准的秒脉冲信号，作为计数器的时钟脉冲。预置时间用编码开关控制，其输出是编码器的十进制输入，编码器的输出作为计数器预置数。计数器通过组合逻辑控制锁存器的使能端，将计数器的数据锁存（注意本系统是5s锁存一次），锁存器的锁存数据经过七段译码显示，当计数器计数到预置的时间时发出信号报警。通过系统设计，掌握可预置的定时显示报警系统的设计、仿真与调试方法；熟悉所用集成电路的使用方法。设计要求如下。

1）设计一个可预置30s的显示报警系统。要求预置30s减到0s报警（也可预置30s、计数到30s时报警）；每隔5s显示一次时间（即30s、25s、…、5s、0s时显示）；系统能准确地预置和清零。

2）设计可预置的定时显示报警系统的逻辑电路图。

3）画出逻辑电路图，写出完整的总结报告。

4）进行仿真实验，观察系统是否满足设计要求。

5）按要求完成课程设计报告，交激光打印报告或者网上流转。

2. 选作内容

设计一个可任意预置的定时显示报警系统。设计要求如下：

1）如某电台23时30分停止播音，第二天早4时30分开机准备播音。要求早晨无人时自动启机组播音。

2）某工厂无人值班的自动生产线，分两班生产，第一班要求早7时30分自动线开始加工，中午11时30分停工，12时30分开工，16时30分停工，第一班结束。第二班自动线17时30分开工，21时30分停工，22时开工，第二天早上停工1小时，第二班结束。

3）设计满足上述要求的可任意预置的定时显示报警系统。

3. 可预置的定时显示报警系统器件使用说明

1）10线-4线BCD码编码器74LS147的逻辑图和功能表如图8-2所示。编码器的特点是可以对输入进行优先编码，以保证只对最高位数据编码，把9线数据编码为4线（8-4-2-1）BCD码。当9条数据线输入端都处于高逻辑电平时，零被编码，所以这种隐蔽的十进制零状态对输入条件没有要求。该器件是在低逻辑电平时，数据输入和输出才有效。

2）同步可逆十进制计数器74LS190在本书第6.6节已有介绍，这里不再赘述。

3）8D触发器74LS273　该器件的逻辑图和功能表如图8-3所示。

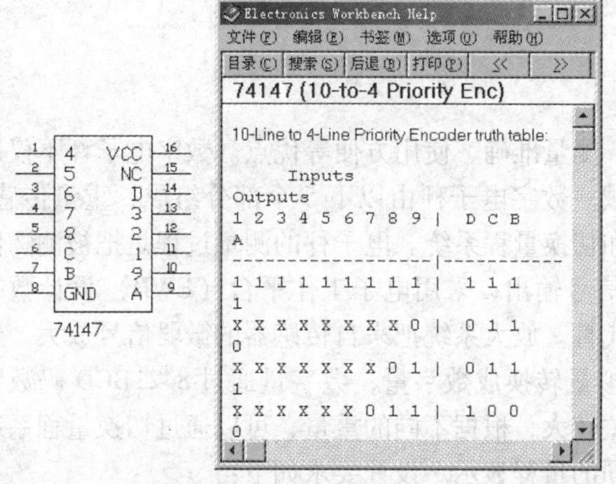

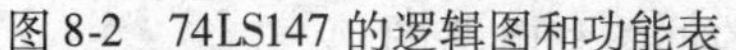

图 8-2　74LS147 的逻辑图和功能表

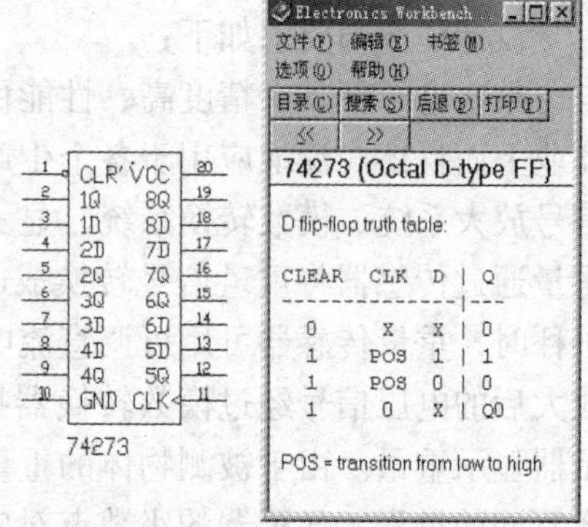

图 8-3　74LS273 的逻辑图和功能表

8.2.16　数字频率计设计

设计任务与要求如下：

数字频率计是由可控制的计数、锁存、译码显示系统；石英晶体振荡器及分频系统；带衰减器的放大整形系统和闸门电路等组成。设计要求如下：

1）测量频率范围：0 ~ 9999Hz 和 1Hz ~ 100kHz。

2）测量信号，方波峰-峰值 3 ~ 5V（与 TTL 兼容）。

3）闸门时间：10ms，100 ms，1s 和 10s，脉冲波形峰-峰值 3 ~ 5V。

4）设计频率计的整机电路并画出框图和总电路图。

5）设计可控制的计数、锁存、译码显示系统。

6）设计石英晶体振荡器及分频系统。

7）设计带衰减器的放大整形系统。

8）对各单元电路和整机进行仿真实验，观察它们是否满足设计要求。

9）按要求完成课程设计报告，交激光打印报告或者网上流转。

8.2.17　数字电压表设计

设计任务与要求如下：

数字电压表是将被测量的模拟量转换为数字量，并进行实时数字显示的装置。该系统可采用电子工作平台（EWB）元器件库中的模数转换器 ADC、七段锁存译码驱动器和共阴极 LED 数码显示器等组成。设计要求如下：

1）设计数字电压表电路，画出数字电压表的框图和电路图。

2）要求测量范围：直流电压 0 ~ 0.99V；0 ~ 9.9V。

3）设计二-十进制 BCD 码的译码显示器。将 ADC 输出的一位十六进制带码转换为 8421BCD 码，并显示出相应的十进制数码。

4）进行仿真实验，观察数字电压表是否满足设计要求。

5）按要求完成课程设计报告，交激光打印报告或者网上流转。

8.2.18 数字电子秤设计

设计任务与要求如下：

数字电子秤具有精度高、性能稳定、测量准确、使用方便等优点。数字电子秤不仅用于商业上而且还广泛地应用于各个生产领域。数字电子秤由以下 5 个部分组成：重量传感器、信号放大系统、模数转换系统、显示器和切换量程系统。电子秤的测量过程是把被测物体的重量通过传感器将重量信号转换成电压信号输出，采用电子工作平台（EWB）设计数字电子秤时，重量传感器可用可调直流电源代替。放大系统把来自传感器的微弱信号放大，经过放大后的电压信号经过模数转换器把模拟量转换成数字量，数字量通过 8421BCD 码数字显示器显示重量。由于被测物体的重量相差较大，根据不同的重量，可以通过切换量程系统选择不同的量程，显示器的小数点对应不同的量程显示。设计要求如下：

1）设计数字电子秤电路。画出数字电压表的框图和电路图。

2）电子秤测量范围：0 ~ 0.99kg，1 ~ 1.99kg，2 ~ 2.99kg，3 ~ 3.99kg。

3）设计二—十进制 BCD 码的译码显示器。将 ADC 输出的一位十六进制代码转换为 8421BCD 码，并显示出相应的十进制数码。

4）进行仿真实验，观察数字电子秤是否满足设计要求。

5）按要求完成课程设计报告，交激光打印报告或者网上流转。

8.2.19 数字温度计设计

设计任务与要求如下：

简单的数字温度计可由温度传感器、模数转换器 ADC 和显示器等组成，有些数字温度计还有放大器，以提高测量范围。数字温度计在测量温度时，把温度信号通过传感器转换成电压信号，该电压信号经过模数转换器把模拟量转变成数字量，再将数字量送到译码显示器，用数字显示读数建立与被测量之间的对应关系。

数字温度计的传感器，使用一个对温度敏感的硅热敏晶体管，在温度发生变化时，热敏晶体管的 b-e 结正向压降的温度系数为 -2mV/℃，利用这个特性可以测量温度的变化。由于在 0℃时晶体管的基极存在一个电压 U_{be}，因此需要设计一个调零电路，调节调零电路使热敏晶体管在 0℃的环境中温度计输出为零，也就是显示器的读数显示为零。温度计满刻度读数为 100℃。调节时，热敏晶体管放置在 100℃的环境中，由于热敏晶体管的温度系数为 -2mV/℃，所以在 100℃的环境下，热敏晶体管的 b-e 结电压降增量为 -200mV。调节参考电压，使 U_{REF} = 200mV 时，输出读数为 100℃，这样，就使数字温度计实现 0 ~ 100℃的测量。一般系统要把 0℃和满标度两点调好，保证输出读数与温度成对应关系。设计要求如下：

1）设计数字温度计电路。画出数字温度计的框图和电路图。

2）温度测量范围 0 ~ 100℃。

3）设计模数转换器 ADC 与 8421BCD 码译码显示器电路。

4）进行仿真实验，观察数字温度计是否满足设计要求。

5）按要求完成课程设计报告，交激光打印报告或者网上流转。

8.2.20　通用程控计数器设计

设计任务与要求如下：

通用程控计数器可以预先选定某个起始数和终止数，让计数器从起始数作加法计数，加到终止数时发出“程控信号”；或者让计数器从起始数作减法计数，减到终止数时发出“程控信号”。程控信号反映了来自传感器模拟量转换成的电脉冲数，运用计数器将其记忆。程控信号可以用于自动控制加工、自动报警、自动测量等。设计要求如下：

1）熟悉该系统使用的集成电路的工作原理。该系统的核心元件可预置数的二-十进制加/减计数器（双时钟），74192 的外部引线图和逻辑功能真值表如图 8-4 所示。

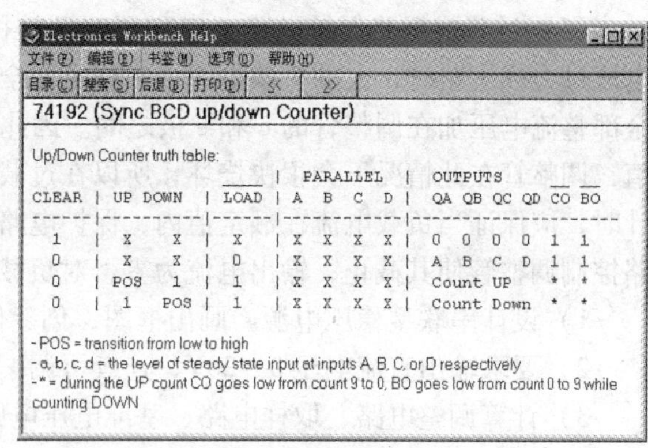

74192 (Sync BCD up/down Counter)

Up/Down Counter truth table:

CLEAR	UP	DOWN	LOAD'	PARALLEL A	B	C	D	OUTPUTS QA	QB	QC	QD	CO'	BO'
1	X	X	X	X	X	X	X	0	0	0	0	1	1
0	X	X	0	X	X	X	X	A	B	C	D	1	1
0	POS	1	1	X	X	X	X	Count UP				*	*
0	1	POS	1	X	X	X	X	Count Down				*	*

- POS = transition from low to high
- a, b, c, d = the level of steady state input at inputs A, B, C, or D respectively
- * = during the UP count CO goes low from count 9 to 0, BO goes low from count 0 to 9 while counting DOWN

图 8-4　74192 的外部引线图和逻辑功能真值表

2）设计通用程控计数器电路。测量范围 999，系统可设置任意的起始数 3 位，终止数 3 位。

3）设计信号转换与整形电路，使信号能被计数。

4）设计具有加计数和减计数的可逆控制电路；计数结果用 LED 显示；系统完成工作时发出结束信号。

5）进行仿真实验，观察通用程控计数器是否满足设计要求。

6）按要求完成课程设计报告，交激光打印报告或者网上流转。

8.2.21　稳压电源设计

设计任务与要求如下：

直流稳压电源由电源变压器、整流、滤波和稳压电路等 4 部分组成。电源变压器是将电网 220V 的交流电压变为所需要的电压值送入整流电路，整流电路是将交流电压变成脉动的直流电压；滤波电路把脉动的直流电压的纹波加以滤除，得到比较平滑的直流电压；稳压电路的作用是当电网电压波动，负载和温度变化时，维持输出直流电压稳定。

通常稳压电源采用串联负反馈电路，串联型稳压电路由以下各部分组成：

（1）调整电路　调整电路的核心是调整管，输出电压的稳定通过调整管的调节作用来实现，当系统的输入电网电压变化或负载变化时，调整管电压降相应改变，使输出电压保持稳定。由于调整电路是串联式，输出的最大电流通过调整环节，所以设计电路选择调整管时应满足集电极最大允许电流、最大反向击穿电压和功耗的要求。

（2）取样电路　取样电路是检测输出电压的变化，把输出电压的全部或部分取出来和基准电压比较并放大后来控制调整管的调整作用，使输出电压稳定。

（3）基准电压电路　取样电路检测输出电压变化量，与一恒定的电压值比较，其差值送到比较放大电路，此恒定电压的作用是作为一种基准，也称基准电压，提供恒定电压的电路就是基准电压电路。

（4）比较放大电路　把取样电压和基准电压相比较，由基准电压减去取样电压，所得差值电压的大小反映了输出电压的变化程度。此差值电压加到调整管的基极，调节调整管的基极电流，使调整管的管压降作相应的变化。为了提高调节灵敏度，往往把比较后的差值电压加以放大。在实际电路中，把信号电压的比较和放大合在一起，就是比较放大电路。比较放大电路的电压放大倍数越大，系统的负反馈作用越强，输出电压也就越稳定，电路的稳压系数和输出电阻就越小。

（5）过载或短路保护电路　串联调整型的稳压电源，调整管和负载是串联的，当负载电流过大或短路时，大的负载电流或短路电流全部流过调整管，此时负载端的压降小，几乎全部整流电压加在调整管的 c 和 e 极之间。因此，在过载或短路时，调整管的功耗超过允许值，调整管在此情况下会很快烧坏，所以在过载或短路时应对调整管采取保护，保护电路设计时，应保证当负载电流在额定值内，保护电路对电源不起作用，但过载或短路时，保护电路控制调整管使其截止，输出电流为零，对负载和电源均起保护作用。设计要求如下：

1）设计串联型稳压电源。画出框图，创建仿真电路图。

2）要求输出直流电压 0～20V，连续可调；输出电流 0～1A。

3）计算调整电路、取样电路、基准电压电路、比较放大电路、过载或短路保护电路的参数。选择电路元件。

4）进行仿真实验，确认稳压电源达到设计要求后，创建稳压电源子电路，存入 EWB 的自建元件库中，以备选用。

5）按要求完成课程设计报告，交激光打印报告或者网上流转。

8.2.22　数控基准电压源

设计任务与要求如下：

数控基准电压源的电压大小通过可逆计数器预置数据，计数器的内容对应于输出电压，该电压通过锁存译码显示电路显示。可逆计数器的增减控制端为高电平时，计数器进行加计数，为低电平时，进行减计数。时钟电路为计数器提供时钟信号。可逆计数器的输出量送入数模转换器 ADC 的输入端，ADC 转换结果送入功率输出电路，功率输出电路要提高输出功率，减小输出电阻。系统要提高分辨率时，可增加计数器和 ADC 的位数。设计要求如下：

1）熟悉有关集成电路的工作原理和使用方法设计 0～9.9V 数控基准电压源。画出框图，创建仿真电路图。

2）最大输出电流为 100mA。

3）设计计算各单元电路。

4）进行仿真实验，确认数控基准电压源是否达到设计要求。调试要点是：① 检查和调试可逆计数器是否正确计数；② 检查和调试锁存译码显示电路应准确显示电压大小；③ 检查数模转换器 ADC 的输出模拟量是否等于输入的数字量；④ 检查和调试功放电路输出的电压和功率是否符合设计要求。

5）按要求完成课程设计报告，交激光打印报告或者网上流转。

8.2.23 交通信号灯自动指挥系统的设计

设计任务与要求如下：

交通信号灯自动指挥系统是典型的数字电路控制系统。通过该系统的设计和仿真实验，学生可得到字电路及系统的综合训练。设系统工作的十字路口由通行量较大的主干道和通行量较小的支干道组成。4 个路口均设有红、黄、绿三色信号灯和两位 8421BCD 码的计数、译码显示器，其示意图参考本书第 7.12 节。设计要求如下：

1）主、支干道交替通行，通行时间均可在 0 ~ 99s 内任意设定。

2）每次绿灯换红灯前，黄灯先亮较短时间（也可在 0 ~ 99s 内任意设定），用以等待十字路口内留车辆通过。

3）主、支干道通行时间和黄灯亮的时间均由同一两位一百进制减法计数器（按零状态为无效态计数方式计数）顺序定时控制。

4）减计数器回零瞬间完成十字路口通行状态的转换（换灯）。

5）计数器的状态由显示器件库中的带译码器七段数码管显示，红、黄、绿三色信号灯由显示器件库中的指示灯模拟。

6）三色信号灯逻辑控制电路采用集成计数器 74LS290。

8.3 电子技术课程设计课题选集

电子技术课程设计的宗旨是综合运用电工技术、电子技术课程中所学到的理论知识去独立完成一个设计课题，以培养学生工程素质和创新能力。学生可以自拟题目，或通过查阅手册和文献资料，确定课程设计的题目。以下列出的模拟电路设计课题和数字电路设计课题供学生在课程设计选题时参考。

8.3.1 模拟电路设计课题

1. 传感放大器的设计
2. 直流稳压电源的设计
3. 波形产生电路的设计
4. 有源滤波器的设计
5. 信号测量电路的设计
6. 模拟运算电路的设计
7. 超低频信号放大电路的设计
8. 多波形信号产生电路的设计
9. 电压控制多波形信号产生电路的设计
10. 多功能锯齿波产生器的设计
11. 有害气体测量与报警电路的设计
12. 信号处理与运算电路的设计
13. 直流稳压电源的设计
14. 晶体管 β 值自动测量与分选仪的设计

15. OCL 功率放大器的设计
16. 多段曲线式音调控制器（调音器）的设计
17. 扩音器的设计
18. 全集成电路高保真扩音机
19. 高频功率放大器
20. 脉冲调宽型伺服放大器的设计
21. 电压/频率变换器的设计
22. 高阻测量电路——兆欧表的设计
23. 湿度检测与控制器的设计
24. 多路防盗报警器的设计
25. 音乐彩灯控制器的设计
26. 集成运算放大器简易测试仪的设计
27. 电子配料称的设计
28. 温度测量与控制电路的设计
29. 双工对讲机的设计
30. 多功能限电保护器的设计
31. 养殖流水溶氧自动控制器的设计
32. 金属探测器的设计
33. 流量测量仪的设计
34. 医院住院病人传呼器的设计
35. 电子测温计的设计
36. 电子控温器的设计
37. 多路开关直流稳压电源的设计
38. 0～30V 数控稳压电源的设计
39. 220V、50Hz 变为 110V、60Hz 变频电源的设计
40. 数字波形合成器的设计
41. 函数信号发生器的设计
42. 数显式稳压管稳压值测量仪的设计
43. 声控电子锁的设计
44. 超声波防盗报警装置的设计
45. 电冰箱保护器的设计
46. 三相电机保护器的设计
47. 用 V/F 与 F/V 变换器构成隔离放大器的设计
48. 台灯自动开关盒的设计
49. 晶闸管调光电路的设计
50. 灯光自动管理器的设计
51. 程控放大器的设计
52. JFET 夹断电压数显测量仪的设计
53. 音响式绝缘性能检测器的设计

54. 汽车防盗报警器的设计
55. 心脏病救助报警器的设计

8.3.2　数字电路设计课题

1. 可编程序可逆计时器的设计
2. 可编程序时钟控制器的设计
3. 石英晶体振荡器的研究与设计
4. 555 定时器信号产生与变换电路的研究
5. 通用音响与报警电路的设计
6. 驱动显示电路的设计
7. ADC 和 DAC 转换应用电路研究与设计
8. 数字竞赛抢答器的设计
9. 步进电动机控制器
10. 振荡式微电机三相变流电源的仿真设计
11. 微电机三相方波变流电源的仿真设计
12. 可编程调频微电机三相方波电源的仿真设计
13. 微电机三相梯形波变流电源的仿真设计
14. 加工中心刀具自动进给控制系统的设计
15. 基于 IC 74191 的自动进给控制系统的设计
16. 三相混合式步进电动机驱动系统的设计
17. 基于 EPROM 三相混合式步进电动机驱动系统的设计
18. 电子密码锁的设计
19. 可编程序彩灯控制器的设计
20. 直流电机的转速检测与脉宽调速的设计
21. 路灯控制器的设计
22. 数字式电容测量仪的设计
23. 数字频率计的设计
24. 乒乓球比赛游戏机的设计
25. 交通信号灯控制器的设计
26. 数字电压表的设计
27. 出租车自动计费器的设计
28. 洗衣机控制器的设计
29. 多路数据采集系统的设计
30. 数字存储示波器的设计
31. 信号峰值检测仪的设计
32. 电子拔河游戏机的设计
33. 数字电子秤的设计
34. 声控电子锁的设计
35. 数字温度计的设计

36. 通用阵列逻辑（GAL）多路数据选择器的设计
37. 通用阵列逻辑（GAL）十进制可逆计数器的设计
38. 通用阵列逻辑（GAL）二层电梯控制器的设计
39. 数字波形合成器的设计
40. 示波器乒乓球游戏机的设计
41. 多用数字测量仪的设计
42. 数字万用表的设计
43. 集成数字式闹钟的设计
44. 800m 跑第一名计时电路的设计
45. 灌药颗粒计数控制系统的设计
46. 集成函数发生器的设计
47. 数字显示电阻测量仪的设计
48. 简易数字相位计的设计
49. 水位控制器的设计
50. 逻辑电路控制的公共汽车语音报站器的设计
51. 遂音彩灯控制器的设计
52. 家用风扇控制器的设计
53. 数字式波形发生器的设计
54. 简易程序控制器的设计
55. 可编程序时间顺序控制器的设计
56. 简易电子琴的设计
57. 心率数字计的设计
58. 心电图信号放大器的设计
59. 视频信号切换器的设计
60. 音响数字控制器的设计
61. 快门速度检测器的设计
62. 简易晶体管特性曲线测试仪的设计
63. 电子活动靶红外线光电打靶游戏器的设计
64. 电子调光控制器的设计
65. 中文字符显示器的设计
66. 数字式秒表的设计
67. 简易探穴仪的设计
68. 数字存储示波器的设计
69. 汽车里程油耗计算器的设计
70. 16 路数显报警器的设计

以上课题的参考资料见书后。

8.4 EWB 的元器件库

为了使读者方便地了解电子工作台（EWB）的元器件库，快速地选用需要的元器件，下面给出各元件库中元器件的名称、参数、默认设置值以及设置范围等有关资料，供读者在设计仿真电路时参考。电子工作台（EWB）的元器件库包括：信号源库（Source）、基本元件库（Basic）、二极管库（Diode）、半导体器件库（Transistors）、模拟集成电路库（Analog ICs）、混合集成电路库（Mixed ICs）、数字集成电路库（Digital ICs）、逻辑门电路库（Logic Gates）、数字器件库（Digital）、指示部件库（Indicators）、控制部件库（Controls）、其他器件库（Miscellaneous）和自定义器件库（Favorites）。这些元器件库都以图标的形式显示在 EWB 的基本操作界面上。

8.4.1　信号源库（Source）

元器件名称	参　数	默认设置值	设 置 范 围
直流电压源	电压 U	12V	μV ~ kV
直流电流源	电流 I	1A	μA ~ kA
交流电压源	电压 U 频率 相位	120V 60Hz 0	μV ~ kV Hz ~ MHz DEG
交流电流源	电流 I 频率	1A 1Hz	μA ~ kA Hz ~ MHz
	相位	0	DEG
电压控制电压源	电压增益 E	1V/V	mV/V ~ kV/V
电压控制电流源	互导 G	1S	mS ~ kS
电流控制电压源	互阻 R	1Ω	mΩ ~ kΩ
电流控制电流源	电流增益 F	1A/A	mA/A ~ kA/A
时钟源	频率 f 占空比 D 电压 U	100Hz 50% 5V	Hz ~ MHz 0% ~ 100% mV ~ kV
调幅源 （AM 源）	载波幅度 V_c 载波频率 f_c 调制指数 M 调制频率 f_m	1V 1000Hz 1 100Hz	mV ~ kV Hz ~ MHz Hz ~ MHz
调频源（FM 源）	峰值幅度 V_a 载波频率 f_c 调制指数 M 调制频率	5V 1000Hz 1 100Hz	mV ~ kV Hz ~ MHz
压控正弦波振荡源	输出峰值下限 输出峰值上限 控制坐标 频率坐标	−1V 1V 0；1；0；0；0V 0；1kHz；0；0Hz	
压控三角波振荡源	输出峰值下限 输出峰值上限 上升时间占空比 控制坐标 频率坐标	−1V 1V 0.5 0；1；0；0；0V 0；1kHz；0；0；0Hz	

（续）

元器件名称	参　数	默认设置值	设 置 范 围
压控方波振荡源	输出峰值下限	-1V	
	输出峰值上限	1V	
	占空比	0.5	
	输出上升时间	1s	
	输出下降时间	1s	
	控制坐标	0；1；0；0；0V	
	频率坐标	0；1kHz；0；0；0Hz	
受控单脉冲源	时钟触发	0.5V	
	输出低电平	0V	
	输出高电平	1V	
	输出延迟	1s	
	输出上升时间	1s	
	输出下降时间	1s	
	控制坐标	0；1；0；0；0V	
	脉宽坐标	0；1；0；0；0s	
受控分段线性源	坐标对数	5	
	X 坐标	0V	
	Y 坐标	0V	
	输入平滑区域	1%	
频移键控源（FSK 源）	峰值幅度	120V	
	信号传输频率	10kHz	
	空号传输频率	5kHz	
多项式源的系数	常数 *A*	1	
	系数 *B* ~ *K*		

8.4.2 基本元件库（Basic）

元器件名称	参　数	默认设置值	设 置 范 围
电阻	*R*	1kΩ	Ω ~ MΩ
电容	*C*	1μF	pF ~ F
电感	*L*	1mH	μH ~ H
线性变压器	匝数比 *n*	2	
	漏感 *L*	0.001H	
	磁感 *L*	5H	
	初级绕组电阻 *R*	0Ω	
	次级绕组电阻 *R*	0Ω	
继电器	线圈电感 *L*	0.001H	nH ~ H
	导通电流 *I*	0.05A	nA ~ kA
	保持电流 *I*	0.025A	nA ~ kA
开关	键	Space	A ~ Z，0 ~ 9，Enter，Space
延时开关	导通时间 *T*	0.05s	ps ~ s
	断开时间 *T*	0s	ps ~ s

（续）

元器件名称	参　数	默认设置值	设置范围
压控开关	导通电压 U 断开电压 U	1V 0V	mV ~ kV mV ~ kV
电流控制开关	导通电流 I 断开电流 I	1A 0A	mA ~ kA mA ~ kA
上拉电阻	电阻 R 上拉电压 U	1kΩ 5V	Ω ~ MΩ V ~ kV
电位器	键 电阻 比例设定 增量	R 1kΩ 50% 5%	A ~ Z，0 ~ 9 Ω ~ MΩ 0 ~ 100% 0 ~ 100%
电阻排	电阻 R	1kΩ	Ω ~ MΩ
电压控制模拟开关	“断开” 控制电平值 V “导通” 控制电平值 V “断开” 电阻 R “导通” 电阻 R	0V 1V 1TΩ 1TΩ	mV ~ kV mV ~ kV Ω ~ TΩ Ω ~ TΩ
极性电容	C	1μF	μF ~ F
可调电容	键 电容 C 比例设定 增量	C 10μF 50% 5%	A ~ Z，0 ~ 9，Enter，Space pF ~ F 0 ~ 100% 0 ~ 100%
可调电感	键 电感 L 比例设定 增量	L 10mH 50% 5%	A ~ Z，0 ~ 9 pH ~ H 0 ~ 100% 0 ~ 100%
无芯线圈	匝数	1	
磁心	截面积 A 磁芯长度 L 输入平滑范围（ISD） 坐标数 N 磁场坐标 1（H_1） 磁场坐标 2（H_2） 磁场坐标 H_3 - H_{15} 磁通量坐标 1（B_1） 磁通量坐标 2（B_2） 磁通量坐标 B_3 ~ B_{15}	1m^2 1m 1% 2 0A × tums/m 1. 0A × tums/m 0A × mms/m 0Wb/m 1. 0Wb/m 0Wb/m	
非线性变压器	一次绕组 N_1 一次电阻 R_1 一次漏感 L_1 二次绕组 N_2 二次电阻 R_2 二次漏感 L_2 截面积 A 磁心长度 L	1 1μΩ 0. 0H 1 1μΩ 0. 0H 1. 0m^2 1. 0m	

（续）

元器件名称	参　数	默认设置值	设 置 范 围
非线性变压器	输入平滑范围（*ISD*） 坐标数 *N* 磁场坐标 1（H_1） 磁场坐标 2（H_2） 磁场坐标 H_3-H_{15} 磁通量坐标 1（B_1） 磁通量坐标 2（B_2） 磁通量坐标 B_3-B_{15}	1% 2 0A × tums/m 1.0A × tums/m 0A × tums/m 0Wb/m 1.0Wb/m 0Wb/m	

8.4.3 二极管库（Diode）

元器件名称	默认设置值	设 置 范 围
普通二极管	理想	General，Motorola，National，Zetex，philips，Internat
稳压二极管	理想	General，motorola，Philips
LED 发光二极管	理想	
全波桥式整流器	理想	motorola，National，Zetex，Internat
肖特基二极管	理想	ECG
晶闸管整流器	理想	2NXX，BTXX，CXX，MCRXX，SXX
双向晶闸管	理想	EGC，Motorola
三端双向晶闸管	理想	2NXX，MACXX

8.4.4 半导体器件库（Transistors）

元器件名称	默认设置值	设 置 范 围
NPN 双极型晶体管	理想	Motorola，National，Zetex
PNP 双极型晶体管	理想	Motorola
N 沟道结型场效应晶体管	理想	National
P 沟道结型场效应晶体管	理想	National，Philips
三端耗尽型 N 沟道 MOSFET	理想	Philips
三端耗尽型 P 沟道 MOSFET	理想	
四端耗尽型 N 沟道 MOSFET	理想	
四端耗尽型 P 沟道 MOSFET	理想	
三端增强型 N 沟道 MOSFET	理想	Motorola，Zetex，Intemat
三端增强型 P 沟道 MOSFET	理想	Motorola，Zetex，Intemat，Philips
四端增强型 N 沟道 MOSFET	理想	
四端增强型 P 沟道 MOSFET	理想	
N 沟道砷化镓 FET	理想	
P 沟道砷化镓 FET	理想	

8.4.5　模拟集成电路库（Analog ICs）

元器件名称	默认设置值	设 置 范 围
三端运算放大器	理想	HAXX，LFXX，LHXX，LMXX，LPXX，LTXX，MCXX，M1SCXX，OPAXX，OPXX，ANLOG，BURXX，COMLlNEA，ELANTEC，HARRIS，MAXIM，MOTOROLA，NATIONAl，TEXAS
五端运算放大器	理想	HAXX，LFXX，LHXX，LMXX，LPXX，LTXX，MCXX，MISCEL，OPAXX，ANALOG，BURR，COMLNEAR，ELANTEC，HARRIS，LINEAR，MAXIM，MOTOROLA，NATIONAL，TXASXX
七端运算放大器	理想	ANALOG，BURR，COMLNEAR，ELANTEC，LINEAR，TEXAS
九端运算放大器	理想	ANALOG，COMLNEAR，ELANTEC，LINEAR，TEXAS
电压比较器	理想	
锁相环电路	理想	

8.4.6　混合集成电路库（MixeICs）

元器件名称	特　性	默认设置值	设 置 范 围
A/D 转换器	输入电压输出 8 位二进制数	理想	CMOS，MISC，TTL
D/A（U）转换器	输入 8 位二进制数输出电压	理想	CMOS，MISC，TTL
D/A（I）转换器	输入 8 位二进制数输出电流	理想	CMOS，MISC，TTL
单稳态触发器		理想	CMOS，MISC，TTL
555 定时器		理想	

8.4.7　数字集成电路库（Digital ICs）

元器件名称	默认设置值	设 置 范 围
74XX	理想	7400 ~ 7493
741XX	理想	74107 ~ 74199
742XK	理想	74238 ~ 74298
743XX	理想	74350 ~ 74395
744XX	理想	74445 ~ 74466
4XXX	理想	4000 ~ 4532

8.4.8 逻辑门电路库（Logic Gates）

元器件名称	默认设置值	设置范围
与门	理想	COMS，MISC，TTL 输入端：2~8
或门	理想	COMS，MISC，TTL 输入端：2~8
与非门	理想	COMS，MISC，TTL 输入端：2~8
或非门	理想	COMS，MISC，TTL 输入端：2~8
非门	理想	COMS，MISC，TTL
异或门	理想	COMS，MISC，TTL 输入端：2~8
同或门	理想	COMS，MISC，TTL 输入端：2~8
缓冲器	理想	COMS，MISC，TTL
三态缓冲器	理想	COMS，MISC，TTL
施密特触发器	理想	COMS，MISC，TTL

8.4.9 数字器件库（Digital）

元器件名称	默认设置值	设置范围
半加器	理想	COMS，MISC，TTL
全加器	理想	COMS，MISC，TTL
RS 触发器	理想	COMS，MISC，TTL
JK 触发器（正向异步置零）	理想	COMS，MISC，TTL
JK 触发器（反向异步置零）	理想	COMS，MISC，TTL
D 触发器	理想	COMS，MISC，TTL
D 触发器（反向异步置零）	理想	COMS，MISC，TTL
多路选择器电路	理想	74XX，4XXX
多路分配器电路	理想	74XX，4XXX
编码器电路	理想	74XX，4XXX
算术运算电路	理想	74XX，4XXX
计数器电路	理想	74XX，4XXX
移位寄存器	理想	74XX，4XXX
触发器	理想	74XX，4XXX

8.4.10 74XX 系列（74XX Template）

7400（4 2-Input NAND）	2 输入端四与非门
7402（42-Input NOR）	2 输入四或非门
7403（Quadruple 2-Input Positive NANDGate W/Open-Collector Outputs）	2 输入四与非门（OC）
7404（6 Invertor）	6 反相器
7405（6 Invertor）	6 反相器（OC）

（续）

7406（6 lnvertor B/D）	6 反相器/驱动器（OC）
7407（6 Buffer B/D）	6 反相器/驱动器（OC）
7408（4 2-inputA AND）	2 输入四与门
7409（4 2-inputA AND）	2 输入四与门
7410（3 3-Input NAND）	3 输入三与非门
7411（3 3-Input AND）	3 输入三与门
7412（3 3-Input NAND）	3 输入三与非门（OC）
7414（Hex Schmitt Trigger lnverter）	6 反相器（施密特触发）
7416（6 lnvertor）	6 反相器（OC）
7417（6 lnvertor）	6 缓冲器（OC）
7420（2 4 - Input NAND）	4 输入双与非门
7421（2 4 - Input AND）	4 输入双与门
7422（2 4 - Input NAND）	4 输入双与非门（OC）
7425（2 4 - Input NOR with Strobe）	4 输入双或非门（有选通）
7426（4 2 - Input NAND）	2 输入四与非门
7427（3 3-Input NOR）	3 输入三或非门
7428（4 2-Input NOR）	2 输入四或非缓冲器
7430（8-Input NAND）	8 输入与非门
7432（4 2-input OR）	2 输入四或门
7433（4 2-input NOR）	2 输入四或非缓冲器（OC）
7438（4 2-Input NAND）	2 输入四与非缓冲器（OC）
7440（2 4-input NAND Buffers）	4 输入双与非缓冲器
7442（4-Line BCD to10 Line Decimal Decoder）	4 线-10 线译码器
7445（BCD to Decimal Decoder/Driver	BCD-十进制译码器/驱动器
7447（Bcd Seven Segnebt Decoder/Driver）	BCD-七段译码器/驱动（OC）
7451（AND-OR Inverter）	与或非门
7454（4-Wide AND OR - Invert Gates）	4 组输入与或非门
7455（2-Wide 4-Input AND-OR-Invert Gates）	4×4 输入与或非门
7469（2 4-Bit Decod or Binary Counters）	4 位双译码/计数器
7472（ANDgated J-K Master Slave Flip Flop W/Pre&C1r） top	与输入 J-K 主从触发器（带预置清 0 端）
7473（2 J-K Flip-Flop）	双 J-K 触发器
7474（2D-Type Edge Flip-Flop）	正边沿触发双 D 触发器
7475（4-Bit Bistable Latches）	4 位双稳锁存器
7476（2 J-K Flip-Flop）	双 J-K 触发器
7477（4-Bit Bistable Latches）	4 位双稳锁存器

（续）

7478（Dual J-K Flip-Flop W/Pre Common Clock and Common Clear）	双输入 J-K 主从触发器（带预置清 0 端）
7486（4 2-Input EX-OR）	2 输入四异或门
7490（Decade Counter）	十进制计数器
7491（8-Bit Shift Regist）	8 位移位寄存器
7492（1/12 Counter）	1/12 分频计时器
7493（4-Bit Binary Counter）	4 位二进制计数器

8.4.11 741XX 系列（741 XX Template）

74107（2 J-K Flip-Flop）	双 J-K 触发器（带清除端）
74109（2 J-K + Edge Flip-Flop）	正沿触发双 J-K 主从触发器（带预置清除端）
74112（2J-K-Edge Flip-Flop）	负沿触发双 J-K 主从触发器（带预置清除端）
74113（2 J-K-Edge Flip-Flop）	负沿触发双 J-K 主从触发器（带清除端）
74114（2 J-K-Edge Flip-Flop W/Pre）	负沿触发双 J-K 主从触发器（带清除端）
74116（2 4-Bit Latches with clear）	双 4 位锁存器
74125（4 Bus Buffer）	4 总线缓冲器（三态）
74126（4 Bus Buifer）	4 总线缓冲器（三态）
74132（Quadruple 2-Input Posirive NAND Schmitt Trggers）	2 输入与非 4 施密特触发器
74133（13-In NAND	13 输入与非门
74134（12-Input NAND W/3 State）	12 输入与非门（三态）
74138（3-to-8 Decoder/Demultip lexer）	3 线-8 线译码器/多路转换器
74139（2 2-to-4 Decoder/Demultip lexer）	双 2 线-4 线译码器/多路转换器
74145（BCD-to-Decimal Decoders/Drivers）	8421BCD 码译码器驱动器
74147（10-to-4 Line Priority Encoder）	10 线-4 线 BCD 码优先编码器
74148（8-to-3 Line Priority Encoaer）	8 线-3 线八进制优先编码器
74150（Data Selectors/Multiplexers）	16 选 1 数据选择器/多路转换器
74151（Data Selectors/Multiplexers）	16 选 1 数据选择器/多路转换器
74153（2 2-to-4 Data Selectors/Multiplexers）	双 4 选 1 数据选择器/多路转换器
74154（4-to-16 Decoder/Demultiplexer）	双 4 选 1 译码器/分配器
74155（2 2-to-4 Decoder/Demultiplexer）	双 2 线-4 线译码器/分配器
74156（2 2-to-4 Line Decoder/Demuxers）	双 2 线-4 线译码器/分配器
74157（4 2-to-1 Data Selectors/Multiplexers）	4 ×2 选 1 数据选择器/多路转换器（原码）
74158（4 2-to-1 Data Selectors/Multiplexers）	4 ×2 选 1 数据选择器/多路转换器（反码）
74159（4-to-16 Data Selectors/Multiplexers）	4 线-16 线译码器/分配器
74160（Decade Counter）	同步 4 位十进制计数器（直接清 0）
74162（Decade Counter）	同步 4 位十进制计数器（同步清 0）
74163（4-Bit Counter）	同步 4 位二进制计数器（同步清除）
74164（8-Bit Shif Register）	8 位并行输出串行输入移位寄存器

（续）

74165（Parallel-Load 8 Bit Shift Register）	并行输入 8 位移位寄存器
74169（4-Bit Up/Down Counnter）	4 位可逆同步二进制计数器
74173（4-Bit D-Type Register）	4 位 D 寄存器
74174（6 D-Type Flip Flop）	6D 触发器
74175（4 D-Type Flip Flop）	4D 触发器
74181（ALU/Function Generator）	算数逻辑单元
74190（Up/Down Counnter）	同步 BCD 码可逆计数器
74191（Up/Down Counnter）	同步 2 进制可逆计数器
74192（4-Bit Up/Down Counnter）	同步 BCD 码可逆计数器
74194（4-Bit Bidrectional Shift Register）	4 位双向通用移位寄存器
74195（4-Bit Shift Register）	4 位并行通用移位寄存器
74198（8-Bit Shift Register）	8 位并行通用移位寄存器
74199（8-Bit Shift Register）	4 位双向通用移位寄存器

8.4.12　742XX 系列（742XX Template）

74238（3-8 Line Decoder/Demultiplexer）	3 线-8 线译码器
74240（Oct Buffer/Driver）	8 缓冲/驱动/接收器（反码三态输出）
74241（Oct Buffer/Driver）	8 缓冲/驱动/接收器（原码三态输出）
74244（Oct Buffer/Driver）	8 缓冲/驱动/接收器（原码三态输出）
74251（Data Selecter/Multiplexer）	数据选择器
74253（2 4-to-1 Data Selecter/Multiplexer）	双 4 选 1 数据选择器
74257（4 2-to-1 Data Selecter/Multiplexer）	4×2 选 1 数据选择器（原码三态输出）
74258（4 2-to-1 Data Selecter/Multiplexer）	4×2 选 1 数据选择器（反码三态输出）
74266（4 2-Input EX-NOR）	4×2 输入异或非门
74273（Oct D-type Flip Flop）	8D 触发器
74279（Quadruple S-R Latches）	4SR 触发器
74280（9-Bit Parity Generator/Checker）	9 位奇偶数发生器
74290（Decade Counter）	十进制计数器
74293（4-Bit Bin Counter）	4 位二进制计数器
74298（42-In Multiplexer）	4×2 输入多路转换器

8.4.13　743XX 系列（743XX Temlater）

74350（4 Bit Shift with 3 state Outputs）	4 位移位器
74352（2 4-to-1 Data Slector/Multiplexer）	双 4 选 1 数据选择器
74353（24-to-1 Data Slector/Multiplexer）	双 4 选 1 数据选择器（三态）
74365（6Bus Drivers with 3 State Outputs）	6 总线驱动器（三态）
74367（6Bus Drivers with 3 State Outputs）	6 总线驱动器（三态）

（续）

74368（6Bus Drivers with 3 State Outputs）	6 总线驱动器（三态）
74373（Oct D-Type Latch and Flip Flop）	8D 锁存器
74374（Oct D-Type Latch and Flip Flop）	8D 锁存器
74375（4-Bit Bisable）	4 位双稳锁存器
74377（8 D-Type Flip Flop）	8D 锁存器
74378（6 D-TypeFlipFlop）	6D 锁存器
74379（4D-Type Flip Flop with Enable）	4D 锁存器
74393（Dual 4-Bit Binary Counter）	双 4 位二进制计数器
74395（4-Bit Cascadable Shift Register with3-State Outputs）	4 位通用移位寄存器（三态）

8.4.14 744XX 系列（744XX Tenplate）

74445（BCD to Decimal Decoder/Driver）	BCD－十进制译码/驱动器
74465（Octal Buffers with 3 State Outputs）	8 缓冲器（三态）
74466（Octal Buffers with 3 State Outputs）	8 缓冲器（三态）

8.4.15 4XXX 系列（4XXXS eriesICSs）

4000（dual 3-Input Nor Gate and Inverter）	双 3 输入或非门
4001（4 2-Input NOR）	42 输入或非门
4002（24-Input NOR）	双 4 输入或非门
4009（HEX Buffer）	6 缓冲器（反相）
4010（HEX Buffer）	6 缓冲器（同相）
4011（42-Input NAND）	4×2 输入与非门
4012（24-Input NAND）	双 4 输入与非门
4013（2 D-Type + edge Flip Flop）	双 D 正边沿触发器
4015（4-Bit Static Shift Register）	4 位移位寄存器
4016（Hex Inverting Schmitt Trigger）	6 反相器（施密特输入）
4017（Decade Counter）	十进制计数器
4019（Quadruple 2-Input Multiplexer）	4×2 输入选择器
4023（33-Input NADA）	3×3 输入与非门
4024（7-Stage Binary Counter）	7 级二进制计数器
4025（33-Input NOR）	3×3 输入或非门
4027（dual JK Flip Flop）	双 JK 触发器
4028（1-of-10 Decoder）	BCD-10 进制译码器
4030（42-Input EX-OR）	4×2 输入异或门
4040（12-Stage Binary Counter）	12 级 2 进制计数器
4041（Quadruple True/Complement Buffer）	4 原补码缓冲器
4042（Quadruple D-Latch）	4 D 锁存器

（续）

4043（Quadruple R/S Latch with 3-State Outputs）	4R/S 三态或非锁存器
4044（Quadruple R/S Latch with 3-State Outputs）	4R/S 三态或非锁存器
4049（Hex Inverting Buffers）	6 反相缓冲器
4050（Hex Non-Inverting Buffers）	6 同相缓冲器
4066（4 Analog Switches）	4 模拟开关
4068（8-Input NAND）	8 输入与非门
4069（Hex Inverter）	6 反相器
4070（42-Input EX-OR）	4×2 输入异或门
4071（42-Input OR）	4×2 输入或门
4072（Dual 4-Input OR Gate）	双 4 输入或门
4073（33-InputAND）	3×3 输入与门
4075（Triple 3-Input OR Gate）	3×3 输入或门
4076（Quadruple D-Type Register with 3-Stater Outputs）	4 D 寄存器
4077（Quadruple Exclusive NOR-Gate）	4 异或非门
4078（8-Input NOR-Gate）	8 输入或非门
4081（42-Input AND）	4 输入与门
4082（Dual 4-Input AND gate）	双 4 输入与门
4093（Quadruple 2-Input NAND Schmitt Trigger）	4×2 输入与非门（施密特输入）
4502（Strobed Hex Invert/Buffer）	带选通 6 反相/缓冲器
4503（Tri-State Hex Buffer（Non-Inverting））	三态同相 6 缓冲器
4508（Dual 4 Bit Latch）	双 4 位锁存器
4510（BCDUp/Down Counter）	BCD 加减计数器
4520（Dual Binary Counter）	双二进制计数器
4556（Dual 1-of-4 Decoder/Demultiplexer）	双 4 选 1 译码器
4512（8-Input Multiplexer with 3-State Output）	8 通道数据选择器
4514（1-of-16 Decoder/Demultiplexer with Input Latches）	4 线-16 线译码器（输出高）
4515（1-of-16 Decoder/Demultiplexer with Input Latches）	4 线-16 线译码器（输出低）
4516（Binary Up/Down Counter）	可预置的加减计数器
4518（Dual BCD Counter）	双 BCD 计数器
4532（8-Input Priority Encoder）	8 输入优先译码器

以上 74 系列和 4000 系列器件是标准数字集成电路，在调用时可用鼠标拖出相应系列模板，然后选择需要的型号就可以在屏幕上显示所调用的电路。74 系列和 4000 系列电路直接从元件按钮中调用时，从元件属性卡可以进一步设置该元件的工作电压（4000X 系列可设置）和工作条件。还可以通过在线帮助查看各数字集成电路的功能真值表，方法是首先在原理图中用鼠标选中该元件然后按下“?”按钮。74 和 4000 系列器件模型卡有如下设置：

（1）MOS 系列器件

4000-10V 正常使用电源电压为 10V；
4000-12V 正常使用电源电压为 12V；
4000-15V 正常使用电源电压为 15V；
4000-5V 正常使用电源电压为 5V；
4000-9V 正常使用电源电压为 9V；
HC 通过在线帮助查看；
HC-BUF 通过在线帮助查看；
HC-OD 通过在线帮助查看；
Default 理想元件（Ideal）正常使用电源电压为 5V。

（2）TTL 集成电路

LS 系列器件：
LS-BUF 通过在线帮助查看；
LS-OC 通过在线帮助查看；
LS-OC-BU 通过在线帮助查看。

8.4.16 指示部件库（Indicators）

元器件名称	默认设置值	设置范围
电压表	内阻（R）：1MΩ；模式：直流	1Ω ~ 999.99TΩ；交流；直流
电流表	内阻（R）：1nΩ；模式：直流	1pΩ ~ 999.99Ω；交流；直流
灯泡	最大功率（P_{max}）=10W； 最大电压（V_{max}）=12V	W ~ kW；V ~ kV
彩色指示灯	红色	红色、蓝色、绿色
数码显示器	理想	CMOS，MISC，TTL
带译码数码显示器	理想	CMOS；MISC；TTL
蜂鸣器	频率（f）：200Hz；电压（U）：9V； 电流（I）：0.05A	
条形光柱	正向电压；（U_F）；2V； V_F处电流（I_F）：0.03A； 正向电流（I_{ON}）：0.01A	
带译码条形光柱	最低段最小导通电压（V_L）：1V 最高段最小导通电压（V_H）：10V	

8.4.17 控制部件库（Controls）

元器件名称	默认设置值
电压微分器	增益（K）：1V/V；输出失调电压（V_{OOFF}）：0V； 输出下限（V_L）：-1e+12； 输出上限（V_H）：1e+12；上下范围（V_S）：1e-06

（续）

元器件名称	默认设置值
电压积分器	增益（K）：1V/V；输入失调电压（V_{IOFF}）：0V； 输出电压下限（V_L）：−1e+12； 输出电压上限（V_H）：1e+12；上下范围（V_S）：1e-06； 输出初始条件（V_{OIC}）：0V
电压增益模块	增益（K）：1V/V；输入失调电压（V_{IOFF}）：0V； 输出失调电压（V_{OOFF}）：0V
传递函数模块	输入失调电压（V_{IOFF}）：0V；增益（K）：1V/V； 积分器初始条件（V_{INT}）：0V 非归一化角频率（Ω）：1
乘法器	输出增益（K）：0.1V/V；输出失调（V_{OFF}）：0V； Y 偏移（Y_{OFF}）：0V；Y 增益（Y_K）：1V/V； X 偏移（X_{OFF}）：0V；X 增益（X_K）：1V/V
除法器	输出增益（K）：0.1V/V；输出失调（V_{OOFF}）：0V； Y 偏移（Y_{OFF}）：0V；Y 增益（Y_K）：IV/V； X 偏移（X_{OFF}）：0V；X 增益（Y_K）：IV/V； X 下限 X_{LOWLIM}：100pV；X 平滑范围 X_{SD}：100pV
三端电压加法器	输入 A 失调电压（V_{AOFF}）：0V； 输入 B 失调电压（V_{BOFF}）：0V； 输入 C 失调电压（V_{COFF}）：0V； 输入 A 增益（K_A）：1V/V；输入 B 增益（K_B）：1V/V； 输入 C 增益（Kc）：1V/V； 输出增益（K_{OUT}）：1V/V；输出失调电压（V_{OOFF}）：0V
电压限幅器	输入失调电压（V_{IOFF}）：0V； 增益（K）：1V/V；输出电压下限（V_L）：0V； 输出电压上限（V_U）：1V；上下范围（V_S）：1μV
受控电压限幅器	输入失调电压（V_{IOFF}）：0V；增益（K）：1V/V； 输出上 δ（V_{OUD}）：0V； 输出下 δ（V_{OLD}）：0V；上下平滑范围（V_{LSR}）：1μV
电流限幅器模块	输入失调电压（V_{IOFF}）：0V；增益（K）：1V/V； 源电阻（R_{SRC}）：1Ω；灌电阻 R_{SINK}：1Ω； 电流源极限（I_{SRCL}）：10mA；电流沉降极限 10mA； 上下电源平滑范围（V_{SR}）：1μV； 源电流平滑范围 I_{SRCSR}：1nA； 灌电流平滑范围 I_{SNKSR}：1nA； 内/外电压平滑范围：1nV
电压滞回模块	输入低电平（V_{IL}）：0V；输入高电平（V_{IH}）：1V； 迟滞值（H）：0.1；输出下极限（VOL）：0V； 输出上极限（V_{OH}）：1V；输入平滑范围（I_{SD}）：1%
电压变化率模块	最大上升区域值（RS_{max}）：1GV/s； 最大下降区域值（FS_{max}）：1GV/s

8.4.18 其他器件库（Miscellaneous）

元器件名称	默认设置值	设置范围
熔断器	最大电流（I_{max}）：1A	
数据写入器		
网表元件		ANLOG，ELANTEC，LINEAR
有损耗传输线	传输线长度（*LEN*）：100m；	
	单位长度电阻（*R*）：0.1Ω 单位长度电感（*L*）：1μH； 单位长度电容（*C*）：1pF； 单位长度电导（*G*）：1pS； 断点控制（*REL*）：1；控制（*ABS*）：1	BELDEN
无损耗传输线	标称阻抗（*Z*o）：100Ω； 传输时间延迟（T_D）：lns	
晶体	动态电感（L_S）：0.00254648H； 动态电容（C_S）：99.4718 pF； 串联电阻（R_S）6.4Ω； 并联电容（C_O）：24.868pF	RALTRON，ECLIPTEK
直流电机	电枢电阻（R_A）：1.IΩ； 电枢电感（L_A）：0.001H； 励磁电阻（R_F）：128Ω； 励磁电感（L_F）：0.001H； 轴摩擦（B_F）：0.01N·m/rad； 机械旋转惯性（J）：0.01N·m/rad； 额定旋转速度（n_N）：1800r/min； 额定电枢电压（V_{AN}）：115V； 额定电枢电流（I_{AN}）：8.8A； 额定场电压（V_{FN}）：115V； 负载转矩（T_L）：0N·m	
真空三极管	阳极—阴极电压（V_{PK}）：250V； 栅极—阴极电压（V_{Gk}）：−20V； 阳极电流（I_P）：0.0lA； 放大系数（μ）：10； 栅极—阴极电容（C_{Gk}）：2pF； 阳极—阴极电容（C_{PK}）：2pF； 栅极—阳极电容（C_{GP}）：2pF	MISC，VACMTUB
开关电源升压转换器	滤波器电感（*L*）：500μH； 滤波器电感的 *ESR*（*R*）：10mΩ； 开关频率（*FS*）：50kHz	
开关电源降压转换器	滤波器电感（*L*）：500μH； 滤波器电感的 *ESR*（*R*）：5mΩ； 开关频率（*FS*）：50kHz	
开关电源升降转换器	滤波器电感（*L*）：500μH； 滤波器电感的 *ESR*（*R*）：10mΩ； 开关频率（*FS*）：50kHz	

参考文献

[1] Bose B K. Power electronics-a technology review [C]. Proceedings of IEEE, 1992: 1303-1334.

[2] Harashima F. Power electronics-a future perspective [C]. Proceedings of IEEE, 1994: 1107-1111.

[3] Liwei. CAO. A General Method of SPWM Harmonic analysis [J]. Power Electronics. 2002 (8) 62-65.

[4] Zhongbo LI, Electronic Technique [M]. Beijing: Mechanic Industrial Press, 2003.

[5] Zhongbo LI and Xiaoming HANG. Electronic Technique [M]. Beijing: Mechanic Industrial Press, 1998.

[6] Wenyi ZHANG. Study of selective harmonic elimination inverter [J]. Power Electronice. vol. 36No. 4, 53-55, 2002.

[7] Weiyong ZHOU. Calculation of magnetic field for hybrid stepping motor [J]. Small &Special Electrical Machines. vol. 30, No. 4, 9-10, 2002.

[8] Ra Shid M H. Power Electronics [M]. Prentice Hall, Inc, 1998.

[9] John G, Kassakian. Principles of Power Electronics [M]. Addis on Wesley publishing company, 1991.

[10] Zhaoan WANG and Jun HUANG. Power Electronic Technology [M]. Mechanical Industrial Press, 2001.

[11] R. J. Higgens. Electronics With Digital and Analog Integrated Circuits [M]. N. J. Prentice-Hall Inc, 1983.

[12] Jacob Millman et al. Microeletronics (2nd Edi.) [M]. Mcgrawhill Book Company, 1987.

[13] 申永山，李忠波. 现代电工电子技术 [M]. 北京：机械工业出版社，2007.

[14] 袁宏. 电工技术 [M]. 北京：机械工业出版社，2003.

[15] 李忠波. 电子技术 [M]. 北京：机械工业出版社，2003.

[16] 高有华，李忠波. 电工技术试题题型精选汇编 [M]. 北京：机械工业出版社，2002.

[17] 龚淑秋，李忠波. 电工技术试题题型精选汇编 [M]. 北京：机械工业出版社，2003.

[18] 陈本竹. 集成功率运放在微电机驱动中的应用 [J]. 电子技术，1993 (4)：13-16.

[19] 刘宝廷. 步进电动机及其驱动控制系统 [M]. 哈尔滨：哈尔滨工业大学出版社，1997.

[20] 王子文，王丰. 一种多功能步进电动机环形分配器 [J]. 微特电机，2003，31 (4)：33-34.

[21] 周常森. 电子电路计算机仿真技术 [M]. 济南：山东科学技术出版社，2001.

[22] 李忠波. 三相混合式步进电机驱动系统的设计 [J]. 电力电子技术，2003，(1).

[23] 李忠波. 微电机三相梯形波变流电源的研究 [J]. 电力电子技术，2002，36 (3)：57-58.

[24] 李忠波. 可编程调频微电机三相方波电源的研究 [J]. 微特电机，2002，30 (3)：45-46.

[25] 李忠波. 加工中心刀具自动进给控制系统设计 [J]. 电工技术，2002，254 (12)：36-37.

[26] 李忠波. 振荡式微电机三相变流电源的仿真设计 [J]. 电工技术，2001，249 (9)：35-36.

[27] 李忠波. 基于 IC74191 的自动进给控制系统的设计 [J]. 沈阳工业大学学报，2002，24 (3)：200-202.

[28] 李忠波，袁宏，龚淑秋. 电子技术课程设计中的 CAD. 电气电子教学学报 [J]，2000，22：152.

[29] 高有华，李忠波，袁宏. 电子脉搏测量仪设计及仿真 [J]. 电气电子教学学报，2002，24：104-105.

[30] 龚淑秋，高有华，李忠波. 电子式电动机保护装置反时限特性的研究 [J]. 电子技术应用，2002，28 (4)：42-44.

[31] 高有华，龚淑秋，李忠波. 基于 EDA 电子线路的仿真研究 [J]. 沈阳工业大学学报，2002，24 (4)：313-316.

[32] Zhongbo LI. Study on Driving System of Three-Phase Hybrid Stepping Motor [C]. ICEMS 2003, Volume 2: 601-602.

[1] B. K. Bose. Power electronics-a technology review [J]. Proceedings of IEEE, 1992: 1303-1334.
[2] Harashima F. Power electronics-a future perspective [C]. Proceedings of IEEE, 1994: 1107-1111.
[3] Lewis F A O. A general method for PWM Harmonic analysis [J]. Power Electronic, 2002 (3): 62-65.
[4] Zhenzhe Li. Electronic Technique [M]. Beijing: Mechanic Industrial Press, 2003.
[5] Chunguo Lu and Xiaohe HAN. Electronic Technique [M]. Beijing: Mechanic Industrial Press, 1998.
[6] Wei ZHANG. Study of selective harmonics elimination inverter [J]. Power Electronics, vol. 36 No. 4, 2002.
[7] Weiming ZHOU. Calculation of magnetic field for hybrid stepping motors [J]. Small & Special Electrical Machines, vol. 30, No. 4, 2002.
[8] B. K. Bose. Power Electronics [M]. Prentice Hall Inc., 1998.
[9] John G. Kassakian. Principles of Power Electronics [M]. Addison-Wesley publishing company, 1991.
[10] Zhaoan WANG and Jun HUANG. Power Electronic Technology [M]. Mechanical Industrial Press, 2001.
[11] Hodges D A. Analysis and Design of Digital and Analog Integrated Circuits [M]. N. J.: Prentice-Hall Inc., 1983.
[12] Jacob Millman et al. Microelectronics (2nd Edition) [M]. Mcgraw-Hill Book Company, 1987.
[13] [illegible]
[14] [illegible] 2003.
[15] [illegible] 2003.
[16] [illegible] 2003.
[17] [illegible] 2003.
[18] [illegible] 1995 (4): 13-15.
[19] [illegible] 1997.
[20] [illegible] 2003, 37 (4): 13-14.
[21] [illegible] 2004.
[22] [illegible] 2003 (1).
[23] [illegible] 2002, 36 (3): 57-58.
[24] [illegible] 2003, 30 (3): 43-45.
[25] [illegible] 2002, 25 (12): 26-27.
[26] [illegible] 2001, 29 (9): 33-36.
[27] [illegible] 2002, 24 (3): 200-202.
[28] [illegible] 2000, 23: 152.
[29] [illegible] 2002, 24: 104-105.
[30] [illegible] 2002, 28: 21-24.
[31] [illegible] 2003, 34 (4): 13-16.
[32] Zhongwo Li. Study on Driving System of Three-Phase Hybrid Stepping Motor [C]. ICEMS 2003, Volume 2: 601-602.